JN051705

Contents

https://get-ken.jp/

5日間の集中学習で完全攻略！

本書は最短の学習時間で国家資格を取得できる自己完結型の学習システムです！

本書「スーパーテキストシリーズ　分野別　問題解説集」は、本年度の第二次検定を攻略するために必要な学習項目をまとめた**虎の巻（精選模試）**と**YouTube動画講習**を融合させた、短期間で合格力を獲得できる自己完結型の学習システムです。

> **2日間で [問題1] の施工経験記述が攻略できる！**
> **YouTube動画講習を活用しよう！**
>
> YouTube動画講習を視聴し、施工経験記述の練習を行うことにより、工事概要・工程管理・品質管理・安全管理の書き方をすべて習得できます。

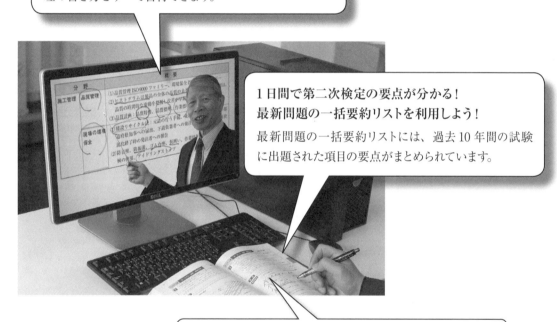

> **1日間で第二次検定の要点が分かる！**
> **最新問題の一括要約リストを利用しよう！**
>
> 最新問題の一括要約リストには、過去10年間の試験に出題された項目の要点がまとめられています。

> **2日間で [問題2] ～ [問題9] が攻略できる！**
> **虎の巻（精選模試）に取り組もう！**
>
> 本書の虎の巻（精選模試）には、本年度の第二次検定に解答するために必要な学習項目が、すべて包括整理されています。

 無料 YouTube 動画講習 受講手順

スマホから
https://get-ken.jp/
GET研究所 検索

← スマホ版無料動画コーナー QRコード
URL　https://get-supertext.com/
(注意)スマートフォンでの長時間聴講は、Wi-Fi環境が整ったエリアで行いましょう。

① スマートフォンのカメラでこの
　 QRコードを撮影してください。

② 画面右上の「動画を選択」を
　 タップしてください。

③ 受講したい受検種別をタップ
　 してください。

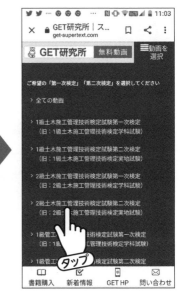

④ 受検種別に関する動画が抽出されます。

画面中央の再生ボタン
をタップすると動画が再
生されます。

※ 動画の視聴について疑問がある場合
　 は、弊社ホームページの「よくある質問」
　 を参照し、解決できない場合は「お問い
　 合わせ」をご利用ください。

https://get-ken.jp/

GET研究所　検索

①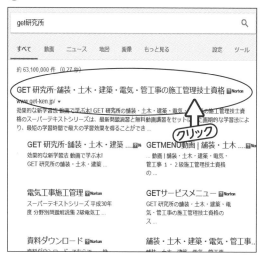

②

市販教材

③画面右上の「動画を選択」をクリックしてください。

④受講したい受検種別をクリックしてください。

⑤受検種別に関する動画が抽出されます。

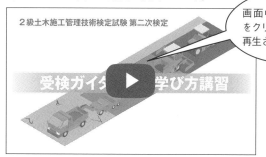

２級土木施工管理技術検定試験 第二次検定

受検ガイド　▶　学び方講習

画面中央の再生ボタンをクリックすると動画が再生されます。

※動画下の YouTube ボタンをクリックすると、大きな画面で視聴できます。

２級土木施工管理技術検定試験 受検ガイダンス

重要 下記のフローチャートは、令和5年度の受検の手引に基づいて作成したものです。
令和6年度の試験日程については、必ずご自身でご確認ください。

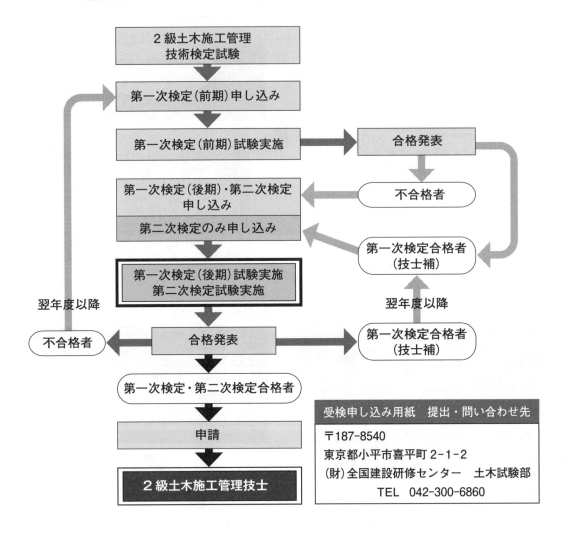

受検申し込み用紙　提出・問い合わせ先

〒187-8540
東京都小平市喜平町2-1-2
(財)全国建設研修センター　土木試験部
　　　TEL　042-300-6860

※令和5年11月9日の報道発表資料に基づく令和6年度の試験実施日程は、下記の通りです。最新の試験実施日程については、必ずご自身でご確認ください。

7月3日(水曜日)	受検申込みの受付けが開始されます。
7月17日(水曜日)	受検申込みの受付けの締切り日です。
10月27日(日曜日)	第一次検定・第二次検定が実施されます。
翌年2月5日(水曜日)	第二次検定の合格発表が行われます。

1 2級土木施工管理技術検定試験第二次検定の概要

　第二次検定は、施工経験記述・施工管理記述・施工管理法基礎知識で構成される。施工経験記述で60％以上の得点を取得し、試験全体で60％以上の得点を取得すれば、第二次検定は合格になると考えられる。第二次検定では、施工経験記述の得点不足による不合格のおそれが最も大きい。

❶ 第二次検定における施工経験記述の重要性 ●●●●●●●●●●●●●●●●●●●●●●●●●●

　第二次検定では、施工経験記述を論文形式で解答する**問題1**は全受検者の必須問題となっており、さらに配点も高くなっている。施工経験記述で不合格と判定されると、それ以外の問題は採点されないものと思われる。

❷ 第二次検定の出題方式 ●●●●●●●●●●●●●●●●●●●●●●●●●●●●●●●●●●●●●●●

　令和2年度から平成27年度までの実地試験（第二次検定の旧称）の出題形式は、一貫して、施工経験記述（1問）・土工（2問）・コンクリート工（2問）が必須問題であり、品質管理（2問）・安全管理（1問）・施工管理（1問）の4問題のうちから、語句選択問題1問と記述問題1問を選択して解答するものであった。しかし、令和3年度以降の第二次検定では、安全管理や施工管理が選択問題ではなく必須問題として出題されているなど、この出題方式が変更されている。こうした出題方式の変更を考慮すると、令和6年度の第二次検定に向けては、土工・コンクリート工・品質管理・安全管理・施工管理のいずれの問題が必須問題として出題されても対応できるように、学習を進めてゆく必要があると考えられる。

令和6年度の第二次検定の出題方式（推定）

問題	出題分野	出題の狙い	出題方式	解答方式	予想配点
問題1	施工経験記述（品質・工程・安全）	土木一式工事の実務者であることの確認	必須	記述	40
問題2	土工・コンクリート工・品質管理・安全管理・施工管理	土木一式工事の施工管理を適確に行うための知識を有するかの判定	必須	語句選択	10
問題3				記述	10
問題4				語句選択	10
問題5				記述	10
問題6	土工・コンクリート工・品質管理・安全管理・施工管理	土木一式工事の主任技術者として必要な応用能力を有するかの判定	いずれかを選択	語句選択	10
問題7				語句選択	10
問題8			いずれかを選択	記述	10
問題9				記述	10

※第二次検定の学習において、その全体像を把握することは極めて重要である。一例として、施工経験記述の配点は40点と最大であるが、この問題は品質管理・工程管理・安全管理のうち、問題文で指定された2つの管理からいずれかを選んで解答する出題方式なので、事前に解答を準備しておくことができるという特徴がある。もしも施工経験記述で満点を獲得することができたのであれば、第二次検定の合格基準が100点満点中60点以上なので、残りの6問題（必須問題4問と選択問題2問）で60点中20点を獲得することができれば合格となる。したがって、最短の学習時間での合格を目標とするのであれば、受検者自身が学習しやすい分野に学習の焦点を絞り込み、徹底してその項目を学習することが効果的である。土木工事のすべての分野における専門家になるのは、試験に合格してからでも構わないのである。

2 初学者向けの標準的な学習手順

※ この勉強法は、初めて第二次検定を受ける方に向けたものです。これまでに２級土木施工管理技術検定試験第二次検定や実地試験（第二次検定の旧称）を受けたことがあるなど、既に自らの勉強法が定まっている方は、その方法を踏襲してください。しかし、この勉強法は本当に効率的なので、勉強法が定まっていない方は、活用することをお勧めします。

　本書では、第二次検定を５日間の集中学習で攻略することを目標にしています。各学習日の学習時間は、５時間を想定しているので、長期休暇を利用して一気に学習することを推奨しますが、毎週末に少しずつ学習することもできます。

　この学習手順は、第二次検定を初めて受検する方が、最短の学習時間で合格できるように構築されています。より詳しい学習手順については、「受検ガイダンス＆学び方講習」の YouTube 動画講習を参照してください。

1日目 の学習手順（最新問題の重要ポイントを把握します）

①完全合格のための学習法（YouTube 動画講習）を視聴してください。

②本書の 10 ページに掲載されている「最新問題の一括要約リスト」を熟読してください。

2日目 の学習手順（土工とコンクリート工を分野別に集中学習します）

①「虎の巻」解説講習（YouTube 動画講習）の土工・コンクリート工を視聴してください。

②虎の巻（精選模試）第一巻及び第二巻の土工・コンクリート工を学習してください。

③本書の第２章「土工」・第３章「コンクリート工」を学習してください。

3日目 の学習手順（品質管理・安全管理・施工管理を分野別に集中学習します）

①「虎の巻」解説講習（YouTube 動画講習）の品質管理・安全管理・施工管理を視聴してください。

②虎の巻（精選模試）第一巻及び第二巻の品質管理・安全管理・施工管理を学習してください。

③本書の第４章「品質管理」・第５章「安全管理」・第６章「施工管理」を学習してください。

4日目 の学習手順（施工経験記述を書くための準備をします）

①施工経験記述の考え方・書き方講習（YouTube 動画講習）を視聴してください。

②本書 419 ページの施工経験記述記入用紙をコピーし、工事概要を書き込んでください。

③品質管理・工程管理・安全管理の施工経験について、ストーリーを作成してください。

　※令和６年度以降の施工経験記述に関する問題の見直しについては、本書の 26 ページを参照してください。

5日目 の学習手順（施工計画・工程管理・品質管理の施工経験記述を実際に書いてみます）

①本書 421 ページにある施工経験記述記入用紙を３枚コピーしてください。

②品質管理・工程管理・安全管理の３つのテーマについて、施工経験を書き込んでください。

　※施工経験記述添削講座（有料）の受講をご希望の方は、本書の 417 ページをご覧ください。

3 学習手順の補足

①この学習手順では、５日間のうち、問題１の施工経験記述には２日間を費やしています。毎年度の試験の傾向から見ると、問題１で不合格と判定された場合、問題２以降は採点されないおそれがあるからです。問題１の施工経験記述は、それだけ重要なのです。

②２日目の学習手順では、土工分野の「動画講習視聴→虎の巻学習→本編学習」を行ってから、コンクリート工分野の「動画講習視聴→虎の巻学習→本編学習」を行うと、分野別に学習を進めることができるので、より効果的です。３日目の学習手順についても同様です。

③２日目と３日目の学習手順では、「虎の巻」解説講習（YouTube 動画講習）を見てから、虎の巻（精選模試）を学習することになっていますが、この方法では、虎の巻（精選模試）を自らの力だけで解いてみる前に、その答えが分かってしまいます。

これを避けたいと思う方は、動画を見る前に、自らの力だけで虎の巻(精選模試)に挑戦してみるという学習方法も考えられます。こちらの方法は、何度か第二次検定や実地試験(第二次検定の旧称)を受けたことがあるなど、既に学習経験のある方にお勧めです。

4 最新問題の一括要約リスト(完全合格のための学習法)

本書の 10 ページ～ 23 ページには、平成 26 年度以降に出題された 問題 2 ～ 問題 9 の要点が集約されています。これを数回通読すると、学習をより確かなものにすることができます。最新問題の一括要約リスト(完全合格のための学習法)は、YouTube 動画講習としても提供しているため、手元にスマートフォンなどがあれば、ちょっとした隙間時間(通勤電車の中や休憩時間など)にも、過去 10 年間の出題内容をまとめて効率よく学習を進めてゆくことができます。

5 「 無料 You Tube 動画講習」の活用

本書の学習と併せて、 無料 You Tube 動画講習 を視聴すると、理解力を高めることができます。是非ご活用ください。本書は、書籍と動画講習の 2 本柱で学習を行えるようになっています。

GET研究所の動画サポートシステム

書籍	無料 You Tube 動画講習
受検ガイダンス	受検ガイダンス＆学び方講習 無料 You Tube 動画講習
最新問題の一括要約リスト	完全合格のための学習法 無料 You Tube 動画講習
施工経験記述	施工経験記述の考え方・書き方講習 無料 You Tube 動画講習
土工 コンクリート工 品質管理 安全管理 施工管理	
虎の巻(精選模試)	「虎の巻」解説講習 無料 You Tube 動画講習

※この表は、「書籍」に記載されている各学習項目(左欄)に対応する「動画講習」のタイトル(右欄)を示すものです。

無料 You Tube 動画講習 は、GET 研究所ホームページから視聴できます。

https://get-ken.jp/

GET 研究所 検 索 ➡ 無料動画公開中 ➡ 動画を選択

2級土木施工管理技術検定試験第二次検定 完全合格のための学習法

この学習法で一発合格を手にしよう!

　「最新問題の一括要約リスト」は、令和5年度から平成26年度までの10回の試験に出題された 問題2 ～ 問題9 について、その問題を解くために最低限必要な事項だけを徹底的に集約したものです。2級土木施工管理技術検定試験第二次検定や実地試験（第二次検定の旧称）では、過去問題から繰り返して出題されている問題が多いので、このリストを覚えておくだけでも一定の学習効果が期待できます。また、このリストを本書の最新問題解説と照らし合わせながら学習を進めることで、短時間で効率的に実力を身につけることができるようになっています。

　 問題1 の施工経験記述については、受検者自身の工事経験を記載するものであるため、「最新問題の一括要約リスト」には記載がありません。しかし、施工経験記述については、安全管理・品質管理・工程管理のうち、2つの出題分野について、あらかじめ自身の工事経験を書いてみることで、事前に準備できるため、合格点を獲得しやすくなっています。

　このリストに付随する無料動画「完全合格のための学習法」では、このリストの活用法や着目ポイントについての解説を行っています。

←スマホ版無料動画コーナー QRコード
URL　https://get-supertext.com/

（注意）スマートフォンでの長時間聴講は、Wi-Fi環境が整ったエリアで行いましょう。

「完全合格のための学習法」の動画講習を、GET研究所ホームページから視聴できます。
https://get-ken.jp/

| GET研究所 | 検索 | ➡ | 無料動画公開中 | ➡ | 動画を選択 |

２級土木施工管理技術検定試験第二次検定　最新問題の一括要約リスト

※ ここに書かれている内容は、解答の要点をできる限り短縮してまとめたものなので、一部の表現が必ずしも正確ではない可能性(前提条件や例外規定を省略しているなど)があります。詳細な解説については、本書の当該年度の最新問題解説を参照してください。

※ 出題方式が年度ごとに異なっているため、各分野に採録されている問題数にはバラツキがあります。一例として、令和４年度の試験では、「土工分野の語句選択問題」の出題がありませんでした。

土工分野の語句選択問題

※ 土工分野の語句選択問題では、土工に関する問題文について、空欄に入る語句(基準書に定められている語句)を、いくつかの語群から選択して記入する問題が出題されます。

問題	空欄	前節—**解答となる語句**—後節
令和５年度 切土法面の施工	(イ)	切土の施工にあたっては、**地質**の変化に注意を払う。
	(ロ)	雨水等による法面侵食や、**崩壊・落石**等が発生しないようにする。
	(ハ)	施工中の法面排水は、仮排水路を**法肩**の上や小段に設けて行う。
	(ニ)	施工中の法面保護は、ビニールシートや**モルタル吹付**により行う。
	(ホ)	礫などの浮石の多い法面では、落石防護網や落石防護**柵**を施す。
令和３年度 盛土の締固め作業・ 締固め機械	(イ)	盛土全体を**均等**に締め固めることが原則である。
	(ロ)	盛土**端部**や隅部(特に法面近く)は、締固めが不十分になりやすい。
	(ハ)	同じ土質であっても、**含水比**の状態で、締固めの適応性が異なる。
	(ニ)	**タイヤローラ**は、機動性に優れ、比較的種々の土質に適用できる。
	(ホ)	振動ローラは、**粘性**に乏しい砂利や砂質土の締固めに効果がある。
令和２年度 切土法面の施工	(イ)	切土法面の施工中は、法面**排水**・法面保護・落石防止を行う。
	(ロ)	切土の施工段階に応じて、順次**上方**から保護工を施工する。
	(ハ)	露出することにより**風化**の早く進む岩は、吹付け処置を行う。
	(ニ)	風化の早く進む岩は、コンクリートや**モルタル**による処置を行う。
	(ホ)	切土法面は、丁張に従って仕上げ面から**余裕**をもたせて掘削する。
令和元年度 盛土の施工 (盛土材料)	(イ)	盛土材料としては、可能な限り、現地**発生土**を有効利用する。
	(ロ)	盛土の**基礎地盤**に草木や切株がある場合は、伐開・除根する。
	(ハ)	盛土材料の含水量調節には、曝気と**散水**がある。
	(ニ)	盛土の施工にあたっては、雨水の浸入による盛土の**軟弱化**を防ぐ。
	(ホ)	盛土自体の崩壊を防ぐため、盛土施工時の**排水**を適切に行う。
平成30年度 構造物の裏込め・ 埋戻し	(イ)	裏込め材料は、**非圧縮性**で透水性があるもの(砂質土)とする。
	(ロ)	裏込め材料は、水の浸入による強度の低下が**少ない**ものとする。
	(ハ)	裏込め・埋戻しの仕上り厚は、**20cm以下**とする。
	(ニ)	構造物縁部は、**ランマ**などの小型締固め機械により締め固める。
	(ホ)	裏込め部の浸透水に対しては、**地下排水溝**を設けて処理する。

問題	空欄	前節—解答となる語句—後節
平成 29 年度 切土の施工	（イ）	施工機械は、地質・**土質**条件などに合わせて選定する。
	（ロ）	切土の施工中に、雨水による法面**浸食**が発生しないようにする。
	（ハ）	切土面は、丁張に従って**仕上げ面**から余裕を持たせて掘削する。
	（ニ）	切土法面では、高さ5m〜10mごとに1m〜2m幅の**小段**を設ける。
	（ホ）	切土部は、常に**表面排水**を考えて適切な勾配をとる。
平成 28 年度 盛土の締固め作業・ 締固め機械	（イ）	盛土材料は、破砕岩から高含水比の**粘性土**まで多種にわたる。
	（ロ）	同じ土質であっても、**含水比**の状態で、締固め方法が異なる。
	（ハ）	タイヤローラは、砕石等の締固めでは**接地圧**を高くする。
	（ニ）	タイヤローラは、**バラスト**を載荷して総重量を変えられる。
	（ホ）	振動ローラは、振動によって土の**粒子**を密な配列に移行させる。
平成 27 年度 土量の変化率と 土量計算	（イ）	土量の変化率 L ＝**ほぐした土量**$[\text{m}^3]$÷地山土量$[\text{m}^3]$である。
	（ロ）	土量の変化率 C ＝**締め固めた土量**$[\text{m}^3]$÷地山土量$[\text{m}^3]$である。
	（ハ）	土量の変化率 L は、土の**運搬**計画の立案に用いられる。
	（ニ）	土量の変化率 C は、土の**配分**計画の立案に用いられる。
	（ホ）	300m^3の地山土量(L=1.2,C=0.8)を締め固めると、**240m^3**になる。
平成 26 年度 盛土の施工 （盛土材料）	（イ）	盛土材料は、締固め後のせん断強度が**高く**なるものが望ましい。
	（ロ）	盛土材料は、**圧縮性**が小さいものが望ましい。
	（ハ）	盛土材料は、吸水による**膨潤性**が低いものが望ましい。
	（ニ）	盛土材料が**良質**で、勾配が緩い場合は、ブルドーザで締め固める。
	（ホ）	法面保護工は、初めに法面**緑化**工の適用を検討する。

土工分野の記述問題

※土工分野の記述問題では、土工に関する問題文について、与えられた課題に対する内容を記述する問題が出題されます。

問題の要点	解答の要点	出題年度
盛土材料として望ましい条件を2つ記述する。	①雨水などによる浸食に強く、吸水による膨潤性が小さいこと。 ②敷均しや締固めが容易であり、締固め後のせん断強さが大きいこと。	令和4年度
法面保護工の工法名と、その目的又は特徴を2つ記述する。	**種子散布工**：浸食を防止し、凍上崩落を抑制し、植生による早期全面被覆を図る。 **ブロック張工**：風化と浸食を防止し、表流水の浸透を防止する。	令和元年度
法面保護工の工法名を5つ記述する。	種子散布工、植生マット工、コンクリート張工、ブロック積擁壁工、グラウンドアンカー工	平成28年度

問題の要点	解答の要点	出題年度
軟弱地盤対策工法から2つを選び、その工法の特徴を記述する。	**サンドマット工法**：地盤の表面に砂を敷設することで、軟弱層の圧密のための上部排水の促進と、施工機械の走行性の改善を図ることができる。 **サンドドレーン工法**：地盤中に透水性の高い砂柱を造成することで、水平方向の排水距離を短くして圧密を促進し、地盤の強度増加を図ることができる。 **表層混合処理工法**：表層部分の軟弱なシルト・粘土と固化材を撹拌混合することで、地盤の安定と施工機械の走行性の改善を図ることができる。 **深層混合処理工法**：深い地盤の軟弱土に固化材を撹拌混合することで、すべり抵抗の増加・変形の抑止・沈下の低減・液状化防止を図ることができる。	令和2年度 平成30年度 平成29年度
盛土の沈下対策・安定確保に有効な工法名を5つ記述する。	盛土載荷重工法、サンドドレーン工法、サンドコンパクションパイル工法、表層混合処理工法、深層混合処理工法	平成27年度
高含水比の現場発生土による盛土に関することを記述する。	**土の含水量の調節**：風や日光による曝気乾燥を行い、土の含水比を低下させる。 **敷均し時の留意点**：こね返しが生じないよう、湿地ブルドーザで敷き均す。	平成26年度

コンクリート工分野の語句選択問題

※コンクリート工分野の語句選択問題では、コンクリート工に関する問題文について、空欄に入る語句（基準書に定められている語句）を、いくつかの語群から選択して記入する問題が出題されます。

問題	空欄	前節―解答となる語句―後節
令和4年度 コンクリートの養生	（イ）	コンクリートを硬化させるために、適当な**温度**と湿度を与える。
	（ロ）	仕上げを終えたコンクリートは、有害な**外力**等から保護する。
	（ハ）	養生では、散水・湛水・**湿布**で覆うなどして、湿潤状態に保つ。
	（ニ）	日平均気温が**低い**ほど、湿潤養生に必要な期間は長くなる。
	（ホ）	**混合セメント**を用いたコンクリートの湿潤養生期間は、長くする。
令和3年度 コンクリートの仕上げ・養生・打継目	（イ）	仕上げ後、固まり始めるまでの間に、**沈下**ひび割れが発生する。
	（ロ）	養生では、コンクリートを**湿潤**状態に保つことが必要である。
	（ハ）	普通ポルトランドセメントは、**5日**以上の養生期間が必要である。
	（ニ）	打継目は、構造上の弱点になり、**漏水**やひび割れの原因になる。
	（ホ）	打継面は、**レイタンス**を完全に取り除き、十分に吸水させる。

問題	空欄	前節―解答となる語句―後節
令和2年度 コンクリートの打込み・締固め・養生	(イ)	表面に集まった**ブリーディング**水は、取り除いてから打ち込む。
	(ロ)	棒状バイブレータは、材料分離の原因となる**横移動**に使用しない。
	(ハ)	打込み後のコンクリートは、一定期間は十分な**湿潤**状態に保つ。
	(ニ)	**普通ポルトランド**セメントの湿潤養生期間は、5日を標準とする。
	(ホ)	コンクリートは、十分に**硬化**が進むまで、必要な温度条件に保つ。
令和元年度 コンクリートの打込み(型枠の施工)	(イ)	型枠は、コンクリートの側圧に対して安全性を確保する。
	(ロ)	せき板の継目は、モルタルが**漏出**しない構造とする。
	(ハ)	型枠は、所定の**精度**内に収まるよう、加工・組立てを行う。
	(ニ)	型枠が所定の間隔以上に開かないよう、**セパレータ**を使用する。
	(ホ)	スラブ・梁下の型枠を取り外せる**圧縮**強度は、14N/mm²である。
平成30年度 コンクリートの仕上げ・養生・打継目	(イ)	仕上げ後、ブリーディングなどが原因の**沈下**ひび割れが発生する。
	(ロ)	仕上げ後、硬化前にひび割れが生じた場合は、**タンピング**を行う。
	(ハ)	**混合**セメント(B種)の湿潤養生期間は、15℃以上なら7日とする。
	(ニ)	打ち継ぐ際には、打継面の**レイタンス**を完全に取り除く。
	(ホ)	打ち継ぐ際には、打継面を十分に**吸水**させる。
平成29年度 コンクリートの打継ぎ	(イ)	打継目は、**漏水**やひび割れの原因になりやすい。
	(ロ)	打ち継ぐ際には、打継面の**レイタンス**を完全に取り除く。
	(ハ)	打ち継ぐ際には、コンクリート表面を**粗**にする。
	(ニ)	打ち継ぐ際には、コンクリート表面を十分に**吸水**させる。
	(ホ)	水密を要する構造物の鉛直打継目では、**止水板**を用いる。
平成28年度 コンクリート用混和材	(イ)	AE剤は、ワーカビリティー・**耐凍害性**などを改善させる。
	(ロ)	減水剤は、単位水量および**単位セメント**量を減少させる。
	(ハ)	高性能減水剤は、**強度**を著しく高めることが可能である。
	(ニ)	高性能AE減水剤は、良好な**スランプ**保持性を有する。
	(ホ)	**防せい剤**は、塩化物イオンによる鉄筋の腐食を抑制させる。
平成27年度 鉄筋の加工・組立て	(イ)	鉄筋とコンクリートとの**付着**を害するものを取り除く。
	(ロ)	鉄筋の交点の要所は、直径**0.8mm以上**の焼なまし鉄線で緊結する。
	(ハ)	鉄筋の**かぶり**を正しく保つため、スペーサを配置する。
	(ニ)	鉄筋は、**常温**で加工することを原則とする。
	(ホ)	コンクリートを打ち込む前に、型枠表面に**はく離**剤を塗っておく。

問題	空欄	前節—**解答となる語句**—後節
平成26年度 コンクリートの 打継目	（イ）	打継目は、できるだけ**せん断力**の小さい位置に設ける。
	（ロ）	水平打継目は、コンクリート表面の**レイタンス**を完全に取り除く。
	（ハ）	鉛直打継目は、打継面を**チッピング**などにより粗にする。
	（ニ）	コンクリートが打継面と密着するよう、打込みと**締固め**を行う。
	（ホ）	水密を要する構造物の鉛直打継目では、**止水板**を用いる。

コンクリート工分野の誤り訂正問題

※コンクリート工分野の誤り訂正問題では、コンクリート工に関する記述の誤りを修正する問題が出題されます。

問題	設問	前節—**解答となる語句**—後節
令和元年度 コンクリートの 施工	①	吐出口から打込み面までの高さは、**1.5m以下**を標準とする。
	②	棒状バイブレータの挿入間隔は、**50cm以下**にするとよい。
	③	仕上げ後に生じたひび割れは、**タンピング**と再仕上げで修復する。
	④	打込み後のコンクリートは、十分な**湿潤状態**に保つ。

コンクリート工分野の記述問題

※コンクリート工分野の記述問題では、コンクリート工に関する問題文について、問題文で与えられた課題に対する内容を記述する問題が出題されます。

問題の要点	解答の要点	出題年度
コンクリートに関する用語から2つを選び、その説明を記述する。	**ブリーディング**：固体材料の沈降・分離によって、練混ぜ水の一部が遊離して上昇する現象である。 **コールドジョイント**：先打ち・後打ちのコンクリート間が、完全に一体化していない不連続面である。 **アルカリシリカ反応**：骨材がセメントのアルカリ分と反応し、膨張ひび割れが生じる現象である。 **スランプ**：フレッシュコンクリートの軟らかさの程度を示す指標である。 **ワーカビリティー**：材料分離を生じることなく、運搬・打込み・締固め・仕上げ等ができる作業のしやすさである。 **AEコンクリート**：AE剤等を用いて、微細な空気泡を含ませたコンクリートである。 **AE剤**：コンクリート中に微細な空気泡を生じさせ、施工性や耐凍害性を向上させる混和剤である。 **流動化剤**：コンクリートの単位水量を減少させ、コンクリートの流動性を大きく高める混和剤である。	**令和5年度** **令和2年度** **平成30年度** **平成29年度** **平成26年度**

問題の要点	解答の要点	出題年度
コンクリートの打込み時または締固め時の留意点を2つ記述する。	①打込み時間は、25℃を超えるなら1.5時間以内、25℃以下なら2.0時間以内とする。(打込み時) ②壁や柱のコンクリートの沈下がほぼ終了してからスラブのコンクリートを打ち込む。(打込み時) ③棒状バイブレータの挿入間隔は50cm以下とし、挿入時間は5秒〜15秒程度とする。(締固め時) ④棒状バイブレータは、コンクリートに穴を残さないように、ゆっくりと引き抜く。(締固め時)	令和3年度
コンクリート打込み前に確認すべき事項を記述する。	**鉄筋工の確認事項**:施工した鉄筋の種類・径・数量などを、設計図書と照合して確認する。 **型枠の確認事項**:型枠と鉄筋との空きが、耐久性照査時に設定したかぶり以上であることを確認する。	平成28年度
コンクリートの養生の役割または方法を2つ記述する。	**養生の役割**:水和反応によるコンクリートの硬化に必要な水分を供給し続けることである。 **養生の方法**:初期養生終了後に、散水や養生マットを用いた後期湿潤養生を行う。	平成27年度

品質管理(土工)分野の語句選択問題

※品質管理(土工)分野の語句選択問題では、土工の品質管理に関する問題文について、空欄に入る語句を、いくつかの語群から選択して記入する問題が出題されます。

問題	空欄	前節―解答となる語句―後節
令和5年度 盛土の締固め管理	(イ)	**品質**規定方式は、一般に、土の締固めの程度を締固め度で規定する。
	(ロ)	**工法**規定方式は、締固め機械の機種や締固め回数などを規定する。
	(ハ)	締固め度の規定値は、一般に、最大**乾燥**密度の90%以上とされる。
	(ニ)	締固め度の規定値は、一般に、最大乾燥密度の**90%以上**とされる。
	(ホ)	工法規定方式は、敷均し厚さなどの工法を**仕様書**に規定する。
令和4年度 土の原位置試験	(イ)	標準貫入試験は、地盤の硬軟などを判定するための**N値**を求める。
	(ロ)	標準貫入試験の結果から、土質柱状図や地質**断面図**を作成する。
	(ハ)	スウェーデン式サウンディング試験は、**軟弱層**の厚さを把握する。
	(ニ)	平板載荷試験は、荷重の大きさと載荷板の**沈下量**との関係を見る。
	(ホ)	平板載荷試験は、**地盤反力**係数(K値)や極限支持力などを調べる。
令和3年度 盛土の施工	(イ)	**薄層**で丁寧に敷均しを行えば、均一でよく締まった盛土になる。
	(ロ)	材料の**自然含水比**は、施工含水比の範囲内に入るよう調節する。
	(ハ)	締固めの目的は、盛土法面の安定や土の**支持力**の増加である。
	(ニ)	締固めの目的は、構造物として必要な**強度特性**を得ることである。
	(ホ)	最適含水比かつ最大**乾燥密度**の土は、その間隙が最小である。

問題	空欄	前節―解答となる語句―後節
令和2年度 土の原位置試験	(イ)	標準貫入試験は、原位置における地盤の**硬軟**を判定する。
	(ロ)	標準貫入試験では、土層の構成を判定するための**N値**を求める。
	(ハ)	平板載荷試験_{へいばんさいか}では、原地盤に載荷板を設置して**垂直荷重**を与える。
	(ニ)	平板載荷試験は、荷重と沈下量の関係から**地盤反力**係数を調べる。
	(ホ)	RI計器による土の密度試験は、土の**含水比**を現場で直接測定する。
令和元年度 盛土の締固め管理	(イ)	**品質**規定方式は、締固め度で規定する方法が最も一般的である。
	(ロ)	**工法**規定方式は、締固め機械の種類・締固め回数などを規定する。
	(ハ) (ニ)	締固め度 $= \dfrac{\text{現場で測定された土の}\textbf{乾燥密度}}{\text{室内試験から得られる土の最大}\textbf{乾燥密度}} \times 100 [\%]$である。
	(ホ)	工法規定方式は、盛土材料の**敷均し**厚さなどを規定する。
平成30年度 盛土の施工	(イ)	盛土材料は水平に敷き、**均等**に締め固める。
	(ロ)	締固めの目的は、土構造物としての**強度特性**を得ることである。
	(ハ)	締固め作業では、所定の**品質**の盛土を確保できるように施工する。
	(ニ)	**自然含水比**が施工含水比の範囲にない場合は、含水量調節を行う。
	(ホ)	含水量調節では、**ばっ気乾燥**・散水などの方法が採られる。
平成28年度 土の原位置試験	(イ)	原位置試験では、砂置換法による土の**密度**試験などが用いられる。
	(ロ)	標準貫入試験は、**N値**(締まり具合)や土質の判断のために行う。
	(ハ)	標準貫入試験の結果から得られる情報は、**土質柱状図**に整理する。
	(ニ)	平板載荷試験_{へいばんさいか}は、載荷板の**沈下量**から地盤反力係数(K値)を求める。
	(ホ)	平板載荷試験は、工事現場での**品質管理**に利用される。

品質管理(土工)分野の記述問題

※品質管理(土工)分野の記述問題では、土工の品質管理の方法などを記述する問題が出題されます。

問題の要点	解答の要点	出題年度
盛土の敷均しおよび締固めの留意事項を記述する。	**敷均し**：埋戻し時の敷均しなど、丁寧な仕上げの作業を行う場合は、建設機械を使用せず、人力で行う。 **締固め**：盛土施工の締固め回数は、使用予定材料ごとに、事前に試験施工を行って決定する。	**平成29年度**
盛土材料として望ましい条件を2つ記述する。	①敷均しや締固めが容易で、締固め後のせん断強度が大きく、圧縮性が小さいこと。 ②雨水などによる浸食に強く、吸水による膨潤性が小さいこと。	**平成27年度**
土質試験の名称を5つ記述する。	標準貫入試験、ポータブルコーン貫入試験、平板載荷試験、土の含水比試験、土粒子の密度試験	**平成26年度**

品質管理(コンクリート工)分野の受入検査に関する問題

※受入検査に関する問題は、語句選択問題・記述問題が混在していますが、まとめて学習した方が覚えやすいので、ここに集約しています。

問題の要点	解答の要点	出題年度
レディーミクストコンクリートの受入検査における判定基準を記述する。	①**スランプ**は、指定値が 8cm〜18cm である場合、許容差は**±2.5cm**である。(**スランプ試験**で確認) ②普通コンクリートの**空気量**は、指定値が 4.5% であり、許容差が**±1.5%**である。(空気量試験で確認) ③塩化物イオン量(**塩化物含有量**)は、**0.3kg /m³以下**と規定されている。(**塩化物含有量試験**で確認) ④圧縮強度の 1 回の試験結果は、指定した**呼び強度**の強度値の**85%以上**でなければならない。 ⑤圧縮強度の 3 回の試験結果の**平均値**は、指定した**呼び強度**の強度値以上でなければならない。 ⑥アルカリシリカ反応は、その対策が講じられていることを、**配合計画書**で確認する。	令和 4 年度 令和元年度 平成 30 年度 平成 28 年度 平成 27 年度 平成 26 年度

品質管理(コンクリート工)分野の語句選択問題

※品質管理(コンクリート工)分野の語句選択問題では、コンクリート工の品質管理に関する問題文について、空欄に入る語句を、いくつかの語群から選択して記入する問題が出題されます。

問題	空欄	前節―解答となる語句―後節
令和 5 年度 鉄筋の組立と型枠の品質管理	(イ)	鉄筋の交点の要所は、直径 0.8mm 以上の**焼なまし鉄線**で緊結する。
	(ロ)	かぶりを保つため、モルタル・コンクリート製の**スペーサ**を用いる。
	(ハ)	継手は、大きな荷重がかかる位置を避け、**同一**の断面に集めない。
	(ニ)	型枠相互の間隔を保つため、**セパレータ**やフォームタイを用いる。
	(ホ)	型枠内面には、**剥離剤**を塗っておくことが原則である。
令和 3 年度 鉄筋・型枠・型枠支保工の品質管理	(イ)	鉄筋の継手箇所は、**同一**の断面に集めないようにする。
	(ロ)	鉄筋の**かぶり**を確保するために、スペーサを用いる。
	(ハ)	型枠は、コンクリートの**側圧**に対し、十分な強度と剛性を要する。
	(ニ)	版の型枠支保工は、沈下や変形を想定し、**上げ越し**をしておく。
	(ホ)	型枠・型枠支保工を取り外す順序は、梁部では**底面**が最後となる。
平成 29 年度 鉄筋の組立と型枠の品質管理	(イ)	棒鋼の品質(適合性)は、製造会社の**試験成績表**により確認する。
	(ロ)	鉄筋は所定の**寸法**や形状に、堅固に組み立てる。
	(ハ)	鉄筋のかぶりを正しく保つために、**スペーサ**を用いる。
	(ニ)	型枠は、荷重や側圧に対し、型枠の**はらみ**が生じないようにする。
	(ホ)	型枠相互の間隔を保つため、**セパレータ**やフォームタイを用いる。

品質管理（コンクリート工）分野の記述問題

※品質管理（コンクリート工）分野の記述問題では、コンクリート工の品質管理の方法などを記述する問題が出題されます。

問題の要点	解答の要点	出題年度
各種コンクリートの打込み時または養生時の留意事項を記述する。	**寒中コンクリート**：初期凍害を防止できる強度が得られるまで、コンクリート温度を5℃以上に保つ。 **暑中コンクリート**：コンクリートの練混ぜ開始から打込み終了までの時間は1.5時間以内とする。 **マスコンクリート**：パイプクーリング通水用の水は、コンクリートとの温度差を20℃以下とする。	令和2年度
レディーミクストコンクリートの表記の意味を記述する。	「普通 - 24 - 8 - 20 - N」の表記は、次の事項を表す。 左側の数値(24)：**呼び強度**の値 中央の数値(8)：**スランプ**の値(荷おろし地点) 右側の数値(20)：**粗骨材**の最大寸法	平成27年度

安全管理分野の語句選択問題

※安全管理分野の語句選択問題では、土木工事の安全管理に関する問題文について、空欄に入る語句を、いくつかの語群から選択して記入する問題が出題されます。

問題	空欄	前節―解答となる語句―後節
令和5年度 明り掘削作業における事業者の義務	（イ）	地山の調査結果に適応する掘削の時期・**順序**を定めて作業を行う。
	（ロ）	地山の崩壊による危険があるときは、**土止め支保工**を設ける。
	（ハ）	土石の落下による危険があるときは、**防護網**を張る。
	（ニ）	地下工作物の**損壊**の危険があるときは、掘削機械等を使用しない。
	（ホ）	その日の作業を**開始**する前に、含水・湧水などの変化を点検させる。
令和2年度 高所作業の安全管理	（イ）	高さが**2m以上**の箇所で作業を行う場合は、作業床を設ける。
	（ロ）	墜落により危険を及ぼすおそれのあるときは、**作業床**を設ける。
	（ハ）	作業床の端や開口部には、**囲い・手すり・覆い**等を設ける。
	（ニ）	架設通路には、高さ**85cm以上**の手すりを設ける。
	（ホ）	足場の組立てでは、**技能講習**修了者から、作業主任者を選任する。
平成29年度 移動式クレーンによる作業の安全管理	（イ）	作業を行うときは、一定の**合図**を定め、**合図**を行う者を指名する。
	（ロ）	上部旋回体と**接触**する箇所に、労働者を立ち入らせてはならない。
	（ハ）	移動式クレーンに、**定格荷重**を超える荷重をかけてはならない。
	（ニ）	吊上荷重が1t以上の玉掛作業は、**技能講習**を修了した者が行う。
	（ホ）	玉掛作業の開始前に、ワイヤロープ等玉掛用具の**点検**を行う。

問題	空欄	前節―解答となる語句―後節
平成 28 年度 明り掘削作業の 安全管理	(イ)	高さが **2m以上**となる地山の掘削では、作業主任者を選任する。
	(ロ)	労働者に危険があるときは、**土止め支保工**を設け、防護網を張る。
	(ハ)	**大雨**の後・中震以上の地震の後には、地山の状態を点検させる。
	(ニ)	転落のおそれがあるときは、**誘導**者を配置し、機械を**誘導**させる。
	(ホ)	作業面に強い影を作らないよう、必要な**照度**を保持する。
平成 27 年度 足場の安全管理	(イ)	高さが **2m以上**の作業場所には、作業床を設ける。
	(ロ)	安全帯(墜落制止用器具)のフックは、**腰より高い位置**に掛ける。
	(ハ)	足場の作業床に設ける手すりの高さは、**85cm以上**とする。
	(ニ)	高さが 5m以上の足場の組立等では、**作業主任者**を選任する。
	(ホ)	吊り足場の作業床は、幅を **40cm以上**とする。
平成 26 年度 墜落事故の 防止対策	(イ)	高さが 2m以上の箇所には、足場を組み立て、**作業床**を設ける。
	(ロ)	作業床の端・開口部には、**囲い**・手すり・覆いを設ける。
	(ハ)	防網を張り、労働者に**安全帯**(墜落制止用器具)を使用させる。
	(ニ)	**安全帯**(墜落制止用器具)の異常の有無について、**随時点検**する。
	(ホ)	高さまたは深さが **1.5 m**を超える箇所には、**昇降設備**を設ける。

安全管理分野の記述問題

※安全管理分野の記述問題では、土木工事における安全対策などを記述する問題が出題されます。

問題の要点	解答の要点	出題年度
移動式クレーン作業と玉掛け作業における事業者の安全対策を記述する。	①**移動式クレーン作業**：運転について一定の合図を定め、合図者を指名し、その者に合図を行わせる。 ②**玉掛け作業**：玉掛用具については、その日の作業を開始する前に、異常の有無について点検する。	**令和 5 年度**
移動式クレーンによる荷下ろし作業の労働災害防止対策を記述する。	①**作業着手前の措置**：巻過防止装置・過負荷警報装置・ブレーキ・クラッチなどの機能を点検する。 ②**作業中の措置**：運転について、事業者が一定の合図を定め、合図者を指名し、合図を行わせる。	**令和 3 年度**
掘削機械による架空線損傷事故の防止対策を記述する。	①掘削機械の運転手に、架空線の種類・場所・高さなどを連絡し、留意事項を周知徹底する。 ②架空線と掘削機械との間に、安全な離隔を確保すると共に、架空線に防護カバーを設置する。	**令和 3 年度**
架空線損傷事故および地下埋設物損傷事故の防止対策を記述する。	①**架空線損傷事故**：架空線に絶縁用防護具を装着し、重機との間に十分な離隔距離を確保する。 ②**地下埋設物損傷事故**：作業指揮者を指名し、その者の直接指揮の下で、ガス管の吊り防護を行う。	**平成 30 年度**

完全合格のための学習法 - 11

問題の要点	解答の要点	出題年度
高さ2m以上の高所作業における墜落災害防止対策を2つ記述する。	①高さが2m以上の作業床の端や開口部には、囲い・手すり・覆いなどを設ける。 ②強風・大雨・大雪などの悪天候による危険が予想されるときは、作業を中止する。	令和4年度
土止め支保工の労働災害防止対策を2つ記述する。	①作業前に、部材の配置や取付け順序などが示された組立図を作成する。 ②切梁（きりばり）や腹起（はらおこ）しは、脱落を防止するため、矢板または杭に確実に取り付ける。	令和元年度

施工管理（施工計画）分野の記述問題

※施工管理（施工計画）分野の記述問題では、土木工事の施工計画における事前調査に関する問題や、土木工事のバーチャートを作成して所要日数を求める問題が出題されます。また、このバーチャートを作成するためには、代表的な土木工事（カルバートなど）の施工手順を把握しておく必要があります。

問題の要点	解答の要点	出題年度
施工計画における事前調査から2つ選び、その実施内容を記述する。	①**自然条件の調査**：工事現場の地形・地質・気象・海象・地下水・湧水などについての調査を行う。 ②**近隣環境の調査**：工事現場の用地・近隣構造物・地下埋設物などについての調査を行う。	令和4年度
バーチャートを作成し、全所要日数を求める。	「作業A(3日)➡作業B(2日)➡作業C(1日)」と進める工事で、「作業Aと作業Bは1日の重複作業」とする場合、次のようなバーチャートが作成される。 <table><tr><td></td><td>1日</td><td>2日</td><td>3日</td><td>4日</td><td>5日</td></tr><tr><td>作業A</td><td>■</td><td>■</td><td>■</td><td></td><td></td></tr><tr><td>作業B</td><td></td><td></td><td>■</td><td>■</td><td></td></tr><tr><td>作業C</td><td></td><td></td><td></td><td></td><td>■</td></tr></table> 全所要日数は、各工種の作業日数の合計から重複作業の日数の合計を差し引いたものである。	令和5年度 令和2年度 平成30年度 平成28年度

問題の要点	解答の要点	出題年度
管渠の施工手順(①～⑧)を求める。	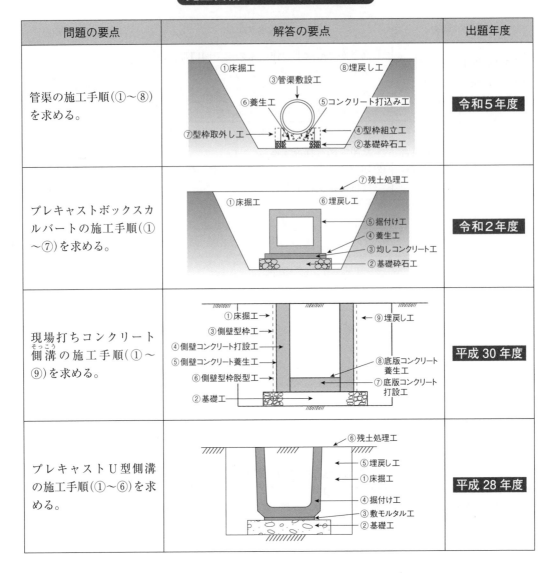	令和5年度
プレキャストボックスカルバートの施工手順(①～⑦)を求める。		令和2年度
現場打ちコンクリート側溝(そっこう)の施工手順(①～⑨)を求める。		平成30年度
プレキャストU型側溝の施工手順(①～⑥)を求める。		平成28年度

施工管理(工程管理)分野の語句選択問題

※施工管理(工程管理)分野の語句選択問題では、土木工事の工程管理に関する問題文について、空欄に入る語句を、いくつかの語群から選択して記入する問題が出題されます。

問題	空欄	前節─解答となる語句─後節
令和4年度 建設工事に用いる 工程表	(イ)	バーチャートは、横軸に部分工事の必要な**日数**を棒線で記入する。
	(ロ)	ガントチャートは、横軸に各工事の**出来高比率**を棒線で記入する。
	(ハ)	ネットワークは、作業相互の関連・順序・**施工時期**を判断できる。
	(ニ)	ネットワークは、**全体**工事と部分工事の関連が明確に表現できる。
	(ホ)	ネットワークは、**クリティカルパス**で重点管理作業を予測できる。

施工管理(工程管理)分野の記述問題

※施工管理(工程管理)分野の記述問題では、各工程表の特徴を記述する問題が出題されます。

問題の要点	解答の要点	出題年度
ネットワーク式工程表と横線式工程表の特徴を記述する。	①**ネットワーク式工程表**:全体工程に影響を与える作業が判明し、作業遅れへの対策が容易である。 ②**横線式工程表**:作成が簡単であり、中小規模の工事における総合工程表に適している。	**令和3年度** **令和元年度**

施工管理(環境保全)分野の記述問題

※施工管理(環境保全)分野の記述問題では、土木工事における環境保全のための対策などを記述する問題が出題されます。

問題の要点	解答の要点	出題年度
特定建設資材から2つ選び、再資源化後の材料名または利用用途を記述する。	**コンクリート**:再生コンクリート砂となり、工作物の埋戻し材料として利用される。 **アスファルト・コンクリート**:再生クラッシャーランとなり、舗装の下層路盤材料として利用される。	**令和5年度** **平成26年度**
建設発生土とコンクリート塊の利用用途を記述する。	**建設発生土**:土木構造物の裏込め材として利用される。 **コンクリート塊**:道路舗装の路盤材料として利用される。	**平成29年度**
ブルドーザまたはバックホウの騒音防止対策を2つ記述する。	①ブルドーザによる掘削押土は、無理な負荷をかけないようにし、後進時の高速走行を避けて行う。 ②バックホウによる掘削は、衝撃力による掘削・不必要な高速運転・無駄な空ぶかしを避けて行う。	**令和4年度** **平成27年度**

第 1 章

施工経験記述

施工経験記述の考え方・書き方講習

無料 YouTube 動画講習

1.1　出題分析

1.2　検定技術試験 重要項目集

1.3　施工経験記述問題の解答例

←スマホ版無料動画コーナー QRコード

URL　https://get-supertext.com/

（注意）スマートフォンでの長時間聴講は、Wi-Fi 環境が整ったエリアで行いましょう。

「施工経験記述の考え方・書き方講習」の動画講習を、GET 研究所ホームページから視聴できます。

https://get-ken.jp/

GET 研究所　検索 ➡ 無料動画公開中 ➡ 動画を選択 ※動画講習は無料で視聴できます。

施工経験記述添削講座　有料 通信講座

※ 施工経験記述添削講座の詳細については、417 ページを参照してください。

1.1 出題分析

1.1.1 最新10年間の施工経験記述の出題内容

年度	最新10年間の施工経験記述の出題内容	
	設　　問	記述事項
令和5年度	あなたが経験した土木工事の「安全管理」または「工程管理」のいずれかを選んで記述する。	①技術的課題 ②検討項目・理由・内容 ③対応処置・その評価
令和4年度	あなたが経験した土木工事の「品質管理」または「工程管理」のいずれかを選んで記述する。	①技術的課題 ②検討項目・理由・内容 ③対応処置・その評価
令和3年度	あなたが経験した土木工事の「安全管理」または「品質管理」のいずれかを選んで記述する。	①技術的課題 ②検討項目・理由・内容 ③対応処置・その評価
令和2年度	あなたが経験した土木工事の「安全管理」または「工程管理」のいずれかを選んで記述する。	①技術的課題 ②検討項目・理由・内容 ③対応処置・その評価
令和元年度	あなたが経験した土木工事の「品質管理」または「工程管理」のいずれかを選んで記述する。	①技術的課題 ②検討項目・理由・内容 ③対応処置・その評価
平成30年度	あなたが経験した土木工事の「品質管理」または「安全管理」のいずれかを選んで記述する。	①技術的課題 ②検討項目・理由・内容 ③対応処置・その評価
平成29年度	あなたが経験した土木工事の「安全管理」または「工程管理」のいずれかを選んで記述する。	①技術的課題 ②検討項目・理由・内容 ③対応処置・その評価
平成28年度	あなたが経験した土木工事の「安全管理」または「品質管理」のいずれかを選んで記述する。	①技術的課題 ②検討項目・理由・内容 ③対応処置・その評価
平成27年度	あなたが経験した土木工事の「品質管理」または「工程管理」のいずれかを選んで記述する。	①技術的課題 ②検討項目・理由・内容 ③対応処置
平成26年度	あなたが経験した土木工事の「安全管理」または「工程管理」のいずれかを選んで記述する。	①技術的課題 ②検討項目・理由・内容 ③対応処置

1.1.2　最新10年間の施工経験記述の分析・傾向

　2級土木施工管理の施工経験記述の課題は、**2課題が出題**され、いずれか1つの課題を**選択**して論文で解答する形式である。（必須問題）

設　問	R5年	R4年	R3年	R2年	R元年	H30年	H29年	H28年	H27年	H26年
品質管理		●	●		●	●		●	●	
工程管理	●	●		●	●		●		●	●
安全管理	●		●	●			●	●		●

●必須問題

　最新の出題傾向から考えると、本年度の試験に向けては、**工程管理・品質管理・安全管理**の3つの管理のうち、少なくとも2つの管理について、十分な練習が必要であると思われる。なお、平成24年度以前の試験では、「現場で工夫した環境対策」などの品質管理・工程管理・安全管理以外の事項を問われることもあったが、平成25年度以降の試験では、一貫して品質管理・工程管理・安全管理からの出題が続いている。

　また、一般財団法人全国建設研修センター（試験実施団体）からは、令和6年度以降の土木施工管理技術検定試験問題について、「受検者の経験に基づく解答を求める設問に関し、自身の経験に基づかない解答を防ぐ観点から、1級と2級の第二次検定においては幅広い視点から経験を確認する設問として見直しを行う。」ことが発表されている。「受検者の経験に基づく解答を求める設問」という記述は、この施工経験記述のことを指している。そのため、令和6年度以降の施工経験記述の問題（幅広い視点からの経験を確認する設問）に対応できるようにするためには、下記の③のような（従来通りの）学習に加えて、下記の①および②のような事項に留意して対策を講じる必要があると予想される。

① あなたが提出した**工事経歴書に示した工事**において、あなたが特に重要と考えて取り組んだ**工程管理・品質管理・安全管理**について、**実施した内容を記述**できるようにする。

② その工事の工事請負代金額や、発注者に提出した**工事記録**の内容や、上司または発注者から指示された管理事項について、あなたが実施した内容を**事前に整理**しておく。

③ 出題内容は公表されていないので、**過去問題についての学習**をしっかりと行う。

令和6年度以降の土木施工管理技術検定試験問題の見直しについて（弊社からのアドバイス）

令和6年度の試験からは、幅広い視点からの経験を確認する設問に対応するのが求められることが予定されています。受検の公平性の観点から、試験実施団体から具体的な課題は発表されていませんが、課題への取り組み方は、今までの通りになると思われるため、過去の課題（工程管理・品質管理・安全管理）について記述できるように学習してください。

1.2 技術検定試験 重要項目集

1.2.1 施工経験記述の形式

〔設問1〕　あなたが**経験した土木工事**に関し、次の事項について解答欄に明確に記入しなさい。

　　〔**注意**〕「経験した土木工事」は、あなたが工事請負者の技術者の場合は、あなたの所属会社が受注した工事内容について記述してください。従って、あなたの所属会社が二次下請業者の場合は、発注者名は一次下請業者名となります。なお、あなたの所属が発注機関の場合の発注者名は、所属機関名となります。

(1) **工事名**

工 事 名	

(2) **工事の内容**

①	発 注 者 名	
②	工 事 場 所	
③	工　　　　　期	
④	主 な 工 種	
⑤	施　　工　　量	

(3) **工事現場における施工管理上のあなたの立場**

立　　場	

〔設問2〕　上記工事で実施した「**現場で工夫した品質管理**」「**現場で工夫した工程管理**」「**現場で工夫した安全管理**」のいずれかを選び、次の事項について解答欄に具体的に記述しなさい。
　(1)特に留意した**技術的課題**
　(2)**技術的課題**を解決するために**検討した項目と検討理由及び検討内容**
　(3)上記検討の結果、**現場で実施した対応処置とその評価**

設問2 の(1)～(3)の行数は、年度によって増減することがあります。

(1) 特に留意した**技術的課題**（7行）

----

(2) 課題を解決するために**検討した項目・理由・内容**（9行）

----

(3) 現場で実施した**対応処置とその評価**（9行）

1.2.2　　工事名の書き方

(1)　　工事名の出題形式と書き方

（1）**工事名**

工 事 名	

　工事名は、土木工事の名称でなければならない。工事名が土木工事でないと認められた者は、ここで不合格となることが多い。工事名は土木工事であることを示す必要がある。

対　策

　建築工事についていえば、建築の基礎工事、外構工事の道路や駐車場の舗装など、工事名については、次のように工夫することで土木工事と認められる。

　　「東京池袋マンション工事」➡東京池袋マンション杭基礎工事

　　「東京池袋マンション外構工事」➡東京池袋マンション駐車場舗装工事

以上のように、土木の「工種」を挿入して示す。

(2)　　実務経験と認められない工事　（あなたの工事もチェックして下さい。）

① 建築工事(基礎工事を除く)、外構工事、ビル・住宅の給水工事、排水配管工事

② 造園工事(園路工事、擁壁工事、広場工事を除く)、植栽工事、墓石工事

③ 地質調査ボーリング工事、さく井工事、架線工事(ケーブル引込み)、測量調査

④ 鉄塔・タンク・煙突、機械の製作及び据付工事(基礎工事を除く)

⑤ 生コン、コンクリート2次製品、アスコン製造管理、道路標識製作管理

⑥ 鉄管、鉄骨の工場製作(橋梁、水門扉を除く)

⑦ 土木鋼構造物塗装工事以外の塗装工事

⑧ 地盤以外の各種構造物に対する薬液注入工事

⑨ 研究所、訓練所、学校でのすべての業務

　　　　あなたが経験した工事が、土木工事の実務経験であると認められるか否か
　　　迷う場合は、(財)全国建設研修センターに連絡し、確認を求めてください。

> **確認先**　一般財団法人　全国建設研修センター　土木試験部
> 　　　　　〒187-8540　東京都小平市喜平町2-1-2
> 　　　　　TEL　042-300-6860
> 　　　　　〔ホームページアドレス〕https://www.jctc.jp/

1.2.3　　工事内容の書き方

(1)　工事内容の出題形式と書き方

(2)　工事の内容

①	発 注 者 名	
②	工 事 場 所	
③	工　　　　　期	
④	主 な 工 種	
⑤	施　　工　　量	

(2)　発注者名の記述

発注者名は、あなたの所属する事業所によって異なる。

① あなたが元請業者の立場のときは、発注先の事業所となり、「国土交通省」、「大阪市」などのように発注機関名を示す。発注機関の管理者氏名は不要である。

② あなたが下請業者の立場のときは、下請業者に発注した元請業者の事業者となり、「○○建設」のように、元請業者の事業者名を示す。

③ あなたが発注者のときは、発注機関名を示す。

(3)　工事場所の記述

　工事場所は、工事の起点となる点の地図上の番地まで示す。道路・鉄道など、工事場所を地図以外のある基準から示す場合は、その基準で工事場所を示す。道路の補修工事のように、点から点へ移動するものは、起点の地図上の場所を示せばよい。

(4)　工期の記述

　工期は、工事は何年も続くものもあるが、かならず1年に1回や2回は検査が行われている。この検査の合格終了工程をもって、工期の終りと考えて、原則としてその工程を工期として記述する。工期と施工量との関係が整合することが評価されるので、その確認が必要である。

(5) 主な工種の記述

「主な工種」のように、「主な」とは、あなたが、これから記述しようとする工種のことである。たとえば、道路拡幅工事で2車線を4車線にするとき、工事の内容は、道路・舗装工事であるが、その道路拡幅工事のうち、路側の擁壁工事を取りあげようとするとき、主な工種は擁壁工であり、舗装工ではない。したがって工事全体からみた主な工種でなく、**「主な工種」とはあなたが経験し記述しようとする工種**のことである。主な工種は多くて2つ～3つ程度にとどめるとよい。主な工種で記述した工種名は、あなたが受検申込書類に記載した工事種別の工事内容に関するものとし、すべて論文の中のどこかで触れることが望ましい。気軽に多数の工種を取り上げないことが大切である。

(6) 施工量の書き方

施工量とは「主な工種」の施工量のことで、擁壁工が「主な工種」なら基礎掘削土量 350 m³、擁壁型枠面積 600 m²、コンクリート打設量 520 m³、使用鉄筋量 26 トンなどのように**量、数値、単位の3つをセットで示す**ことが大切である。

1.2.4 あなたの立場の書き方

(1) 立場の記述形式

(3) **工事現場における施工管理上のあなたの立場**

立　　場	

(2) 立場の記述

① 元請業者の立場：現場監督員、現場監督、主任技術者、現場主任、現場代理人などの管理者の立場、現場主任補佐等

② 下請業者の立場：現場監督、主任技術者、現場主任、現場主任補佐、現場代理人等

③ 発注者の立場：発注者側監督員、監督員、監督員補佐等

誤字は致命傷！

あなたの立場の記述で誤字があると大幅に減点される。よくよく確認して下さい。

◎督➡×督、×督、×賢、◎主任➡×主人

31

1.2.5　技術的課題・検討項目と内容・施工内容

(1)　技術的課題の書き方

技術的課題とは、「**主な工種**」の確保すべき品質、工程、安全等のことである。

次の①～③の出題項目に合わせて、1)～3)のような技術的課題が考えられる。

① 品 質 管 理：1) 路床の品質、路盤の品質、表層の品質の確保

　　　　　　　　2) 各種構造物のコンクリートの品質の確保

　　　　　　　　3) 各種構造物の接合部の品質の確保

② 工 程 管 理：1) 各工程の予定工程の確保

　　　　　　　　2) 各工程の短縮による工程の確保

③ 安 全 管 理：1) 労働者の安全確保

　　　　　　　　2) 第3者(歩行者および一般車両)の安全確保

1 技術的課題の出題形式と記述欄の分割例

　例年、技術的課題は 7 ～ 10 行で記述する(行数は年度によって変動する)。

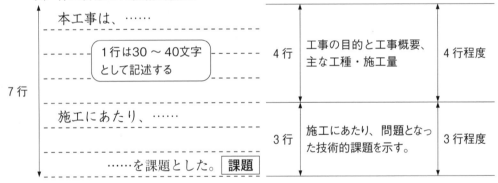

(1) 特に留意した**技術的課題**

本工事は、……	工事の目的と工事概要、主な工種・施工量（4行程度）
1行は30～40文字として記述する（4行）	
施工にあたり、……	施工にあたり、問題となった技術的課題を示す。（3行程度）
……を課題とした。 課題（3行）	

（全体 7行）

2 技術的課題の記述テクニック例

品質管理 の例（下記は1行 20 文字で記述しているが、本試験では1行 30 ～ 40 文字とする）

| ストーリー | 擁壁コンクリートの品質確保を①打込み作業と②養生作業で行う。 |

特に留意した**技術的課題**

一字空白

△本工事は、都道 28 号線の 山吹地区の交通 ← 目的
を緩和する ため、 2 車線を 4 車線に拡幅する ← 工事概要
もので、これに伴い、 平均高さ4ｍの鉄筋コ ← 主な工種（施工量）
ンクリート擁壁 を施工するものである。
△ 施工にあたり 、日平均の気温が 4℃以下 ← 施工上の問題
となることが予想されたため、寒中における
擁壁コンクリートの品質確保 を課題とした。 ← 課題

「、」や「。」をつける。

(2) 技術的課題を解決するための検討項目と検討理由と検討内容

検討内容には、材料（Material）、人・機械（Man・Machine）、施工法（Method）の3M（スリーエム）の項目を含む 検討項目を 2 つ程度 考えて、その内容を示すと、まとめ易い。

① 材料 は、骨材、セメント、土といった素材から、U字溝、ヒューム管などの各種工場製品、レディーミクストコンクリートなど、幅広くとらえて、施工に使用するものは何でも材料の管理となる。さらに、 材料 の中には足場型枠支保工などの「仮設工」の配置、撤去なども含むものと考え、これらの選定する理由を示し、受入れ検査、点検管理について検討したことを記述できる。

② 機械 は、土工機械（ブルドーザ、モータグレーダ、各種ローラ、各種ショベル、ダンプトラック）、吊込み機械（クレーン、移動式クレーンなど）、コンクリート施工機械（コンクリートポンプ、バイブレータ、養生剤散布機）、道路舗装用機械（コンクリートフィニッシャ、アスファルトフィニッシャ、各種ローラ、モータグレーダ、舗装冷却機）、杭打機（ディーゼルパイルハンマ、バイブロハンマ、油圧ハンマ、各種場所打ち機、トレミー管、測深機など）について検討したことを記述できる。

各種工事に応じて用いる機械について、その使用する規格、性能の選定、また、低公害型機械の選定など、機械を選定する理由を示し、施工に必要な機械の利用の順序を検討したことを記述できる。人については増員や増班等を考える。

③ 施工法 については、

(ア) 品質管理では使用材料、使用機械を示して、仕上り厚さ、締固め度、勾配、水密性などの品質確保について記述できる。

(イ) 工程管理では、工期や工程を確保する理由から増班による並行作業、施工時間の延長、工場製品の利用による工期短縮や工程確保を記述できる。

(ウ) 安全管理では、労働者や、第3者の安全を確保する理由から安全施設の設置及び点検、安全誘導、照度の保持、立入禁止区域の明示などを記述できる。

以上の検討内容は、3M(材料、人・機械、施工法)の立場から、具体的な**検討項目を2つ〜3つ程度**示しその**検討理由**と**検討内容**を記述する。

次の表の項目のようにまとめることができる。

〔設問2〕の(2)の検討内容としてとりあげる検討項目の例の一覧表

管理	(1) 使用材料・設備	(2) 人・使用機械	(3) 施工方法
① 工程管理	①材料・設備・手配の管理 ②工場製品の利用で短縮 ③使用材料の変更で短縮	①機械の大型化で短縮 ②使用台数の増加で短縮 ③機械の適正化(組合せ) ④労働力の増大	①施工個所の複数化 ②班の増加や並行作業 ③時間外労働の増加 ④工法の改良
② 品質管理	①材料の良否の管理 ②材料の温度管理 ③材料の受入れ検査	①機械と材料との適合化 ②機械能力の適正化 ③機械と施工法との適合化 ④測量用器具	①敷均し厚・仕上げ厚の適正化 ②締固め・養生の管理 ③締固め度・密度・強度の管理
③ 安全管理	①仮設備の設置・点検 ②仮設材料の安全性の点検	①使用機械の転倒防止 ②機械との接触防止 ③機械の安全点検	①控えの設置 ②立入禁止措置 ③安全管理体制の適正化 ④危険物取扱いの教育

本テキストの記述例は架空の作業で文字数も不足しているため、転写すると不合格となります。本テキストの記述例は記述の方針を理解するのに役立て下さい。

1 技術的課題を解決するための検討項目と検討理由及び検討内容の出題形式と9行分の記述欄の分割例(行数は年度によって変動する)

(2)技術的課題を解決するために**検討した作業項目とその内容**

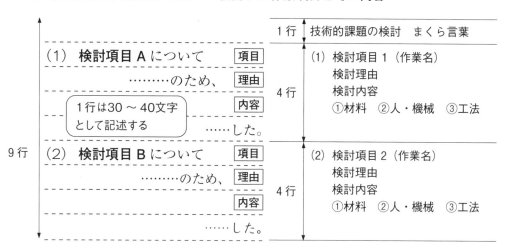

2 検討項目と検討理由及び内容の記述テクニック例(品質管理)

　ここで、作業項目とは、主な工種を擁壁コンクリート工とすれば、運搬作業、打込み作業、締固め作業、打継目作業、養生作業が「**検討項目**」のことである。ここでは検討項目を、(1)打込み、(2)養生の2つの検討項目とした記述例を示す。

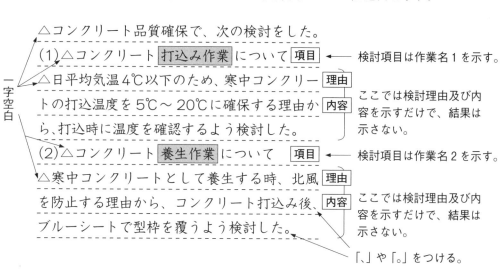

35

(3) | **技術的課題に対して現場で行った内容**

　ここでは、検討内容でとりあげた作業項目の**結果**を示す。行数が余るときはその結果を最後に1行で技術的課題が解決したことを記述する。

　ア：品質管理では、「所要の品質が確保された。」とする。

　イ：工程管理では、「所定の工期または、工程が確保された。」とする。

　ウ：安全管理では、「労働者又は第三者の安全が確保された。」とする。

1 **現場で実施した対応措置の出題形式と記述欄の分割例**

　例年、現場で実施した対応措置は9行で記述する。（行数は年度によって変動する）

(3) 技術的課題に対して**現場で実施した対応措置とその評価**

2 **現場で行った内容の記述テクニック例（品質管理）**

　ここでは、検討した作業についての**実務の数値が必要**である。理屈や理論でなく、何を行ったか**具体的に実施した対応措置の結果を数値で示し、評価する**ことが大切である。

△検討の結果により、次のように施工した。

(1)△レディーミクストコンクリートは13℃ 処置
に指定し、全アジテータ車について、温度計
で10～11℃を確認し打設した。

施工の結果だけ数値等
で示す。

(2)△擁壁天端後部に単管をわたし、擁壁全 処置
面に128枚のブルーシートで覆い保温した。

施工の結果だけ数値等
で示す。

また、初期養生終了後、直ちに散水し、コン
クリート面を湿潤養生とした。

△以上で、コンクリートの品質を確保できた。 評価 処置の評価を示す。

一字空白

例1　安全管理　施工経験記述 問題1 と参考例

問題1　あなたが経験した土木工事のうちから1つの工事を選び、次の〔設問1〕、
〔設問2〕に答えなさい。
〔注意〕あなたが経験した工事でないことが判明した場合は失格となります。

〔設問1〕　あなたが経験した**土木工事**について、次の事項を解答欄に明確に記入しな
さい。
　〔注意〕「経験した土木工事」は、あなたが工事請負者の技術者の場合は、あなたの所
属会社が受注した工事について記述してください。従って、あなたの所属会社
が二次下請業者の場合は、発注者名は一次下請業者名となります。
　　なお、あなたの所属が発注機関の場合の発注者名は、所属機関名となります。

〔設問2〕　上記工事で実施した「**安全管理**」で、特に留意した**技術的課題**、その課題
を解決するために**検討した内容と採用に至った理由**及び現場で実施した**対応
処置とその評価**を、解答欄に具体的に記述しなさい。

〔設問1〕

(1) 工事名

工　事　名	東京都道8号線新川下水道布設工事

(2) 工事の内容

①	発　注　者　名	東京都建設局
②	工　事　場　所	東京都荒川区新座町3丁目-4
③	工　　　　　期	令和元年6月3日～令和元年7月10日
④	主　な　工　種	下水道管布設工、土工
⑤	施　　工　　量	φ400mm、VU管617m（延長） 掘削・埋戻し土量2900m³

(3) 工事現場における施工管理上のあなたの立場

立　　場	現場主任

ストーリー	土留め工内の掘削の安全確保を①ボイリング発生防止対策と②ドライワーク対策で行う。

〔設問2〕工事の施工にあたっての「**安全管理**」について

(1) 特に留意した**技術的課題**

　　本工事は、工事延長L＝617m、内径φ400mmの硬質塩化ビニル管および3号人孔を8基設置するものである。

　　施工にあたり、地盤が砂地盤で、地下水位の高い区間であったため、掘削中にボイリングを生じるおそれがあった。このため、掘削時の労働者の安全確保を課題とした。 課題

(2) 技術的課題を解決するために**検討した内容と採用に至った理由**

　　労働者の災害を防止するため、次の検討をした。

(1) ボイリングの発生の防止対策　☜検討項目

　　布設管開始点から130m～156mの区間はボイリングの発生のおそれがあったので、鋼矢板工法を用いることを検討した。 理由 内容

(2) ドライワーク対策　☜検討項目

　　床掘中のボイリングを防止するため、ウェルポイントで地下水位を低下させ、掘削土は2段で地上に搬出するよう検討した。 理由 内容

(3) 技術的課題に対して現場で実施した**対応処置・評価**

　　検討の結果、次の処置で労働者の安全を確保した。

(1) 長さ6mの鋼矢板を根入れ長さ3mとし、粘土層に打込み支保工を組み立て、掘削中は傾斜計で鋼矢板の変形を常時点検した。 処置

(2) 人力床掘時は、砂地盤の地山の鋼矢板背面に沿って、深さ2.8mのウェルポイントを2m間隔で設置し、地下水を排水して底部を乾燥させ、掘削土は受台を1段設けて搬出した。 処置

以上の処置により、労働災害を防止できた。 評価

スーパーポイント

(1)「安全管理」は、次のいずれかを取り上げる。

① 労働者の災害防止

② 第三者の災害防止

　ここでは労働者の災害防止対策を取り上げる。

(2) 検討項目と検討理由と内容

　検討項目は2つあげ、各項目ごとに内容を記述する。

　①ボイリング発生防止対策では、鋼矢板工法を用いる。

　②床掘時は人力掘削となるのでドライワークとする。

(3) 検討理由の書き方

　～があったので、

　～を防止するため、

(4) 実施した対応処置

　鋼矢板根入れ長さ3mとしボイリング抑制、人力床掘土の地上への搬出方法と、地下水位低下のためウェルポイントでドライとし、労働者の安全確保を示す。

例 2   工程管理　施工経験記述 問題1 と参考例

問題1　あなたが経験した土木工事のうちから1つの工事を選び、次の〔設問1〕、〔設問2〕に答えなさい。

〔注意〕あなたが経験した工事でないことが判明した場合は失格となります。

〔設問1〕　あなたが**経験した土木工事**に関し、次の事項について解答欄に明確に記入しなさい。

　　〔注意〕「経験した土木工事」は、あなたが工事請負者の技術者の場合は、あなたの所属会社が受注した工事内容について記述してください。従って、あなたの所属会社が二次下請業者の場合は、発注者名は一次下請業者名となります。

　　　　　なお、あなたの所属が発注機関の場合の発注者名は、所属機関名となります。

〔設問2〕　上記で実施した「**工程管理**」に関し、次の事項について解答欄に具体的に記述しなさい。

　　(1) 特に留意した**技術的課題**
　　(2) 技術的課題を解決するために**検討した項目、理由、内容**
　　(3) 技術的課題に対して現場で**実施した対応処置とその評価**

〔設問1〕

(1) **工事名**

工 事 名	西東京市放射3号本管延伸工事

(2) **工事の内容**

①	発 注 者 名	西東京市建設部
②	工 事 場 所	東京都西東京市谷戸6丁目9の1
③	工　　　　　期	令和元年9月10日〜令和2年3月20日
④	主 な 工 種	下水管布設工、人孔工
⑤	施　　工　　量	掘削埋し土量4200m³、人孔2号12基 布設管φ600鉄筋コンクリート管 延長1208m

(3) **工事現場における施工管理上のあなたの立場**

立　　場	現場主任

施工経験記述

ストーリー	下水道布設工の工程短縮を①人孔設置作業と②下水管布設作業で行う。

〔設問2〕工事の施工にあたっての「**工程管理**」について

(1) 特に留意した技術的課題

　本工事は、施工区間 800 m の新青梅街道沿いの下り線の歩道下に布設する下水道管新設工事である。布設管はφ600mmの鉄筋コンクリート管延長 1208 m、人孔 2 号を 12 基設けるものであった。施工にあたり、先行する推進工の遅れがあり、下水道管布設工の工期を 18日間短縮することが課題 であった。　　課題

(2) 技術的課題を解決するために検討した内容

　下水道管布設の工程短縮を検討した。

(1) 人孔設置作業について　　✎📖検討項目

　道路占用及び使用の計画を変更するため、人孔の 2 箇所を同時並行させ、現場打ちコンクリートの 養生期間を短縮するよう 検討した。　理由 内容

(2) 下水管布設作業について　　✎📖検討項目

　人孔設置の並行作業のため、管布設と埋戻しの 2 班体制として、布設後、路床と路盤の 2 班後追工程で短縮するよう 検討した。　理由 内容

(3) 技術的課題に対して現場で実施した対応処置・評価

　検討の結果、次の処置で課題を解決した。

(1) 人孔設置工は、2 箇所同時進行させ、管の基礎コンクリートに早強ポルトランドセメントを用いたことで、1 サイクルあたり 2 日間短縮し、6 サイクルで計 12 日間短縮した。　処置

(2) 下水道管の布設を、人孔設置工と同時施工し、路床工の終了区間から順次路盤を連続復旧することで、8 日間短縮した。　処置

以上により、下水道管布設工の工程を確保 できた。　評価

スーパーポイント

(1)「工程管理」は、次の 2 つのいずれかの考え方で記述する。

① 工程の遅れを回復する

② 工程の進捗を確保する

　①は、工程の遅れを回復するには材料・人・機械・工法のいずれか計画と異なる手段を示す。

　②は、工程が遅れないように、材料・機械・工法を計画通りに施工した事を示す。

(2) 検討内容の書き方

　検討内容では、かならず、具体的な「作業名」又は「工種」を検討項目として示し、検討理由についての、短縮方法又は進捗方法を示す。(2) の検討内容では短縮の考え方を示す。具体的な、日数や材料名や機械名は主に (3) の対応処置で示す。

(3) 工程短縮の技術的なテクニック

① 材料：工場製品の利用、

　材料の変更

② 機械：機械能力の増大、増員

　機械台数の増加、

　組合せの変更

③ 工法：複数並行作業、

　工法の変更、残業

例3　品質管理　施工経験記述 問題1 と参考例

問題1　あなたが経験した土木工事のうちから１つの工事を選び、次の〔設問1〕、〔設問2〕に答えなさい。
〔注意〕あなたが経験した工事でないことが判明した場合は失格となります。

〔設問1〕　あなたが**経験した土木工事**に関し、次の事項について解答欄に明確に記入しなさい。
　〔注意〕「経験した土木工事」は、あなたが工事請負者の技術者の場合は、あなたの所属会社が受注した工事内容について記述してください。従って、あなたの所属会社が二次下請業者の場合は、発注者名は一次下請業者名となります。
　　　　なお、あなたの所属が発注機関の場合の発注者名は、所属機関名となります

〔設問2〕　上記で実施した「**品質管理**」に関し、次の事項について解答欄に具体的に記述しなさい。

(1) 特に留意した**技術的課題**
(2) 技術的課題を解決するために**検討した内容**
(3) 技術的課題に対して現場で**実施した対応処置とその評価**

〔設問1〕

(1) **工事名**

工 事 名	国道16号線松戸地区改修工事

(2) **工事の内容**

①	発 注 者 名	国土交通省千葉国道事務所
②	工 事 場 所	松戸市柳川町２丁目９の３
③	工 期	令和元年９月30日〜令和元年11月10日
④	主 な 工 種	切削オーバーレイ工
⑤	施 工 量	切削面積43000m² 排水性舗装面積43000m²

(3) **工事現場における施工管理上のあなたの立場**

立 場	主任技術者

41

施工経験記述

| ストーリー | 排水性舗装の品質確保を①タックコート作業と②転圧作業で行う。 |

〔設問2〕工事の施工にあたっての「品質管理」について

(1) 特に留意した**技術的課題**

　本工事は、国道16号線の松戸地区の既設表層を切削して、新たに排水性舗装4cm厚をオーバーレイするものである。

　施工にあたり、切削後に施工するアスファルト混合物の密着性および、表層の品質を確保する必要があった。このため、特に、排水性舗装の品質確保を課題とした。 `課題`

(2) 技術的課題を解決するために**検討した内容**

　排水性舗装の品質を確保について検討した。

(1) タックコート作業について 　`検討項目`

　既設アスファルト混合物は路面切削機を用いるため、所定の深さに切削し、十分に清掃してのちタックコートをするよう検討した。 `理由` `内容`

(2) 転圧作業について 　`検討項目`

　表層にポーラスアスファルト混合物を用いるため、転圧後の締固め度と空隙率を、密度試験により確認するよう検討した。 `理由` `内容`

(3) 技術的課題に対して現場で実施した対応処置・評価

　検討の結果、次の処置でポーラスアスファルト混合物の品質を確保した。

(1) 路面切削機を自動制御により施工し、切削路面のダスト等をスイーパーで除去し、タックコートとしてPKR-T 0.5ℓ/m² を散布した。 `処置`

(2) 混合物の敷均し温度150℃、2次転圧6回、仕上げ温度80℃で締め固め、コア抜取検査で、締固め度94%、空隙率20%を確保できた。 `処置`

以上の結果、排水性舗装の品質が確保できた。 `評価`

スーパーポイント

(1) 「品質管理」：仕様書に定められた「品質規格値」を参考にして、請負人が「品質管理限界値」を定める。

(2) 舗装の例：発注者検査10000m²に1回、請負者試験1000m²に1回とすることで異なる。

工　種	締固め度〔%〕	
	品質規格	管理限界
下層路盤	95以上	93以上
上層路盤	95以上	93以上
基　層	96以上	94以上
表　層	96以上	94以上
試験頻度	検査基準 10000m² に1回	管理試験 1000m² に1回

(3) 検討内容では、まず検討項目として作業項目を示し、続いてその項目の解決策の「考え方」を示す。「具体的数値」は(3)の処置で示す。

1.3 問題1 施工経験記述問題の解答例

令和5年度　安全管理または工程管理

必須問題

【問題　1】　あなたが経験した土木工事の現場において，工夫した安全管理又は工夫した工程管理のうちから1つ選び，次の〔設問1〕，〔設問2〕に答えなさい。
〔注意〕　あなたが経験した工事でないことが判明した場合は失格となります。

〔設問1〕　あなたが経験した土木工事に関し，次の事項について解答欄に明確に記述しなさい。

〔注意〕　「経験した土木工事」は，あなたが工事請負者の技術者の場合は，あなたの所属会社が受注した工事内容について記述してください。従って，あなたの所属会社が二次下請業者の場合は，発注者名は一次下請業者名となります。
なお，あなたの所属が発注機関の場合の発注者名は，所属機関名となります。

(1)　工　事　名
(2)　工事の内容
　　　①　発注者名
　　　②　工事場所
　　　③　工　　期
　　　④　主な工種
　　　⑤　施　工　量
(3)　工事現場における施工管理上のあなたの立場

〔設問2〕　上記工事で実施した「現場で工夫した安全管理」又は「現場で工夫した工程管理」のいずれかを選び，次の事項について解答欄に具体的に記述しなさい。
ただし，安全管理については，交通誘導員の配置のみに関する記述は除く。

(1)　特に留意した技術的課題
(2)　技術的課題を解決するために検討した項目と検討理由及び検討内容
(3)　上記検討の結果，現場で実施した対応処置とその評価

※令和2年度以降の試験問題では、ふりがなが付記されるようになりました。

43

令和5年度 | 安全管理 | 道路改修工事に伴う災害の防止の参考例

【問題　1】　あなたが経験した土木工事の現場において，工夫した安全管理又は工夫した工程管理のうちから1つ選び，次の〔設問1〕，〔設問2〕に答えなさい。

〔注意〕　あなたが経験した工事でないことが判明した場合は失格となります。

〔設問1〕　あなたが経験した土木工事に関し，次の事項について解答欄に明確に記述しなさい。

(1) 工事名

工 事 名	国道5号線六稜郭地区道路改修工事

(2) 工事の内容

①	発 注 者 名	国土交通省北海道開発局渡島開発建設部
②	工 事 場 所	北海道渡島市六稜郭地区
③	工 　 　 期	令和3年1月11日～令和3年8月13日
④	主 な 工 種	路盤工、基層工、表層工
⑤	施 　 工 　 量	施工総延長：300m、路盤工・基層工・表層工それぞれの施工面積：各5400m²

(3) 工事現場における施工管理上のあなたの立場

立 　 場	現場代理人

参考　仮囲いの出入口付近での留意事項(引戸式の例)

第三者の危険が予測されるときは、高さ1.8m以上の仮囲いを設ける

必要に応じてタイヤ洗浄設備等を設ける

出入口であることの標示 一般の立入りを禁止する標示

仮囲い・出入口は強風等により倒壊しないよう補強をする

作業所の出入口は引戸式等の扉を設ける

扉は作業に支障のない場合閉鎖する

出入口付近の公道を残土等により汚さない 必要に応じて床面(舗装)を養生する 歩行者がつまづくような段差を設けない

車両の出入時誘導員を配置し、車両の誘導をさせる

工事用ゲート(車両出入口)の設置における基本事項　　　出典：建築工事安全施工技術指針・同解説

● 一般交通に支障を及ぼさない位置に設ける。
● 引戸式とし、大型車両の出入が容易な高さと幅を確保する。
● 床面は舗装養生し、歩行者の躓きや転倒を防止する。
● 公衆災害を防止するためのカーブミラーを設ける。

● 関係者以外の立入を禁止する旨の標示板を設ける。
● 強風時に転倒しないよう、控えを設けるなど工夫する。
● 車両動線上に、障害物がないようにする。

ストーリー

市街地の道路改修工事に際して、資材の搬出入に伴う公衆災害や、機械と労働者との接触による労働災害を防止するため、次のような対策を講じる。
①公衆災害の防止：公衆と工事車両との接触や、資材の落下を防止する。
②労働災害の防止：後進する転圧機械が、作業員に接触しないようにする。

〔設問2〕 **現場で工夫した安全管理**

(1) **安全管理**で特に留意した**技術的課題**

スーパーポイント

本工事は、国道5号線六稜郭地区において、経年劣 (現場状況) 工事の理由

化によるひび割れの多発に対応するため、舗装の維持修

繕を図るものである。施工区間では、ひび割れが修繕段 (工事概要) 本体工事の概要

階に達しているため、路盤を含めた舗装打換え工法を要 (施工環境) 技術的課題の要因

することが判明した。これは、大型機械による作業とな

るため、資材の搬出入に伴う公衆災害防止と、機械と作 (課題) 品質管理上の課題

業員との接触による労働災害防止を技術的課題とした。

(2) 技術的課題を解決するために**検討した項目と検討**
　　理由及び検討内容

予め想定したストーリーを展開する。

① 作業場の出入口付近における公衆災害の防止 (検討項目) 第1の検討項目

　作業場の出入口では、工事車両と公衆との接触や、資 (検討理由) 検討が必要になる理由

材の落下による事故が生じやすい。そのため、扉の構 (検討内容) 防災措置の方針や内容

造について検討し、資材を帆布で覆うことを検討した。

② 車両系建設機械と労働者の接触による労働災害の防止 (検討項目) 第2の検討項目

　転圧機械は、作業員との接触が生じやすい後進によ (検討理由) 検討が必要になる理由

る作業を行うことがあるため、作業員の死亡事故に繋

がりやすい。そのため、立入禁止区域を明確に設定し、 (検討内容) 防災措置の方針や内容

転圧機械の運転の合図を明確化することを検討した。

(3) 上記検討の結果、**現場で実施した対応処置とその評価**

① 作業場の出入口には、引戸式の扉を設け、作業に必 (対応処置)

　要のない限りこれを閉鎖して、公衆の立入りを禁じる

建設工事公衆災害防止対策要綱(土木工事編)から当該工事に係る事項を記載(処置)

　標示板を掲げた。出入りする車両には、風圧に対して

　安全な構造であることを確認した帆布を掛けた。

② 運転中の転圧機械との接触による危険がある範囲の (対応処置)

　境界に、立入禁止柵を設けた。作業員が範囲内に立ち

労働安全衛生規則から当該工事に係る事項を記載(処置)

　入るときに備えて、転圧機械の運転についての合図は、

　事業者の立場から現場代理人自らが統一的に定めた。

以上の処置により、公衆災害と労働災害を防止できた。 (その評価) 災害防止ができたことを示す。(評価)

※本書の解答例は架空の工事なので、本試験でそのまま転記すると不合格になります。

令和5年度 | 工程管理 | 道路改修工事に伴う工程短縮の参考例

【問題　1】　あなたが経験した土木工事の現場において，工夫した安全管理又は工夫した工程管理のうちから1つ選び，次の〔設問1〕，〔設問2〕に答えなさい。

〔注意〕　あなたが経験した工事でないことが判明した場合は失格となります。

〔設問1〕　あなたが経験した土木工事に関し，次の事項について解答欄に明確に記述しなさい。

(1)　工事名

工 事 名	渡島桧山自動車道尖岳地区延伸工事

(2)　工事の内容

①	発 注 者 名	国土交通省北海道開発局渡島開発建設部
②	工 事 場 所	北海道上国市尖岳地区
③	工　　　期	令和3年3月22日～令和3年9月10日
④	主 な 工 種	路体盛土工（主に盛土の締固め管理）
⑤	施 工 量	施工総延長900m、平坦化工事の面積10800m²、切土量3000m³、盛土量8000m³

(3)　工事現場における施工管理上のあなたの立場

立 場	現場主任

参考　TS（トータルステーション）・GNSS（全球測位衛星システム）を用いた盛土の情報化施工

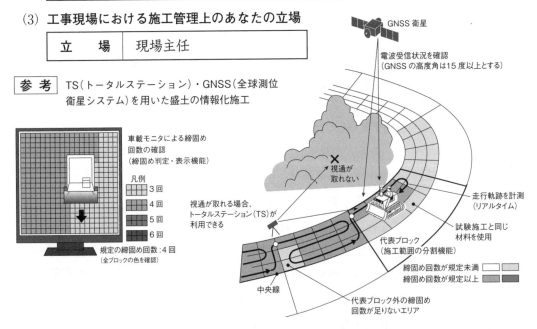

ストーリー　山間部の道路延伸工事に際して、盛土の締固め管理に要する時間を短縮するため、「TS・GNSSを用いた盛土の締固め管理要領」を採用する。
①品質確認の省力化：現場密度試験を省略するため、適切な工法を定める。
②帳票作成の自動化：帳票作成に時間をかけないよう、作成を自動化する。

〔設問2〕 現場で工夫した工程管理

(1) 工程管理で特に留意した技術的課題

　本工事は、渡島地域周辺の物流量の増加に対応する (現場状況)　工事の理由

ため、起伏がある尖岳地区における自動車道の延伸工事 (工事概要)　本体工事の概要

の一環として、盛土施工を行うものである。当初は2月

中に着工する予定であったが、新型コロナウイルス感染 (施工状況)　技術的課題の要因

症の流行による影響を受けて、工事の開始が遅れていた。

そのため、品質確認に時間のかかる盛土の締固め管理を (課題)　工程管理上の課題

効率化し、工程の短縮を図ることを技術的課題とした。

(2) 技術的課題を解決するために検討した項目と検討　　　予め想定したストーリー

　　理由及び検討内容　　　　　　　　　　　　　　　　を展開する。

① 試験施工の実施による本体盛土の品質確認の省力化 (検討項目)　第1の検討項目

　砂置換法を用いて締固め後の現場密度を直接計測す　　　　　(当初の予定・内容)

る予定であったが、この方法は土試料の分析に多大 (検討理由)　予定を変更した理由

な時間がかかるので、事前に試験施工を行い、盛土 (検討内容)　変更後の予定・内容

の施工品質の確認を省力化することを検討した。

② 締固め管理資料(日常管理帳票等)の作成の自動化 (検討項目)　第2の検討項目

　感染症による作業員の療養に伴い、手作業による帳票　　　(当初の予定・内容)

作成に費やせる時間が少なくなったので、施工管理デー (検討理由)　予定を変更した理由

タを自動的に記録できるシステムの導入を検討した。 (検討内容)　変更後の予定・内容

(3) 上記検討の結果、現場で実施した対応処置とその評価

① 事前に試験施工を行うことで、所定の品質を確保でき (対応処置)　TS・GNSSを用いた盛土

る撒き出し厚と締固め回数を求めた。施工にあたり、　　　　の締固め管理要領から関

層厚管理と回数管理が確実に行われていることを確認　　　連する事項を記載(処置)

し、現場密度試験を省力化して盛土施工を完了させた。

② 締固め機械の走行位置をリアルタイムで計測し、車載 (対応処置)　TS・GNSSを用いた盛土

モニタに表示・記録することにより、締固め層厚分布　　　　の締固め管理要領から関

図・走行軌跡図が自動的に出力されるようにした。　　　連する事項を記載(処置)

以上の処置により、盛土の締固めの工程を20日間短 (その評価)　工程短縮ができたことを

縮できたので、当初の予定通りに盛土工事が完了した。　　　示す。(評価)

※本書の解答例は架空の工事なので、本試験でそのまま転記すると不合格になります。

令和4年度　品質管理または工程管理

必須問題　●

【問題　1】　あなたが経験した土木工事の現場において，工夫した品質管理又は工夫した工程管理
のうちから1つ選び，次の〔設問1〕，〔設問2〕に答えなさい。
〔注意〕　あなたが経験した工事でないことが判明した場合は失格となります。

〔設問1〕　あなたが経験した土木工事に関し，次の事項について解答欄に明確に記述しなさい。

〔注意〕　「経験した土木工事」は，あなたが工事請負者の技術者の場合は，あなたの所属
会社が受注した工事内容について記述してください。従って，あなたの所属会社が
二次下請業者の場合は，発注者名は一次下請業者名となります。

なお，あなたの所属が発注機関の場合の発注者名は，所属機関名となります。

(1)　工　事　名
(2)　工事の内容
　　① 発注者名
　　② 工事場所
　　③ 工　　期
　　④ 主な工種
　　⑤ 施　工　量
(3)　工事現場における施工管理上のあなたの立場

〔設問2〕　上記工事で実施した「現場で工夫した品質管理」又は「現場で工夫した工程管理」の
いずれかを選び，次の事項について解答欄に具体的に記述しなさい。

(1)　特に留意した技術的課題
(2)　技術的課題を解決するために検討した項目と検討理由及び検討内容
(3)　上記検討の結果，現場で実施した対応処置とその評価

※令和2年度以降の試験問題では、ふりがなが付記されるようになりました。

令和4年度 | 品質管理 | 道路改修工事における品質確保の参考例

【問題 1】 あなたが経験した土木工事の現場において，工夫した品質管理又は工夫した工程管理のうちから1つ選び，次の〔設問1〕，〔設問2〕に答えなさい。

〔注意〕 あなたが経験した工事でないことが判明した場合は失格となります。

〔設問1〕 あなたが経験した土木工事に関し，次の事項について解答欄に明確に記述しなさい。

(1) 工事名

工 事 名	岐阜県道88号線萩野地区

(2) 工事の内容

①	発 注 者 名	岐阜県道路局
②	工 事 場 所	岐阜県高原市萩野地区
③	工　　　　期	令和3年4月18日～令和3年9月27日
④	主 な 工 種	路床工、路盤工、表基層工
⑤	施　　工　　量	路床工(セメント安定処理)720m³、路盤工(瀝青安定処理)864m³、表基層工(アスファルト混合物)432m³

(3) 工事現場における施工管理上のあなたの立場

立　　　　場	現場主任

参 考　道路のアスファルト舗装における構築路床の安定処理の手順

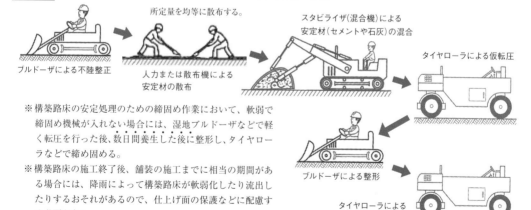

所定量を均等に散布する。

ブルドーザによる不陸整正　　人力または散布機による安定材の散布　　スタビライザ(混合機)による安定材(セメントや石灰)の混合　　タイヤローラによる仮転圧

ブルドーザによる整形　　タイヤローラによる締固め(本転圧)

※構築路床の安定処理のための締固め作業において、軟弱で締固め機械が入れない場合には、湿地ブルドーザなどで軽く転圧を行った後、数日間養生した後に整形し、タイヤローラなどで締め固める。

※構築路床の施工終了後、舗装の施工までに相当の期間がある場合には、降雨によって構築路床が軟弱化したり流出したりするおそれがあるので、仕上げ面の保護などに配慮する必要がある。

ストーリー	道路改修工事に際して、豪雨による路床の軟弱化により、不同沈下が多発し、舗装表面に亀裂が生じていたので、路床・路盤の改修による品質確保を行う。 ①路床軟化の防止：セメント安定処理工法を採用して路床を固化させる。 ②路盤変形に対応：変形に追従できるフルデプスアスファルト舗装とする。

〔設問2〕現場で工夫した品質管理

(1) 品質管理で特に留意した**技術的課題**

　本工事は、岐阜県道88号線の上下線480mについ （現場状況）　工事の理由

て、舗装の経年劣化に対応するため、比較的標高の低い （工事概要）　本体工事の概要

水田地帯において、路床から打ち換える工事である。

　本工事では、令和2年7月豪雨の影響により、浸水 （施工環境）　技術的課題の要因

して軟弱化した路床の耐久性を高めると共に、不同沈下

を防止できる構造とすることを要求されていた。そのため、（課題）　品質管理上の課題

路床と表基層の品質基準の確保を技術的課題とした。

(2) 技術的課題を解決するために**検討した項目と検討**　　予め想定したストーリー

　　　理由及び検討内容　　　　　　　　　　　　　　　を展開する。

① 耐水性のある路床の構築による軟弱化の防止 （検討項目）　第1の検討項目

　水田地帯の直下にある路床は、浸透水の影響を受け （検討理由）　品質が問題となる理由

やすいので、水を通しにくく、水を含んでも強度が低 （検討内容）　品質確保のための方針

下しにくいセメント安定処理工法の採用を検討した。

② 変形に追従できる路盤の構築による不同沈下の防止 （検討項目）　第2の検討項目

　浸水による路盤の不同沈下が発生すると、舗装表面 （検討理由）　品質が問題となる理由

にひび割れが発生し、舗装としての品質が損なわれ

るので、不同沈下による路盤の変形に追従できるフ （検討内容）　品質確保のための方針

ルデプスアスファルト舗装の採用を検討した。

(3) 上記検討の結果、**現場で実施した対応処置とその評価**

① アスファルト混合物と路盤を撤去した後、路床面にセ （対応処置）　第1の検討項目の対応処

　メントを散布してスタビライザで混合し、タイヤローラ　　　置を、具体的な数値や方

　で十分に締め固めた。施工後は、路床の締め固め度が　　法をあげて示す。

　93%以上であることを確認した。

② フルデプスアスファルト舗装の施工にあたり、路床上 （対応処置）　第2の検討項目の対応処

　にタックコートを均一に散布した後、一層の敷均し厚　　　置を、具体的な数値や方

　さを5cmとする一般工法で施工した。施工後は、路　　　法をあげて示す。

　盤の締め固め度が95%以上であることを確認した。

以上の処置により、所要の品質を確保することができた。（その評価）　品質の確保ができたこと

　　　　　　　　　　　　　　　　　　　　　　　　　　　を示す。

※本書の解答例は架空の工事なので、本試験でそのまま転記すると不合格になります。

令和4年度 | 工程管理 | 道路改修工事における工程短縮の参考例

【問題 1】 あなたが経験した土木工事の現場において，工夫した品質管理又は工夫した工程管理のうちから1つ選び，次の〔設問1〕，〔設問2〕に答えなさい。

〔注意〕 あなたが経験した工事でないことが判明した場合は失格となります。

〔設問1〕 あなたが経験した土木工事に関し，次の事項について解答欄に明確に記述しなさい。

(1) 工事名

工 事 名	岐阜県道88号線萩野地区

(2) 工事の内容

①	発 注 者 名	岐阜県道路局
②	工 事 場 所	岐阜県高原市萩野地区
③	工 期	令和3年4月18日〜令和3年9月27日
④	主 な 工 種	路床工、路盤工、表基層工、排水工
⑤	施 工 量	路床工720m³、路盤工864m³、表基層工432m³、排水工(U字溝)260m

(3) 工事現場における施工管理上のあなたの立場

立 場	現場主任

参考 一般的なアスファルト舗装とフルデプスアスファルト舗装の違い

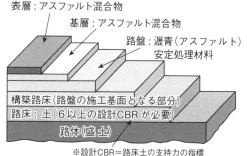

一般的なアスファルト舗装の構造
表層：アスファルト混合物
基層：アスファルト混合物
上層路盤：粒状材料（粒度調整砕石など）
下層路盤：粒状材料（クラッシャランなど）
路床：土
路体(盛土)

フルデプスアスファルト舗装の構造
表層：アスファルト混合物
基層：アスファルト混合物
路盤：瀝青（アスファルト）安定処理材料
構築路床(路盤の施工基面となる部分)
路床：土(6以上の設計CBRが必要)
路体(盛土)
※設計CBR＝路床土の支持力の指標

※ フルデプスアスファルト舗装は、粒状路盤材料を使用せず、すべての層を瀝青（アスファルト）で構築した舗装である。
利点 施工期間が短く、弾力性があり、総厚を薄くできる。 欠点 路床の支持力が小さい場合は、品質を確保できない。

ストーリー	道路改修工事に際して、豪雨による路床の軟弱化により、追加の路床工が必要となり、後続の路盤工・表基層工・排水工の工程短縮が必要になった。 ①工法変更：フルデプスアスファルト舗装を採用して工期短縮を図る。 ②並行作業：表基層工と排水工の並行作業を行って工期短縮を図る。

〔設問2〕 現場で工夫した工程管理

スーパーポイント

(1) **工程管理**で特に留意した**技術的課題**

　本工事は、岐阜県道88号線の上下線480mについて、（現場状況）

舗装の経年劣化に対応するため、路盤と表基層を打ち換（工事概要）

えると共に、低標高の区間に排水工を施す工事である。

　本工事では、令和2年7月豪雨の影響により、路床の（施工環境）

軟弱化が進んでおり、路床の改良工事が追加で必要になっ

た。これにより、後続する路盤工の着工が20日遅れたの（課題）

で、路盤工と表基層工の工程短縮を技術的課題とした。

現場状況	工事の理由
工事概要	本体工事の概要
施工環境	技術的課題の要因
課題	工程管理上の課題

(2) 技術的課題を解決するために**検討した項目と検討**
　　理由及び検討内容

予め想定したストーリーを展開する。

① フルデプスアスファルト舗装の採用による工程短縮（検討項目）

　路盤は、セメント安定処理した粒状材料で、2層に

分けて施工する予定であったが、路床の改良工事で6（検討理由）

以上の設計CBRを確保することで、1層仕上げに対（検討内容）

応したフルデプスアスファルト舗装の採用を検討した。

② 表基層工と排水工の並行作業による工程短縮（検討項目）

　排水工は、表基層工の完了後に行う工程であったが、

下請業者との間で工程調整を行い、排水工と表基層（検討理由）

工の並行作業による工程短縮を検討した。（検討内容）

検討項目	第1の検討項目 （当初の予定・内容）
検討理由	予定を変更した理由
検討内容	変更後の予定・内容
検討項目	第2の検討項目 （当初の予定・内容）
検討理由	予定を変更した理由
検討内容	変更後の予定・内容

(3) 上記検討の結果、**現場で実施した対応処置とその評価**

① 軟弱化が著しい80mの区間の路床について、深さ25（対応処置）

cmまでセメント安定処理して路盤の施工基面とし、瀝

青安定処理材料による路盤を構築した。表基層工は、一

層の厚さを15cmとするシックリフト工法を採用した。

② 表基層の耐水性を高めるため、骨材の最大粒径を（対応処置）

13mmとした。併せて、工場製作のU字溝を発注し、

路盤工の完了後、直ちにU字溝の設置を開始した。

以上の処置により、路盤工と表基層工の工程を20日（その評価）

間短縮したので、予定の期日通りに施工を完了できた。

対応処置	第1の検討項目の対応処置を、具体的な数値や方法をあげて示す。
対応処置	第2の検討項目の対応処置を、具体的な数値や方法をあげて示す。
その評価	工程短縮ができたことを示す。

※本書の解答例は架空の工事なので、本試験でそのまま転記すると不合格になります。

令和３年度　安全管理または品質管理

必須問題　●

> 【問題　1】　あなたが経験した土木工事の現場において，工夫した安全管理又は工夫した品質管理のうちから１つ選び，次の〔設問１〕，〔設問２〕に答えなさい。
>
> 〔注意〕　あなたが経験した工事でないことが判明した場合は失格となります。

〔設問１〕　あなたが経験した土木工事に関し，次の事項について解答欄に明確に記述しなさい。

> 〔注意〕　「経験した土木工事」は，あなたが工事請負者の技術者の場合は，あなたの所属会社が受注した工事内容について記述してください。従って，あなたの所属会社が二次下請業者の場合は，発注者名は一次下請業者名となります。
>
> なお，あなたの所属が発注機関の場合の発注者名は，所属機関名となります。

(1)　工　事　名
(2)　工事の内容
　　　①　発注者名
　　　②　工事場所
　　　③　工　　期
　　　④　主な工種
　　　⑤　施　工　量
(3)　工事現場における施工管理上のあなたの立場

〔設問２〕　上記工事で実施した「現場で工夫した安全管理」又は「現場で工夫した品質管理」のいずれかを選び，次の事項について解答欄に具体的に記述しなさい。

　　　ただし，安全管理については，交通誘導員の配置のみに関する記述は除く。

(1)　特に留意した技術的課題
(2)　技術的課題を解決するために検討した項目と検討理由及び検討内容
(3)　上記検討の結果，現場で実施した対応処置とその評価

※令和２年度以降の試験問題では、ふりがなが付記されるようになりました。

令和3年度 | 安全管理 | 河川堤防復旧工事に伴う災害防止の参考例

【問題　1】　あなたが経験した土木工事の現場において，工夫した安全管理又は工夫した品質管理のうちから1つ選び，次の〔設問1〕，〔設問2〕に答えなさい。
　〔注意〕　あなたが経験した工事でないことが判明した場合は失格となります。

〔設問1〕　あなたが経験した土木工事に関し，次の事項について解答欄に明確に記述しなさい。

(1) 工事名

工 事 名	千広川左岸佐栗工区復旧工事

(2) 工事の内容

①	発 注 者 名	千広川河川事務所
②	工 事 場 所	長野県千広市千広川佐栗工区
③	工 　 　 期	令和2年8月10日～令和3年2月26日
④	主 な 工 種	河川堤防盛土工、浚渫工
⑤	施 　 工 　 量	盛土量12800m³、搬入土量8300m³、浚渫土量4500m³

(3) 工事現場における施工管理上のあなたの立場

立 　 場	主任技術者

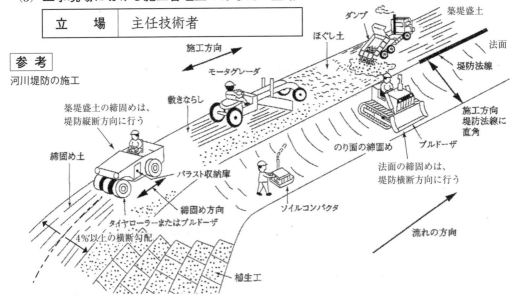

参考
河川堤防の施工

ストーリー	工事現場の出入口における公衆災害と、多くの建設機械が稼働する工事現場における労働災害を防止するため、次のような対策を講じる。 ①公衆災害の防止：工事車両と歩行者との接触を防止する措置を講じる。 ②労働災害の防止：建設機械と労働者との接触を防止する措置を講じる。

〔設問2〕**現場で工夫した安全管理**

(1) **安全管理**で特に留意した**技術的課題**

本工事は、台風 18 号の通過に伴う洪水により、千広 〔現場状況〕

川中流域で決壊した河川堤防を復旧するものである。本 〔工事概要〕

工事では、多量の盛土材料を搬入するため、歩行者の通 〔施工環境〕

行が多い道路が搬入路となり、工事現場内では多数の建

設機械が稼働する。そのため、工事現場出入口付近での 〔課題〕

工事車両と歩行者との接触や、工事現場内での建設機械

と労働者との接触を防止することが技術的課題であった。

スーパーポイント

〔現場状況〕	工事の理由
〔工事概要〕	本体工事の概要
〔施工環境〕	技術的課題の要因
〔課題〕	安全管理上の課題

(2) 技術的課題を解決するために**検討**した**項目**と**検討**
　　理由及び検討内容

予め想定したストーリー
を展開する。

① 公衆災害防止対策（工事車両と歩行者との接触の防止）〔検討項目〕　第1の検討項目

工事現場と土取場との行き来の際に、工事車両が国 〔検討理由〕　検討が必要な理由

道 20 号線を南北方向に何度も往復する。そのため、〔検討内容〕　処置の方針や内容

工事用ゲートは入口用と出口用を分けて設置し、工事

用ゲート付近での公衆災害を防止することを検討した。

② 労働災害防止対策（建設機械と労働者との接触の防止）〔検討項目〕　第2の検討項目

工事現場内では、各目的の工事車両や建設機械が混 〔検討理由〕　検討が必要な理由

在する。そのため、3 つに区分した作業区域ごとに専任 〔検討内容〕　処置の方針や内容

の合図者を設置し、労働災害を防止することを検討した。

(3) 上記検討の結果、**現場で実施した対応処置とその評価**

① 入口用ゲートと出口用ゲートとの間隔を 800ｍとし、〔対応処置〕

交通流に対する背面から左折して出入りできるようにし

た。各ゲートには立入禁止の標示板を掲げ、引戸式の

扉を設け、作業に必要のない限り、これを閉鎖した。

第1の検討項目の対応処
置を、具体的な数値や方
法をあげて示す。

② 捨土・敷均し・締固めの作業エリアの境界に、石灰で 〔対応処置〕

太い白線を引き、各エリアに高さ 4ｍの緑旗付きポー

ルを建てた。労働者・運転者・合図者が参加するツー

ルボックスミーティングで、この区分を徹底させた。

第2の検討項目の対応処
置を、具体的な数値や方
法をあげて示す。

以上の処置により、公衆災害と労働災害を防止できた。〔その評価〕

安全の確保ができたこと
を示す。

※本書の解答例は架空の工事なので、本試験でそのまま転記すると不合格になります。

令和3年度 | 品質管理 | 河川堤防復旧工事における品質確保の参考例

【問題 1】 あなたが経験した土木工事の現場において，工夫した安全管理又は工夫した品質管理のうちから1つ選び，次の〔設問1〕，〔設問2〕に答えなさい。

〔注意〕 あなたが経験した工事でないことが判明した場合は失格となります。

〔設問1〕 あなたが経験した土木工事に関し，次の事項について解答欄に明確に記述しなさい。

(1) **工事名**

工 事 名	千広川左岸佐栗工区復旧工事

(2) **工事の内容**

①	発 注 者 名	千広川河川事務所
②	工 事 場 所	長野県千広市千広川佐栗工区
③	工 期	令和2年8月10日～令和3年2月26日
④	主 な 工 種	河川堤防盛土工、浚渫工
⑤	施 工 量	盛土量 12800m³、搬入土量 8300m³、浚渫土量 4500m³

(3) **工事現場における施工管理上のあなたの立場**

立 場	現場主任

参 考

堤防の腹付け盛土（堤防の復旧工事）

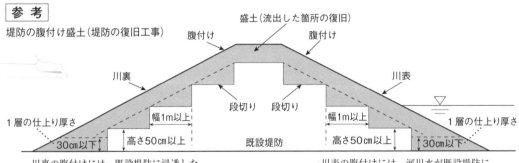

川裏の腹付けには、既設堤防に浸透した水を排出できるよう、既設堤防よりも透水性の大きい堤体材料を使用する。

川表の腹付けには、河川水が既設堤防に浸透しないよう、既設堤防よりも透水性の小さい堤体材料を使用する。

ストーリー	洪水で決壊した河川堤防を復旧するために、川表と川裏の両方に腹付けを行うので、所要の品質を確保するため、次のような対策を講じる。 ①最適材料の使用：川表・川裏に用いる材料を、粒度と透水性で区分する。 ②締固め度の確保：築堤盛土の締固めが十分に行われる工法を選定する。

〔設問2〕現場で工夫した品質管理

(1) **品質管理**で特に留意した**技術的課題**

　本工事は、台風18号の通過に伴う洪水により、千広川 ⟨現場状況⟩ — 工事の理由

中流域で決壊した河川堤防を復旧するものである。本工 ⟨工事概要⟩ — 本体工事の概要

事では、流出した川表側を以前の形状に復旧させるため ⟨施工環境⟩ — 技術的課題の要因

に腹付けすると共に、堤防の安定性向上のために川裏

側にも腹付けする。そのため、川表・川裏にそれぞれ適す ⟨課題⟩ — 品質管理上の課題

る粒度・透水性の材料を使用し、締固めを十分に行うこと

で、所要の品質を確保することが技術的課題であった。

(2) 技術的課題を解決するために**検討した項目と検討** — 予め想定したストーリー
　　理由及び検討内容 — を展開する。

①川表・川裏の腹付けに使用する盛土材料の区分 ⟨検討項目⟩ — 第1の検討項目

　川表では河川水の浸透を防ぎ、川裏では浸透した水を ⟨検討理由⟩ — 検討が必要な理由

排出できる必要があった。そのため、川表の腹付けは ⟨検討内容⟩ — 処置の方針や内容

粒度・透水性の小さい材料で行い、川裏の腹付けは

粒度・透水性の大きい材料で行うことを検討した。

②所要の品質（締固め度）を確保するための工法の検討 ⟨検討項目⟩ — 第2の検討項目

　腹付けを行う川表・川裏では、新旧法面を馴染ませ ⟨検討理由⟩ — 検討が必要な理由

るため、段切りを行う必要があった。そのため、所 ⟨検討内容⟩ — 処置の方針や内容

要の締固め度を確保できる段切りの工法を検討した。

(3) 上記検討の結果、**現場で実施した対応処置とその評価**

①川床から浚渫した堆積土砂は、20mmのふるい目で ⟨対応処置⟩ — 第1の検討項目の対応処

　分別し、ふるい目を通過した小粒径の土砂は川表 — 置を、具体的な数値や方

材料の保管場所に、ふるいに残った大粒径の土砂 — 法をあげて示す。

は川裏材料の保管場所に搬入した。

②既存堤防の川表と川裏の段切りは、幅1m・高さ ⟨対応処置⟩ — 第2の検討項目の対応処

0.6mとした。その後、一層の仕上り厚さを25cm〜 — 置を、具体的な数値や方

30cmとして小型振動ローラで締め固め、RI計器で — 法をあげて示す。

各層の締固め度が90％以上であることを確認した。

以上の処置により、所要の品質の堤防を構築できた。 ⟨その評価⟩ — 品質の確保ができたこと
— を示す。

※本書の解答例は架空の工事なので、本試験でそのまま転記すると不合格になります。

令和2年度　安全管理または工程管理

必須問題　

【問題　1】 あなたが経験した土木工事の現場において，工夫した安全管理又は工夫した工程管理のうちから1つ選び，次の〔設問1〕,〔設問2〕に答えなさい。

〔注意〕　あなたが経験した工事でないことが判明した場合は失格となります。

〔設問1〕　あなたが経験した土木工事に関し，次の事項について解答欄に明確に記述しなさい。

〔注意〕　「経験した土木工事」は，あなたが工事請負者の技術者の場合は，あなたの所属会社が受注した工事内容について記述してください。従って，あなたの所属会社が二次下請業者の場合は，発注者名は一次下請業者名となります。

なお，あなたの所属が発注機関の場合の発注者名は，所属機関名となります。

(1)　工　事　名
(2)　工事の内容
　　　①　発注者名
　　　②　工事場所
　　　③　工　　期
　　　④　主な工種
　　　⑤　施　工　量
(3)　工事現場における施工管理上のあなたの立場

〔設問2〕　上記工事で実施した「現場で工夫した安全管理」又は「現場で工夫した工程管理」のいずれかを選び，次の事項について解答欄に具体的に記述しなさい。

ただし，安全管理については，交通誘導員の配置に関する記述は除く。

(1)　特に留意した技術的課題
(2)　技術的課題を解決するために検討した項目と検討理由及び検討内容
(3)　上記検討の結果，現場で実施した対応処置とその評価

※令和2年度以降の試験問題では、ふりがなが付記されるようになりました。

令和2年度 | 安全管理 | 下水道工事に伴う公衆災害防止の参考例

【問題　1】　あなたが経験した土木工事の現場において，工夫した安全管理又は工夫した工程管理のうちから1つ選び，次の〔設問1〕，〔設問2〕に答えなさい。

（注意）　あなたが経験した工事でないことが判明した場合は失格となります。

〔設問1〕　あなたが経験した土木工事に関し，次の事項について解答欄に明確に記述しなさい。

(1) 工事名

工　事　名	埼玉県北川町下水道幹線12号延伸工事

(2) 工事の内容

①	発　注　者　名	埼玉県北川町土木課
②	工　事　場　所	埼玉県北川町小川筋3丁目8-4
③	工　　　　　期	平成31年4月12日〜令和元年5月21日
④	主　な　工　種	下水道管敷設工
⑤	施　　工　　量	硬質ポリ塩化ビニル管（VU管）　φ300mm 施工延長　640.63m

(3) 工事現場における施工管理上のあなたの立場

立　　　場	現場監督補佐

参考

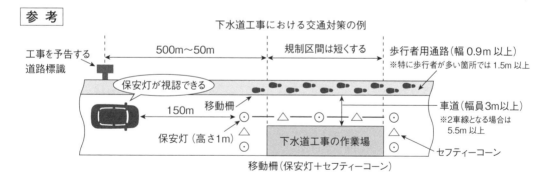

下水道工事における交通対策の例

交通量の多い工事区間において、下水道を延伸する土木工事に際して、一般車両と歩行者の安全を確保するため、次のような対策を講じる。

ストーリー

①**作業場の区分**：移動を伴う埋設工事となるため、移動柵と保安灯を設けて、一般車両が誤って作業場に立ち入ることのないようにする。

②**歩行者対策**：歩行者が安全に通行し得るために、歩行者用として適切な通路を確保し、作業場・車道・歩道を明確に区分する。

※ 2019年に開始または終了した工事について、その工期を和暦で記述するときは年号に注意してください。
4月以前については「平成31年」、5月以降については「令和元年」と記載する必要があります。

〔設問2〕 **現場で工夫した安全管理**

(1) **安全管理**で特に留意した**技術的課題**

　本工事は、工場誘致に伴う従業員向けの新築住宅の急 <u>現場状況</u>　工事の理由

激な増加に対応するために、下水道本管の幹線12号とし <u>工事概要</u>　本体工事の概要

て、幅員6mの県道に、φ300mmの硬質ポリ塩化ビニル管

を640.63mにわたり延伸して施設するものである。

　本工事は、工事区間の車道を1車線に制限して行うこ <u>施工環境</u>　技術的課題の要因

とになるため、公衆災害を防止する（通行する一般車両 <u>課題</u>　安全管理上の課題

や歩行者の安全を確保する）ことが課題となった。

(2) 技術的課題を解決するために**検討した項目と検討**
　理由及び検討内容

予め想定したストーリー
を展開する。

① 作業場の区分（工事現場への公衆の立入を防止） <u>検討項目</u>　第1の検討項目

　工事区間となる道路には迂回路がなく、下水道工 <u>検討理由</u>　検討が必要な理由

事のために掘削した部分に一般車両や歩行者が転

落するおそれがあったので、移動柵と保安灯を使 <u>検討内容</u>　処置の方針や内容

用し、作業場を明確に区分することを検討した。

② 歩行者対策（歩行者が安全に通行するための措置） <u>検討項目</u>　第2の検討項目

　通勤・通学をする歩行者が特に多い工事区間があっ <u>検討理由</u>　検討が必要な理由

たので、幅員3mの1車線に制限する車道の他に、 <u>検討内容</u>　処置の方針や内容

十分な幅の歩行者用通路を設けることを検討した。

(3) 上記検討の結果、**現場で実施した対応処置とその評価**

① 建設工事公衆災害防止対策要綱土木工事編に則り、 <u>対応処置</u>

　高さ0.9mの支柱に幅15cmの横板を取り付けた移動

柵を設置した。この移動柵間には保安灯を置き、道路

の屈曲部では移動柵相互の間隔を空けないようにした。

第1の検討項目の対応処
置を、具体的な数値や方
法をあげて示す。

② 建設工事公衆災害防止対策要綱土木工事編に則り、 <u>対応処置</u>

　歩行者用通路の幅を1.5m以上とし、車両の交通の

用に供する部分との境に隙間なく移動柵を設けた。

第2の検討項目の対応処
置を、具体的な数値や方
法をあげて示す。

以上の処置により、公衆が誤って作業場に立ち入ること <u>その評価</u>

がなくなり、一般車両と歩行者の安全を確保できた。

安全の確保ができたこと
を示す。

※本書の解答例は架空の工事なので、本試験でそのまま転記すると不合格になります。

令和2年度　工程管理　　路床工の工程短縮の参考例

【問題　1】　あなたが経験した土木工事の現場において，工夫した安全管理又は工夫した工程管理のうちから1つ選び，次の〔設問1〕，〔設問2〕に答えなさい。

〔注意〕　あなたが経験した工事でないことが判明した場合は失格となります。

〔設問1〕　あなたが経験した土木工事に関し，次の事項について解答欄に明確に記述しなさい。

(1) 工事名

工　事　名	群馬県道12号線利田坂改良工事

(2) 工事の内容

①	発　注　者　名	群馬県利田工事事務所
②	工　事　場　所	群馬県利田市大崎町6丁目3-1
③	工　　　　　期	令和元年5月10日〜令和元年9月20日
④	主　な　工　種	路床工
⑤	施　　工　　量	路床打換えの施工面積　2400m² 法尻排水溝の施工延長　206 m

(3) 工事現場における施工管理上のあなたの立場

立　　場	現場主任

参　考

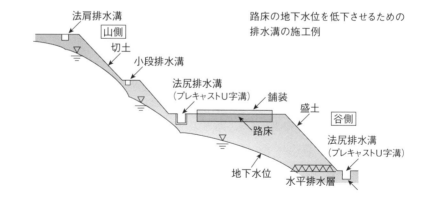

路床の地下水位を低下させるための排水溝の施工例

ストーリー	地下水位が高い工事区間において、道路の路床打換えを行う土木工事に際して、その施工にかかる時間を短縮するため、次のような対策を講じる。 ①プレキャスト製品の使用：現場施工の排水溝は、悪天候時の作業が困難であり、施工に時間がかかるため、工場製作のプレキャスト製品とする。 ②既存路床土の有効活用：現場路床土の含水比を低下させることができれば、路床土の入れ替えの工程を省略できる。

〔設問2〕 **現場で工夫した工程管理**

(1) **工程管理**で特に留意した**技術的課題**

　本工事は、たわみが多発していた群馬県道12号　(現場状況)
線利田坂の2400m²の範囲において、路床から　(工事概要)
打ち換えることによる道路改修を行うものである。

　事前調査により、降雨後に山側から浸透した地下水　(現場状況)
が路床内に長く留まり、路床の含水比を上昇させること
が判明したので、この地下水の排水を迅速かつ確実に　(課題)
行い、路床工の工程を確保することが課題であった。

(2) 技術的課題を解決するために**検討した**項目と検討
　　理由及び検討内容

①プレキャスト製品の導入による工程短縮　(検討項目)

　悪天候続きのため、法尻排水溝の現場施工には多大　(検討理由)
な時間がかかることが予想された。そのため、山側　(検討内容)
の法尻排水溝は、工場生産のプレキャスト製品を搬
入する工法として、工程を短縮することを検討した。

②既存路床土の有効活用による工程短縮　(検討項目)

　法尻排水溝の布設で、既存路床土の含水比が十分に低　(検討理由)
下することが予想された。そのため、既存路床土を再利　(検討内容)
用し、土の搬出入の工程を省略することを検討した。

(3) 上記検討の結果、**現場で実施した対応処置とその評価**

①山側の法尻排水溝は、プレキャスト製品の搬入後、U　(対応処置)
字溝・集水桝・横断排水溝(VU管)について、同時並
行作業として布設した。この処置により、路床の地下水
位を低下させる工程を、現場施工の法尻排水溝に比べ　(その評価)
て、14日間短縮することができた。

②法尻排水溝の布設後、既存路床土の含水比が低下　(対応処置)
し、その設計CBRが3以上になったことを確認した。
この処置により、路床土を入れ替えるための掘削や土
の搬出入にかかる10日間の工程を省略できた。　(その評価)

スーパーポイント

工事の理由

本体工事の概要

工程短縮を要する理由

工程管理上の課題

予め想定したストーリー
を展開する。

第1の検討項目

検討が必要な理由

処置の方針や内容

第2の検討項目

検討が必要な理由

処置の方針や内容

第1の検討項目の対応処
置を、具体的な数値や方
法をあげて示す。

短縮した日数を示す。

第2の検討項目の対応処
置を、具体的な数値や方
法をあげて示す。

短縮した日数を示す。

令和元年度　品質管理または工程管理

必須問題

【問題1】　あなたが経験した土木工事の現場において、工夫した品質管理又は工夫した工程管理のうちから1つ選び、次の〔設問1〕、〔設問2〕に答えなさい。

〔注意〕あなたが経験した工事でないことが判明した場合は失格となります。

〔設問1〕　あなたが**経験した土木工事**に関し、次の事項について解答欄に明確に記述しなさい。

　　〔注意〕　「経験した土木工事」は、あなたが工事請負者の技術者の場合は、あなたの所属会社が受注した工事内容について記述してください。従って、あなたの所属会社が二次下請業者の場合は、発注者名は一次下請業者名となります。

　　　　　なお、あなたの所属が発注機関の場合の発注者名は、所属機関名となります。

　　(1) **工 事 名**

　　(2) **工事の内容**

　　　　① **発注者名**

　　　　② **工事場所**

　　　　③ **工　　期**

　　　　④ **主な工種**

　　　　⑤ **施 工 量**

　　(3) **工事現場における施工管理上のあなたの立場**

〔設問2〕　上記工事で実施した「**現場で工夫した品質管理**」又は「**現場で工夫した工程管理**」のいずれかを選び、次の事項について解答欄に具体的に記述しなさい。

　　(1) 特に留意した**技術的課題**

　　(2) 技術的課題を解決するために**検討した項目と検討理由及び検討内容**

　　(3) 上記検討の結果、**現場で実施した対応処置とその評価**

令和元年度 | 品質管理 | 路床工の品質確保の参考例

【問題1】 あなたが経験した土木工事の現場において、工夫した品質管理又は工夫した工程管理のうちから1つ選び、次の〔設問1〕、〔設問2〕に答えなさい。

〔注意〕あなたが経験した工事でないことが判明した場合は失格となります。

〔設問1〕あなたが**経験した土木工事**に関し、次の事項について解答欄に明確に記述しなさい。

(1) **工事名**

工 事 名	国道 19 号線富士—池田道路改良工事

(2) **工事の内容**

①	発 注 者 名	富山県土木局道路課
②	工 事 場 所	富山県富山市東山町 3 丁目 10-2
③	工 期	平成 30 年 12 月 1 日〜令和元年 2 月 10 日
④	主 な 工 種	路床工、路盤工
⑤	施 工 量	路床工の施工土量 9600m³ 路盤工の施工土量 3600m³

(3) **工事現場における施工管理上のあなたの立場**

立 場	現場主任

参考

地下排水溝の設置　　　スタビライザによるセメント安定材の混合

U字溝　スタビライザによるセメントの混合　表層　基層　U字溝　上層路盤　下層路盤　路床　地下排水溝

ストーリー

国道のアスファルト舗装を改良する土木工事において、路床工の品質を確保するため、次のような対策を講じる。

①**地下水位の低下対策**：路床を改良する前に、路床軟弱化の原因となる地下水を排除するため、地下排水溝を設ける。

②**安定処理による路床の構築**：地下排水溝の施工後に、路床の現地盤に安定材を投入して混合することで、支持力を高める。

〔設問2〕**現場で工夫した品質管理**

(1) **品質管理**で特に留意した**技術的課題**

本工事は、国道19号線のアスファルト舗装道路を改 (工事概要)
良する工事である。現場では、舗装面に多数のひび割 (現場状況)
れが発生しており、その一部では不同沈下が生じていた。

試掘を行ったところ、路床の地下水位が想定よりも高 (調査結果)
くなっており、舗装の不同沈下の原因が、路床の軟化で
あることが分かった。そのため、路床工の品質を確保す (課題)
ることが課題であった。

(2) 技術的課題を解決するために**検討した項目と検討**
   理由及び検討内容

路床工の品質を確保するため、次の事項を検討した。

①地下水位を低下させるための対策 (検討項目)

地下水面が路床面よりも20cm高かったので、湧水が (検討理由)
発生している山側に地下排水溝を設けて排水を促し、 (検討内容)
地下水位を路床面よりも低くすることを検討した。

②安定処理による路床の構築 (検討項目)

多少の湧水が発生しても路床が軟化しないようにする (検討理由)
必要があったので、安定材による安定処理を行い、所 (検討内容)
要の締固め度を確保することを検討した。

(3) 上記検討の結果、**現場で実施した対応処置とその評価**

路床工の品質を確保するため、次の処置を行った。

①山側の路床端に、深さ1.2m・幅45cmのプレキャス (対応処置)
トU字溝を設けた。また、長さ160mの地下排水管を
設けて、盛土区間の側溝に排水できるようにした。

②路床の軟化を防止するため、セメント添加量が4% (対応処置)
の安定材を、深さ80cmの位置までスタビライザで混合
し、タイヤローラで転圧した。

以上の処置により、地下水位が低くなり、路床の締固め (その評価)
度が92%以上になったので、路床工の品質が確保された。

スーパーポイント

本体工事の概要

工事対象物の状態

現場状況の原因

品質管理の課題

予め想定したストーリー
を展開する。

第1の検討項目

検討が必要な理由

処置の方針や内容

第2の検討項目

検討が必要な理由

処置の方針や内容

第1の検討項目の対応処
置を、具体的な数値や方
法をあげて示す。

第2の検討項目の対応処
置を、具体的な数値や方
法をあげて示す。

品質の確保ができたこと
を示す。

施工経験記述

【問題1】　あなたが経験した土木工事の現場において、工夫した品質管理又は工夫した工程管理のうちから1つ選び、次の〔設問1〕、〔設問2〕に答えなさい。

〔注意〕あなたが経験した工事でないことが判明した場合は失格となります。

〔設問1〕あなたが**経験した土木工事**に関し、次の事項について解答欄に明確に記述しなさい。

（1）**工事名**

工 事 名	国道19号線富士─池田道路建設工事

（2）**工事の内容**

①	発 注 者 名	富山県土木局道路課
②	工 事 場 所	富山県富山市東山町3丁目10-2
③	工　　　期	平成30年12月1日～令和元年2月10日
④	主 な 工 種	路床工、路盤工
⑤	施　工　量	路床工の施工土量 9600m³ 路盤工の施工土量 3600m³

（3）**工事現場における施工管理上のあなたの立場**

立 　 場	現場主任

参考

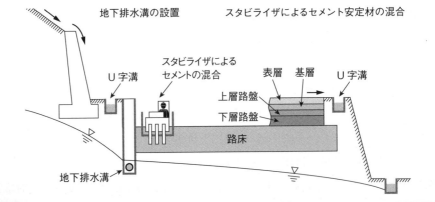

地下排水溝の設置　　スタビライザによるセメント安定材の混合

ストーリー	国道のアスファルト舗装を新設する土木工事において、地下水位が想定よりも高かったため、路床工の作業に、地下排水溝を設ける作業が加わった。路床工の工程を短縮するため、次のような対策を講じた。 ①路床工の構築工法の変更：養生日数が短くて済むセメント安定処理工法を採用する。 ②並行作業による工程の短縮：工区を2つに分割し、作業員を増員して並行作業を行う。

〔設問2〕 **現場で工夫した工程管理**

(1) **工程管理**で特に留意した**技術的課題**

　　本工事は、国道 19 号線のアスファルト舗装道路を　（工事概要）
新設する工事である。この工事は、石灰安定処理工法　（工事計画）
による路床の構築を行うものであった。

　　施工にあたり、地下水位の調査を行ったところ、想　（現場状況）
定よりも地下水位が高かったため、地下排水溝を設置
する工程が追加された。そのため、路床工の工程を短　（課題）
縮することが課題であった。

スーパーポイント

本体工事の概要

元々の工事計画

工程短縮が必要になった
理由

工程管理の課題

(2) 技術的課題を解決するために**検討**した項目と**検討**

　　理由及び検討内容

　　路床工の工程を短縮するため、次の事項を検討した。

① 路床工の構築工法の変更　　　　　　　　　　（検討項目）

路床の構築を行う前に、山側の 600 m に渡って地下　（検討理由）
排水溝を設置する工程が追加されたため、養生日数が　（検討内容）
短くて済むセメント安定処理工法の採用を検討した。

② 並行作業による工程の短縮　　　　　　　　　　（検討項目）

地下排水溝の設置には、路床工の作業日数のうち、半　（検討理由）
分程度が費やされるため、工事区間を 2 つに分割し、　（検討内容）
作業員を増員して並行作業をすることを検討した。

予め想定したストーリー
を展開する。

第 1 の検討項目

検討が必要な理由

処置の方針や内容

第 2 の検討項目

検討が必要な理由

処置の方針や内容

(3) 上記検討の結果、**現場で実施した対応処置とその評価**

　　路床工の工程を短縮するため、次の処置を行った。

① 土との反応に時間がかかる生石灰は使用せず、セ　（対応処置）
メント添加量が 4％ の安定材を配合し、大型のスタ
ビライザで混合した。この処置により、各工区の養生
日数を 9 日から 7 日に短縮できた。　　　　　　（その評価）

② 5 名の作業員の応援を受け、工事区間を 2 つの工　（対応処置）
区に分割し、各工区に搬入用の仮設道路を設けて同時
並行作業を行った。この処置により、路床工の作業日
数が半分になったため、路床工の工程を確保できた。　（その評価）

第 1 の検討項目の対応処
置を、具体的な数値や方
法をあげて示す。

短縮した日数を示す。

第 2 の検討項目の対応処
置を、具体的な数値や方
法をあげて示す。

短縮した日数を示す。

平成 30 年度　品質管理または安全管理

必須問題

【問題1】　あなたが経験した土木工事の現場において、工夫した品質管理又は工夫した安全管理のうちから1つ選び、次の〔設問1〕、〔設問2〕に答えなさい。

〔注意〕あなたが経験した工事でないことが判明した場合は失格となります。

〔設問1〕　あなたが**経験した土木工事**に関し、次の事項について解答欄に明確に記述しなさい。

〔注意〕「経験した土木工事」は、あなたが工事請負者の技術者の場合は、あなたの所属会社が受注した工事内容について記述してください。従って、あなたの所属会社が二次下請業者の場合は、発注者名は一次下請業者名となります。

なお、あなたの所属が発注機関の場合の発注者名は、所属機関名となります。

(1) 工　事　名

(2) 工事の内容

① 発注者名

② 工事場所

③ 工　　期

④ 主な工種

⑤ 施　工　量

(3) 工事現場における施工管理上のあなたの立場

〔設問2〕　上記工事で実施した「**現場で工夫した品質管理**」又は「**現場で工夫した安全管理**」のいずれかを選び、次の事項について解答欄に具体的に記述しなさい。

ただし、安全管理については、交通誘導員の配置のみに関する記述は除く。

(1) 特に留意した**技術的課題**

(2) 技術的課題を解決するために**検討した項目と検討理由及び検討内容**

(3) 上記検討の結果、**現場で実施した対応処置とその評価**

平成30年度 品質管理 暑中コンクリートの品質確保の参考例

【問題1】 あなたが経験した土木工事の現場において、工夫した品質管理又は工夫した安全管理のうちから1つ選び、次の〔設問1〕、〔設問2〕に答えなさい。

〔注意〕あなたが経験した工事でないことが判明した場合は失格となります。

〔設問1〕 あなたが**経験した土木工事**に関し、次の事項について解答欄に明確に記述しなさい。

（1）**工事名**

工 事 名	甲府バイパス東川橋床版打換え工事

（2）**工事の内容**

①	発 注 者 名	関東地方整備局山梨国道事務所
②	工 事 場 所	山梨県甲府市成川町3丁目
③	工 期	平成28年9月24日～平成29年8月25日
④	主 な 工 種	橋梁床版打換え工
⑤	施 工 量	橋長208.6m、橋幅8.4m、コンクリート床版打設量384m³

（3）**工事現場における施工管理上のあなたの立場**

立 場	工事主任

参考

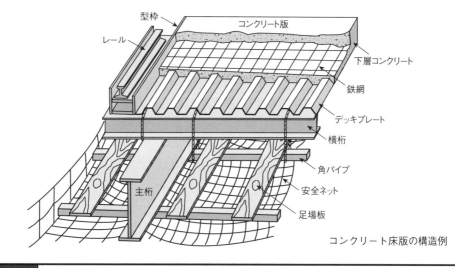

コンクリート床版の構造例

ストーリー	橋梁のコンクリート床版打換え工事で、コンクリートの品質を確保する。 工事期間に夏季が含まれるため、次の項目について対策を行う。 ①暑中コンクリートの打込み温度を低くするための対策 ②暑中コンクリートの養生を適切に行うための対策

〔設問2〕現場で工夫した品質管理

スーパーポイント

(1) **品質管理**で特に留意した**技術的課題**

　本工事は、東川橋のコンクリート床版が老朽化した〈工事概要〉ため、その打換えを行う工事である。工事対象である〈現場状況〉三径間連続梁合成桁橋におけるコンクリート版の打換えは、長さ208.6ｍ・幅員8.4ｍに渡るものであった。

工事概要	本体工事の概要
現場状況	工事対象物の詳細

　本工事は、夜間でも気温が25℃を下回らない熱帯〈施工環境〉夜が続く中で行う期間があったため、コンクリート床〈課題〉版のひび割れの発生を抑制することが課題となった。

施工環境	工事現場の環境
課題	品質管理の課題

(2) 技術的課題を解決するために**検討した項目**と**検討理由及び検討内容**

予め想定したストーリーを展開する。

　コンクリートの品質確保のため、次の事項を検討した。

①暑中コンクリートとしての打込み温度の検討〈検討項目〉
夜間工事ではあったが、日平均気温が25℃を超えてお〈検討理由〉り、高温によるひび割れが懸念されたため、できるだけ〈検討内容〉低温のコンクリートを打ち込むことを検討した。

検討項目	第1の検討項目
検討理由	検討が必要な理由
検討内容	処置の方針や内容

②暑中コンクリートとしての養生方法の検討〈検討項目〉
広いコンクリート床版の温度を均一にするため、遮光シー〈検討理由〉トで被覆して日中の直射日光を防ぎ、初期養生終了〈検討内容〉後は、養生マットと散水による湿潤養生を検討した。

検討項目	第2の検討項目
検討理由	検討が必要な理由
検討内容	処置の方針や内容

(3) 上記検討の結果、**現場で実施した対応処置**とその評価

　コンクリートの品質確保のため、次の処置を行った。

①コンクリートの打込み温度が30℃以下であることを〈対応処置〉確認し、日中に外気温が上昇しても、コンクリートの温度が65℃以上にならないことを確認した。

第1の検討項目の対応処置を、具体的な数値や方法をあげて示す。

②直射日光による温度差を防ぐため、日除けを設けた。〈対応処置〉温度上昇を防ぐため、養生マットには常時散水を行った。この湿潤養生を5日間行い、ひび割れを抑制した。

第2の検討項目の対応処置を、具体的な数値や方法をあげて示す。

以上の処置により、暑中コンクリートとなる期間において〈その評価〉も、コンクリート床版の品質を確保することができた。

品質の確保ができたことを示す。

平成30年度 | 安全管理 | 突風による墜落災害の防止の参考例

> **【問題1】** あなたが経験した土木工事の現場において、工夫した品質管理又は工夫した安全管理のうちから1つ選び、次の〔設問1〕、〔設問2〕に答えなさい。
>
> 〔注意〕あなたが経験した工事でないことが判明した場合は失格となります。

〔設問1〕あなたが**経験した土木工事**に関し、次の事項について解答欄に明確に記述しなさい。

(1) 工事名

工 事 名	甲府バイパス東川橋床版打換え工事

(2) 工事の内容

①	発 注 者 名	関東地方整備局山梨国道事務所
②	工 事 場 所	山梨県甲府市成川町3丁目
③	工 期	平成28年9月24日〜平成29年8月25日
④	主 な 工 種	橋梁床版打換え工
⑤	施 工 量	橋長208.6m、橋幅8.4m、コンクリート床版打設量384m³

(3) 工事現場における施工管理上のあなたの立場

立 場	工事主任

参 考

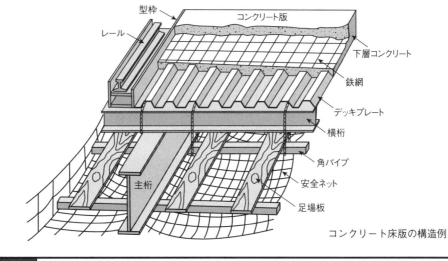

コンクリート床版の構造例

ストーリー	橋梁のコンクリート床版打換え工事で、作業者の墜落を防止する。 河川上では日常的に突風が吹きやすいので、次のような対策を講じる。 ①突風による労働者の川底への墜落を防ぐため、安全ネットを張る。 ②吊り足場の作業床が風で浮上しないよう、形鋼を使用する。

〔設問2〕 現場で工夫した安全管理

(1) **安全管理**で特に留意した**技術的課題**

　本工事は、東川橋のコンクリート床版が老朽化した　**工事概要**
ため、その打換えを行う工事である。工事対象である　**現場状況**
三径間連続梁合成桁橋におけるコンクリート版の打換
えは、長さ208.6 m・幅員8.4 mに渡るものであった。

　本工事は、突風が予想される河川上に架設した吊り　**施工環境**
足場上での作業になるため、風に吹かれた労働者の墜　**課題**
落災害を防止することが課題となった。

本体工事の概要

工事対象物の詳細

工事現場の環境

安全管理の課題

(2) 技術的課題を解決するために**検討した項目と検討**
　　理由及び検討内容

予め想定したストーリー
を展開する。

　労働者の墜落災害防止のため、次の事項を検討した。

①労働者の川底への墜落を防止するための対策　**検討項目**

東川橋は山岳と平野の境界にあり、山側からの吹きおろ　**検討理由**
しによる突風が多かったため、この突風で労働者が川底　**検討内容**
に墜落しないよう、安全ネットの設置を検討した。

第1の検討項目

検討が必要な理由

処置の方針や内容

②吊り足場を補強して安定させるための対策　**検討項目**

吊り足場の下から風が吹き上げると、作業床が浮上し　**検討理由**
て労働者に危険を及ぼすので、作業床の剛性を高めて　**検討内容**
風による浮上を抑制することを検討した。

第2の検討項目

検討が必要な理由

処置の方針や内容

(3) 上記検討の結果、**現場で実施した対応処置とその評価**

　労働者の墜落災害防止のため、次の対策を講じた。

①橋梁の山側にある主桁のアングル材に、高さ4 m・長　**対応処置**
さ65 mの安全ネットをフックで取り付け、作業に応じて
径間ごとに移動させた。安全ネットについては、損傷がな
く確実に労働者を受け止められることを確認した。　**対応処置**
②作業床の浮上を防止するため、溝形鋼を井桁に組ん
で溶接・固定し、その井桁に作業床を緊結した。

以上の対策により、足場となる作業床が安定し、労働者　**その評価**
の川底への墜落災害を未然に防止できた。

**第1の検討項目の対応処
置を、具体的な数値や方
法をあげて示す。**

**第2の検討項目の対応処
置を、具体的な数値や方
法をあげて示す。**

**安全の確保ができたこと
を示す。**

平成29年度 安全管理または工程管理

必須問題

問題1 あなたが経験した土木工事の現場において、工夫した安全管理又は工夫した工程管理のうちから1つ選び、次の〔設問1〕、〔設問2〕に答えなさい。

〔注意〕あなたが経験した工事でないことが判明した場合は失格となります。

〔設問1〕 あなたが**経験した土木工事**に関し、次の事項について解答欄に明確に記述しなさい。

〔注意〕 「経験した土木工事」は、あなたが工事請負者の技術者の場合は、あなたの所属会社が受注した工事内容について記述してください。従って、あなたの所属会社が二次下請業者の場合は、発注者名は一次下請業者名となります。

なお、あなたの所属が発注機関の場合の発注者名は、所属機関名となります。

(1) 工 事 名

(2) 工事の内容

　　① 発注者名

　　② 工事場所

　　③ 工　　期

　　④ 主な工種

　　⑤ 施 工 量

(3) 工事現場における施工管理上のあなたの立場

〔設問2〕 上記工事で実施した「**現場で工夫した安全管理**」又は「**現場で工夫した工程管理**」のいずれかを選び、次の事項について解答欄に具体的に記述しなさい。

ただし、安全管理については、交通誘導員の配置のみに関する記述は除く。

(1) 特に留意した**技術的課題**

(2) 技術的課題を解決するために**検討した項目と検討理由及び検討内容**

(3) 上記検討の結果、**現場で実施した対応処置とその評価**

平成29年度 ┃ 安全管理 ┃ 下水道工事における第三者災害防止の参考例

問題1 あなたが経験した土木工事の現場において、工夫した安全管理又は工夫した工程管理のうちから1つ選び、次の〔設問1〕、〔設問2〕に答えなさい。

〔**注意**〕あなたが経験した工事でないことが判明した場合は失格となります。

〔設問1〕あなたが**経験した土木工事**に関し、次の事項について解答欄に明確に記述しなさい。

(1) 工事名

工 事 名	北九州市イの18号系統下水道管布設替工事

(2) 工事の内容

①	発 注 者 名	北九州市上下水道局
②	工 事 場 所	福岡県北九州市小倉区本町3丁目1-12
③	工 期	平成28年5月10日～平成28年12月4日
④	主 な 工 種	下水道管布設替工
⑤	施 工 量	下水道管布設：硬質ポリ塩化ビニル管(VU) φ400mm延長580m 埋戻し土量：690m³

(3) 工事現場における施工管理上のあなたの立場

立 場	現場主任

ストーリー	第三者災害を防止するため、次の項目について対策を行う。 ①歩行者の安全対策 ②一般車両の安全対策

〔設問2〕

(1) **安全管理**で特に留意した**技術的課題**

　　本工事は、1960 年以前に下水道として施工され、⦅工事概要⦆

老朽化が著しくなったヒューム管を、硬質ポリ塩化

ビニル管に布設替えする工事である。夜間において⦅現場状況⦆

も交通量が多く、小学校に隣接した市街地の道路を

開削して行う工事であるため、重機の使用やダンプ

カーの出入などにおいて、歩行者や一般車両との接⦅課題⦆

触による第三者災害を防止することが課題であった。

工事概要を示す。

工事現場の環境や施工条
件を示す。

本工事の課題を示す。

(2) 技術的課題を解決するために**検討した項目と検討**

　　理由及び検討内容

　　第三者災害防止のため、次の事項について検討した。

①歩行者の安全対策　　　　　　　　　　⦅検討項目⦆

　　朝夕における通学児童の安全を確保するため、工⦅検討理由⦆

事現場に隣接する通学路において、一区画ごとに仮⦅検討内容⦆

設の固定柵を施設することを検討した。

②一般車両の安全対策　　　　　　　　　⦅検討項目⦆

　　夜間における一般車両の工事現場への侵入を防ぐた⦅検討理由⦆

め、保安灯・バリケード・内部照明式の標示板を設置し、⦅検討内容⦆

誘導員を配置して交通整理を行うことを検討した。

予め想定したストーリー
を展開する。

第1の検討項目

検討が必要な理由

処置の方針や内容

第2の検討項目

検討が必要な理由

処置の方針や内容

(3) 上記検討の結果、**現場で実施した対応処置**とその

　　評価

　　第三者災害防止のため、次のような処置を行った。

①高さ 1.2 mの金網付き固定柵を、工事現場と接⦅対応処置⦆

する区画に設置・点検し、通学児童などの歩行者の

工事現場への立ち入りを防止した。

②内部照明式の標示板を交通流対面に設置すると共⦅対応処置⦆

に、夜間に 150 m前方から視認できる光度の保安

灯とバリケードを車道側全面に設置・点検し、誘導

員の合図で一般車両を交通誘導した。

以上の処置により、第三者の交通災害を防止できた。⦅その評価⦆

第1の検討項目の対応処
置を、具体的な数値や方
法をあげて示す。

第2の検討項目の対応処
置を、具体的な数値や方
法をあげて示す。

安全管理ができたことを
示す。

平成29年度 | 工程管理 | 宅地造成工事における工程短縮の参考例

問題1 あなたが経験した土木工事の現場において、工夫した安全管理又は工夫した工程管理のうちから1つ選び、次の〔設問1〕、〔設問2〕に答えなさい。

〔注意〕あなたが経験した工事でないことが判明した場合は失格となります。

〔設問1〕あなたが**経験した土木工事**に関し、次の事項について解答欄に明確に記述しなさい。

(1) 工事名

工 事 名	杉が丘宅地造成工事

(2) 工事の内容

①	発 注 者 名	春山不動産株式会社
②	工 事 場 所	千葉県千葉市稲毛区大山台2丁目9-8
③	工 期	平成27年10月11日〜平成29年1月20日
④	主 な 工 種	土工、擁壁工
⑤	施 工 量	切土および盛土の土工量：1650m³ プレキャスト擁壁：32箇所

(3) 工事現場における施工管理上のあなたの立場

立 場	現場主任

ストーリー	宅地造成工事の工程を短縮するため、次の項目について対策を行う。 ①切土・盛土工の工程短縮 ②プレキャスト擁壁工の工程短縮

〔設問2〕

(1) **工程管理**で特に留意した**技術的課題**

　　本工事は、千葉市郊外の山間部を宅地造成し、そ (工事概要) 工事概要を示す。
の段差をプレキャスト擁壁で区画するものである。
　　工事現場は、静かな里山の中にあり、取付け道路が (現場状況) 工事現場の環境や施工条
狭すぎて工事に必要な重機の搬入ができず、仮設道 件を示す。
路工事のための借地契約に時間がかかったため、切 (課題) 本工事の課題を示す。
土および盛土による土工と、プレキャスト擁壁によ
る擁壁工の工程を短縮することが課題となった。

(2) 技術的課題を解決するために**検討した項目と検討**
　　理由及び検討内容　　　　　　　　　　　　　　　　予め想定したストーリー
　　　　　　　　　　　　　　　　　　　　　　　　　　を展開する。
　　各工程を短縮するため、次の事項について検討した。
①土工の工程短縮　　　　　　　　　　　　　　(検討項目) 第1の検討項目
　　土砂の運搬回数を少なくして土工の工程を短縮す (検討理由) 検討が必要な理由
るため、借地による仮設道路の幅を広くし、大型車 (検討内容) 処置の方針や内容
による土砂の搬出を行うことを検討した。
②擁壁工の工程短縮　　　　　　　　　　　　　(検討項目) 第2の検討項目
　　プレキャスト擁壁の搬入にかかる時間を短縮する (検討理由) 検討が必要な理由
ため、プレキャスト擁壁を仮設道路上に仮置きする (検討内容) 処置の方針や内容
ことを検討した。

(3) 上記検討の結果、**現場で実施した対応処置とその**
　　評価
　　各工程を短縮するため、次のような処置を行った。
①仮設道路幅を7mとし、4tダンプカーではなく (対応処置) 第1の検討項目の対応処
10tダンプカーを使用した。この処置により、施 置を示す。
工速度が倍になり、仮設工を含め、土工の工程を当 (その評価) 工程管理ができたことを
初の予定で完了できた。 示す。
②プレキャスト擁壁を仮設道路上に仮置きし、移動式 (対応処置) 第2の検討項目の対応処
クレーンで吊り込んだ。仮設道路を有効に活用するこ 置を示す。
とで、プレキャスト擁壁の搬入工程を短縮し、宅地造 (その評価) 工程管理ができたことを
成工事全体を当初の工期で仕上げることができた。 示す。

スーパーポイント

施工経験記述

平成28年度　安全管理または品質管理

必須問題　●

> **問題1**　あなたが経験した土木工事の現場において、工夫した安全管理又は工夫した品質管理のうちから1つ選び、次の〔設問1〕、〔設問2〕に答えなさい。
>
> 〔注意〕あなたが経験した工事でないことが判明した場合は失格となります。

〔設問1〕　あなたが**経験した土木工事**に関し、次の事項について解答欄に明確に記述しなさい。

　　〔注意〕「経験した土木工事」は、あなたが工事請負者の技術者の場合は、あなたの所属会社が受注した工事内容について記述してください。従って、あなたの所属会社が二次下請業者の場合は、発注者名は一次下請業者名となります。

　　　　　なお、あなたの所属が発注機関の場合の発注者名は、所属機関名となります。

　　(1)　工　事　名
　　(2)　工事の内容
　　　　　①　発注者名
　　　　　②　工事場所
　　　　　③　工　　期
　　　　　④　主な工種
　　　　　⑤　施　工　量
　　(3)　工事現場における施工管理上のあなたの立場

〔設問2〕　上記工事で実施した「**現場で工夫した安全管理**」又は「**現場で工夫した品質管理**」のいずれかを選び、次の事項について解答欄に具体的に記述しなさい。

　　　　ただし、安全管理については、交通誘導員の配置のみに関する記述は除く。

　　(1)　特に留意した**技術的課題**
　　(2)　技術的課題を解決するために検討した**項目と検討理由及び検討内容**
　　(3)　上記検討の結果、**現場で実施した対応処置とその評価**

平成28年度の試験から、記述項目として「実施した対応処置の評価」が追加されました。

平成28年度 | 安全管理 | クレーン作業の安全対策の参考例

問題1 あなたが経験した土木工事の現場において、工夫した安全管理又は工夫した品質管理のうちから1つ選び、次の〔設問1〕、〔設問2〕に答えなさい。

〔注意〕あなたが経験した工事でないことが判明した場合は失格となります。

〔設問1〕あなたが**経験した土木工事**に関し、次の事項について解答欄に明確に記述しなさい。

(1) 工事名

工 事 名	高知県道8号線新泉川橋梁工事

(2) 工事の内容

①	発 注 者 名	高知県土木課
②	工 事 場 所	高知県一宮市泉川3丁目-2
③	工 期	平成27年8月3日〜平成27年11月20日
④	主 な 工 種	コンクリート床版工
⑤	施 工 量	床版コンクリート打設量 1800m^3

(3) 工事現場における施工管理上のあなたの立場

立 場	現場監督

ストーリー	労働者の安全を確保するため、次の作業を行う。 ① クレーンの転倒防止 ② 立入禁止用の柵の設置

〔設問2〕

(1) 安全管理 で特に留意した**技術的課題**

　本工事は、移動式クレーンを用いて $1800\,\mathrm{m^3}$ の床版コンクリートを吊込・打設するものである。そのため、コンクリート打設において、労働災害を防止し、安全に施工する必要があった。

　特に、移動式クレーンの転倒を未然に防止し、施工中の 労働者との接触を防止 する必要があったので、労働災害防止を課題とした。

(2) 技術的課題を解決するために**検討した**項目と**検討理由及び検討内容**

　労働災害を防止 するため、次のように検討した。

(1) 移動式クレーンの転倒防止

　地盤を安定させるため、河原への進入路に存在する転石をバックホウで取り除き、ブルドーザーで平坦に均した後、ローラで締め固めた。その後、鋼板を据付け場所の全範囲に敷き詰め、クレーンの移動時における安定性を確保するよう検討した。

(2) 旋回半径内への立入禁止措置

　関係労働者以外の立入禁止措置を行うため、クレーンの旋回半径内となる場所にバリケードを設け、他と区分することで、接触を防止できるよう検討した。

(3) 検討の結果、**現場で実施した対応処置とその評価**

　現場での労働災害防止のため、次のような処置をした。

　移動式クレーンの転倒を防止するため、鋼板を敷き詰め、据付け地盤を整備した。また、労働災害を防止するため、セフティコーンとバーを設けて作業半径内の立入禁止措置を行い、それを常時点検した。

　以上の対策により、労働災害を防止 できた。

着目ポイント
- 工事概要
- 技術的課題
- 検討項目
- 検討理由
- 検討内容
- 検討項目
- 検討理由
- 検討内容
- 対応処置
- 評価

平成28年度 | 品質管理 | 路床工の参考例

問題1 あなたが経験した土木工事の現場において、工夫した安全管理又は工夫した品質管理のうちから1つ選び、次の〔設問1〕、〔設問2〕に答えなさい。

〔注意〕あなたが経験した工事でないことが判明した場合は失格となります。

〔設問1〕あなたが経験した土木工事に関し、次の事項について解答欄に明確に記述しなさい。

(1) **工事名**

工 事 名	国道19号線山崎―松田道路改良工事

(2) **工事の内容**

①	発 注 者 名	石川県土木局道路課
②	工 事 場 所	石川県金沢市東山町3丁目
③	工 期	平成27年12月1日～平成28年2月10日
④	主 な 工 種	路床工、路盤工
⑤	施 工 量	路床工施工土量　200m³ 路盤工施工土量　290m³

(3) **工事現場における施工管理上のあなたの立場**

立 場	現場監督員

ストーリー	路床の締固め度を確保するため、次の機械の選定を行う。 ① マンホール取付け部の施工機械の選定 ② 車道部の施工機械の選定

〔設問2〕

(1) 品質管理 で特に留意した技術的課題

　本工事は、打換え工法で合計約490m³の路床と路盤を施工し、その後、アスファルト混合物で舗装するものである。

　施工にあたり、幹線道路であることから、仕様書により設計CBRが6以上になるよう路床改良することが求められた。このため、路床の品質を確保するための施工法を課題とした。

(2) 技術的課題を解決するために検討した項目と検討理由及び検討内容

　路床の品質を確保するため、次のように検討した。

(1) マンホール取付部に使用する施工機械の選定　マンホールと道路との取付部は、施工範囲が狭いため、ミニバックホウを用いて石灰を混合し、小型締固機械と組み合わせて締め固めることで、路床の締固め度 を確保するよう検討した。

(2) 車道部に使用する施工機械の選定

　車道部は、大型スタビライザによる試験配合で定められた量の石灰を混合して締め固める必要があるため、タイヤローラで締固めることで、路床の締固め度 を確保するよう検討した。

(3) 検討の結果、現場で実施した対応処置とその評価

　消石灰(6%)を路上散布機で散布し、散水車で散水した。その後、ミニバックホウとスタビライザで混合し、タイヤローラで仮転圧した。その後、モータグレーダで均し、小型振動ローラと12tのタイヤローラで締め固めた。その結果、締固め度が90%以上となり、路床の品質 を確保することができた。

着目ポイント

工事概要

技術的課題

検討項目

検討理由

検討内容

検討項目

検討理由

検討内容

対応処置

評価

施工経験記述

平成 27 年度　品質管理または工程管理

必須問題 ●

問題1　あなたが経験した土木工事の現場において、工夫した品質管理又は工夫した工程管理のうちから 1 つ選び、次の〔設問 1〕、〔設問 2〕に答えなさい。

〔注意〕あなたが経験した工事でないことが判明した場合は失格となります。

〔設問 1〕　あなたが**経験した土木工事**に関し、次の事項について解答欄に明確に記入しなさい。

　〔注意〕　経験した土木工事は、あなたが工事請負者の技術者の場合は、あなたの所属会社が受注した工事内容について記述してください。従って、あなたの所属会社が二次下請業者の場合は、発注者名は一次下請業者名となります。

　　　　　なお、あなたの所属が発注機関の場合の発注者名は、所属機関名となります。

　(1)　工　事　名
　(2)　工事の内容
　　　　① 発注者名
　　　　② 工事場所
　　　　③ 工　　期
　　　　④ 主な工種
　　　　⑤ 施　工　量
　(3)　工事現場における施工管理上のあなたの立場

〔設問 2〕　上記工事で実施した「**現場で工夫した品質管理**」又は「**現場で工夫した工程管理**」のいずれかを選び、次の事項について解答欄に具体的に記述しなさい。

　(1) 特に留意した**技術的課題**
　(2) 技術的課題を解決するために**検討した項目と検討理由及び検討内容**
　(3) 技術的課題に対して**現場で実施した対応処置**

問題1　あなたが経験した土木工事の現場において、工夫した品質管理又は工夫した工程管理のうちから1つ選び、次の〔設問1〕、〔設問2〕に答えなさい。

〔設問1〕あなたが**経験した土木工事**に関し、次の事項について解答欄に明確に記入しなさい。

(1) **工事名**

工 事 名	国道19号線富山—池田道路改良工事

(2) **工事の内容**

①	発 注 者 名	富山県土木局道路課
②	工 事 場 所	富山県富山市東山町3丁目10-2
③	工　　　　　期	平成25年12月1日～平成26年2月10日
④	主 な 工 種	路床工、路盤工
⑤	施　　　工　　　量	路床工施工土量　　200m³ 路盤工施工土量　　290m³

(3) **工事現場における施工管理上のあなたの立場**

立　　　場	現場監督員

ストーリー　路床の品質確保を、①地下水位を低下させる作業と、②適切な締固め機械の選定により行う。

〔設問2〕

(1) **品質管理**で特に留意した**技術的課題**

　　本工事は、打換え工法として合計約490m³の路床と路盤を施工し、その後、アスファルト混合物で舗装するものである。

　　施工にあたり、計画時より高い地下水位の路床を設計CBR6以上に改良することが必要となった。このため、路床の品質を確保す（課題）るための施工法を課題とした。

(2) 課題を解決するために**検討した項目と理由・内容**

　① **地下水位の低下対策について**　☞（検討項目）

　　路床の地下水位が、路床面より20cmと近（理由）接しており、路床の軟化の原因であった。こ（内容）のため、路床下に地下水位を低下させるための横断地下排水工を設置するよう検討した。

　② **車道部施工機械の選定について**　☞（検討項目）

　　消石灰量を定めるため、車道部は、混合機械に（理由）より、試験配合で定めた石灰量を混合し、締固（内容）め、路床の締固め度を確保するよう検討した。

(3) 技術的課題に対して**現場で実施した対応処置**

　　路床下にφ100mmの有孔管で横断地下排水（処置）工を布設し、地下水位を低下させ、路床上に消石灰6%を散布し、散水後、大型スタビライザで混合し、12tタイヤローラで転圧し、（処置）現場密度試験により、締固め度92%以上を確保した。このことで、自然的な施工条件の変化に対応し、路床の品質を確保した。（評価）

この参考例では1行20文字で記述しているが、実際の試験では1行30文字〜40文字で記述することが望ましい。

平成28年度の試験からは、「対応処置の評価」を記述しなければならなくなった。その出題に対応して解答する場合は、最後の「路床の品質を確保した」の部分を「路床の品質を確保できた」と表現することが望ましい。

スーパーポイント

(1) 「品質管理基準」は、請負者が、発注者の示す品質規格をもとに定めるもので、受注者の品質管理は「品質管理基準」を満たすことを確認する。

(2) 「品質規格値」は、発注者の定める受入検査基準であり、発注者側監督員は、この品質規格値を満たすことを確認する。

(3) 「コンクリートの品質」について、コンクリートのスランプ・空気量・塩化物含有量の3項目は打込む前にその適否を判断するが、圧縮強度は通常28日まで標準養生（水中養生）した供試体を圧縮試験して求めるため、コンクリート施工直後の品質管理項目でない。このため、圧縮強度の確認は、コンクリートの納品書の配合表と施工時の材料分離のないことを確認することに替えることがある。

(4) 「盛土、路床の品質」について、通常、締固め度・変形量・支持力等で確認する。

問題1　あなたが経験した土木工事の現場において、工夫した品質管理又は工夫した工程管理のうちから1つ選び、次の〔設問1〕、〔設問2〕に答えなさい。

〔設問1〕あなたが**経験した土木工事**に関し、次の事項について解答欄に明確に記入しなさい。

設問1

(1) **工事名**

工 事 名	埼玉県道4号線バイパス工事

(2) **工事の内容**

①	発 注 者	埼玉県道路局
②	工 事 場 所	埼玉県富見市堀端 1234-5
③	工 期	平成 24 年 4 月 10 日～平成 25 年 3 月 10 日
④	主 な 工 程	路床工
⑤	施 工 量	安定処置土量 9600m³ セメント量 4%（1200t）

(3) **工事現場における施工管理上のあなたの立場**

立 場	現場代理人

ストーリー	路床の工程を短縮するため、①早期に安定処理できる構築法を選定し、②2つの工区で同時施工を行う。

〔設問2〕

(1) **工程管理**で特に留意した**技術的課題**

　　本工事は、埼玉県道4号線の富士見バイパス6kmを新設するもので、バイパスは幅員16mのうち歩道4m、車道12mのアスファルト舗装を行うものであった。

　　施工にあたり、用地収用の遅れがあり、着工までに40日の遅れが発生した。このため、路床施工の工程において、18日間の工程短縮をする必要があった。特に路床工の工程確保を課題とした。（課題）

(2) 課題を解決するために**検討した項目**と理由・内容

　　バイパスの路床工の工程短縮として、次のように検討した。

① **路床工の構築工法の選定** ☞ 検討項目

　　路床の切土区間は、地下水位の影響を受け（理由）軟化し易いため、軟化を防止し、早期施工が（内容）できるセメント安定処理工法による構築を検討した。

② **2工区同時施工** ☞ 検討項目

　　監督員との協議の上、2つの工区を同時に進行する計画に変更し工程短縮するため、1（理由）日の施工量の増大を検討した。（内容）

(3) 技術的課題に対して**現場で実施した対応処置**

　　次の処置で、18日の工程を短縮した。

① セメント量4%を混合し、スタビライザで、（処置）深さ40cmまで均一に混合し、タイヤローラで締固め、一工区4日間の短縮をした。

② 2つの工区を2班編成で施工して、路床工（処置）を14日間短縮し、第3工区から計画通りの1班体制の施工を行い工期を確保した。

スーパーポイント

(1) **ストーリー**

　　路床の構築方法には、置換え工法と安定処理工法があり、安定処理工法は、1回の混合で1層仕上なので施工は速い。このため、ストーリーとして、「セメント安定処理工法を選定して、2班編成で同時施工して工程を短縮する」とした。

(2) **検討項目・理由・内容**

① 検討項目
　・構築工法の選定
　・2工区同時施工

② 検討理由・内容
　・早期施工できるセメント安定処理工法を検討
　・2倍の施工速度とするため2班編成を検討

(3) **現場で実施した具体的処置**

① 検討した、セメント量4%の混合、施工法のスタビライザの使用や工程短縮4日等の数値を示す。

② 2班編成とすることで短縮した日数14日と、合計短縮日数18日等の数値を示す。

平成 26 年度　安全管理または工程管理

必須問題

> **問題 1**　あなたが経験した土木工事の現場において、工夫した安全管理又は工夫した工程管理のうちから 1 つ選び、次の〔設問 1〕、〔設問 2〕に答えなさい。
>
> 〔注意〕あなたが経験した工事でないことが判明した場合は失格となります。

〔設問 1〕　あなたが**経験した土木工事**に関し、次の事項について解答欄に明確に記入しなさい。

　　〔注意〕「経験した土木工事」は、あなたが工事請負者の技術者の場合は、あなたの所属会社が受注した工事内容について記述してください。従って、あなたの所属会社が二次下請業者の場合は、発注者名は一次下請業者名となります。

　　　　　なお、あなたの所属が発注機関の場合の発注者名は、所属機関名となります。

　　(1)　工　事　名
　　(2)　工事の内容
　　　　　① 発注者名
　　　　　② 工事場所
　　　　　③ 工　　期
　　　　　④ 主な工種
　　　　　⑤ 施　工　量
　　(3)　工事現場における施工管理上のあなたの立場

〔設問 2〕　上記工事で実施した「**現場で工夫した安全管理**」又は「**現場で工夫した工程管理**」のいずれかを選び、次の事項について解答欄に具体的に記述しなさい。

　　　　ただし、安全管理については、交通誘導員の配置に関する記述は除く。

　　(1)　特に留意した**技術的課題**
　　(2)　技術的課題を解決するために**検討した項目と検討理由及び検討内容**
　　(3)　技術的課題に対して**現場で実施した対応処置**

平成26年度 | 工程管理 | 基礎工事における工程確保の参考例

問題1 あなたが経験した土木工事の現場において、工夫した安全管理又は工夫した工程管理のうちから1つ選び、次の〔設問1〕、〔設問2〕に答えなさい。

〔設問1〕あなたが**経験した土木工事**に関し、次の事項について解答欄に明確に記入しなさい。

(1) **工事名**

工 事 名	ABC自動車工場基礎工事

(2) **工事の内容**

①	発 注 者 名	ABC自動車株式会社
②	工 事 場 所	埼玉県川越市宝町3－9－11
③	工 期	平成22年2月10日～平成23年5月30日
④	主 な 工 種	土工、コンクリート工
⑤	施 工 量	掘削土量　890m³ 場所打ち杭及び基礎コンクリート打設量 1860m³

(3) **工事現場における施工管理上のあなたの立場**

立 場	現場監督員

ストーリー	基礎工の工程確保を①杭頭処理と捨コンの並行作業と②コンクリートの養生作業で行う。

〔設問2〕 上記工事で実施した 工程管理 で、特に留意した**技術的課題**、その課題を解決するために**検討した項目**、**検討理由及び検討内容**、そして、現場で実施した**対応処置**を、解答欄に具体的に記述しなさい。

（1） 工程管理 において、特に留意した**技術的課題**

　　本工事は、ABC自動車工場の上屋建築工事に伴い施工する場所打ち杭及び基礎コンクリート1860m³を打設するものである。

　　施工にあたり、基礎コンクリート打設時期が寒中となり、養生期間を十分に確保する必要があるため、コンクリート工を短縮して、基礎工の工期を確保することを課題 とした。 課題

```
スーパーポイント
```

(1) 工程管理の技術的課題

① 寒冷期におけるコンクリート養生期間の短縮

② 基礎工の工程短縮のための基礎工の短縮

（2） 技術的課題を解決するために**検討した項目と検討理由及び検討内容**

　　工期確保のため、次の検討を行った。

（1） 杭頭処理と捨コンの並行作業について 検討項目

　　杭頭処理と捨コン打設の両工程を並行作業 理由 で工程短縮する理由から、作業班を2班編成とするため増員を検討 した。 内容

（2） コンクリートの養生作業について 検討項目

　　外気温が5℃以下で、十分な養生期間を確 理由 保し、コンクリートの品質を確保する理由から、監理者の了承を得て早強ポルトランドセ 内容 メントの使用し、コンクリート養生日数を短縮するよう検討 した。

(2) 検討項目・理由・内容

① 項目：基礎床仕上げ工程短縮

　　理由：基礎工の工程短縮

　　内容：杭頭処理工と捨コン工程の並行作業

② 項目：養生期間の短縮

　　理由：養生工程の短縮のため

　　内容：普通ポルトランドセメントから早強ポルトランドセメントへの変更

（3） 技術的課題に対して**現場で実施した対応処置**

　　検討の結果、次の対応措置した。

（1） 鋼製型枠のサイクルを6日とすることで 処置 1サイクル2日間短縮し、16日間短縮 した。

（2） 杭頭処理工を2班体制として、後追工程 処置 で、捨コンクリートを2箇所から同時施工することで、6日間の日程を短縮し、基礎工全体の工期を確保 した。

(3) 実施した対応措置

① 養生工程短縮による型枠の転用サイクルの短縮

② 杭頭処理工と捨コン打設の並行作業による基礎工の短縮

90

平成26年度 | 安全管理 | 歩行者の安全確保の参考例

問題1 あなたが経験した土木工事の現場において、工夫した安全管理又は工夫した工程管理のうちから1つ選び、次の〔設問1〕、〔設問2〕に答えなさい。

〔設問1〕あなたが**経験した土木工事**に関し、次の事項について解答欄に明確に記入しなさい。

(1) 工事名

工 事 名	玉浜町公共下水道幹1-112延伸工事

(2) 工事の内容

①	発 注 者 名	玉浜町土木課
②	工 事 場 所	玉浜町大川筋2丁目-7-3
③	工 期	平成21年9月12日～平成21年10月21日
④	主 な 工 種	下水道管敷設工
⑤	施 工 量	硬質塩化ビニル管 φ300mm 施工延長 650.44m

(3) 工事現場における施工管理上のあなたの立場

立 場	現場監督補佐

ストーリー	下水道工事での歩行者や労働者の安全確保を①境界柵の設置と②仮設通路の設置で行う。

〔設問2〕　上記工事で実施した「**現場で工夫した安全管理**」について解答欄に具体的に記述しなさい。

　　　　　　ただし、安全管理については、交通誘導員の配置に関する記述は除く。

(1)　安全管理において、特に留意した**技術的課題**

　　玉浜町は、大手電機メーカーの製造工場の進出に伴い、従業員の増加で住宅の新築が増加した。これに伴い、下水道本管幹線1号の112として、φ300mmのVU管を650.44m延伸し施工するものである。

工事概要	5行

　　施工にあたり、狭い道路で 歩行者と一般車両の安全を確保 することが課題であった。

	施工にあたり	1行
課題	技術的課題表示	1行

(2)　技術的課題を解決するために**検討した項目と検討理由及び検討内容**

　　施工時における歩行者の安全を確保するため、次のように検討した。

前　文	2行

（1）境界柵の設置　　✎ 検討項目

　　車の迂回路がないので、工事用の幅は3m 理由 に制限されているので一般車両の転落防止の 内容 ため、境界柵を設置するよう検討 した。

（2）仮設通路の設置　　✎ 検討項目

　　鋼矢板を前面に圧入し保全しブロック塀の 理由 倒壊を防止のため、単管パイプを組み立て、内容 ブロック塀に沿って仮設通路とするようにして歩行者の 安全を確保するよう検討 した。

仮設検討・採用理由	9行

統一性

(3)　技術的課題に対して**現場で実施した対応処置**

　　検討の結果、次の処置をした。

前　文	1行

　　現場の境界に高さ90cmの安全柵を車両側 処置 に設置点検した。また、工事現場の区間を含め、延長17m、幅80cmの仮設通路に、敷 処置 板、すべり防止マットを敷き、常時点検した。また、誘導員の合図で重機の旋回をし、歩行者と一般車両の安全を確保 した。

工法処置	5行
技術的課題解決	1行

92

第 2 章

土工

2.1 出題分析

2.2 技術検定試験 重要項目集

2.3 最新問題解説

※ 平成 26 年度以前の過去問題は、出題形式(問題数)が異なっていたため、本書の最新問題解説
では、平成 27 年度以降の出題形式に合わせて、土工・コンクリート工・品質管理・安全管理・
施工管理の各分野に再配分しています。

2.1 出題分析

2.1.1 最新10年間の土工の出題内容

年　度		最新10年間の土工の出題内容
令和5年度	問題4	切土法面の施工（変状・排水・保護・落石）に関する語句を選択
令和4年度	問題5	盛土材料として望ましい条件を2つ記述
令和3年度	問題4	盛土の締固め作業と締固め機械（選定・特徴）に関する語句を選択
令和2年度	問題2 問題3	切土法面の排水・保護工・吹付け・掘削に関する語句を選択 軟弱地盤対策工法を2つ選び、工法名と工法の特徴を記述
令和元年度	問題2 問題3	盛土の材料・地盤・含水量調節・排水に関する語句を選択 法面保護工（植生・構造物）の工法名と、その目的又は特徴を記述
平成30年度	問題2 問題3	構造物の裏込め・埋戻しに関する語句を選択 軟弱地盤対策工法を2つ選び、工法名と工法の特徴を記述
平成29年度	問題2 問題3	切土の施工に関する語句を選択 軟弱地盤対策工法を2つ選び、工法名と工法の特徴を記述
平成28年度	問題2 問題3	盛土の締固め作業と締固め機械 法面保護工の工法名
平成27年度	問題2 問題3	土量の変化率に関する用語の選択と、土量変換計算 盛土の沈下対策または安定性確保に有効な工法を5つ記述
平成26年度	問題2(1) 問題2(2)	盛土の施工、良質土の圧縮性、膨潤性、法面緑化 高含水比土の現場発生土の含水調節、ばっき乾燥

※問題番号や出題数は年度によって異なります。

2.1.2　最新10年間の土工の分析・傾向

年度 / 出題形式	R5年 選	R5年 記	R4年 選	R4年 記	R3年 選	R3年 記	R2年 選	R2年 記	R元年 選	R元年 記	H30年 選	H30年 記	H29年 選	H29年 記	H28年 選	H28年 記	H27年 選	H27年 記	H26年 選	H26年 記
盛土・切土工	●		●		◑		●		●		●		●		●				●	
土量計算																	●			
軟弱地盤								●				●		●				●		●
法面保護工										●						●				
土留め支保工																				
土工機械						◗														

●：必須問題

選：空欄に当てはまる語句を選択する問題が中心（土工の語句選択問題）
記：問われていることを記述する問題が中心（土工の記述問題）
※ ◖・◗の表示は複数の出題項目が統合された問題です。
※すべての年度が空欄の項目は、平成25年度以前にのみ出題があった項目です。

最新の出題傾向から分析　本年度の試験に向けた学習ポイント

土工の語句選択問題：盛土の材料・盛土の施工・盛土の締固めについて、過去10年間の問題を完全に理解する必要がある。

土工の記述問題：各種の法面保護工・土工機械の特徴について、理解しておくことが重要である。

※ 令和6年度の土工分野では、土工に関する用語を説明する記述問題が出題される可能性が高いと思われる。軟弱地盤対策工法や建設機械(特徴・用途・機能)に関する用語は、確実に記述できるようにしておこう。

2.2 技術検定試験 重要項目集

2.2.1 土質調査

土質調査には、原位置試験と土質試験がある。各試験について、

① 試験名　② 試験で求めるもの　③ 試験の結果の利用

の3つの組合せで理解しておく。

❶ 原位置試験 ●●●

表2・1に原位置試験を示す。特に、次の5項目は、しっかりまとめておく必要がある。

① 標準貫入試験　　② 道路の平板載荷試験　　③ コーン貫入試験

④ 単位体積質量試験　⑤ 現場 CBR 試験

表2・1　原位置試験

No	試験名	試験により求める値	試験で求めた値の利用法
1	弾性波探査	・V（弾性波速度）	・岩質を調べ、掘削法を検討
2	電気探査	・r（電気抵抗）	・地下水位の位置を知り、掘削法を検討
3	**単位体積質量試験**（現場）	・ρ_d（原位置の土の密度）	・土の締固め管理
4	**標準貫入試験**	・N 値（打撃回数）	・土層の支持層の確認 ・成層の状況（土積柱状図）
5	スウェーデン式サウンディング試験※	・N_{sw} 値	・広い範囲の地盤の支持力 ・地盤の締固まり具合
6	**コーン貫入試験**	・q_c（コーン指数）	・トラフィカビリティの判定 ・浅い地盤支持力の確認
7	ベーン試験	・c（粘着力）	・深い粘性地盤の支持力の確認 ・斜面の安定性の判定
8	**道路の平板載荷試験**	・K 値（地盤反力係数）	・路床、路盤の支持力の確認
9	**地盤の平板載荷試験**	・K 値（地盤反力係数）	・地盤の支持力の確認
10	**現場 CBR 試験**	・CBR 値	・切土・盛土の支持力の確認
11	現場透水試験	・k（透水係数）	・掘削方法の検討

※ 2020年の日本産業規格（JIS）改正により、現在では「スウェーデン式サウンディング試験」の名称が「スクリューウエイト貫入試験」に改められている。

❷ 土質試験 ●●

次の表2・2に土の性質を判別する試験、表2・3に土の力学的性質を求める試験を示す。

表2・2　土の性質を判別分類するための土質試験

No	試験名	試験により求める値	試験で求めた値の利用法
1	含水量試験	・w(含水比)	・土の締固め管理 ・土の分類
2	単位体積質量試験 (室内)	・ρ_t(湿潤密度) ・ρ_d(乾燥密度)	・土の締固め管理 ・斜面の安定性の検討
3	土粒子の密度試験	・ρ(土粒子の密度) ・S_r(飽和度) ・v_a(空気間隙率)	・土の基本的な分類 ・高含水比粘性土の締固め管理
4	コンシステンシー試験 ・液性限界試験 ・塑性限界試験	・w_L(液性限界) ・w_p(塑性限界) ・PI(塑性指数) ・I_c(コンシステンシー指数)	・細粒土の分類 ・安定処理工法の検討 ・凍上性の判定 ・締固め管理
5	粒度試験	・粒径加積曲線 ・U_c(均等係数)	・盛土材料の判定 ・液状化の判定 ・透水性の判定
6	相対密度試験	・D_r(相対密度)	・砂地盤の締まりぐあいの判断 ・砂層の液状化の判定

表2・3　土の力学的性質を求める土質試験

No	試験名	試験により求める値	試験で求めた値の利用法
1	突固めによる土の締固め試験	・$\rho_{d\,max}$(最大乾燥密度) ・w_{opt}(最適含水比)	・盛土の締固め管理
2	せん断試験 ・直接せん断試験 ・一軸圧縮試験 ・三軸圧縮試験	・ϕ(内部摩擦角) ・c(粘着力) ・q_u(一軸圧縮) ・S_t(鋭敏比)	・地盤の支持力の確認 ・細粒土のこね返しによる支持力の判定 ・斜面の安定性の判定
3	室内CBR試験	・CBR値 ・修正CBR値	・路盤材料の選定 ・地盤支持力の確認 ・トラフィカビリティの判定
4	圧密試験	・m_v(体積圧縮係数) ・C_v(圧縮指数) ・k(透水係数)	・圧密量の判定 ・圧密時間の判定
5	室内透水試験	・k(透水係数)	・堤体・排水工の設計

2.2.2　　　　土　工　事

❶ 盛土材料

(1)盛土材料の望ましい性質は、次のとおりである。

　①　施工機械の走行が可能なトラフィカビリティがあること。

　②　盛土のり面の安定が可能なせん断強さがあり、膨潤性と圧縮性が小さいこと。

　③　盛土の圧縮沈下が路面に悪影響を与えないこと。

　④　草木などの有機物質を有しないこと。

(2)盛土材料として適当でない土には、次のものがある。

　①　ベントナイト　　②　温泉余土　　③　酸性白土　　④　有機土

❷ 現地盤処理

(1)盛土に先立つ現地盤の処理には、次のものがある。

　①　草木など有機質の物質を除去し、盛土完成後の沈下を防止する。

　②　盛土と現地盤とのなじみをよくするため、現地盤の凹凸を平滑化する。

　③　現地盤に流入する水は、排水溝で排水処理できるようにする。

(2)トラフィカビリティの確保をするには、次の処理をする。

　①　表層にサンドマットを敷設し、排水を良くし走行性を確保する。

　②　表層に排水溝をつくり滞水を排除し、現地盤の含水比を低下させる。

　③　セメントまたは石灰を投入混合し、安定処理をする。

　④　鋼板、布などを敷設して、力を分散させる。

❸ 盛土の施工

(1)敷均しの留意点は、次のようである。

　①　ブルドーザまたは、敷均し精度の高いモータグレーダにより敷き均す。

　②　敷均し厚さは、路床・路盤に応じたものとし、均一に敷き均す。

　③　盛土材料は、できるだけ最適含水比に近づけて敷き均す。

(2)盛土の締固めの留意点は、次のようである。

　①　土質、敷均し厚さに応じた締固め機械を選定する。

　②　施工中、降雨による軟化を防止するため、横断勾配3〜5％をつけて施工する。

　③　粘性土の盛土の走行路は一定とせず、走行場所を変えて、こね返しを防止する。

　④　のり面の締固めは、のり勾配に応じて、ブルドーザ・ローラ・振動コンパクタ
などを用いる。

　⑤　締固め後の沈下を予想して、余盛りをのり面、天端、小段などに設ける。

❹ 傾斜地盤上への盛土 ●●

図2・1　切土・盛土区間の施工

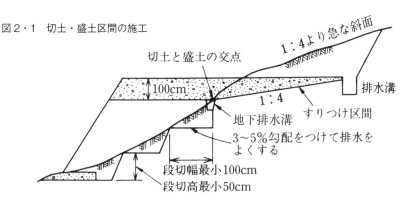

図2・1のような切土・盛土の交点では、1：4より急な斜面では盛土する現地盤は段切
を行い、亀裂や沈下が生じることを防止するために次のような処置をする。

(1)切土・盛土の交点に地下排水溝（暗渠工）を設け、山側からの浸透水を排除する。

(2)山側に排水溝を設け、路面への切土面からの雨水の流入を防止する。

(3)切土区間に1：4の勾配をつけ、良質土を盛土とすりつけ一体化する。

(4)幅1m以上、高さ50cm以上の段切を設け、盛土のすべりを防止する。

(5)段切底面は3～5％の傾斜をつけ、浸透水を排除する。

❺ 構造物に接する盛土 ●●●

図2・2　構造物近辺の盛土

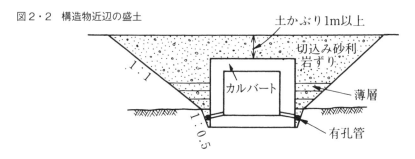

図2・2のように、構造物に接する盛土は、構造物と盛土の剛性が異なるため、接合部
は沈下しやすい傾向にある。これを減少するには、次のようにする。

(1)圧縮性が小さく、透水性が良く、支持力が大きく、締め固めやすい、切込み砂利、
　岩くず等の良質土を用いる。

(2)構造物に偏土圧を作用させないように、左右対称に振動コンパクタ・ランマなど小
　型の建設機械を用いて締め固める。

(3)埋戻し土の敷均しは、薄層として十分に締め固める。

(4)有孔管を用いて排水溝を設け、埋戻し土の軟化を防止する。

❻ 盛土の締固め規定 ●●

(1)**工法規定方式**：工法規定方式は、TS（トータルステーション）や GNSS（GPS 衛星）で制御される建設機械を使用し、発注者が試験施工によって、規定の締固めとなる建設機械と走行回数、敷均し厚さを定めるもので、岩塊・玉石などの締固めを規定する場合に用いる。

(2)**品質規定方式**：請負者が施工法を次のように定める。

① 強度規定は、れき・玉石など含水比に左右されない土の締固めを規定するもので、CBR 試験（CBR 値）、平板載荷試験（K 値）、コーン貫入試験（q_c 値）により盛土地盤の強度を規定する。

② 変形量規定は、盛土のたわみ量が基準の変形量以下となるように規定するもので、一般にプルーフローリング（25t タイヤローラと試験車）を走行させ、最大沈下量が基準以下となるようにする規定である。特に必要のあるときは、プルーフローリングの測定で異常の値がでたときは、さらにベンケルマンビームで詳しい変形量 δ（デルタ）を測定することができる。

③ 締固め度規定は、一般の砂質土に広く用いられる規定で、盛土材料を突き固める締固め試験によって、最大乾燥密度 $\rho_{d\,max}$ と、最適含水比 w_{opt} を求め、さらに、締め固められた現場の盛土の乾燥密度 ρ_d を単位体積質量試験（砂置換法、RI 法）によって求め、締固め度 $C_d = \rho_d / \rho_{d\,max}$ が規定の値 90% 以上となるようにする。

④ 飽和度規定（または空気間隙率規定）は、高含水比の粘性土の締固めを規定するもので、締固め後の盛土の試料について土粒子の密度試験を行い、盛土の飽和度 S_r または空気間隙率 v_a を求め、S_r または v_a が管理基準を満足するよう湿地ブルドーザで締固めを行う。

締固めの規定のまとめを表 2・4 に示す。

表 2・4　盛土の締固め規定一覧

	規定方式	規定値	規定法	規定試験	適用土質
盛土の締固め管理	工　法	工法規定	機械重量・走行回数	試験施工	玉石、岩塊
	品　質	強度規定	K 値、CBR 値、q_c	平板載荷試験等	砂利、玉石
		変形量規定	δ（沈下量）	走行試験	砂利、玉石
		乾燥密度規定	C_d	土の締固め試験等	一般の土
		飽和度規定	S_r（または v_a）	土粒子の密度試験	高含水比粘性土

2.2.3 土 量 計 算

❶ 土量計算 ●●

(1) 土の変化率

　土は、地山土量を基準にして考えることが多い。地山を掘削すると重さは変わらないが、空気がはいり、ほぐされて体積が増加する。この割合をほぐし率(L)といい、たとえばL＝1.2のように表す。

　地山を締め固めると、一般に体積が圧縮され減少する。この割合を締固め率(C)といい、たとえばC＝0.8のように表す。

　ダンプカーが運ぶ土量は掘削後の土量なので、ほぐし土量である。一般に、土はほぐすと地山土量より増加し岩塊などを除いて、盛土して締め固めると地山より減少する。

(2) 土量計算の方法

　地山土量(＝切土量)と運搬土量(＝ほぐし土量)と盛土量(締固め土量)の間には、図の関係がある。出発点として、地山土量100 m³の場合、運搬土量と盛土量の求め方の関係を示している。L＝1.2、C＝0.8とした計算では、運搬土量＝地山土量×L＝100×1.2＝120 m³、盛土量＝地山土量×C＝100×0.8＝80 m³ となる。

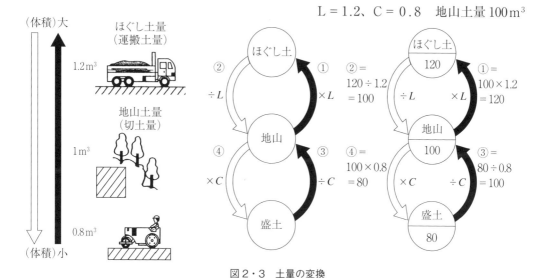

図2・3　土量の変換

(3) 土量計算のポイント

土量計算では、盛土量と運搬土量の相互の変換が必須の知識である。

① 盛土量＝運搬土量÷L×C（たとえば、120÷1.2×0.8 ➡ 80m³）

② 運搬土量＝盛土量÷C×L（たとえば、80÷0.8×1.2 ➡ 120m³）

【例】 1000m³ の地山土量の L＝1.2、C＝0.9 とするとき、運搬土量と盛土量を求める。

　　　運搬土量：1000×L＝1000×1.2＝1200m³

　　　盛土量：1000×C＝1000×0.9＝900m³

【例】 1000m³ の盛土が必要な場合、800m³ の地山土量を流用するとして、盛土量の不足土量[m³]を求める。ただし、L＝1.2、C＝0.9 とする。

　　　盛土の不足土量＝必要盛土量－流用盛土量＝1000－(800×0.9)＝280m³

このように、L、C の使い方を練習しておく必要がある。

岩や礫質土などでは、L＝1.5～2.0、C＝1.0～1.5 のように L、C 共に 1 より大きくなることがある。

(4) 1時間当たりの施工土量（施工速度）の計算

この土量の計算では、一般に次の式が用いられる。

1時間当たりのショベルの掘削する地山土量を $Q[m^3/h]$ とすると、

① $$Q = \frac{3,600 \times K \times q \times f \times E}{C_m} = \frac{3,600 \times K \times q \times E}{C_m \times L} \ [m^3/h] \ (C_m：[秒] \text{のとき})$$

　C_m：サイクルタイム[秒]　　　K：バケット係数

　q：ほぐし処理土量(1 回のバケットの作業量[m³])

　E：効率　　　　　　　　　L：ほぐし率

【例】 $C_m＝60$ 秒、$K＝0.8$、$q＝0.6m^3$、$E＝0.8$、$L＝1.2$ のとき

$$Q = \frac{3,600 \times 0.8 \times 0.6 \times 0.8}{60 \times 1.2} = 19.2m^3/h$$

② $$Q = \frac{3,600 \times K \times q \times E}{C_m \times L} \ [m^3/h] \ (C_m：[秒] \text{のとき})$$

　C_m：サイクルタイム[秒]　　　K：バケット係数

　q：ほぐし処理土量(1 回のバケットの作業量[m³])

　E：効率　　　　　　　　　L：ほぐし率

【例】 $C_m＝45$ 秒、$K＝0.8$、$q＝1.2m^3$、$E＝0.8$、$L＝1.2$ のとき

$$Q = \frac{3,600 \times 0.8 \times 1.2 \times 0.8}{45 \times 1.2} = 51.2m^3/h$$

2.2.4 建 設 機 械

❶ 建設機械の作業別適性 ●●

表2・5 作業別適性土工機械

作業の種類	土工機械の種類
伐開	ブルドーザ、レーキドーザ
掘削	パワーショベル、バックホウ、ドラグライン、クラムシェル、トラクタショベル、ブルドーザ
積込み	パワーショベル、バックホウ、ドラグライン、クラムシェル、トラクタショベル
掘削・積込み	パワーショベル、バックホウ、ドラグライン、クラムシェル、トラクタショベル、浚渫船(しゅんせつせん)、バケットエキスカベータ
掘削・運搬	ブルドーザ、スクレープドーザ、スクレーパ、トラクタショベル
運搬	ブルドーザ、ダンプトラック、ベルトコンベア
敷均し	ブルドーザ、モータグレーダ、スプレッダ
締固め	ロードローラ、タイヤローラ、タンピングローラ、振動ローラ、振動コンパクタ、ランマ、タンパ、ブルドーザ
整地	ブルドーザ、モータグレーダ
溝掘	トレンチャ、バックホウ

❷ ショベル系掘削機械の特徴 ●●

表2・6 フロントアタッチメントと適性作業

		パワーショベル	バックホウ	ドラグライン	クラムシェル
	掘削力	大	大	小	小
材料掘削	硬い土・岩・破砕された岩	◎	◎	×	×
	水中掘削	×	◎	○	○
掘削位置	地面より高い所	◎	×	×	◎
	地面より低い所	×	◎	○	◎
	正確な掘削	○	○	×	○
	広い範囲	×	×	◎	○
適性作業	高い所の切取り	○	×	×	×
	狭いV形溝掘	×	○	×	○
	表土はぎ整地	○	×	○	×
	ウィンチ作業	×	×	○	○

○：適当、×：不適当、◎：○のうち出題頻度の高いもの

❸ 締固め機械の適用土質 ●●●

表 2・7　締固め機械の適用土質

締固め機械	適用土質
ロードローラ	路床、路盤の締固めや盛土の仕上げに用いられる。粒度調整材料、切込砂利、礫混り砂などに適している。
タイヤローラ	砂質土、礫混り砂、山砂利、まさ土など細粉分を適度に含んだ締固め容易な土に最適。その他、高含水比粘性土などの特殊な土を除く普通土に適している。大型タイヤローラは一部細粒化する軟岩にも適する。
振動ローラ	細粒化しにくい岩、岩砕、切込砂利、砂質土などに最適。また、一部細粒化する軟岩やのり面の締固めにも用いる。
タンピングローラ	風化岩、土丹、礫混り粘性土など、細粒分は多いが鋭敏比の低い土に適している。一部細粒化する軟岩にも適している。
振動コンパクタ、タンパなど	鋭敏な粘性土などを除くほとんどの土に適用できる。ほかの機械が使用できない狭い場所やのり肩などに用いる。
湿地ブルドーザ	鋭敏比の高い粘性土、高含水比の砂質土の締固めに用いる。

❹ 代表的な建設機械の主な特徴 ●●●

表 2・8　建設機械の特徴

機械名	主な特徴（用途、機能）
ブルドーザ	掘削・運搬・敷均し・締固めの機能を有する。
振動ローラ	土質材料やアスファルト混合物の締固めに用いる。
クラムシェル	軟らかい地盤を深い位置まで正確に掘削できる。
トラクターショベル	砂の掘削や土砂の積込みに用いる。
モーターグレーダ	土質材料の敷均しや法面の施工に用いる。
バックホウ	機械位置より低い位置の比較的硬い土も正確に掘削できる。
モータースクレーパ	広い面積で安定した地盤の掘削・運搬・敷均しが効率よくできる。
タイヤローラ	接地圧の調節や自重の加減により幅広い土砂の締固めができる。

❺ コーン指数と運搬距離 ●●●

表 2・9　コーン指数と土工機械の関係

土工機械	コーン指数 kN/m^2
湿地ブルドーザ	300 以上
スクレープドーザ	600 以上
ブルドーザ	500〜700 以上
被けん引式スクレーパ	700〜1,000 以上
モータスクレーパ	1,000〜1,300 以上
ダンプトラック	1,200〜1,500 以上

表 2・10　運搬距離と土工機械の関係

土工機械	運搬距離
ブルドーザ	60 m 以下
スクレープドーザ	40〜250 m
被けん引式スクレーパ	60〜400 m
モータスクレーパ	200〜1,200 m
ショベルとダンプ	100 m 以上

土工

2.2.5　のり面保護工

のり面保護は、日陰や崩落のおそれのある面を除いて、できる限り植生工を用い、のり面の安定の確保の困難なところは、構造物によりのり面を保護する。

❶ 植生工 ••

(1) 種子吹付け工

客土（植生土）の必要のないのり面に施工するもので、吹付けガン（圧縮空気）によって、肥料、土、水、たね（3種以上）を混合して散布する。さらに、原液を水で2倍に薄めたアスファルト乳剤を散布し、被膜養生を行う。

長大なのり面では、ホースを 100m 程度まで移動でき、高さ 12m まで吹き上げられるので、一般ののり面に作業員が上がらずに施工できる。主に規模の大きな盛土や切土のり面積の植生工に適している。

(2) 植生マット工

植生マットとして、黄麻製マットに合成樹脂ネットをかけ、肥料、たねをのりと混合し、付着させるものを用いる。客土効果はないので、軟岩や粘土のような不良土には適さない。また、できるだけ凹凸のない普通土の切土のり面に適する。

植生マット工は、夏期、冬期を問わず施工でき、施工時から直ちにのり面保護が期待できる。植生マットは、盛土天端に約 10cm 埋め込んで安定させ、なわと竹串で途中を押さえて安定させる。

(3) 張芝工

張芝工は、一般ののり面では、盛土のり面をよく土羽打ちし、施肥をしたのち、全面に野芝を竹串で止めて密着させ、その上から良質土を薄くかけておく。施工時期は真夏がよく、秋から冬期への施工は根付かないことが多い。縦目地を通すと、雨水で浸食されるので千鳥目地とする。

(4) 筋芝工・植生筋工

風化の遅い粘性の盛土のり面に適し、砂質土ののり面に適さない。土羽打ちの際、水平に野芝を 30cm 間隔に配置し、十分に締め固める。芝には十分な施肥をして発育を促す。盛土の天端には、耳芝として野芝を一列配置して、のり肩の崩れを防ぐ。

最近、野芝の入手が困難なので、野芝に代えて、肥料とたねを付着させた帯状の植生筋工が広く用いられている。

(5) 植生盤工

　植生盤は、たねと肥料と土を混合して機械でつくる。主に、切土のり面に、50〜60cm間隔の溝を等高線状に掘り、1m²当たり8枚程度を用いて張り付ける。客土効果が期待できるが、やせた硬いのり面に加えて全面張りでないので、裸地の部分で浸食を受けるおそれがありそうな箇所で、盤が不定形となるが十分に張り付け固定させる。一般に、施工面積の大きいときは、機械による盤の製作を行う。小面積の場合は人力で行う。

(6) 土のう工

　土のう袋は、たね、肥料、土を混合したものを網袋につめたものである。土のう工は切土のり面に側溝を掘り、張り付ける工法である。これは年中施工可能である。のり肩からの浸食を防止するため、天端に一列配置する。また、袋の下側には、固型肥料を入れておく。1m当たり3袋用い、U型鉄線で1袋2本でのり面に固定する。

(7) 植生穴工

　粘土や固結粘土の切土のり面に、直径8cm、深さ15cm程度の穴を1m²当たり18個ほど掘る。ここに土、肥料、たねを入れ、原液を水で2倍に薄めたアスファルト乳剤を1m²当たり1ℓ散布する。穴掘りには、一般に電気ドリル形式のオーガが用いられる。

❷ 構造物によるのり面保護工 ●●

(1) モルタル吹付け工・コンクリート吹付け工

　モルタル吹付け工・コンクリート吹付け工は、岩盤の割れ目が小さいが風化のおそれがある場所、また、湧水がなく、激しい崩落のないような急斜面の切土のり面に適している。吹付け方法には湿式と乾式があるが、はね返りの少ない湿式が多く用いられている。モルタルの場合は、質量比でセメント1に対して、細骨材4.5(コンクリートでは、セメント1、細骨材3、粗骨材1)を標準とする。水セメント比は45%程度とし、たれ下がらないよう注意する。

　施工厚さはモルタル8〜10cm(コンクリート10〜20cm)とし、地山は補強金網を張り、アンカーで固定する。湧水のない箇所にも2〜4m²に1個の割合で水抜き孔を設ける。のり肩や排水溝に接する場所では、モルタルを巻き込んで施工する。

(2) ブロック張工・石張工

ブロック張工・石張工は、勾配が1:1（45度）より緩く、粘着力のない土砂、土丹やくずれやすい粘土に適用する。湧水のある箇所は空張（からばり）（コンクリートを用いない）とし、高さ3m未満とする。裏込め材として、栗石（くりいし）、切込み砂利（きりこ）を用い、水抜き孔はφ50㎜を2〜4m²について1個設ける。

湧水のないのり面では練張（ねりばり）（コンクリート張）とし、不同沈下に備えて10〜20mごとに目地を設ける。石の積み方は、一般に平積（ひらづみ）でなく強度のある谷積（たにづみ）を標準とする。

(3) コンクリート張工

コンクリート張工は、**節理（せつり）の多い岩盤やルーズな崖（がい）すい層が崩落のおそれのある**のり面に用いる。コンクリート枠工やコンクリートブロック張工では、不安定と思われる箇所に用いる。

長大のり面や、勾配の急なときは、金網、鉄筋で補強する。また、施工に当たり、水抜き孔を設け、天端部分は十分に地盤に埋め込み、コンクリートの打継目は、のり面と直交するように設ける。斜面の途中にもコンクリートが滑り出さないよう、コンクリート裏面に4〜6mごとに突起をつける。

(4) コンクリートブロック枠工

湧水のある切土のり面、長大のり面で、主に凹凸のないのり面で、かつ1:1より緩やかなのり面に用いる。コンクリートブロック枠工の代表的なものとして**プレキャスト枠工**がある。プレキャストの枠の交点には、すべり止め長さ50〜100cmの杭または鉄筋アンカーをモルタル注入で保護し、のり面に固定する。多くは、枠内を植生するが、湧水の多いときは、石空張、プレキャストブロックを用い空張とし、のり面土砂の流出が生じないよう施工前に透水性のマットを敷設したり、排水溝を設けておく。

(5) 現場打ちコンクリート枠工

湧水を伴う風化岩や長大のり面、凹凸のあるのり面で、コンクリートブロック枠工では崩落のおそれのあるのり面に用いる。また、亀裂等のある岩盤で、コンクリート吹付けでは安定しない岩盤ののり面等にも適用する。ある程度、土圧にも耐えられる。

幅50cm、厚さ40cm程度の枠工を、5m間隔程度に鉄筋を入れて施工し、枠の交点は、長さ150cm、径φ32㎜のアンカーボルトを、モルタルで保護してのり面に固定する。のり枠の間は、栗石をつめたり、ブロックをつめたりして安定させる。

(6) 編柵工

編柵工は、植生工の湧水によるのり面表層部のすべりを防止する目的で施工され、砂質土の盛土のり面に、土羽打ちする前に施工されることが多い。施工は、のり面に1m程度の木杭を100cm以下の間隔に打ち込み、この木杭の間を高分子材料のネットや竹を編んで、流出する土砂をとどめるものである。編柵工の施工後は、十分に土羽打ちを行う。植生工の湧水対策工として用いる。

(7) のり面じゃかご工

多量の湧水により、のり面が流出するおそれのあるときや、崩落のり面を復旧するときなどのほか、凍結や剥落が予想される場所に用いる。

じゃかごは、鉄線を袋状にあみ、石を入れた筒状のもので、のり面に並べた普通じゃかごや、災害復旧として集水や地すべりを押さえるふとんじゃかご（図2・4）がある。**流水処理**時に目詰まりするときは、砂利などをまわりに施工しておくとよい。湧水対策工として用いる。

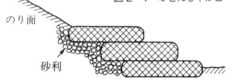

図2・4　ふとんじゃかご

のり面

砂利

2.2.6　軟弱地盤

❶ 表層部軟弱地盤の処理 ●●●

建設機械の走行性を確保するためや、盛土の準備や深層軟弱地盤改良の準備として施工される。

(1) 表層排水工法

表層部を開削して排水路をつくり、透水性の大きい砂で埋戻しを行う。溝(トレンチ)の幅0.5m、深さ1m程度とすることが多い。排水によって表面の地盤の含水比を下げて、支持力を向上させ、所要のトラフィカビリティを確保する。

(2) サンドマット工法

サンドマット工法は、軟弱地盤上に厚さ50cm～1.2m程度の透水性のよい砂礫土を敷砂するもので、深層軟弱地盤の処理工の準備工としても用いられる。

サンドマットは、軟弱層の圧密排水の排水路の役目をする。また、トラフィカビリティを確保する。さらに、サンドマット上に盛土をするときは、盛土内の浸透水を排水することができる。

(3) 敷設材工法

敷設材として、ジオテキスタイル(化学シート、樹脂ネット)を軟弱地盤上に敷設し、その敷設材の上に排水性のよい川砂などを敷き、敷設材の押さえと排水路の役目をもたせ、この上に盛土を行うための準備工とする。このとき、敷設材は盛土面積より広くする。

(4) 表層混合処理工法

軟弱な表層に石灰・セメントなどの安定材を混入し、転圧して、地盤の圧縮性、強さを増大し、建設機械の走行性を確保する。また、路床としてのCBR値を向上させることができる。

セメントまたは消石灰を用いて安定させるときは、所要量を路上で混合し、ローラで締固め、所定の締固め度が得られるようにする。生石灰を用いるときは、生石灰を混合して仮締めで締め固め、生石灰の消化が終了後、2度締固めを行う。養生期間は1週間程度である。

❷ 深層軟弱地盤改良工法(高含水比粘性層) •••••••••••••••••••••••••••••••

(1) 掘削置換工法

軟弱層が表層から3m未満と浅く、その下層が良好な地盤のとき、軟弱層の全部または一部を掘削して除去し、良質土に置き換える工法である。

(2) 緩速載荷工法

地盤の支持力が小さく、一度に盛土ができないとき、地盤の支持力に見合った盛土の載荷を行う。時間の経過を待って支持力が増大したことを確かめ、さらに盛土を載荷していく。これを順次行う工法を緩速載荷工法といい、施工工程に余裕のあるときに用いられる。荷重を大きな段階に分けて載荷するものを段階盛土載荷という。連続的に小きざみに載荷するものを漸増盛土載荷と呼ぶ。

(3) 載荷重工法(圧密促進工法)

構造物の重量に等しいか、それより大きな荷重を軟弱地山に盛土載荷し、あらかじめ圧密沈下をさせておく工法を載荷重工法という。載荷重工法には、構造物の重量に等しい盛土を載荷する**プレローディング工法**と、構造物の重量より大きな盛土を載荷する**サーチャージ工法**とがある。緩速載荷工法との違いは、荷重を一時に盛土載荷する点にある。

(4) バーチカルドレーン工法（圧密促進工法）

　バーチカルドレーンは"鉛直方向の排水路"という意味で、排水路に砂柱をつくるものをサンドドレーン工法、厚紙や布などのカードボードを用いるものをペーパードレーン工法という。ペーパードレーン工法は、経済的で施工速度も速いが、深さ15mぐらいまでが限界であり、サンドドレーン工法は、30mまで改良できる。

　サンドドレーン工法では、補助工法としてサンドマットを敷き、サンドドレーンまたはペーパードレーンを挿入後、その上に盛土載荷して圧密排水を促すことが一般的である。特に、砂柱やペーパーが途中で切断されないように管理することが大切である。

(5) 地下水位低下工法

　地下水位低下工法は、ウェルポイント工法やディープウェル工法を用いて排水し、地下水位を低下させることで、地下水のある地盤が受けていた地下水による浮力に相当する荷重を載荷し、地盤の圧密促進と強度増加を図る工法である。

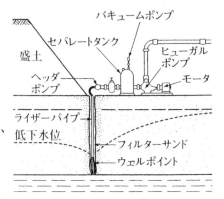

図2・5　ウェルポイント工法の構成図

(6) 押え盛土工法（すべり防止工法）

　押え盛土工法は、改良すべき軟弱地盤が深く、改良の方法が適用できない場合に利用される。押え盛土工法は、地すべり防止工法で、軟弱地盤の処理工法ではなく、軟弱地盤対策工法である。

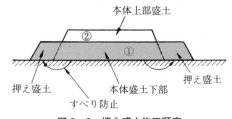

図2・6　押え盛土施工順序

　図2・6のように、押え盛土施工順序は、押え盛土と本体盛土の下部とを一体として施工し、その後、本体盛土上部を盛土する。敷地面積に制限のあるときは、サンドドレーン工法と併用することがある。

(7) 石灰パイル工法（固結工法）

　生石灰を高含水比の粘性地盤に、サンドコンパクションパイル工法に使った砂杭打機を用いて打ち込み、粘土層の水分を吸水し、生石灰を固化し消石灰として吸水膨脹させる。このため、生石灰の打込み高1m程度は低くし、低くした部分に砂を投入し杭の膨脹に対して余裕を与えておく。

　生石灰は高熱を発生するので、取扱い上、手袋を用いて十分な安全管理が必要である。この工法は化学的に固結することから、固結工法の一種である。

(8) 深層混合処理工法（固結工法）

　図2・7のように、高含水比の軟弱粘土層に深層処理装置を貫入させ、中央部からセメント・石灰等を投入し、翼^{よく}を回転させて、強制的に高含水比の粘土と、セメント・石灰等の土質改良材とを混合させ、化学的に円柱状に安定固結させる工法である。

　土質改良材の材質や混合量を適切に変えて施工する。これは、まわりの地盤への影響も少なく、ヒービングを防止できる。この工法は、固結工法の一種である。

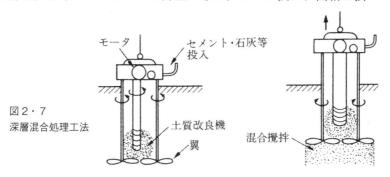

図2・7
深層混合処理工法

❸ 深層軟弱地盤改良工法（ゆるい砂層）

(1) サンドコンパクションパイル工法（締固め工法）

　サンドコンパクションパイルは、"砂を打撃して杭とする"という意味で、ゆるい砂地盤（N≦10）に、バイブロコンポーザという振動式の砂杭打撃材を挿入して砂を投入し、打撃・振動を与えて、下から順次、砂杭をつくる。これは砂杭自体の支持力と、まわりの地盤を締め固めるという効果が期待できる。材料として、最近、砕石を用いる場合もあり、支持力がより大きくなっている。また、この工法はこね返しに注意すれば、高含水比粘性地盤の改良にも応用できる。

(2) バイブロフローテーション工法（振動締固め工法）

　バイブロフローテーション工法は、棒状のバイブロフロットの先端から高圧水（ジェット水）を噴出させて、地盤の深い所に挿入する。そして、バイブロフロットと地盤の隙間に砂や砂利を投入し、下から順次振動させ、水締めして砂杭をつくる工法である。50cmごとに引き上げ、補給と締固めを繰返し行う。この工法では、N値で15〜20までに改良される。

❹ 軟弱地盤対策工法の分類・整理

　軟弱地盤対策工法を分類・整理すると、次の表のようになる。

工法	軟弱地盤対策工法	工法の概要	主な効果
表層処理工法	敷設材工法 表層混合処理工法 表層排水工法 サンドマット工法	基礎地盤の表面にジオテキスタイル(化学製品の布や網)あるいは鉄網、そだなどを敷広げたり、基礎地盤の表面を石灰やセメントで処理したり、排水溝を設けて改良したりして、軟弱地盤処理工や盛土工の機械施工を容易にする。 　サンドマットの場合、圧密排水の排水層を形成することが上記の工法と違っていて、バーチカルドレーン工法など、圧密排水に関する工法が採用される場合はたいてい併用される。	安定対策
置換工法	掘削置換工法 強制置換工法	軟弱層の一部または全部を除去し、良質材で置き換える工法である。置き換えによってせん断抵抗が付与され安全率が増加し、沈下も置き換えた分だけ小さくなる。 　掘削して置き換えるか、盛土の重さで押出して置き換えるかで名称が分かれる。 　地震による液状化防止のために、液状化のしにくい砕石で置き換えすることがある。	すべり抵抗の増加
押え盛土工法	押え盛土工法 緩斜面工法	盛土の側方に押え盛土をしたり、のり面勾配をゆるくしたりして、すべりに抵抗するモーメントを増加させて盛土のすべり破壊を防止する。 　盛土の側面が急に高くはならないので、側方流動も小さくなる。 　圧密によって強度が増加した後、押え盛土を除去することもある。	すべり抵抗の増加
盛土補強工法	盛土補強工法	盛土中に鋼製ネット、帯鋼またはジオテキスタイルなどを設置し、地盤の側方流動およびすべり破壊を抑止する。	すべり抵抗の増加
荷重軽減工法	軽量盛土工法	盛土本体の重量を軽減し、原地盤へ与える盛土の影響を少なくする工法で、盛土材として、発泡材(ポリスチレン)、軽石、スラグなどが使用される。	沈下抑制
緩速載荷工法	漸増載荷工法 段階載荷工法	盛土の施工に時間をかけてゆっくり立上げる。圧密による強度増加が期待できるので、短時間に盛土した場合に安定が保たれない場合でも、安全に盛土できることになる。盛土の立上りを漸増していくか、一時盛土を休止して地盤の強度が増加してからまた立上げるなどといった載荷のやり方で、名称が分かれる。 　バーチカルドレーンなどの他の工法と併用されることが多い。	強度の低下を抑制

工法	軟弱地盤対策工法	工法の概要	主な効果
載荷重工法	盛土荷重載荷工法 大気圧載荷工法 地下水低下工法	盛土や構造物の計画されている地盤にあらかじめ荷重をかけて沈下を促進した後、あらためて計画された構造物を造り、構造物の沈下を軽減させる。載荷重としては盛土が一般的であるが水や大気圧、あるいはウェルポイントで地下水を低下させることによって増加した有効応力を利用する工法などもある。	圧密促進
バーチカルドレーン工法	サンドドレーン工法 カードボードドレーン工法	地盤中に適当な間隔で鉛直方向に砂柱やカードボードなどを設置し、水平方向の圧密排水距離を短縮し、圧密沈下を促進し、併せて強度増加を図る。 工法としては、砂柱を袋やケーシングで包むもの、カードボードのかわりにロープを使うものなど各種のものがあり、施工法も鋼管を打込んだり、振動で押込んだ後砂柱を造るものや、ウォータジェットでせん孔して砂柱を造るものなど各種のものがある。	圧密促進
サンドコンパクションパイル工法	サンドコンパクションパイル工法	地盤に締固めた砂ぐいを造り、軟弱層を締め固めるとともに砂ぐいの支持力によって安定を増し、沈下量を減ずる。施工法として打込みによるもの、振動によるもの、また、砂の代わりに砕石を使用するものなど各種のものがある。	液状化防止・圧密沈下抑制
振動締固め工法	バイブロフローテーション工法	ゆるい砂質地盤中に棒状の振動機を入れ、振動部付近に水を与えながら、振動と注水の効果で地盤を締め固める。その際、振動部の付近には砂または礫を投入して、砂ぐいを形成し、ゆるい砂質土層を締まった砂質土層に改良する。	液状化防止
固結工法	深層混合処理工法	軟弱地盤の地表から、かなりの深さまでの区間を、セメントまたは石灰などの安定材と原地盤の土とを混合し、柱体状または全面的に地盤を改良して強度を増し、沈下およびすべり破壊を阻止する工法である。施工機械には、かくはん翼式と噴射式のものがある。	圧密沈下抑制・すべり抵抗増加
	石灰パイル工法	生石灰で地盤中に柱を造り、その吸水による脱水や化学的結合によって地盤を固結させ、地盤の強度を上げることによって安定を増すと同時に、沈下を減少させる工法である。	圧密沈下抑制・すべり抵抗増加
	薬液注入工法	地盤中に薬液を注入して透水性の減少、あるいは原地盤強度を増大させる工法である。	圧密沈下抑制・すべり抵抗増加

土
工

2.2.7　排　水　工　法

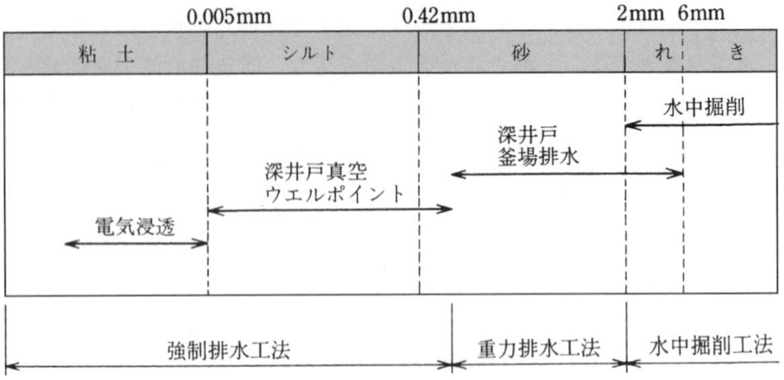

図2・8
排水工法の選定

「軟弱地盤対策工指針」日本道路協会より

❶ 地盤の土の粒径による工法の選定 ●●●●●●●●●●●●●●●●●●●●●●●●●●●●●●●

　図2・8のように、土の粒径によりおよそ次のような工法を選定する。

❷ 重力排水工法 ●●●

(1) 釜場排水工法

　掘削時に、地盤掘削部の底部に溝を掘って、浸透水を掘削穴（釜場）に排水溝により導き、この集められた水を**水中ポンプ**や排水ポンプにより場外へ排出する方法を釜場排水工法といい、最も一般的な重力排水工法である。砂れき層のようなときは効果的であるが、ボイリングに注意する。

(2) 深井戸工法

　広範囲に地下水位を低下させ、砂地盤を掘削する場合に用いる。一般に、地盤の透水性により深井戸の間隔を定め、重力により水を井戸に集水し、**水中ポンプ**により場外へ排水するものである。被圧水があるときは、不透水層を掘り抜いたとき、地下水が噴出するおそれがあり、背後に山をもつような地盤ではよく地盤調査を行う必要がある。

❸ 強制排水工法 ●●●

(1) ウェルポイント工法

　ウェルポイントに圧力水を送り、地盤中に噴水しながら挿入し、ウェルポイントを所定の位置に設置する。その後、ウェルポイントの管を**真空ポンプ**に接続し、ウェルポイントの中を真空にして、強制的に地下水を集め、排水管により場外に排水するものである。1段で約6mまで揚水できるが、6m以上に水位を低下させるときは、数段重ねて施工する。主に、シルトや砂地盤に適用される。

(2)深井戸真空工法

ウェルポイントに比べて、より多量の排水を必要とする場合に用いる。真空を利用するのは、ウェルポイント工法と同様であるが、ストレーナのついた鋼管を地盤に打ち込み、これで井戸をつくり、**真空ポンプ**を接続する。底に砂をつめて、その上を粘土で覆い、大気と遮断して、6m 以上となるとき真空ポンプを多段として、多量の水を数十メートルの深い所から排水する。

2.2.8 土留め支保工

❶ 土留め支保工の名称（鋼矢板工法）●●●●●●●●●●●●●●●●●●●●●●●●●●●●●●●●●

一般的に用いる水平切梁工法（鋼矢板工法）は図のようになっている。

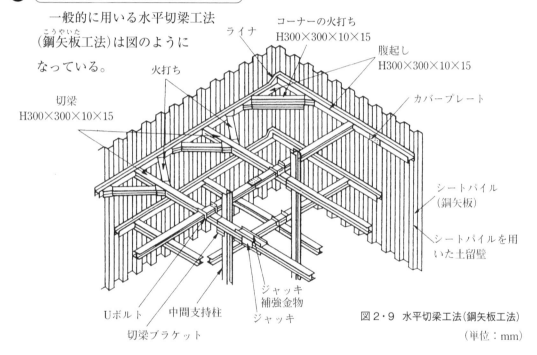

ライナ
コーナーの火打ち
H300×300×10×15
火打ち
腹起し
H300×300×10×15
切梁
H300×300×10×15
カバープレート
シートパイル
（鋼矢板）
シートパイルを用
いた土留壁
Uボルト
中間支持柱
ジャッキ
補強金物
ジャッキ
切梁ブラケット

図2・9 水平切梁工法（鋼矢板工法）
（単位：mm）

❷ 土留め支保工の安定 ●●●

(1)ヒービング対策

高含水比の軟弱地盤を、鋼矢板工法により土留めして掘削するとき、水圧と土圧によって掘削底面が盛り上がり、地表の地盤が沈下することがある。この現象をヒービングという。ヒービングの対策には次のような方法がある。

① 鋼矢板の根入れ長さを長くする。（3m 以上）

② 土留め背面の土砂をすき取る。

③ 掘削底面の安定処理方法として、薬液注入工法等の補助工法を用いる。

④ 部分掘削を行い、構造物を部分的に施工する。

(2)盤ぶくれ対策

　地盤の背後に山があると、粘性土層の下の地下水圧が非常に高い場合がある。この地盤を掘削して排土すると、地下水圧の影響で掘削底面が膨れ上がる。この現象を盤ぶくれという。地盤の沈下は生じないが、盤ぶくれの対策には次のような方法がある。

① ウェルポイント工法・ディープウェル工法等の排水工法を用いて地下水を汲み上げることで、掘削中の地下水圧を低下させる。

② 掘削底面の地盤に、薬液注入工法・深層混合処理工法等の固結工法を用いる。

(3)ボイリング対策

　地下水位が高く、緩い砂地盤では、鋼矢板工法により土留めして掘削するとき、掘削底面から砂と水が噴き出し、地表の地盤が沈下することがある。この現象をボイリングという。ボイリングの対策には次のような方法がある。

① ウェルポイント工法・ディープウェル工法を用いて地下水位を低下させる。

② 鋼矢板の根入れ長さを長くする。（3m 以上）

③ 薬液注入工法・石灰杭工法・深層混合処理工法等の固結工法を用いる。

(4)土留め支保工の変形対策

　地下水位の低い安定した地盤には親杭横矢板工法を用いるが、ヒービングやボイリングの生じる地盤には鋼矢板工法を用いる。鋼矢板工法は、掘削深さが深くなると、大きな土圧と水圧を受けることにより変形しやすくなる。変形を抑制するためには、大きな断面を持つ鋼矢板や大きな H 形鋼等、剛性が大きいものを用いる。

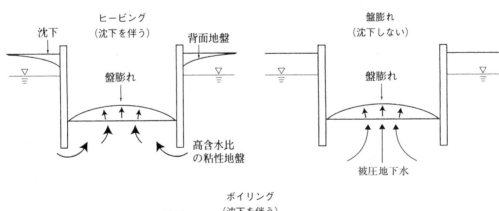

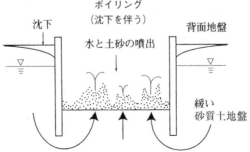

2.3 最新問題解説

令和5年度 土工 解答・解答例

必須問題 ●

| 令和5年度 | 問題4 土工 | 切土法面の施工における留意事項 |

切土法面の施工に関する次の文章の [ ] の(イ)～(ホ)に当てはまる**適切な語句**を，下記の語句から選び解答欄に記入しなさい。

(1) 切土の施工に当たっては [(イ)] の変化に注意を払い，当初予想された [(イ)] 以外が現れた場合，ひとまず施工を中止する。

(2) 切土法面の施工中は，雨水等による法面浸食や [(ロ)] ・落石等が発生しないように，一時的な法面の排水，法面保護，落石防止を行うのがよい。

(3) 施工中の一時的な切土法面の排水は，仮排水路を [(ハ)] の上や小段に設け，できるだけ切土部への水の浸透を防止するとともに法面を雨水等が流れないようにすることが望ましい。

(4) 施工中の一時的な法面保護は，法面全体をビニールシートで被覆したり， [(ニ)] により法面を保護することもある。

(5) 施工中の一時的な落石防止としては，亀裂の多い岩盤法面や礫等の浮石の多い法面では，仮設の落石防護網や落石防護 [(ホ)] を施すこともある。

[語句]

土地利用，	看板，	平坦部，	地質，	柵，
監視，	転倒，	法肩，	客土，	N値，
モルタル吹付，	尾根，	飛散，	管，	崩壊

文章

(1) 切土の施工に当たっては(イ)地質の変化に注意を払い、当初予想された(イ)地質以外が現れた場合、ひとまず施工を中止する。

(2) 切土法面の施工中は、雨水等による法面侵食や(ロ)崩壊・落石等が発生しないように、一時的な法面の排水、法面保護、落石防止を行うのがよい。

(3) 施工中の一時的な切土法面の排水は、仮排水路を(ハ)法肩の上や小段に設け、できるだけ切土部への水の浸透を防止するとともに法面を雨水等が流れないようにすることが望ましい。

(4) 施工中の一時的な法面保護は、法面全体をビニールシートで被覆したり、(ニ)モルタル吹付により法面を保護することもある。

(5) 施工中の一時的な落石防止としては、亀裂の多い岩盤法面や礫等の浮石の多い法面では、仮設の落石防護網や落石防護(ホ)柵を施すこともある。

解　答

(イ)	(ロ)	(ハ)	(ニ)	(ホ)
地質	崩壊	法肩	モルタル吹付	柵

考え方

　このような問題(空欄に当てはまる語句を選択する問題)を解くためには、問題文で示されている各語句について、その意味や施工における留意点を理解することが重要となる。また、空欄の前後にある文章を見て、候補となる語句(その空欄に当てはめることが文法的に不自然でない語句)をいくつか選出し、その中から最も適切なもの(候補として該当しそうな語句)を選択するための訓練が必要となる。

1 切土施工の中止が必要になるとき

切土とは、下図のような傾斜のある地面を平坦にするために、一部の地盤を削り取る作業をいう。このような切土の施工にあたっては、**地質**の変化に注意を払う必要がある。

切土と盛土の目的

傾斜のある地面に家を建てたい場合は…… 切土と盛土を行い、地面を平坦にする。

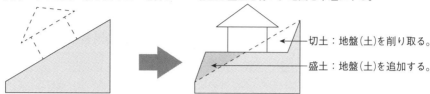

切土：地盤(土)を削り取る。

盛土：地盤(土)を追加する。

切土の施工方法は、当初予想されていた地質であることを前提として計画されている。したがって、当初(施工開始前に)予想されていた**地質**以外の地盤(岩脈や断層など)が現れた場合には、そのままの計画で切土を施工し続けると、地盤の崩壊などの事故を引き起こすおそれがあるので、ひとまず施工を中止しなければならない。その後、地質の再調査を行い、当初の計画と比較検討し、必要があれば計画の変更を行う必要がある。

候補となる語句
○ **地質**：切土の施工にあたっては、地質が異なる場合には、異なる施工方法が必要になる。
× **土地利用**：その地域における土地利用により、切土の施工方法が大きく変わることはない。
× **N値**：N値は地盤の硬さの指標となる値であり、岩脈や断層などの有無の判定には用いられない。

2 切土法面の施工中に講じるべき対策

切土法面の施工中には、地盤の崩壊を防止するため、次のような対策を講じる必要がある。このような(法面保護のための保護工を施工するなどの)対策は、切土の掘削完了を待たずに、切土の施工段階に応じて、順次上方から行ってゆくことが望ましい。

①雨水の流下などによる法面侵食が発生しないように、一時的な法面の排水を行う。

②切土法面の**崩壊**が発生しないように、法面保護のための措置を講じる。

③切土法面からの落石などが発生しないように、落石防止のための措置を講じる。

候補となる語句
○ **崩壊**：切土法面が崩壊すると、重大な事故に繋がるので、法面保護により防止しなければならない。
× **飛散**：切土施工中の粉塵の飛散を防止するためには、法面保護ではなく散水などの措置を要する。
× **転倒**：転倒するおそれがあるものは、切土そのものではなく、施工後に設置される擁壁などである。

❸ 切土法面の排水

　切土の施工中における一時的な切土法面の排水は、仮排水路を**法肩**(法面の最上端となる部分)や**小段**(切土法面の途中に設けられる平坦部)に設けて行うことが望ましい。

①仮排水路は、ビニールシートや土嚢などの組合せによって構築されることが多い。

②仮排水路により集水された水は、仮縦排水路(切土法面に沿う排水路)から排水する。

③仮排水路の目的のひとつは、切土部への水の浸透を防止することである。

④仮排水路の目的のひとつは、雨水の流下による切土法面の浸食を防止することである。

候補となる語句
○ 法肩：切土法面に水を流さないためには、その最上端となる法肩で雨水を受け止めるとよい。
× 平坦部：小段以外の広い平坦部に排水溝を設けても、切土法面に水が流れることは防止できない。
× 尾根：尾根とは、山地における谷と谷の間にある凸部を示すもので、土木工事の用語ではない。

❹ 切土法面の保護

　切土の施工中における一時的な法面保護の方法としては、切土法面全体をビニールシートで被覆する方法や、**モルタル吹付**により法面を保護する方法などが挙げられる。

候補となる語句
○ モルタル吹付：切土法面にモルタルを吹き付けると、その部分が固まって崩壊しにくくなる。
× 監視：切土法面を監視するだけでは、法面崩壊の検知はできても、法面崩壊の防止はできない。
× 客土：客土(植生のための土の搬入)は、施工中ではなく施工後の長期的な法面保護に用いられる。

❺ 切土法面からの落石防止

　切土の施工中における一時的な落石防止の方法としては、仮設の落石防護網や落石防護柵を施すことなどが挙げられる。特に、亀裂の多い岩盤法面や、礫などの浮石の多い法面では、切土の施工中に落石が発生しやすいので、こうした対策が特に重要となる。

候補となる語句
○ 柵：切土法面からの落石を受け止めるためには、「網」や「柵」を設けることが効果的である。
× 看板：看板を設けるだけでは、落石の危険を知らせることはできても、落石の防止はできない。
× 管：管などの細長い構造物では、落石を効果的に受け止めることができない。

③切土法面に設けられる各種の排水溝

法肩排水溝
このような切土法面に水があふれないようにする。
小段排水溝
縦排水路
このような広い平坦部に排水溝を設けても意味がない。
法尻排水溝

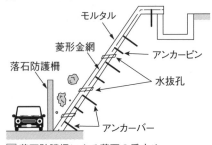

④モルタル吹付による切土法面の保護

モルタル
菱形金網
落石防護柵
アンカーピン
水抜孔
アンカーバー

⑤落石防護柵による落石の受止め

令和4年度　土工　解答・解答例

令和4年度	問題5 土工	盛土材料として望ましい条件

盛土の安定性や施工性を確保し，良好な品質を保持するため，**盛土材料として望ましい条件**を2つ解答欄に記述しなさい。

考え方

1 盛土の安定性・施工性の確保

　盛土材料には、施工が容易で、盛土の安定性を保つことができ、有害な変形が生じないものを用いることが望ましい。盛土の施工をしやすくし、盛土の安定を保つことにより、良好な品質を保持するためには、適切な盛土材料を選定することが重要である。

2 盛土材料として望ましい条件

　盛土材料として望ましい条件(性質)には、次のようなものがある。道路盛土では、土の支持力が特に重要となる。堤防盛土では、土の遮水性が特に重要となる。

①締固め後のせん断強さが大きい。(土の支持力を確保しやすい)

②締固め後の圧縮性が小さい。(荷重を受けても圧密沈下しにくい)

③吸水による膨潤性が小さい。(水を吸収しても体積が増えにくい)

④敷均し・締固めが容易である。(作業がしやすい)

⑤雨水などによる浸食に強い。(遮水性に優れている)

⑥トラフィカビリティーが確保しやすい。(建設機械が走行しやすい)

盛土材料としての一般的評価

　粒度分布の良い(様々な粒度の土が適切な割合で含まれている)礫質土や砂質土は、上記 **2** のような性質を有していることが多いので、盛土材料に適していることが多い。

　ただし、盛土材料としての一般的評価は、適用箇所(分類)によっても異なるので、注意が必要である。一例として、擁壁やカルバートなどの背面を埋め戻すために用いられる裏込め材料には、透水性がある(排水を良くすることができる)ことが求められる。

粒径：大 ← ──────────────────────── → 粒径：小

分類	岩塊・玉石	礫	礫質土	砂	砂質土	シルト	粘性土	火山灰質粘性土	有機質土	高有機質土
路体	△	○	○	○	○	△	△	△	△	△
裏込め	×	○	△	○	○	△	△	△	×	×

○：問題なく用いることができる。　△：注意して用いる必要がある。　×：用いることはできない。

解答例

盛土材料として望ましい条件	
①	雨水などによる浸食に強く、吸水による膨潤性が小さいこと。
②	敷均しや締固めが容易であり、締固め後のせん断強さが大きいこと。

令和３年度　土工　解答・解答例

必須問題 ●

令和３年度	問題４ 土工	盛土の締固め作業と締固め機械

盛土の締固め作業及び締固め機械に関する次の文章の ☐ の(イ)～(ホ)に当てはまる**適切な**語句を，次の語句から選び解答欄に記入しなさい。

(1) 盛土全体を ☐(イ) に締め固めることが原則であるが，盛土 ☐(ロ) や隅部（特に法面近く）等は締固めが不十分になりがちであるから注意する。

(2) 締固め機械の選定においては，土質条件が重要なポイントである。すなわち，盛土材料は，破砕された岩から高 ☐(ハ) の粘性土にいたるまで多種にわたり，同じ土質であっても ☐(ハ) の状態等で締固めに対する適応性が著しく異なることが多い。

(3) 締固め機械としての ☐(ニ) は，機動性に優れ，比較的種々の土質に適用できる等の点から締固め機械として最も多く使用されている。

(4) 振動ローラは，振動によって土の粒子を密な配列に移行させ，小さな重量で大きな効果を得ようとするもので，一般に ☐(ホ) に乏しい砂利や砂質土の締固めに効果がある。

[語句]

水セメント比，	改良，	粘性，	端部，	生物的，
トラクタショベル，	耐圧，	均等，	仮設的，	塩分濃度，
ディーゼルハンマ，	含水比，	伸縮部，	中央部，	タイヤローラ

考え方

　このような問題(空欄に当てはまる語句を選択する問題)を解くためには、問題文で示されている各語句について、その意味や施工における留意点を理解することが重要となる。また、空欄の前後にある文章を見て、候補となる語句(その空欄に当てはめることが文法的に不自然でない語句)をいくつか選出し、その中から最も適切なものを選択するための訓練が必要となる。

■1 盛土の締固めの原則

　盛土を締め固めるときは、土を水平かつ薄層として、丁寧に敷き均した後、不同沈下を防止するため、盛土全体を**均等**に締め固めることが最も重要である。盛土の締固めの目的は、盛土法面の安定や土の支持力の増加など、土の構造物として必要な強度特性が得られるようにすることである。

候補となる語句
○ **均等**：この語句は、盛土全体を一様な締固め状態にすることを意味しており、適切な施工となる。
× **生物的**：この語句は、盛土を生き物のように扱うことを意味しており、文章の意味が通らなくなる。
× **仮設的**：この語句は、盛土を短期的な使用のために供することを意味しており、不適切な施工となる。

■2 盛土端部の締固めの注意点

　盛土の端部や法面近くなどの隅部では、盛土の中央部などの広い平面とは異なり、盛土に大きな圧力を与えることができる大型の締固め機械の使用が困難である。そのため、盛土の**端部**や法面近くなどの隅部は、締固めが不十分になりやすい。盛土の端部や法面近くなどの隅部は、小型の締固め機械を用いて、入念に締め固めなければならない。

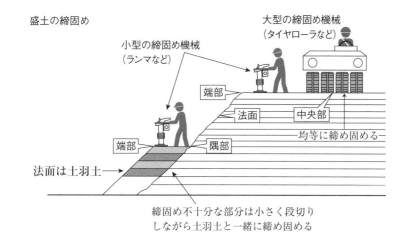

候補となる語句
○ **端部**：盛土端部や隅部は、締固めが不十分になりやすいので、その施工には特に注意が必要である。
× **伸縮部**：盛土に伸縮部はないが、盛土の亀裂や崩壊が生じないように締め固める必要がある。
× **中央部**：盛土中央部は、大型機械による締固めが行えるので、締固めが不十分にはなりにくい。

3 盛土の締固め機械の選定

　盛土の締固めに使用する機械を選定するときは、土質条件を考慮する必要がある。盛土材料は、破砕された岩から高**含水比**の粘性土に至るまで多種にわたる。

　盛土の締固め特性（締固めに対する適応性）は、土質（岩塊・砂質土・粘性土などの区分）が同じであっても、土の粒度分布・**含水比**の状態・使用する機械・改良土の特性などにより、著しく異なることが多い。

①土の粒度分布：粒度分布が良い土（粒径のバランスが良い土）は、締め固めやすい。

②含水比の状態：高含水比の粘性土など、水を排出しにくい土は、締め固めにくい。

③使用する機械：振動力を利用できる機械を使用すると、締固めの効力が大きくなる。

④改良土の特性：低品質な土質材料を固化改良すると、締固めの効果が大きくなる。

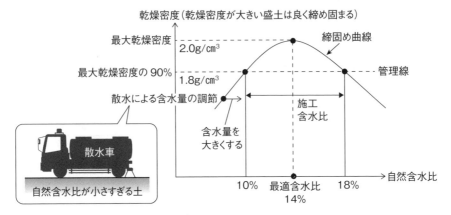

※盛土材料の自然含水比が、施工含水比の範囲内にないときは、含水量の調節を行う。
　自然含水比が大きすぎるときは、盛土材料を乾燥させて、土中の水を減らす。
　自然含水比が小さすぎるときは、盛土材料に散水して、土中の水を増やす。

※「土の含水比(w)〔％〕＝間隙中の水の質量(m)〔g〕÷土粒子の質量(M)〔g〕」である。一例として、地盤から採取した100gの土試料を電子レンジに入れて5分間程度乾燥させ、間隙中の水を完全に蒸発させると80gになるような土の含水比は、「$(100-80)÷80=0.25=25％$」と計算できる。この土の含水量は20g、土粒子量は80gである。

候補となる語句
○ **含水比**：「土の間隙水の質量÷土粒子の質量」の値であり、盛土（土工）に関係する語句である。
✕ **水セメント比**：「コンクリートの単位水量÷単位セメント量」の値であり、コンクリート工の語句である。
✕ **改良**：盛土の締固め特性は、改良の状態により異なるが、「高改良の粘性土」という語句が不適切である。

4 各種の締固め機械の特徴

　盛土の締固めには、ロードローラ・タイヤローラ・振動ローラ・タンピングローラなどの締固め機械が使用される。このうち、**タイヤローラ**は、次のような特長があるため、締固め機械として最も多く使用されている。

①乗用車のようなゴム製のタイヤが装備されているので、機動性に優れる。

②タイヤの空気圧を変えることで接地圧を調整し、バラストや水を付加することで輪荷重を増加させることができるので、比較的多種の土質に適用できる。

盛土の構成部分と土質に応じた締固め機械の選定（道路土工指針）

土質区分	締固め機械	ロードローラ	タイヤローラ	振動ローラ	タンピングローラ	ブルドーザ 普通型	ブルドーザ 湿地型	振動コンパクタ	タンパ	備考	土の粒径
盛土路体	岩塊など、掘削・締固めによっても容易に細粒化しない土			◎				大△	大△	硬岩塊	大
	風化した岩や土丹など、掘削・締固めにより部分的に細粒化する岩		大○	◎	○			大△	大△	硬岩塊	
	単粒度の砂・細粒分が欠けた切込砂利・砂丘の砂など			○	○			△	△	砂 礫混り砂	
	細粒分を適度に含んだ粒度分布の良い締固め容易な土・まさ土・山砂利など		大◎	◎	○			△	△	砂質土 礫混り砂質土	
	細粒分は多いが鋭敏比が低い土・低含水比の粘性土・軟質の土丹など		大○		◎				△	粘性土 礫混り粘性土	
	含水比調整が困難なためにトラフィカビリティーが容易に得られない土・シルト質土など					▲				水分を過剰に含んだ砂質土 シルト質土	
	高含水比で鋭敏比が高い粘性土・関東ロームなど					▲	▲			鋭敏な粘性土	小
路床	粒度分布の良いもの	○	大◎	◎				△	△	粒度調整材料	
	単粒度の砂・粒度分布の悪い礫混り砂や切込砂利など	○	大○	◎				△	△	砂 礫混り砂	
法面	砂質土			小◎				◎	△		
	粘性土			小○		○		○	△		
	鋭敏な粘土・粘性土						▲				

◎：有効な機械
○：使用できる機械
▲：トラフィカビリティーの関係上、他の機種が使用できないのでやむを得ず使用する機械

△：施工現場の規模が小さいため、他の機種が使用できない場所でのみ使用する機械
大：大型機種を使用する必要がある場合
小：小型機種を使用する必要がある場合

各種の締固め機械（ローラ）

鉄輪　鉄輪
ロードローラ

タイヤ
タイヤローラ

テーパフート（突起）
鉄輪
タンピングローラ

候補となる語句
○ タイヤローラ：機動性に優れ、比較的多種の土質に適用できる締固め機械である。
× トラクタショベル：掘削や積込みをするための機械であり、盛土の締固めには使用できない。
× ディーゼルハンマ：既製杭の打込みをするための機械であり、盛土の締固めには使用できない。

土工

左余白: 土工

5 振動ローラの特徴

　振動ローラは、自重による圧力に加えて、鉄輪を上下に振動させることにより、土の粒子を密な配列に移行させる締固め機械である。振動ローラには、次のような特徴がある。

①比較的小型の締固め機械でも、高い締固め効果を得ることができる。

②掘削や締固めによっても容易に細粒化しない岩塊などの締固めに有効である。

③**粘性**に乏しい砂利や砂質土などの締固めに有効である。

④粘性土の締固めには、振動によるこね返しで支持力低下が生じるので、適用できない。

上下に振動

振動ローラ
○岩塊の締固めに適する。
○砂利や砂質土の締固めに適する。
×粘性土の締固めには適さない。

候補となる語句
○ **粘性**：振動ローラは、粘りの弱い砂質土の締固めに適するが、粘りの強い粘性土の締固めには適さない。
× **耐圧**：振動ローラは、小さい圧力で締まる砂質土の締固めに適するが、粘性土の締固めには適さない。
× **塩分濃度**：土の塩分濃度は、締固め特性には関係しないが、高すぎると隣接構造物に悪影響を及ぼす。

解き方

(1)盛土全体を **(イ)均等** に締め固めることが原則であるが、盛土 **(ロ)端部** や隅部（特に法面近く）等は締固めが不十分になりがちであるから注意する。

(2)締固め機械の選定においては、土質条件が重要なポイントである。すなわち、盛土材料は、破砕された岩から高 **(ハ)含水比** の粘性土にいたるまで多種にわたり、同じ土質であっても **(ハ)含水比** の状態等で締固めに対する適応性が著しく異なることが多い。

(3)締固め機械としての **(ニ)タイヤローラ** は、機動性に優れ、比較的種々の土質に適用できる等の点から締固め機械として最も多く使用されている。

(4)振動ローラは、振動によって土の粒子を密な配列に移行させ、小さな重量で大きな効果を得ようとするもので、一般に **(ホ)粘性** に乏しい砂利や砂質土の締固めに効果がある。

解 答

(イ)	(ロ)	(ハ)	(ニ)	(ホ)
均等	端部	含水比	タイヤローラ	粘性

令和2年度　土工　解答・解答例

必須問題 ●

令和2年度	問題2 土工	切土法面の施工

切土法面の施工における留意事項に関する次の文章の □ の(イ)～(ホ)に当てはまる**適切な**語句を、次の語句から選び解答欄に記入しなさい。

(1)　切土法面の施工中は、雨水などによる法面浸食や崩壊、落石などが発生しないように、一時的な法面の □(イ) 、法面保護、落石防止を行うのがよい。

(2)　切土法面の施工中は、掘削終了を待たずに切土の施工段階に応じて順次 □(ロ) から保護工を施工するのがよい。

(3)　露出することにより □(ハ) の早く進む岩は、できるだけ早くコンクリートや □(ニ) 吹付けなどの工法による処置を行う。

(4)　切土法面の施工に当たっては、丁張にしたがって仕上げ面から □(ホ) をもたせて本体を掘削し、その後法面を仕上げるのがよい。

[語句]
風化,	中間部,	余裕,	飛散,	水平,
下方,	モルタル,	上方,	排水,	骨材,
中性化,	支持,	転倒,	固結,	鉄筋

考え方

　このような問題(空欄に当てはまる語句を選択する問題)を解くためには、問題文で示されている各語句について、その意味や施工における留意点を理解することが重要となる。

1 切土法面の崩壊防止

　切土法面(土砂を削り取った斜面)は、比較的脆弱になっているため、施工中に雨水などを浴びると、法面浸食・法面崩壊・落石などが発生するおそれがある。このような事態を防ぐため、切土法面の施工中には、一時的な法面の**排水**(切土法面に排水勾配を付けておくなど)・法面保護(切土法面にビニルシートを掛けておくなど)・落石防止(切土法面に防護柵を設置するなど)のための対策を講じておくことが望ましい。

候補となる語句
○**排水**：切土法面は、その含水比が高くなるほど崩壊しやすくなるので、排水対策は極めて重要である。
×**固結**：施工中に切土法面を固結させる(固く締め固める)と、その後の掘削が困難になってしまう。
×**支持**：杭打ちなどによる切土法面の支持は、施工後には有効であるが、施工中には不適切である。

2 保護工の施工順序

切土法面の施工は、上方から下方に向かって行うことが一般的である。したがって、切土法面の施工中は、その掘削終了を待たずに、切土の施工段階に応じて、順次**上方**から保護工を施工することが望ましい。

候補となる語句
〇**上方**：切土法面の施工は上方から順に行われるので、その保護工も上方から施工する。
✕**中間部**：切土法面の保護工の施工を、切土の中間部の掘削が終わるまで待つことは不適切である。
✕**下方**：切土法面の保護工の施工を、切土の下方の掘削が終わるまで待つことは非常に不適切である。

3 露出した岩に生じる現象

活火山に多く見られる橄欖石（かんらん）などは、切土（掘削）により空気中に露出すると、**風化**（温度変化や吸水によって岩石が脆くなる現象）が早く進んでしまう。

候補となる語句
〇**風化**：岩は、空気中に露出する（風などに当たる）と、風化が進みやすくなる。
✕**転倒**：転倒は、擁壁などが土圧に耐え切れずに倒れる現象であり、岩に生じる現象ではない。
✕**中性化**：中性化は、コンクリートがアルカリ性を失う現象であり、岩に生じる現象ではない。

4 露出した岩に対する処置

露出することにより風化が進みやすい岩は、できるだけ早く、コンクリートや**モルタル**を吹き付けるなどの工法による処置を行い、その露出状態を解消しなければならない。

候補となる語句
〇**モルタル**：水・セメント・細骨材から成る粘性の高い材料であり、空気を遮断することができる。
✕**骨材**：アスファルトやコンクリートを造るための砂利等であり、隙間が多いので空気を遮断できない。
✕**鉄筋**：細長い鉄の棒であり、このような材料を「吹き付ける」ことはできない。

5 切土法面の仕上げ方

切土法面を施工するときは、丁張（切土の高さ・位置・勾配などの基準となる仮設構造物）にしたがって、仕上げ面から**余裕**を持たせて（仕上げ面よりも急勾配となるように）本体を荒仕上げし、その後、丁張に沿って所定の勾配に本仕上げすることが望ましい。

候補となる語句
〇**余裕**：切土法面を掘削しすぎないように、まずは余裕を持たせて掘削する。
✕**飛散**：環境保護などの観点から、切土法面を飛散させるような施工をしてはならない。
✕**水平**：切土法面は、文字通り斜面なので、それを水平にすることはできない。

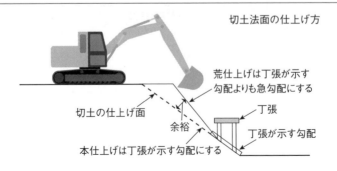

切土法面の仕上げ方

荒仕上げは丁張が示す
勾配よりも急勾配にする

切土の仕上げ面

余裕

丁張

丁張が示す勾配

本仕上げは丁張が示す勾配にする

解き方

(1) 切土法面の施工中は、雨水などによる法面浸食や崩壊、落石などが発生しないように、一時的な法面の**(イ)排水**、法面保護、落石防止を行うのがよい。

(2) 切土法面の施工中は、掘削終了を待たずに切土の施工段階に応じて順次**(ロ)上方**から保護工を施工するのがよい。

(3) 露出することにより**(ハ)風化**の早く進む岩は、できるだけ早くコンクリートや**(ニ)モルタル**吹付けなどの工法による処置を行う。

(4) 切土法面の施工にあたっては、丁張にしたがって仕上げ面から**(ホ)余裕**をもたせて本体を掘削し、その後法面を仕上げるのがよい。

解 答

(イ)	(ロ)	(ハ)	(ニ)	(ホ)
排水	上方	風化	モルタル	余裕

必須問題 ●

令和2年度	問題3 土工	軟弱地盤対策工法

軟弱地盤対策工法に関する次の工法から 2 つ選び，工法名とその工法の特徴についてそれぞれ解答欄に記述しなさい。

- ・サンドドレーン工法
- ・サンドマット工法
- ・深層混合処理工法（機械かくはん方式）
- ・表層混合処理工法
- ・押え盛土工法

考え方

代表的な軟弱地盤対策工法には、下表のようなものがある。「工法の特徴」には、下表の「工法の概要」および「期待される効果」から、抜粋して記述するとよい。

原理	工法名	工法の概要	期待される効果
圧密・排水	表層排水工法	建設機械の走行路の両脇にトレンチを掘削し、表土に滞留する水を排除して含水比を低下させることで、表層地盤の安定を図る工法。	トラフィカビリティー（建設機械の走行性）の確保
	サンドマット工法	軟弱地盤上に、厚さ50cm～120cmで、透水性の高い敷砂を設ける工法。この敷砂(サンドマット)は、サンドドレーン工法の排水路として利用されることもある。	トラフィカビリティーの確保

原理	工法名	工法の概要	期待される効果
圧密・排水	緩速載荷工法	基礎地盤がすべり破壊や側方流動を起こさない程度の厚さで、徐々に盛土を行う工法。高含水比の粘性土地盤の改良に適用される。軟弱地盤の圧密進行に合わせるための放置期間をとる段階盛土載荷と、所要の盛土速度で行う漸増盛土載荷に分類される。	圧密による強度の増加、残留沈下量の減少
	盛土載荷重工法	構造物の建設前に、軟弱地盤に荷重をあらかじめ載荷させておくことにより、粘土層の圧密を進行させる工法。建設する構造物と同じくらいの重さの荷重を載荷するプレローディング工法と、建設する構造物よりも大きな荷重を余盛として載荷するサーチャージ工法に分類される。	圧密による強度の増加、残留沈下量の減少（サーチャージ工法では工期短縮の効果もある）
	サンドドレーン工法	軟弱粘性土地盤中に砂柱を造り、この砂柱を排水路として機能させ、粘性土中の間隙水を排水する工法。バーチカルドレーン工法の一種である。水平排水層として地上にサンドマットを施工することが多い。また、サンドマット上に盛土荷重を載荷して圧密促進を図ることもある。	圧密による強度の増加、残留沈下量の減少
	プレファブリケイティッドバーチカルドレーン工法	サンドドレーン工法と同様の圧密促進工法であるが、砂柱の代わりにプラスチックフィルムやペーパーカードボードから成る柱を造り、この柱を排水路として機能させる工法。昔はペーパードレーン工法と呼ばれていた。	圧密による強度の増加、残留沈下量の減少
	真空圧密工法	軟弱地盤中に砂柱（サンドドレーン）を挿入し、軟弱地盤面を気密シートで覆った後、真空ポンプで気密シート内を減圧し、水平排水ホースで排水して圧密を促進する工法。	圧密による強度の増加、残留沈下量の減少
	地下水位低下工法	地下水位の高い軟弱地盤中の地下水を吸い上げて排水することで、地下水による土の浮力を軽減し、重力を利用して土の圧密を促進する工法。代表的な地下水位低下工法には、ウェルポイント工法やディープウェル工法がある。	圧密による強度の増加、残留沈下量の減少
締固め	サンドコンパクションパイル工法（SCP工法）	緩い砂地盤または粘性土地盤に挿入したマンドレル（鋼管）に砂を投入して突き固め、地盤中に振動を与え、締め固めながら砂杭を造り、砂杭の打込みにより周辺地盤を締め固める工法。	密度増大、支持力増大、すべり抵抗の増加、全沈下量の低減
	振動棒工法	緩い砂地盤中に、ロッド（振動棒）を介して起振機の振動を伝えることで、地盤の密度を高める工法。施工中は、ロッドの周囲から粗砂を補給する。	密度増大、全沈下量の低減、液状化の防止
	バイブロフローテーション工法	緩い砂地盤中に、バイブロフロット（水噴射機能を持つ振動棒）で振動を与えながら水を噴射することで、水締めにより地盤の密度を高める工法。施工後は、充填砂利を補給しながらバイブロフロットをゆっくりと引き上げる。	密度増大、全沈下量の低減、液状化の防止

原理	工法名	工法の概要	期待される効果
締固め	バイブロタンパー工法	クローラクレーンに吊るした起振機付きタンパーで、地盤を締め固める工法。サンドコンパクションパイル工法やバイブロフローテーション工法では、地表面から３m〜５mの深さにある部分の締固めが不十分になるため、この工法が併用される。	密度増大、全沈下量の低減、液状化の防止
	重錘落下締固め工法	クローラクレーンに吊るした重錘を、何度も自由落下させることで、緩い砂地盤や礫質地盤を打ち固める工法。	密度増大、全沈下量の低減、液状化の防止
	静的締固め砂杭工法	緩い砂地盤または粘性土地盤に、ケーシングパイプを回転させながら昇降させることで、機械の振動力や衝撃力を利用せず、機械の重量のみを利用して砂杭を構築する工法。	密度増大、支持力増大、すべり抵抗の増加、全沈下量の低減
	静的圧入締固め工法	緩い砂地盤中に、ソイルモルタルなどの注入材を強制的に圧入する工法。	密度増大、液状化の防止
固結	表層混合処理工法	軟弱地盤の表層部にあるシルト・粘土に固化材（セメント・石灰など）を撹拌混合し、タイヤローラなどで転圧することで、表層部のコーン指数を増加させる工法。	トラフィカビリティーの確保、地盤の固結、すべり抵抗の増加
	深層混合処理工法（機械撹拌方式）	撹拌翼を正回転させながら軟弱地盤中にセメント系固化材を挿入し、所定の深さで原位置にある土と混合した後、撹拌翼を逆回転させて引き上げながら改良体を造ることで、地盤を固化する工法。	全沈下量の低減、地盤の固結、すべり抵抗の増加、液状化の防止
	石灰パイル工法	高含水比の軟弱地盤中に、生石灰を主成分とする改良材を圧入して杭状（パイル状）に造成し、水硬性の改良体を造り、生石灰の吸水による含水比の減少と、生石灰の膨張による圧密強化を、同時に図る工法である。	全沈下量の低減、地盤の固結、すべり抵抗の増加、液状化の防止
	薬液注入工法	軟弱地盤の空隙部に薬液を注入することで、地盤の止水性を向上させる工法。深い位置にある軟弱層を改良できる。	全沈下量の減少、地盤の固結、すべり抵抗の増加、液状化の防止
	凍結工法	地盤中にある間隙水を凍結させ、凍土壁を構築して遮水する工法。仮設用の工法であるため、施工後は凍土壁を融解させて自然の状態に戻す。	すべり抵抗の増加
置換	掘削置換工法	軟弱層そのものを地上から掘削して除去し、砂礫などの良質土で置き換える工法。軟弱層が地表の近くだけにある場合に適用される。	全沈下量の低減、すべり抵抗の増加
荷重軽減	発泡スチロールブロック工法	盛土の中央部に発泡スチロール製のブロックを積み上げ、その上に盛土する工法。発泡スチロールは土よりも軽いので、土圧を軽減できる。	全沈下量の低減、すべり滑動力の軽減
	気泡混合軽量土工法	土・水・固化材（セメントなど）を混合して硬化させた自立性のある気泡混合軽量土（気泡モルタル）を、軟弱地盤中の流動化処理土として盛土する工法。グラウトポンプで打設した後、脱型する。	全沈下量の低減、すべり滑動力の軽減

原理	工法名	工法の概要	期待される効果
荷重軽減	発泡ビーズ混合軽量土工法	自然含水状態の土に、発泡ビーズと固化材を混合した盛土材料を使用する工法。発泡ビーズ混合軽量土は、気泡混合軽量土とは異なり、自立性・自硬性を有していない。通常のものは湿地ブルドーザで撒き出して転圧できるが、スラリー状（泥状）のものは型枠に流し込む必要がある。	全沈下量の低減、すべり滑動力の軽減
	カルバート工法	盛土材料の代わりに、カルバート（トンネル状の暗渠）を埋め込むことで、所定の盛土高を確保する工法。橋台背面など、構造物の荷重を軽減する必要がある場所に適している。	全沈下量の低減、すべり滑動力の軽減
盛土補強	盛土補強工法	盛土の滑動面にジオテキスタイルなど（金網や帯鋼）を挿入し、盛土の側方移動に伴う盛土底面の滑りを防止する工法。ジオテキスタイルと盛土材料との摩擦力により、盛土を安定させる。軟弱地盤が薄い場所や、沈下がある程度許容される場所に適している。	液状化による被害の軽減、すべり抵抗の増加
構造物敷設	押え盛土工法	盛土本体の両側にも盛土をすることで、盛土本体の側方への滑り出しを抑制する工法。	すべり抵抗の増加
	地中連続壁工法	軟弱地盤中に安定液を注入し、孔壁の崩壊を防ぎながら掘削した後、挿入した鉄筋篭にコンクリートを打設し、地中に遮水性のある連続鉄筋コンクリート壁を構築する工法。	地震時における地盤のせん断変形の抑制
	矢板工法	盛土の側方に遮水性のある鋼矢板を連続打設することで、盛土のすべり破壊や側方流動を防止する工法。	液状化による被害の軽減、すべり抵抗の増加
	杭工法	軟弱地盤中に杭（親杭横矢板）を打ち込むことで、盛土を安定させる工法。遮水性がないので、地下水がない地盤にのみ用いることができる。	液状化による被害の軽減、すべり抵抗の増加

解答例

工法名	工法の特徴
サンドドレーン工法	軟弱地盤中に砂柱を打ち込み、地盤中の間隙水を排水して地盤の圧密を進行させることで、地盤のせん断強度を増加させる工法である。
サンドマット工法	軟弱地盤上に、厚さ50cm〜120cmの透水性の高い敷砂を設けることで、建設機械の走行性（トラフィカビリティー）を確保する工法である。
深層混合処理工法（機械かくはん方式）	軟弱地盤中にセメントなどの固化材を投入し、所定の深さで原位置の軟弱土と混合することで、地盤を固結させる工法である。
表層混合処理工法	軟弱地盤の表層部に、セメントや石灰などの固化材を混合し、含水比を低下させることで、地盤を固結させて支持力を高める工法である。
押え盛土工法	盛土本体の両側にも盛土をすることで、盛土本体の側方への滑り出しを抑制する工法である。

以上から2つを選んで解答する。

令和元年度　土工　解答・解答例

必須問題 ●

令和元年度	問題2 土工	盛土の施工

盛土の施工に関する次の文章の ▢ の(イ)〜(ホ)に当てはまる**適切な語句を、次の語句から選び解答欄に記入しなさい。**

(1)盛土材料としては、可能な限り現地 (イ) を有効利用することを原則としている。

(2)盛土の (ロ) に草木や切株がある場合は、伐開除根など施工に先立って適切な処理を行うものとする。

(3)盛土材料の含水量調節にはばっ気と (ハ) があるが、これらは一般に敷均しの際に行われる。

(4)盛土の施工にあたっては、雨水の浸入による盛土の (ニ) や豪雨時などの盛土自体の崩壊を防ぐため、盛土施工時の (ホ) を適切に行うものとする。

[語句]

購入土、	固化材、	サンドマット、	腐植土、	軟弱化、
発生土、	基礎地盤、	日照、	粉じん、	粒度調整、
散水、	補強材、	排水、	不透水層、	越水

考え方

このような問題(空欄に当てはまる語句を選択する問題)を解くためには、問題文で示されている[語句]について、その意味や施工における留意点を理解することが重要となる。

1 現地発生土の有効利用

盛土材料としては、可能な限り現地**発生土**を有効利用することを原則としている。

候補となる語句
購入土：盛土量が不足する場合に、別の場所から盛土材料を購入してくることをいう。購入するための費用が必要になるので、購入土の使用はできるだけ避ける計画とする。 **発生土**：トンネル・地下構造物の施工時に発生する掘削土や、河川・港湾の浚渫(しゅんせつ)時に発生する土砂のことである。発生土を現場外に搬出すると、処分のための費用が必要になるので、現場内で有効利用する(搬出量を最小限とする)ことが望ましい。 **腐植土**(ふしょくど)：農地や泥炭層(でいたんそう)から採取された、有機物質を多量に含んだ土である。せん断強度が小さいため、盛土材料としては適さない。しかし、農地の腐植土は植生に適しているので、盛土法面に30cm程度の厚さで被覆すると、植生による法面保護を図ることができる。

2 基礎地盤の処理

　盛土の**基礎地盤**に草木や切株がある場合は、伐開除根など、施工に先立って適切な処理を行うものとする。

候補となる語句
基礎地盤：盛土の直下にある原地盤のことである。基礎地盤に草木や切株が残っていると、腐食による空洞が生じるため、その空洞が地下水の流路となり、盛土が崩壊するおそれがある。そのため、盛土の施工前に、伐開除根などの処置が必要になる。 **不透水層**：水を通しにくい粘土層のことをいう。不透水層は、基礎地盤の深くにあることが多い。 **固化材**：軟弱な盛土材料に混合されるセメントや石灰のことである。盛土に固化材を混合して締め固めると、軟弱な盛土材料を固結させる（せん断強度を大きくする）ことができる。 **補強材**：盛土内に入れる、鋼材やジオテキスタイル（高分子材料）のことである。土質の改良だけでは所要のせん断強度を得られない場合、盛土に補強材を入れる必要がある。 **サンドマット**：軟弱な盛土の上に、厚さ50cm〜120cmの敷砂をすることをいう。その目的は、建設機械のトラフィカビリティー（走行しやすさ）を確保することや、サンドドレーン工法における排水層とすることである。

3 盛土材料の含水量調節

　盛土材料の含水量調節には、曝気と**散水**があるが、これらは一般に敷均しの際に行われる。

候補となる語句
散水：盛土材料に水をかけて、その含水量を大きくすることをいう。盛土材料の含水量は、大きすぎても小さすぎても、そのせん断強度が小さくなる。盛土材料の含水量は、せん断強度が大きくなり、締固めが十分にできるよう、適切なものとする必要がある。 **日照**：盛土の法面に、太陽光を浴びせることをいう。盛土材料を日照により乾燥させて、その含水量を小さくすることを曝気という。 **粒度調整**：盛土に使用する土に、大小さまざまな粒径の土質材料を混合することをいう。粒度調整は、含水量調節に用いる手法ではない。しかし、粒径が揃っている土は、せん断強度が小さいので、盛土材料として用いるときは、粒度調整を行うことにより、土のせん断強度を大きくする必要がある。

4 雨水による盛土の軟弱化

　盛土の施工にあたっては、雨水の浸入による盛土の**軟弱化**や、豪雨時などの盛土自体の崩壊を防ぐための対策を講じる。

候補となる語句
軟弱化：多量の水が含まれて含水比が大きくなった盛土が、せん断強度の低下により、流動化することをいう。 **粉じん**：飛び散りやすい細かい粒子である。乾燥していると発生しやすい。セメント・石灰を散布するときや、掘削残土を野積みするときは、粉塵が発生しないように、散水や被覆などの処置を行う。

5 雨水による盛土の軟弱化への対策

　盛土の軟弱化や崩壊を防ぐため、盛土施工時には、表流水の**排水**を適切に行うものとする。

候補となる語句
排水：盛土内に溜まった水を、排水路などを設けて排除することをいう。盛土の含水量が、降雨などによって大きくなると、そのせん断強度が低下して軟弱化する。 **越水**：河川盛土において、洪水時に河川水が堤防を越え、民家がある堤内地に溢れ出すことをいう。越水は、避けなければならない事態である。

解き方

(1) 盛土材料としては、可能な限り現地**(イ)発生土**を有効利用することを原則としている。

(2) 盛土の**(ロ)基礎地盤**に草木や切株がある場合は、伐開除根など施工に先立って適切な処理を行うものとする。

(3) 盛土材料の含水量調節にはばっ気と**(ハ)散水**があるが、これらは一般に敷均しの際に行われる。

(4) 盛土の施工にあたっては、雨水の浸入による盛土の**(ニ)軟弱化**や豪雨時などの盛土自体の崩壊を防ぐため、盛土施工時の**(ホ)排水**を適切に行うものとする。

解 答

（イ）	（ロ）	（ハ）	（ニ）	（ホ）
発生土	基礎地盤	散水	軟弱化	排水

必須問題 ●

令和元年度	問題3 土工	法面保護工

植生による法面保護工と構造物による法面保護工について、**それぞれ1つずつ工法名とその目的又は特徴について**解答欄に記述しなさい。

ただし、解答欄の(例)と同一内容は不可とする。

(1) 植生による法面保護工

(2) 構造物による法面保護工

考え方

1 法面保護工の基礎知識

切土・盛土の法面保護工は、植生工（法面に植物を生育させることで法面を被覆する工法）と、構造物工（コンクリート製の擁壁などの構造物を施工することで法面の崩壊を防止する工法）に大別される。

法面保護工は、植生工とすることが望ましい。植生工は、維持管理が比較的容易であり、景観の面からも環境保全の面からも優れているからである。構造物工は、主として植物の生育が困難な法面（日照がない法面や岩塊から成る法面）において用いられる。

2 法面保護工の主な工種と目的

法面保護工の主な工種（工法名）と目的については、「道路土工－切土工・斜面安定工指針」において、次のように定められている。解答としては、下表の「法面緑化工（植生工）」と「構造物工」から、ひとつずつ抜き出して（または文章化して）記述することが望ましい。

分類		工　種	目　的
法面緑化工（植生工）	播種工	種子散布工 客土吹付工 植生基材吹付工（厚層基材吹付工） 植生シート工 植生マット工	浸食防止、凍上崩落抑制、植生による早朝全面被覆
		植生筋工	盛土で植生を筋状に成立させることによる浸食防止、植物の侵入・定着の促進
		植生土のう工 植生基材注入工	植生基盤の設置による植物の早期生育 厚い生育基盤の長期間安定を確保
	植栽工	張芝工	芝の全面張り付けによる浸食防止、凍上崩落抑制、早期全面被覆
		筋芝工	盛土で芝の筋状張り付けによる浸食防止、植物の侵入・定着の促進
		植栽工	樹木や草花による良好な景観の形成
	苗木設置吹付工		早期全面被覆と樹木等の生育による良好な景観の形成
構造物工		金網張工 繊維ネット張工	生育基盤の保持や流下水による法面表層部のはく落の防止
		柵工（しがらみこう） じゃかご工	法面表層部の浸食や湧水による土砂流出の抑制
		プレキャスト枠工	中詰の保持と浸食防止
		モルタル・コンクリート吹付工 石張工 ブロック張工	風化、浸食、表流水の浸透防止
		コンクリート張工 吹付枠工 現場打ちコンクリート枠工	法面表層部の崩落防止、多少の土圧を受ける恐れのある箇所の土留め、岩盤はく落防止
		石積、ブロック積擁壁工 かご工 井桁組擁壁工 コンクリート擁壁工 連続長繊維補強土工	ある程度の土圧に対抗して崩壊を防止
		地山補強土工 グラウンドアンカー工 杭工	すべり土塊の滑動力に対抗して崩落を防止

【解答例】

分類	工法名	目的または特徴
植生による法面保護工	種子散布工	法面の浸食を防止し、凍上崩落を抑制する。また、植生による早期全面被覆を図る。
構造物による法面保護工	ブロック張工	法面の風化・浸食を防止し、表流水の浸透を防止する。

参考

　最も代表的な法面保護工について、その施工方法・目的・特徴（適用できる法面）をまとめると、次のようになる。

● **種子散布工**（分類：植生工―播種工）

　施工方法：草の種・ファイバー・肥料・粘着材などを混合したスラリー状の材料を、ハイドロシーダーなどの吹付け機械で散布する。

　目的：植生による早期の被覆を図ることで、法面の侵食を防止し、凍上崩落を抑制すること。

　特徴：1：1.0よりも緩勾配（かんこうばい）の切土法面または盛土法面に用いられる。礫質土・岩塊から成る硬質の地盤に適している。

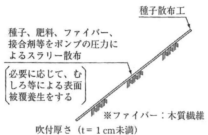

● **張芝工**（分類：植生工―植栽工）

　施工方法：切芝またはロール芝を、平滑にした法面に目串で固定し、法面の全面を覆うように張り付ける。

　目的：全面に張られた芝による早期の被覆を図ることで、法面の侵食を防止し、凍上崩落を抑制すること。また、法面の造園的効果を図ること。

　特徴：1：1.0よりも緩勾配の盛土法面（小面積のもの）に用いられる。砂質土・粘性土から成る軟質の地盤に適している。

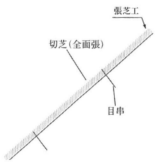

● **筋芝工**（分類：植生工―植栽工）

　施工方法：切芝を、一定の間隔で（盛土の一部にだけ）張り付ける。

　目的：筋状に張られた切芝により、盛土の侵食を防止し、他の植物の侵入・定着を促進すること。

　特徴：1：1.5よりも緩勾配の盛土法面（小面積のもの）に用いられる。粘性土から成る軟質の地盤に適している。

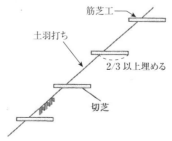

● **コンクリートブロック枠工**（分類：構造物工─プレキャスト枠工）

施工方法：コンクリートブロック製のプレキャスト枠（工場製作の型枠）を格子状に組み、長さが50cm～100cmのアンカーバー（滑止め）を枠の交差部に設ける。

目的：雨水による法面の浸食を防止すると共に、枠内に施工した植生土嚢工などの中詰材を保持する（緑化基礎工となる）こと。

特徴：1：1.0 よりも緩勾配の切土法面・盛土法面に用いられる。そのままでは植生ができない法面や、植生工だけでは崩壊を防げない法面に適している。

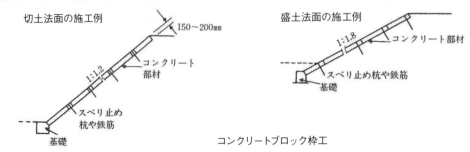

コンクリートブロック枠工

● **コンクリートブロック張工**（分類：構造物工─ブロック張工）

施工方法：工場で製作されたコンクリートブロック（プレキャストコンクリートブロック）を、法面に敷設する。

目的：法面の風化・侵食を防止し、表流水が浸透することを防止すること。

特徴：1：1.0 よりも緩勾配の切土法面または盛土法面に用いられる。粘着力のない土砂・泥岩や、崩壊しやすい粘性土に対しても適用できる。

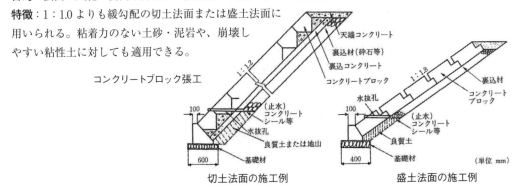

コンクリートブロック張工

切土法面の施工例　　　盛土法面の施工例

● **ブロック積擁壁工**（分類：構造物工─擁壁工）

施工方法：日本産業規格に定められたコンクリート積みブロックを、谷積み（水平方向の目地が直線とならない積み方）として施工する。景観に配慮する必要がある場合は、植生を施した緑化ブロックを用いる。

目的：法面に作用する土圧に対抗し、法面の崩壊を防止すること。

特徴：1：1.0 よりも急勾配の切土法面・盛土法面に用いられる。用地に制限があり、安定した勾配を確保できない場合に適している。

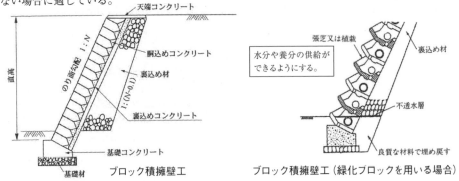

ブロック積擁壁工　　　ブロック積擁壁工（緑化ブロックを用いる場合）

138

平成30年度　土工　解答・解答例

必須問題 ●

平成 **30** 年度	**問題2** 土工	構造物の裏込め・埋戻し

　下図のような構造物の裏込め及び埋戻しに関する次の文章の　　　　の (イ)〜(ホ) に当てはまる**適切な語句又は数値を、次の語句又は数値から選び**解答欄に記入しなさい。

(1)裏込め材料は、　(イ)　で透水性があり、締固めが容易で、かつ水の浸入による強度の低下が　(ロ)　安定した材料を用いる。

(2)裏込め、埋戻しの施工においては、小型ブルドーザ、人力などにより平坦に敷均し、仕上り厚は　(ハ)　cm以下とする。

(3)締固めにおいては、できるだけ大型の締固め機械を使用し、構造物縁部などについてはソイルコンパクタや　(ニ)　などの小型締固め機械により入念に締め固めなければならない。

(4)裏込め部においては、雨水が流入したり、たまりやすいので、工事中は雨水の流入をできるだけ防止するとともに、浸透水に対しては、　(ホ)　を設けて処理をすることが望ましい。

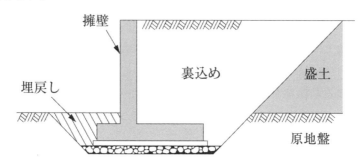

[語句又は数値]

弾性体、	40、	振動ローラ、	少ない、	地表面排水溝、
乾燥施設、	可撓性、	高い、	ランマ、	20、
大きい、	地下排水溝、	非圧縮性、	60、	タイヤローラ

※可撓性：変形しやすい性質

考え方

1 裏込め材料として望ましい性質

擁壁やカルバートなどの背面を埋め戻すために用いられる裏込め材料には、次のような性質を有する材料を選定することが望ましい。

①圧縮性や膨潤性が小さい。(**非圧縮性**の材料である)

②透水性がある。(排水を良くすることができる)

③せん断強度の低下が**少ない**。(水の浸入や大きな荷重に耐えられる)

裏込め材料は、構造物の背面に直接接する盛土であり、不等沈下を防止する必要があるため、透水性や粒度分布が良い粗粒土とする。その塑性指数 (I_p) は、10 以下でなければならない。裏込め材料として最適なものは、クラッシャランであるが、第 1 種・第 2 種・第 3 種の建設発生土も、適性を確認したものについては裏込め材料として用いることができる。

2 裏込め・埋戻しの施工方法

裏込め・埋戻しの施工では、良質土を薄層に敷き均す必要がある。その仕上り厚さは、**20cm以下**としなければならない。施工時には、構造物にかかる土圧が大きくなりすぎないよう、小型ブルドーザなどの小型締固め機械か、人力などにより施工し、平坦に敷き均す。特に、ボックスカルバートなどの裏込め・埋戻しでは、左右対称に施工し、構造物に偏土圧を作用させないようにする。

3 裏込め材料・埋戻し材料の締固め

裏込め材料・埋戻し材料を撒き出した後には、その材料を締め固める必要がある。この締固め作業では、構造物にかかる土圧の影響が大きくない場合、十分な締固めを行うため、タイヤローラや振動ローラなどの大型締固め機械が用いられる。

ただし、構造物縁部などについては、このような大型の締固め機械では締固めが不十分になりやすいので、ソイルコンパクタ・タンパ・**ランマ**などの小型締固め機械を用いて、入念な締固めを行わなければならない。

4 裏込めの排水工

裏込め部には、雨水の流入や滞留が生じやすいので、構造物の下端部に**地下排水溝**を設けて浸透水を排除する必要がある。

傾斜地盤上の裏込めなどの盛土では、地山からの湧水が盛土内に浸透し、盛土法面が不安定になることが多いので、盛土内へ湧水が浸透しないよう、地表面ではなく地下に排水溝を配置することが望ましい。

解き方

(1) 裏込め材料は、**(イ)非圧縮性**で透水性があり、締固めが容易で、かつ水の浸入による強度の低下が**(ロ)少ない**安定した材料を用いる。

(2) 裏込め、埋戻しの施工においては、小型ブルドーザ、人力などにより平坦に敷均し、仕上り厚は**(ハ)20**cm以下とする。

(3) 締固めにおいては、できるだけ大型の締固め機械を使用し、構造物縁部などについてはソイルコンパクタや**(ニ)ランマ**などの小型締固め機械により入念に締め固めなければならない。

(4) 裏込め部においては、雨水が流入したり、たまりやすいので、工事中は雨水の流入をできるだけ防止するとともに、浸透水に対しては、**(ホ)地下排水溝**を設けて処理をすることが望ましい。

解答

（イ）	（ロ）	（ハ）	（ニ）	（ホ）
非圧縮性	少ない	20	ランマ	地下排水溝

必須問題 ●

平成 30 年度	問題 3 土工	軟弱地盤対策工法

軟弱地盤対策工法に関する**次の工法から 2 つ選び、工法名とその工法の特徴**についてそれぞれ解答欄に記述しなさい。

・盛土載荷重工法
・サンドドレーン工法
・発泡スチロールブロック工法
・深層混合処理工法（機械かくはん方式）
・押え盛土工法

考え方

代表的な軟弱地盤対策工法の一覧表は、本書 129 ページの **考え方** に掲載されている。「工法の特徴」には、この一覧表の「工法の概要」および「期待される効果」から、抜粋して記述するとよい。

解答例

工法名	工法の特徴
盛土載荷重工法	構造物の建設前に、軟弱地盤に荷重（盛土）をあらかじめ載荷し、地盤の圧密を進行させることで、残留沈下量を少なくする工法である。
サンドドレーン工法	軟弱地盤中に砂柱を打ち込み、地盤中の間隙水を排水して地盤の圧密を進行させることで、地盤のせん断強度を増加させる工法である。
発泡スチロールブロック工法	盛土の中央部に、軽量の発泡スチロール製ブロックを積み上げ、その外皮面だけを良質土で覆うことで、土圧を軽減する工法である。
深層混合処理工法（機械かくはん方式）	軟弱地盤中にセメントなどの固化材を投入し、所定の深さで原位置の軟弱土と混合することで、地盤を固結させる工法である。
押え盛土工法	盛土本体の両側にも盛土をすることで、盛土本体の側方への滑り出しを抑制する工法である。

以上から 2 つを選んで解答する。

平成29年度　土工　解答・解答例

必須問題 ●

平成29年度	問題2 土工	切土の施工

切土の施工に関する次の文章の [　　　] の(イ)～(ホ)に当てはまる**適切な語句**を、**下記の語句から選び解答欄に記入しなさい。**

(1) 施工機械は、地質・ [(イ)] 条件、工事工程などに合わせて最も効率的で経済的となるよう選定する。

(2) 切土の施工中にも、雨水による法面 [(ロ)] や崩壊・落石が発生しないように、一時的な法面の排水、法面保護、落石防止を行うのがよい。

(3) 地山が土砂の場合の切土面の施工にあたっては、丁張にしたがって [(ハ)] から余裕をもたせて本体を掘削し、その後、法面を仕上げるのがよい。

(4) 切土法面では [(イ)] ・岩質・法面の規模に応じて、高さ5～10 mごとに1～2 m幅の [(ニ)] を設けるのがよい。

(5) 切土部は常に [(ホ)] を考えて適切な勾配をとり、かつ切土面を滑らかに整形するとともに、雨水などが湛水しないように配慮する。

[語句] 浸食、　　　親綱、　　　仕上げ面、　　日照、　　　補強、

　　　　地表面、　　水質、　　　景観、　　　　小段、　　　粉じん、

　　　　防護柵、　　表面排水、　越水、　　　　垂直面、　　土質

考え方

切土の施工についての詳細な規定は、日本道路協会から販売されている「道路土工－切土工・斜面安定工指針(平成21年度版)」に定められている。この問題文も、その中から抜粋されていると思われる。

1 切土法面の施工

施工機械は、地質・**土質**条件・工事工程などにあわせて、最も効率的で経済的となるよう選定する。また、掘削工法は、必要に応じて試験掘削などを行って選定する。

切土の施工にあたっては、地質の変化に注意を払わなければならない。当初予想される地質以外の場合には、一旦施工を中止して当初設計と比較検討する。必要があれば、設計変更を行うと共に、維持管理時にも参照できるよう、地盤状況を整理しておく。

2 施工中の切土法面の保護

切土法面の施工中であっても、雨水などによる法面**浸食**や崩壊・落石などが発生しないよう、一時的な法面排水・法面保護・落石防止などの措置を講じることが望ましい。

また、掘削終了を待たずに、切土の施工段階に応じて、順次上方から保護工を施工することが望ましい。

3 土砂法面の施工

土砂法面(地山が土砂の場合の法面)の施工にあたっては、丁張にしたがって、**仕上げ面**から余裕をもたせて本体を掘削し、その後、法面を仕上げることが望ましい。

丁張とは、施工前に、正確な仕上げ位置を把握するため、法面などに取り付けられた水糸・杭・板などのことである。

4 切土法面の小段の施工

切土法面では、**土質・岩質・法面の規模**に応じて、高さ 5 m～10 m ごとに、1 m～2 m の幅で、**小段**を設けることが望ましい。ただし、落石保護柵などを設ける場合や、長大法面である場合には、小段の幅をもっと広くすることが望ましい。

小段の位置は、同一土質から成る法面では、機械的に等間隔としてよい。しかし、土質が異なる法面では、湧水を考慮して、土砂と岩との境界や、透水層と不透水層との境界などに、できるだけ合わせて設置することが望ましい。

小段とは、法面排水と維持管理時の点検作業を円滑にするため、切土の途中に設けられた勾配の緩やかな面である。小段の横断勾配は、5%～10%程度とすることが一般的である。

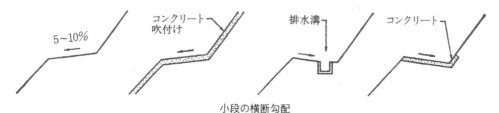

小段の横断勾配

5 切土施工時の排水処理

切土部は、常に**表面排水**を考えて、3%程度の適切な勾配をとる。また、切土面を滑らかに整形すると共に、雨水などが湛水しないように配慮する。

切り盛りの接続区間では、雨水などが盛土部に流入するのを防止するため、切土と盛土の境界付近にトレンチ(雨水を浸透させて排水するための地下水路)を設ける。

解き方

(1) 施工機械は、地質・**(イ)土質**条件、工事工程などに合わせて最も効率的で経済的となるよう選定する。

(2) 切土の施工中にも、雨水による法面**(ロ)浸食**や崩壊・落石が発生しないように、一時的な法面の排水、法面保護、落石防止を行うのがよい。

(3) 地山が土砂の場合の切土面の施工にあたっては、丁張にしたがって **(ハ)仕上げ面**から余裕をもたせて本体を掘削し、その後、法面を仕上げるのがよい。

(4) 切土法面では**(イ)土質**・岩質・法面の規模に応じて、高さ 5～10 m ごとに 1～2 m幅の**(二)小段**を設けるのがよい。

(5) 切土部は常に**(ホ)表面排水**を考えて適切な勾配をとり、かつ切土面を滑らかに整形するとともに、雨水などが湛水しないように配慮する。

（ 解 答 ）

（イ）	（ロ）	（ハ）	（ニ）	（ホ）
土質	浸食	仕上げ面	小段	表面排水

必須問題 ●

| 平成 29 年度 | 問題3 土工 | 軟弱地盤対策工法 |

軟弱地盤対策工法に関する**次の工法から2つ選び、工法名とその工法の特徴について**それぞれ解答欄に記述しなさい。
・サンドマット工法
・緩速載荷工法
・地下水位低下工法
・表層混合処理工法
・掘削置換工法

考え方

代表的な軟弱地盤対策工法の一覧表は、本書129ページの 考え方 に掲載されている。「工法の特徴」には、この一覧表の「工法の概要」および「期待される効果」から、抜粋して記述するとよい。

（ 解答例 ）

工法名	工法の特徴
サンドマット工法	軟弱地盤上に、厚さ 50cm～120cm で、透水性の高い敷砂を設けることで、建設機械の走行性を確保する工法である。
緩速載荷工法	基礎地盤がすべり破壊や側方流動を起こさない程度の厚さで、徐々に盛土を行うことで、残留沈下量を減少させる工法である。
地下水位低下工法	軟弱地盤中の地下水を吸い上げて排水することで、地下水による土の浮力を軽減し、重力を利用して土の圧密を促進する工法である。
表層混合処理工法	軟弱地盤の表層部に、セメント・石灰などの固化材を混合し、含水比を低下させることで、地盤を固結させ、支持力を高める工法である。
掘削置換工法	深さ3m未満の浅い軟弱層を、地上から掘削して除去し、良質土で置き換えることで、地盤のすべり抵抗力やせん断力を高める工法である。

以上から2つを選んで解答する。

平成28年度　土工　解答・解答例

必須問題 ●

| 平成28年度 | 問題2 | 土工 | 盛土の締固め作業・締固め機械 |

　盛土の締固め作業及び締固め機械に関する次の文章の　　　　　の（イ）～（ホ）に当て
はまる**適切な語句**を、下記の語句から**選び**解答欄に記入しなさい。

（1）盛土材料としては、破砕された岩から高含水比の　(イ)　にいたるまで多種にわ
　　たり、また、同じ土質であっても　(ロ)　の状態で締固めに対する方法が異なる
　　ことが多い。

（2）締固め機械としてのタイヤローラは、機動性に優れ、種々の土質に適用できるな
　　どの点から締固め機械として最も多く使用されている。
　　　一般に砕石等の締固めには、　(ハ)　を高くして使用している。
　　　施工では、タイヤの　(ハ)　は載荷重及び空気圧により変化させることができ、
　　　(ニ)　を載荷することによって総重量を変えることができる。

（3）振動ローラは、振動によって土の　(ホ)　を密な配列に移行させ、小さな重量で大
　　きな効果を得ようとするもので、一般に粘性に乏しい砂利や砂質土の締固めに効
　　果がある。

[語句] バラスト、　　扁平率、　　粒径、　　　鋭敏比、　　　　　　　接地圧、
　　　　透水係数、　　粒度、　　　粘性土、　トラフィカビリティー、　砕石、
　　　　岩塊、　　　　含水比、　　耐圧、　　粒子、　　　　　　　　　バランス

※扁平率：横方向の寸法に対する縦方向の割合

考え方

1 盛土の締固め機械の選定

　　締固め機械は、盛土材料の土質・工種・工事規模などの施工条件と、締固め機械の
特性を考慮して選定する。選定上の重要なポイントは、土質条件である。

　　盛土材料は、破砕された岩から高含水比の**粘性土**に至るまで多種に渡っている。ま
た、土質が同じであっても、**含水比**の状態などによって、締固めに対する適応性が著
しく異なる場合が多い。

　　締固め機械についても、その機種によって締固め機能が多様である。また、機種が
同じであっても、その規格や性能(大きさ・重量・線圧・タイヤの接地圧・振動数・
起振力・衝撃力・走行性など)によって、締固め効果が異なる。

　　盛土の締固め作業を行うときは、盛土材料の性質および締固め機械の特性を十分に
理解した上で機械を選定し、効果的な締固め作業を行えるようにすることが重要である。

2 各種の締固め機械の特徴

(1) ロードローラ

表面が滑らかな鉄輪によって締固めを行う機械である。鉄輪の配置により、マカダム形(三輪形)とタンデム形(二輪形)に分類されている。ロードローラは、舗装や路盤の締固めに多く用いられており、土工では路床面・路盤面などの仕上げに用いられる。

(2)タイヤローラ

空気入りタイヤの特性を利用して締固めを行う機械である。締固め機能に直接関係するタイヤの**接地圧**は、載荷重や空気圧によって変化させることができる。砕石などの締固めでは、タイヤの**接地圧**を高くして使用する。粘性土などの締固めでは、タイヤの接地圧を低くして使用する。タイヤローラは、機動性に優れており、比較的多種の土質に適応できるので、土の締固め機械としては最も多く用いられている。

タイヤローラの総重量は、**バラスト**(水や鉄など)を載荷することによって、3 t ～ 35 t 程度に変化させることができる。バラストを載荷するときは、盛土材料の土質に応じて、締固めエネルギーを適切に調整しなければならない。

(3)振動ローラ

ローラと起振機を組み合わせ、振動によって土の**粒子**を密な配列に移行させる締固め機械である。機械の重量が小さくても、大きな締固め効果を得ることができる。振動ローラは、粘性に乏しい砂利や砂質土の締固めに効果があるとされているが、その使用にあたっては、ローラの重量・振動数などを適切なものとする必要がある。一例として、振動ローラで岩や礫などを締め固めるときは、ローラの重量を大きくし、振動数を増やすことが望ましい。

振動ローラは、従来は小型の機械が多く用いられてきたが、最近では大型の機械が用いられることもある。

(4)ブルドーザ

ブルドーザは、締固め効率が悪く、施工の確実性も低いため、本来の意味での締固め機械ではない。しかし、高含水状態にある粘性土などのように、通常の締固め専用機械では締固めが困難な土質の盛土に対して、締固め機械として用いられることがある。また、締固め専用機械の投入が経済的ではない、法面の締固めなどの小規模工事においても、締固め機械として用いられることがある。

解き方

(1) 盛土材料としては、破砕された岩から高含水比の**(イ)粘性土**にいたるまで多種にわたり、また、同じ土質であっても**(ロ)含水比**の状態で締固めに対する方法が異なることが多い。

(2) 締固め機械としてのタイヤローラは、機動性に優れ、種々の土質に適用できるなどの点から締固め機械として最も多く使用されている。

一般に砕石等の締固めには、**(ハ)接地圧**を高くして使用している。

施工では、タイヤの**(ハ)接地圧**は載荷重及び空気圧により変化させることができ、**(ニ)バラスト**を載荷することによって総重量を変えることができる。

(3) 振動ローラは、振動によって土の**(ホ)粒子**を密な配列に移行させ、小さな重量で大きな効果を得ようとするもので、一般に粘性に乏しい砂利や砂質土の締固めに効果がある。

解 答

(イ)	(ロ)	(ハ)	(ニ)	(ホ)
粘性土	含水比	接地圧	バラスト	粒子

必須問題 ●

| 平成 **28**年度 | 問題3 土工 | 法面保護工の工法名 |

盛土や切土の法面を被覆し、法面の安定を確保するために行う**法面保護工の工法名**を5つ解答欄に記述しなさい。

ただし、解答欄の記入例と同一内容は不可とする。

考え方

1 法面保護工の目的

法面保護工は、法面の安定・自然環境の保全・景観の改善などを目的として、盛土・切土の表面を、植生や構造物などにより被覆する工法である。

2 法面保護工の分類

法面保護工は、植生による法面緑化工と、植生が困難な岩塊などから成る法面を構造物などで被覆する構造物工に分類される。主な法面保護工の工種・目的は、本書136ページの表の通りである。解答は、表にある「工種」のうち、「目的」が浸食防止などの「法面の安定」に関するものである工種を記述する。

解答例

法面保護工の工法名	
記入例	張芝工
①	種子散布工
②	植生マット工
③	コンクリート張工
④	モルタル・コンクリート吹付工
⑤	現場打ちコンクリート枠工

平成27年度　土工　解答・解答例

平成27年度	問題2	土工	土量の変化率と土量計算

　土工に関する次の文章の□□□の(イ)〜(ホ)に当てはまる**適切な語句又は数値を**、下記の語句又は数値から選び解答欄に記入しなさい。

(1) 土量の変化率(L)は、□(イ)□(m³)／地山土量(m³)で求められる。

(2) 土量の変化率(C)は、□(ロ)□(m³)／地山土量(m³)で求められる。

(3) 土量の変化率(L)は、土の□(ハ)□計画の立案に用いられる。

(4) 土量の変化率(C)は、土の□(ニ)□計画の立案に用いられる。

(5) 300m³の地山土量を掘削し、運搬して締め固めると□(ホ)□m³となる。

　　ただし、L = 1.2、C = 0.8とし、運搬ロスはないものとする。

[語句又は数値]　補正土量、　　　　　配分、　　　　累加土量、　保全、　　　　　運搬、

　　　　　　　　200、　　　　　　　掘削土量、　資材、　　　ほぐした土量、　250、

　　　　　　　　締め固めた土量、　安全、　　　240、　　　労務、　　　　　残土量

考え方

1 土量の変化率

(1) 自然状態の土(地山土量)をバックホウで掘削すると、ほぐされた土に空気が入るため、土の体積が増加する。ほぐされた土(ほぐした土量)は、ダンプトラックで運搬されるため、この土量は運搬土量とも呼ばれる。「**ほぐした土量÷地山土量**」を表す変化率が、ほぐし率(L／Loose)である。例えば、地山土量が1m³であり、ほぐした土量が1.2m³であれば、「ほぐし率(L) = 1.2m³／1m³ = 1.2」である。

(2) 自然状態の土(地山土量)をローラで締め固めると、締め固めた土から空気が追い出されるため、土の体積が減少する。締め固めた土(締め固めた土量)は、運搬後に盛土となるので、この土量は盛土量とも呼ばれる。「**締め固めた土量÷地山土量**」を表す変化率が、締固め率(C／Compaction)である。例えば、地山土量が1m³であり、締め固めた土量が0.8m³であれば、「締固め率(C) = 0.8m³／1.0m³ = 0.8」である。

2 土量の変化率の利用方法

(1) 土量の**運搬計画**では、ほぐし率(L)が用いられる。

　　例：L = 1.2の地山100m³を運搬するには、容量5m³のダンプトラックが何台必要か？

　　答：運搬土量÷地山土量 = L　　運搬土量÷100m³ = 1.2　　運搬土量 = 120m³

　　　　この地山を運搬するために、ダンプトラックは120m³÷5m³ = 24台必要である。

(2) 土量の**配分計画**では、締固め率(C)が用いられる。

　　例：C＝0.8の地山100m³を運搬して締め固めた盛土は何m³になるか？

　　答：盛土量÷地山土量＝C　　盛土量÷100m³＝0.8　　盛土量＝80m³

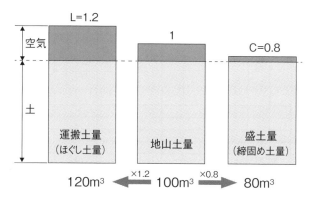

土量計算の関係図

※土量計算では、地山土量を基準として考えることが重要である。「地山土量×L＝運搬土量」、「地山土量×C＝盛土量」であることを押さえておこう。

解き方

(1) 土量の変化率(L)は、**(イ)ほぐした土量**(m³)／地山土量(m³)で求められる。

(2) 土量の変化率(C)は、**(ロ)締め固めた土量**(m³)／地山土量(m³)で求められる。

(3) 土量の変化率(L)は、土の**(ハ)運搬**計画の立案に用いられる。

(4) 土量の変化率(C)は、土の**(ニ)配分**計画の立案に用いられる。

(5) 300m³の地山土量を掘削し、運搬して締め固めると**(ホ)240**m³となる。

　　ただし、L＝1.2、C＝0.8とし、運搬ロスはないものとする。

　　　締め固めた土量＝300×C＝300×0.8＝240m³

　　　ほぐした土量＝300×L＝300×1.2＝360m³

解　答

(イ)	(ロ)	(ハ)	(ニ)	(ホ)
ほぐした土量	締め固めた土量	運搬	配分	240

必須問題 ●

平成27年度	問題3 土工	盛土の沈下対策・安定性確保

　軟弱な基礎地盤に盛土を行う場合に、盛土の沈下対策又は盛土の安定性の確保に**効果のある工法名**を5つ解答欄に記入しなさい。

考え方

　軟弱地盤に盛土をするときは、その安定性を確保するため、沈下・変形・液状化などへの対策を講じる必要がある。それら対策工法の原理として、次ページの表を参考に、圧密・排水・締固め・固結などから、**沈下**または**安定**の視点から工法を5つ記述する。

各対策工法の対策原理と効果

効果の区分：沈下（後の沈下量の低減＝圧密沈下の促進による供用／全沈下量の低減）／安定（圧密による強度増加／すべり抵抗の増加／すべり滑動力の軽減）／変形（応力の遮断／応力の軽減）／液状化〔液状化の発生を防止する対策＝砂地盤の性質改良（密度増大／固結／粒度の改良／飽和度の低下）／有効応力の増大／過剰間隙水圧の消散／せん断変形の抑制／液状化の発生は許すが施設の被害を軽減する対策〕／トラフィカビリティ確保

原理	代表的な対策工法	後の沈下量の低減	全沈下量の低減	圧密による強度増加	すべり抵抗の増加	すべり滑動力の軽減	応力の遮断	応力の軽減	密度増大	固結	粒度の改良	飽和度の低下	有効応力の増大	過剰間隙水圧の消散	せん断変形の抑制	液状化の被害を軽減する対策	トラフィカビリティ確保
圧密・排水	表層排水工法																○
	サンドマット工法	○															○
	緩速載荷工法			○													
	盛土載荷重工法	○		○													
	バーチカルドレーン工法　サンドドレーン工法	○		○													
	バーチカルドレーン工法　プレファブリケイティッドバーチカルドレーン工法	○		○													
	真空圧密工法	○		○													
	地下水位低下工法	○		○									○	○			
締固め	サンドコンパクションパイル工法	○	○	○	○			○	○								
（振動締固め工法）	振動棒工法		○*						○								
	バイブロフローテーション工法		○*						○								
	バイブロタンパー工法		○*						○								
	重錘落下締固め工法		○*						○								
（静的締固め工法）	静的締固め砂杭工法	○	○					○	○								
	静的圧入締固め工法								○								
固結	表層混合処理工法			○		○		○		○							○
（深層混合処理工法）	深層混合処理工法（機械撹拌工法）			○		○	○	○		○					○	○	
	高圧噴射撹拌工法			○		○	○	○		○						○	
	石灰パイル工法			○		○				○		○					
	薬液注入工法			○		○				○							
	凍結工法					○											
掘削置換	掘削置換工法			○		○		○					○				
間隙水圧消散	間隙水圧消散工法													○			
荷重軽減 （軽量盛土工法）	発泡スチロールブロック工法			○		○		○									
	気泡混合軽量土工法			○		○		○									
	発泡ビーズ混合軽量土工法			○		○		○									
	カルバート工法			○		○											
盛土の補強	盛土補強工法				○											○	
構造物による対策	押え盛土工法				○											○	
	地中連続壁工法				○										○		
	矢板工法				○		○							○**		○	
	杭工法		○		○			○								○	
補強材の敷設	補強材の敷設工法				○												○

*) 砂地盤について有効
**) 排水機能付きの場合

出典：日本道路協会

解答例

	工法名
①	盛土載荷重工法
②	表層混合処理工法
③	サンドドレーン工法
④	サンドコンパクションパイル工法
⑤	深層混合処理工法

平成26年度　土工　解答・解答例

必須問題 ●

| 平成26年度 | 問題2 | 設問1 | 土工 | 盛土の施工 |

　　盛土の施工に関する次の文章の [   ] に当てはまる**適切な語句を下記の語句から**選び、解答欄に記入しなさい。

(1) 盛土に用いる材料は、敷均しや締固めが容易で締固め後のせん断強度が [(イ)]、[(ロ)] が小さく、雨水などの浸食に強いとともに、吸水による [(ハ)] が低いことが望ましい。

(2) 盛土材料が [(ニ)] で法面勾配が 1:2.0 程度までの場合には、ブルドーザを法面に丹念に走らせて締め固める方法もあり、この場合、法尻にブルドーザのための平地があるとよい。

(3) 盛土法面における法面保護工は、法面の長期的な安定性確保とともに自然環境の保全や修景を主目的とする点から、初めに法面 [(ホ)] 工の適用について検討することが望ましい。

[語 句]　擁壁、　　高く、　　せん断力、　有機質、　　伸縮性、
　　　　　良質、　　粘性、　　低く、　　　膨潤性、　　岩塊、
　　　　　湿潤性、　緑化、　　圧縮性、　　水平、　　　モルタル吹付

考え方

(1) 良質な盛土材料に求められる性質は、下記のようなものがある。

　① 敷均しや締固めが容易であること。

　② 粒度分布の良い砂質土であること。

　③ 締固め後のせん断強度が大きいこと。

　④ 締固め後の圧縮性(沈下量)が小さいこと。

　⑤ 水に濡れたときの膨潤性が低いこと。

(2) 盛土材料が良質で、法面勾配が1：2.0程度までの場合は、下図のように、ブルドーザを堤防法線と直角に走行させる。この場合、法尻に平地があると施工しやすい。

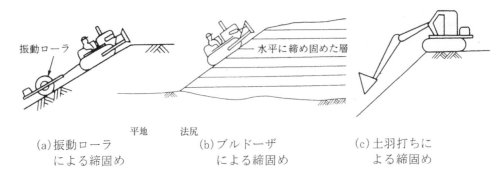

(a)振動ローラ
　　による締固め

(b)ブルドーザ
　　による締固め

(c)土羽打ちに
　　よる締固め

(3) 盛土法面において法面保護工を施工するときは、法面の長期的な安定と、自然環境の保全の観点から、最初に法面緑化工についての検討を行うことが望ましい。

解き方

(1) 盛土に用いる材料は、敷均しや締固めが容易で締固め後のせん断強度が **(イ)高く**、**(ロ)圧縮性**が小さく、雨水などの浸食に強いとともに、吸水による **(ハ)膨潤性**が低いことが望ましい。

(2) 盛土材料が **(ニ)良質** で法面勾配が1:2.0程度までの場合には、ブルドーザを法面に丹念に走らせて締め固める方法もあり、この場合、法尻にブルドーザのための平地があるとよい。

(3) 盛土法面における法面保護工は、法面の長期的な安定性確保とともに自然環境の保全や修景を主目的とする点から、初めに法面 **(ホ)緑化** 工の適用について検討することが望ましい。

解　答

(イ)	(ロ)	(ハ)	(ニ)	(ホ)
高く	圧縮性	膨潤性	良質	緑化

| 平成 26 年度 | 問題 2 | 設問 2 | 土工 | 高含水比の現場発生土の使用 |

盛土に高含水比の現場発生土を使用する場合、**下記の(1)、(2)についてそれぞれ 1 つ解答欄に記述しなさい。**

(1) 土の含水量の調節方法

(2) 敷均し時の施工上の留意点

考え方

(1) **土の含水量の調節方法**には、下記のようなものがある。

　① 土取場の地盤に素掘りのトレンチをつくり排水を促進させ、含水量を減少させる。

　② 発生土を敷き均し、風や日光による曝気乾燥を利用し、含水量を減少させる。

　③ 含水比が低い盛土材料を混合し、含水量を減少させる。

　④ 石灰を混合し、含水量を減少させる。

　土の含水量を減少させると、建設機械のトラフィカビリティー(走行性)が向上する。

(2) **高含水比の盛土材料を敷き均すときの留意点**は、下記の通りである。

　① こね返しが生じないよう、湿地ブルドーザを用いて薄層に敷き均す。

　② 一次運搬をダンプトラックで行うのなら、その後、接地圧が小さい不整地運搬車により二次運搬すると同時に敷均しを行う。

解答例

		高含水比の現場発生土の使用
(1)	土の含水量の調節方法	現場発生土をばっ気乾燥させ、含水比を低下させる。
(2)	敷均し時の施工上の留意点	高含水比土の敷均しは、湿地ブルドーザで行う。

　下記の内容は、平成25年度～平成22年度に出題された土工分野に関する問題（令和5年度～平成26年度に出題されたものとほぼ同一の問題は除く）について、その要点だけをまとめたものです。2級土木施工管理技術検定試験第二次検定の問題は、こうした古い問題から繰り返して出題されることもあるため、下記の要点に目を通しておくと、そのような問題に対応しやすくなります。一例として、令和6年度の試験では、下記の平成25年度の欄にある「建設機械の特徴」を記述する問題が出題される可能性もあると考えられています。本書では、他の分野（第3章以降）についても、このページと同様に、平成25年度～平成22年度に出題された問題の要点だけをまとめています。

土工分野の語句選択問題（平成25年度～平成22年度に出題された問題の要点）

問題	空欄	前節―解答となる語句―後節
平成25年度 切土法面の施工	（イ）	施工中は、雨水などによる法面**浸食**が発生しないようにする。
	（ロ）	掘削終了を待たずに、順次**上方**から保護工を施工する。
	（ハ）	切土法面の仮排水路は、**法肩**の上や小段に設ける。
	（ニ）	仮排水路に雨水を集水し、**縦排水路**で法尻へ導いて排水する。
	（ホ）	礫などの**浮石**の多い法面では、落石防護柵を施工する。
平成24年度 盛土の施工	（イ）	盛土材料は、**圧縮性**が少ないものが望ましい。
	（ロ）	**薄層**で丁寧に敷均しを行えば、均一で締まった盛土を築造できる。
	（ハ）	盛土材料の自然**含水比**は、施工含水比の範囲に入るようにする。
	（ニ）	含水量の調節方法には、**曝気乾燥**による含水比の低下などがある。
	（ホ）	最適含水比・最大**乾燥密度**の土は、その間隙が最小である。
平成23年度 軟弱地盤対策工法	（イ）	基礎地盤からの**圧密**排水を容易にする。
	（ロ）	地盤の**支持力**が不足する場合には、地盤の圧密を促進する。
	（ハ）	衝撃・振動荷重によって砂を**地盤**中に圧入し、砂杭を形成する。
	（ニ）	セメントや**石灰**などの土質安定材によって、地盤を安定させる。
	（ホ）	軟弱層を取り除き、他の**良質材**で置き換える。
平成22年度 土量計算	（イ）	切土のほぐし土量＝**切土の地山土量×土量変化率L**である。
	（ロ）	盛土の地山土量＝**盛土の締固め土量÷土量変化率C**である。
	（ハ）	盛土のほぐし土量＝**盛土の地山土量×土量変化率L**である。
	（ニ）	残土の運搬土量＝**残土の地山土量×土量変化率L**である。
	（ホ）	延べ運搬台数＝**残土の運搬土量÷トラックの積込み土量**である。

土工分野の記述問題（平成25年度～平成22年度に出題された問題の要点）

問題の要点	解答の要点	出題年度
建設機械から2つを選び、その特徴（用途・機能）を記述する。	**ブルドーザ**：掘削・運搬・敷均し・締固めを行える。アタッチメントを換えれば伐開・除根も行える。 **トラクターショベル**：掘削・積込みと、それに伴う短距離の運搬ができる。長距離の運搬はできない。	**平成25年度** **平成22年度**

第 3 章

コンクリート工

※ 平成 26 年度以前の過去問題は、出題形式(問題数)が異なっていたため、本書の最新問題解説
　では、平成 27 年度以降の出題形式に合わせて、土工・コンクリート工・品質管理・安全管理・
　施工管理の各分野に再配分しています。

3.1 出題分析

3.1.1 最新10年間のコンクリート工の出題内容

年　度		最新10年間のコンクリート工の出題内容
令和5年度	問題5	コンクリートの性質や欠陥に関する用語の説明を記述
令和4年度	問題4	コンクリートの養生の役割と方法に関する語句を選択
令和3年度	問題2 問題5	コンクリートの仕上げ・養生・打継目に関する語句を選択 コンクリートの打込み時または締固め時の留意事項を2つ記述
令和2年度	問題4 問題5	コンクリートの打込み・締固め・養生に関する語句を選択 コンクリートに関する用語の説明を記述
令和元年度	問題4 問題5	型枠の構造・型枠の施工・型枠の取外しに関する語句を選択 打込み・締固め・仕上げ・養生に関する記述の誤りを訂正
平成30年度	問題4 問題5	コンクリートの仕上げ・養生・打継目に関する語句を選択 コンクリートに関する用語の説明を記述
平成29年度	問題4 問題5	コンクリートの打継ぎに関する語句を選択 コンクリートに関する用語の説明を記述
平成28年度	問題4 問題5	コンクリート用混和剤の種類と機能に関する用語の選択 鉄筋工・型枠に対するコンクリート打込み前の現場確認事項を記述
平成27年度	問題4 問題5	鉄筋の加工・組立て・スペーサ・はく離剤に関する用語の選択 コンクリートの養生の役割または具体的方法を2つ記述
平成26年度	問題3(1) 問題3(2)	コンクリートの打継目の施工の留意点 コンクリートに関する用語説明

※問題番号や出題数は年度によって異なります。

3.1.2 最新10年間のコンクリート工の分析・傾向

年度	R5年		R4年		R3年		R2年		R元年		H30年		H29年		H28年		H27年		H26年	
出題形式	選	記	選	記	選	記	選	記	選	記	選	記	選	記	選	記	選	記	選	記
運搬・打込み・締固め					●	◗			●											
打継目・養生・型枠			●		●			◗	●		●						●		●	
鉄筋加工・組立													●		●					
コンクリート用語		●						●			●			●						●
配合設計と混和剤																●				

●：必須問題　　選：空欄に当てはまる語句を選択する問題が中心（コンクリート工の語句選択問題）
　　　　　　　記：問われていることを記述する問題が中心（コンクリート工の記述問題）
　　　　　　　※●・◗の表示は複数の出題項目が統合された問題です。

最新の出題傾向から分析　本年度の試験に向けた学習ポイント

> **コンクリート工の語句選択問題**：コンクリートの**初期欠陥・運搬・打込み・締固め・打継ぎ**について、一連の作業の留意点をまとめておく。
>
> **コンクリート工の記述問題**：コンクリートの養生の目的、各種の混和材料の特徴、コンクリートの施工に関する用語について記述できるようにする。

※令和6年度のコンクリート工分野では、空欄に当てはまる語句を選択する問題が出題される可能性が高いと思われる。特に、コンクリートの運搬・打込み・締固めの作業に関する語句は、確実に認識できるようにしておこう。

暑中・寒中コンクリートのポイント

(1) **暑中コンクリート**：日平均25℃を超えるときは、暑中コンクリートとし、打込温度35℃以下、練り始めから打込み終了まで1.5時間以内とする。25℃を超えるとき、許容打重ね時間間隔は2.0時間以内とする。25℃以下のとき、許容打重ね時間間隔は2.5時間以内とする。

(2) **寒中コンクリート**：日平均4℃以下のときは、寒中コンクリートとし、打込みおよび養生温度を5〜20℃とする。養生終了後2日間以上は0℃以上を保つ。

3.2.1　コンクリート材料

セメントと水を混合してセメントペースト、セメントペーストに細骨材を混合してモルタル、モルタルに粗骨材を混合してコンクリートがつくられる。

コンクリートの性質は、セメントのもつ性質に大きく影響を受ける。それは硬化するまでの養生期間や、セメントのもつ強いアルカリ性が原因である。

❶　セメント ●●

(1) ポルトランドセメント

① 普通ポルトランドセメント

常時使用する最も基本的なもので、アルカリ性が強く、養生期間は5日を標準とする。

② 早強ポルトランドセメント

普通ポルトランドセメントの硬化を早期にしたもので、養生期間は3日が標準で発熱量が多い。夏期に用いない。

③ 中庸熱ポルトランドセメント

発熱量が少ないセメントなのでマスコンクリートに用いる。

④ 耐硫酸塩ポルトランドセメント

化学的に抵抗性が大きく、環境の厳しい地域に用いる。

(2) 混合セメント

① 高炉セメント

普通ポルトランドセメントに、高炉スラグの微粉末である混和材を混合し、セメント中のアルカリを吸収硬化する。養生期間は7日が標準で、硬化が遅いので冬期には用いない。混合割合の多いB種、C種は、アルカリ骨材反応を抑制できる。

② フライアッシュセメント

普通ポルトランドセメントにフライアッシュ（火力発電所からの副産物石炭灰）を混合したセメントで、ボールベアリング状をしたフライアッシュは単位水量を減少できるので、マスコンクリートに用いられる。養生期間は7日で、一般構造へは冬期に用いない。

❷ 混和材料 ●●●

① 混和材：セメント量の5%以上を用いて、コンクリートの配合設計のセメント量として取り扱う。フライアッシュ・高炉スラグなどがある。

② 混和剤：セメント量の1%未満を用いて、配合設計においては、量として無視する。

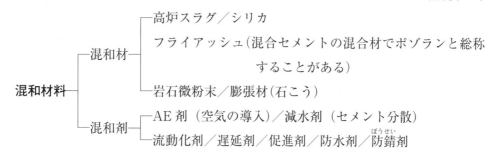

❸ 混和剤の効果 ●●●

（1）AE剤の効果

① 空気を連行して、コンクリートに流動性を与え、ワーカビリティを向上させる。

② 空気の気泡の働きで、ブリーディングが抑制できる。

③ 耐凍害性、耐久性が向上する。

④ 水密性の向上により、化学抵抗性が増大する。

⑤ 空気の混入量に応じて、コンクリートの強度は低下する。

（2）AE減水剤の効果

① ワーカビリティが向上し、強度の低下が小さい。

② 耐久性、耐凍害性、耐化学性が向上する。

③ 単位水量・単位セメント量の減少によりひび割れが減少する。

④ 厳しい環境下においても所要の水和作用が期待できる。

（3）高性能AE減水剤の効果

高性能AE減水剤は、AE減水剤の効果に合わせて、次にあげるような効果が期待できる。

① 単位水量を大幅に減少できる。

② ワーカビリティを著しく向上することができる。

③ 強度を向上することができる。

④ 温度、使用材料に影響されやすいので、予め使用量、使用方法を検討しておく必要がある。

（4）遅延剤の効果

① 暑中コンクリート、マスコンクリート、レディーミクストコンクリートの長距離運搬などで、コールドジョイントを防止することができる。

② サイロ、水槽のように連続打設の必要なコンクリートのコールドジョイントを防止することができる。

③ 長期強度は、硬化は遅延するが期待できる。

(5) 促進剤の効果

① 早期強度は増大するが、長期強度や耐久性は低下する。

② 早期発熱が多く、初期における凍害の防止に役立つ。

③ 打込み、養生の工程を短縮できる。

(6) 流動化剤の効果

① 流動化前の AE コンクリートの品質、強度を損なわず流動化できる。

② コンクリートポンプが利用でき、圧送性が改善される。

③ 流動化前(標準形、遅延形)は、AE コンクリートをベースとして用いる。

④ スランプの増大量は 10cm 以下として、流動化コンクリートのスランプは 18cm 以下とする。

❹ アルカリ骨材反応抑制・防止対策 ●●●●●●●●●●●●●●●●●●●●●●●●●●●●●●●●●●●●●●●

アルカリ骨材反応抑制対策および防止対策は、次のようである。

(1)混合セメント B 種、C 種を使用する。

(2)コンクリート中のアルカリ総量を Na_2O に換算して $3.0kg/m^3$ 以下とする。

(3)アルカリ骨材反応防止対策として、アルカリシリカ反応試験で無害と判定した骨材を使用する。

❺ コンクリート構造物の耐久性照査 ●●●●●●●●●●●●●●●●●●●●●●●●●●●●●●●●●●●●

コンクリート構造物が、所要の性能を設計耐用期間にわたり保持することを確認する必要がある。これには、次の項目について照査する。

(1) 中性化に関する照査

セメントは強いアルカリ性を示し、鉄筋を酸化から保護している。しかし、空気中の二酸化炭素と反応し中性化し pH が低下する。一般に、普通ポルトランドセメントを用い、水セメント比 50％以下とし、30mm 以上のかぶりのある構造物は、中性化の照査は必要がない。

(2) 凍結融解作用に関する照査

凍結融解作用は、気温差の繰返しにより生じるもので、凍結融解状態と最低気温により決まることが多い。凍結融解による微細なひび割れで、スケーリング(はがれ)、ポップアウト(欠損)などによる構造物が凍害劣化する。

一般に、促進凍結融解試験により、コンクリートの相対動弾性係数や、質量の減少率で照査する。

(3) アルカリ骨材反応に関する照査

アルカリ骨材反応は、主にセメントのアルカリが骨材中のシリカと反応して、骨材が水分を吸収して膨張して、コンクリートにひび割れが生じ劣化する現象である。一般に、「コンクリートのアルカリシリカ反応性判定試験」によって照査する。

(4) 塩化物イオンの侵入に伴う鋼材腐食に関する照査

鋼材に腐食を生じても、腐食に起因するひび割れが発生するまで、構造物の性質は確保されている。鋼材腐食の照査は、鋼材位置の塩化物イオン濃度が鋼材腐食限界濃度以下であることを確認して行う。このときのイオン濃度とは、コンクリート $1m^3$ 中に含まれる全塩化物量で表し、$1.2kg/m^3$ を限界値とする。

以上のほか、水密性の照査、耐火性の照査などがある。

❻ コンクリート構造物耐久性照査とコンクリートの性能照査 ●●●●●●●●●●●●●●●●●●●●●●●●●

コンクリートの性能は、施工時コンクリートの受入検査で確認すれば施工管理上十分である。しかし、選定した材料と配合によるコンクリートが、要求される性能（強度、耐久性、耐アルカリ骨材反応性、透水係数または水密性）を満足することを確認しなければならない。コンクリート構造物とコンクリートの劣化機構、要因、現象及び劣化防止対策は、次のようである。

表 3・1　コンクリート劣化機構と劣化防止対策

劣化機構	劣化要因	劣化指標	劣化現象	劣化防止対策
中性化	二酸化炭素	・中性化深さ ・鋼材腐食量	二酸化炭素がアルカリ水酸化物と反応し、pHを低下させ、鋼材が腐食膨張しコンクリートがはく離する。	・普通ポルトランドセメントを用い、水セメント比50%以下 ・かぶり30mm以上
塩害	塩化物イオン	・塩化物イオン濃度 ・鋼材腐食量	塩化物イオンにより鋼材が腐食膨張し、コンクリートのひび割れはく離が生じ、鋼材断面が減少する。	・鋼材防食処理 ・コンクリート塩化物イオン濃度0.3kg/m³以下
凍害	凍結融解作用	・凍結深さ ・鋼材腐食量	凍結融解作用を受けたコンクリートにスケーリング（はがれ）やポップアップ（欠損）がみられる。	・相対動弾性係数(60～85)の最低値以上の確保 ・空気量4～7%
化学的侵食	酸性物質 硫酸イオン	・中性化深さ ・鋼材腐食量	酸性物質や硫酸イオンと接触するとコンクリート面が分解・膨張し、はがれ、ひび割れが生じる。	・表面被覆 ・腐食防止措置をした補強材の使用
アルカリシリカ反応	反応性骨材	・膨張量	骨材中の反応性シリカとセメント中のアルカリ性水溶液が反応し骨材が膨張し、ひび割れが生じる。	・混合セメントB種、C種の使用 ・水分の供給を遮断する表面処理
床版の疲労	大型交通量	・ひび割れ密度 たわみ	床版が繰返し作用する輪荷重によってひび割れや陥没が生じる。	・床版補強
はり部材の疲労	繰返し荷重	・累積損傷度	繰返す荷重の作用によって引張鋼材に亀裂が生じ、たわみが大きくなる。	・はり部材補強

3.2.2 配合設計

(1)配合設計の考え方

　設計基準強度・耐久性・水密性を確保し、施工後のコンクリートのもつべき品質をつくり出す。

① ワーカビリティを確保する。

② ワーカビリティを確保できる範囲で、単位水量・単位セメント量・細骨材率をできるだけ少なくして、粗骨材の最大寸法を大きくする。

(2)ブリーディングとレイタンス

　ブリーディングは、コンクリート打ち込み後に、粗骨材の沈降によって水や遊離石灰が浮上する型枠内のコンクリートの材料分離のことで、ブリーディングにより浮上して固まった物質をレイタンスという。レイタンスは強度は小さく、打継目を施工する前にワイヤブラシ等で除去しておく。

　単位水量が多いと、それに比例してブリーディングも多くなり、水が浮上するとき、粗骨材の下面に沿って上昇するので、粗骨材の下面の接着面積が減少し、コンクリートの一体性が低下して、コンクリートの強度が低下する。また、ブリーディングの多いコンクリート表面に水の通り道ができて、水密性や耐久性が損なわれる。したがって、コンクリートはブリーディングを減少させるための AE 減水剤等を投入する。

(3)計画配合と現場配合

　コンクリートを配合設計するとき、粗骨材は 5mm 以上、細骨材は 5mm 未満と粒度で区分し、骨材の中は水で満たされていても表面は乾燥している表面乾燥飽水状態と仮想的に考えて、セメント、水、骨材の割合が求められる。こうした仮想的な骨材を用いて、配合設計した配合を計画配合という。

　これに対し、粗骨材に含まれる細骨材の割合や、細骨材に含まれる粗骨材の割合をふるい分けて試験で求め、計画配合を現場の骨材の粒度に応じて修正する粒度修正と、骨材の表面の付着水量を求め、使用水量を修正することで、現場材料を用いて計画配合と同等の効果をもつ現場配合に修正する。

3.2.3 レディーミクストコンクリート

レディーミクストコンクリートの製造工場は JIS 指定工場であり、現場から運搬時間が 1.5 時間以内、舗装コンクリート 1 時間以内に荷卸できる位置にあるものを選定する。

❶ レディーミクストコンクリートの購入 ●●●●●●●●●●●●●●●●●●●●●●●●●●●●●

(1) レディーミクストコンクリートの購入時に指定するもの

① 表3・2に示す○印の呼び強度を指定する。

② スランプ値は、表3・2に示す2.5、5、6.5、8、12、15、18、21の中から指定する。

③ 粗骨材の最大寸法は、JISに定められた表の15、20、25、40mmの中から指定する。

表3・2　JIS A 5308によるレディーミクストコンクリートの種類

コンクリートの種類	粗骨材の最大寸法 [mm]	スランプまたはスランプフロー [cm]	呼び強度 [N/mm²]													
			18	21	24	27	30	33	36	40	42	45	50	55	60	曲げ4.5
普通コンクリート	20、25	8、10、12、15、18	○	○	○	○	○	○	○	○	○	○	–	–	–	–
		21	–	○	○	○	○	○	○	○	○	○	–	–	–	–
	40	5、8、10、12、15	○	○	○	○	○	○	–	–	–	–	–	–	–	–
軽量コンクリート	15	8、10、12、15、18、21	○	○	○	○	○	○	○	○	–	–	–	–	–	–
舗装コンクリート	20、25、40	2.5、6.5	–	–	–	–	–	–	–	–	–	–	–	–	–	○
高強度コンクリート	20、25	10、15、18	–	–	–	–	–	–	–	–	–	–	○	–	–	–
		50、60	–	–	–	–	–	–	–	–	–	–	○	○	○	–

※この表は、JIS A 5308 2014の基準に基づくものですが、令和元年9月19日までは適用可能であった（過去の試験問題において典拠とされていた）表なので、ここに掲載しています。最新のJIS A 5308 2019の表については、本書の285ページを参照してください。

(2) 購入者が生産者と協議して指定するもの

　購入者と生産者が協議して主に指定する事項は❶〜❹、⑤〜⑰は必要に応じて購入者が協議して指定できる事項である。

❶ セメントの種類

❷ 骨材の種類

❸ 粗骨材の最大寸法

❹ アルカリシリカ反応抑制対策の方法

⑤ 骨材のアルカリシリカ反応性による区分

⑥ 水の区分

⑦ 混和材料の種類および使用量

⑧ 塩化物含有量の上限値と異なる場合は、その上限値

⑨ 呼び強度を保証する材齢（指定がない場合は28日とする）

⑩ 表3・5に定める空気量と異なる場合は、その値

⑪ 軽量コンクリートの場合は、コンクリートの単位容積重量

⑫ コンクリートの最高または最低温度

⑬ 水セメント比の上限値

⑭ 単位水量の上限

⑮ 単位セメント量の下限値または上限値

⑯ 流動化コンクリートの場合は、流動化する前のレディーミクストコンクリートからのスランプの増大量(購入者が❹でアルカリ総量の規制による抑制対策の方法を指定する場合、購入者は、流動化剤によって混入されるアルカリ(kg/m^3)を生産者に通知する。)

⑰ その他必要な事項

(3) レディーミクストコンクリートの品質を指定する場合

① 28日以外の材齢で、設計基準強度を保証する場合

② 中性化速度係数、塩化物イオンの拡散係数、相対動弾性係数、透水係数等の品質を、水セメント比の上限で規制する場合

③ 温度ひび割れの品質に対して、単位セメント量の上限値、コンクリートの温度を規制する場合

④ 耐凍害性を高める目的で、空気量を標準より高める場合

❷ レディーミクストコンクリートの受入検査 ●●●●●●●●●●●●●●●●●●●●●●●●●●●●●●●●●●●●●●

　レディーミクストコンクリートの受入検査では、次の各項目については荷卸し現場で行うものとする。ただし、塩化物含有量については、出荷時に工場で行ってもよい。

(1) 荷卸し時間

　コンクリートは、練り混ぜを開始してから1.5時間以内に荷卸しできるように運搬する。ただし、ダンプトラックで運搬するコンクリートは1時間以内に荷卸しする。

(2) コンクリートの荷卸し地点における品質

① 強度

　コンクリートの強度試験は、原則として$150 m^3$(高強度コンクリート$100 m^3$)に1回行い、1回に3本供試体を採取し、その平均値で表す。強度試験の材齢は、3日、7日などとし、指定のないときは28日とする。強度の品質規準は、次の2つを同時に満足するものでなければならない。

1) どの1回の試験結果も、購入者の指定した呼び強度の値の85%以上とする。

2) 3回の試験結果の平均値は、購入者の指定した呼び強度の値以上とする。

② スランプまたはスランプフロー

　スランプ試験またはスランプフロー試験は適宜行い、運搬車の荷の約1/4と3/4からそれぞれ採取し、両者のスランプ値の差が3cm以内であれば、この両方の平均値

をスランプとする。両者のスランプ値の差が3cmをこえるときは、そのコンクリートを用いてはならない。

　こうして求められたスランプは、表3・3に定めた許容差の範囲とする。

　スランプフローを測定するのは流動性の高いコンクリートの場合で、スランプ表示することが適当でない場合、平板上でスランプコーンを引上げ、コンクリートの最大の広がり長さと、それに直交する長さの平均径を求め、スランプフローとする。その許容差は表3・4のようである。

③ 空気量

　空気量試験は必要に応じて適宜行い、空気量の許容差は±1.5%で一定である。購入者が指定した値に対して表3・5に定めたものとする。

表3・3　スランプ（単位：cm）

指定した値	スランプ許容差
2.5	± 1
5 および 6.5	± 1.5
8 以上 18 以下	± 2.5
21	± 1.5

表3・5　空気量（単位：%）

コンクリートの種類	空気量	空気量の許容差
普通コンクリート	4.5	
軽量コンクリート	5.0	± 1.5
舗装コンクリート	4.5	
高強度コンクリート	4.5	

表3・4　荷卸し地点でのスランプフローの許容差

スランプフロー	スランプフローの許容差
50	± 7.5cm
60	± 10cm

④ レディーミクストコンクリートの塩化物含有量は、荷卸し地点で塩化物イオン（Cl⁻）量として$0.3kg/m^3$以下とする。ただし、購入者の承認を受けた場合には、無筋で$0.6kg/m^3$以下とすることができる。

(3) 再検査

　スランプ、スランプフローおよび空気量検査で許容の範囲外のとき1回に限り再試験してよい。

3.2.4　コンクリートの運搬・打込み・締固め

❶ コンクリートの打設計画の留意点 ●●●●●●●●●●●●●●●●●●●●●●●●●●

(1) コンクリートの打設は、外気温が25℃を超えるときは、1.5時間、25℃以下のときでも、2.0時間以内に打ち終わることを標準とする。

(2) コンクリートの1日当たりに打設する量に合わせた、運搬、打込み設備、人員確保をする。

(3) 運搬経路は、作業の円滑化、運搬時間の短縮化を考慮して定める。

(4) 1日の打設量から、打込み区画割、打継目位置、打継目の処置方法を定める。

(5) コンクリートの打設順序、コンクリートの供給方法は、型枠支保工の変形を考慮して定める。

(6) 打込みは、供給位置より遠いところから打ち始め、近い所で終了する。

❷ コンクリートの運搬 ●●●

(1) 運搬車

　運搬車(アジテータトラックまたはミキサー車)は、コンクリートを練り始めてから1.5時間以内に荷卸しが終わるように運搬しなければならない。ダンプトラックで運搬する(スランプ値5cm未満)ときは、1時間で荷卸ししなければならない。

(2) シュートによる運搬

　コンクリートを打設位置に運ぶのは、図3・1のように、原則として縦シュートを用い、材料分離の生じやすい斜めシュートは用いない。やむを得ず斜めシュートを用いるときは、次の対策をたてる。

① 鋼製または強化プラスチック製のシュートとし、鉛直1に対し水平2の割合の傾斜とする。

② コンクリートの打設高を1.5m以下とし、できる限り低くする。

③ 斜めシュートの吐出口に漏斗管またはバッフルプレートを設け、材料分離を軽減させる。

④ 粘性のあるコンクリートとなるよう配合を考慮する。

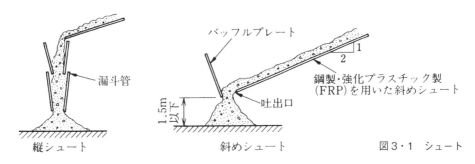

図3・1　シュート

縦シュート　　　斜めシュート

(3) コンクリートポンプによる運搬

　コンクリートポンプにより運搬するときの留意点は次のようである。

① コンクリートポンプを用いるコンクリートは、圧送性を有し、打込み時、硬化時のコンクリートの品質が確保できるものとする。

167

② 圧送するコンクリートのスランプ値は、最低で 5cm 以上必要である。単位水量を増して流動性を得るのではなく、流動化剤または高性能 AE 減水剤を用いて流動化し、スランプ値 18cm 以下で圧送する。

③ 輸送管の配管の経路は、できるだけ短距離で曲がりの少ないものとし、管径は粗骨材の最大寸法、圧送圧、圧送作業を考慮して定める。

④ コンクリートポンプの機種を表す水平管 1m の損失圧力は、コンクリートの種類、吐出量、輸送管の管径により定められ、スランプ値の小さいほど、また管径の小さいほど、そして吐出量が多いほど大きくなる。このため、単位時間当たりの打込み量、コンクリートの閉塞(へいそく)に対する安全性を有するものを選定する。

⑤ 富配合(セメント量が多い)、貧配合(セメント量が少ない)、軽量コンクリートなど特殊なコンクリートの圧送は、事前に施工条件を想定して試験圧送をする。

❸ コンクリートの打込み・締固め ●●●●●●●●●●●●●●●●●●●●●●●●●●●●●●●●●●●●●●

(1)コンクリートの打込み前の点検

① 鉄筋・型枠・支保工が設計どおりに配置されているか確かめる。

② 運搬設備・打込み設備が施工計画書どおりになっているか確かめる。

③ 型枠内の清掃、型枠内の吸水のおそれのある箇所は、あらかじめ湿らせる。

④ 基礎の根掘部分に流水がないように、排水設備を準備してあるか確かめる。

(2)コンクリートの打込み

① コンクリートの打込み終了時間は、気温が 25℃ 以下で 2.0 時間、25℃ を超えるときは 1.5 時間以内とする。許容打重ね時間間隔は、気温 25℃ 以下で 2.5 時間、25℃ を超えるときは 2.0 時間以内とする。

② 鉄筋・型枠の配置を乱さないよう打ち込む。

③ 打ち込んだコンクリートを型枠内で横流しを行わない。

④ 打込み中、材料分離が認められたら直ちに中止し、原因を調査し、次のコンクリート打設のために改善策を施す。すでに打ち込まれたコンクリートの材料分離した粗骨材は拾い上げて、モルタルの十分ある所に埋め込んで締め固める。

⑤ 打込みは遠い所から近いほうへ施工し、1 区画内は連続打設する。

⑥ コンクリートは、1 区画内は水平となるよう打ち込む。1 層の厚さ 40〜50cm 以下とする。

⑦ 2 層以上にして打ち込むときは、下層のコンクリートが固まり始める前に行い、上層と下層が一体となるよう 10cm 程度下層に挿入する。

⑧ 型枠が高い場合は、型枠の途中に投入口を設け、縦シュートまたはコンクリートポンプのフレキシブルホースを差し込み、打込み高は 1.5m 以下とする。

⑨ 打込み中に浮き出した水は、スポンジ等で排除したのち、打ち継ぐ。

⑩ 柱・壁のような高所の大きなコンクリートは、ブリーディングによる悪影響が起こりやすく、水平鉄筋の付着がわるいので、打込み速度は30分間で1〜1.5mとする。

(3)コンクリートの締固め

① コンクリートの締固めは、内部振動機を用いることを原則とするが、薄い壁など内部振動機が用いにくい場所は、型枠振動機を用いる。

② モルタルが型枠のすみずみまでゆきわたるよう、打込み後速やかに十分に締め固める。内部振動機の締固め時間は5〜15秒間とする。

③ せき板に接するコンクリートは、できるだけ平坦な表面が得られるようにし、美観、耐久性を確保する。

④ コンクリートの上層を締め固めるときは、下層コンクリートに10cm程度振動機を挿入し、上層と下層とのコンクリートを一体化させる。

⑤ 内部振動機の差し込みは鉛直方向とし、その間隔は50cm以下として、引き抜きはあとに穴が残らないゆっくりとした速さとする。

⑥ 固まり始まる直前に再振動をして締め固め、有害なひび割れを防止する。

(4)沈下ひび割れ、沈みひび割れに対する処置

① 張出し部のあるコンクリート、柱や壁と連続する床組のはりやスラブをもつ部材では、断面の異なる位置で境界面にひび割れが発生しやすい。このため、断面の変わる柱の頭部等の位置で打ち止め、1〜2時間程度経過後、沈下を待ってハンチとはりなどの床組コンクリートを連続して打ち込む。

② 鉄筋の影響で生じる沈みひび割れや沈下ひび割れが発生したときは、ただちに再振動して締め固め、表面をタンピング(金ゴテで表面を打ち付ける)してひび割れを消す。

3.2.5 コンクリートの打継目・養生・型枠取りはずし

❶ コンクリートの打継目 ●●●●●●●●●●●●●●●●●●●●●●●●●●●●●●●●●●●●

　既設のコンクリート構造物に、接合するためのコンクリートを打設するとき、旧コンクリートと新コンクリートの間に設けるのが、コンクリートの打継目である。これには、主に、水平打継目・鉛直打継目・伸縮打継目などがある。

(1)打継目の原則

① 設計図書に定めた継目の位置・構造を守る。

② 設計で定められていない継目を設けるときは、美観、耐久性・水密性、強度などを考慮して、その位置・方向を施工計画書に予め定めておく。

③ 打継目を設ける位置は、はりの中央付近で、せん断力の小さな位置とし、その方向は圧縮力に対して直角とする。

④ せん断力の大きい位置に設けるときは、ほぞ、または溝をつけ鉄筋で補強する。

⑤ 打継目の計画に当たり、温度変化、乾燥収縮等によるひび割れの発生の位置を考えて設置する。

(2) 水平打継目の施工

① 打継面が水平となるように、型枠の位置を定める。

② 旧コンクリートのレイタンスをワイヤブラシ等で除去し、浮き石なども除き、十分に吸水させる。

③ 型枠は確実に締め固め、モルタルが流れ出ないように、新コンクリートが旧コンクリートと密着するように締め固める。

④ 旧コンクリートの下に新コンクリートを打ち継ぐ逆打ちコンクリートは、ブリーディングや沈下を考慮して、新コンクリートを旧コンクリートの下に打ち込み、レイタンスを除去したのち、モルタルを敷き均すことがある。

(3) 鉛直打継目の施工

① 鉛直打継目の打継面の型枠を強固に支持し、モルタルがもれない構造とする。

② 旧打継面は、ワイヤブラシで表面を削ったりチッピング（表面はつり）等で粗面にし、十分に水を吸水させ、セメントペーストまたは、モルタル樹脂等を塗布して、新コンクリートを打ち継ぐ。

③ 新旧コンクリートが密着するよう締め固める。水密性の必要なとき止水板を用いる。

④ 打継面の新コンクリートが固まり始める前のできるだけ遅い時期に再振動して締固め表面をタンピングして、ひび割れを閉じる。

(4) 伸縮目地　（図3・2参照）

① 伸縮目地は、両側の構造物や部材が絶縁されていなければならない。

② 伸縮目地は、水密を要する目地には、止水板等を配置する。

図3・2　伸縮継目の構造

170

(5) その他の継目

① 床組と一体となった柱と壁は、柱や壁の上端で一時打ち止め、1～2時間の沈下を待って、沈みひび割れを防止し、ハンチと梁、またはスラブを同時に打ち継ぐ（図3・3）。

② マスコンクリートに設けるひび割れ誘発目地は、ひび割れを制御するために設けるが、構造の強度や機能を害さないように、その構造と位置を定める（図3・4）。

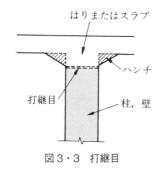

図3・3　打継目

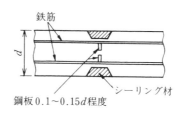

図3・4　ひび割れ誘発目地

❷ 養　生

(1) 養生の目的

養生の最終目的はひび割れを防止し、所定の強度、水密性・耐久性のあるコンクリートをつくることであるが、このための作業の目的を養生の目的というようにとらえると、次のようになる。

① 湿潤状態を保つ。

② 温度を制御する。

③ 有害な外力に対し保護する。

(2) 湿潤養生の方法

湿潤養生は、水和に必要な水分の供給をし、表面のひび割れ（プラスチック収縮ひび割れ）を防止する。その養生方法は次のようである。

① 打込み終了後は直ちに覆いをして、風、直射日光による水分蒸発から守る。

② 湿潤養生の必要な日数は、表面を常に湿潤状態にするため、覆いをして散水をする。普通ポルトランドセメントは5日、早強ポルトランドセメントは3日、高炉セメント、フライアッシュセメントは各7日間とする。

③ せき板（型枠の側面の板）が乾燥すると、せき板に接するコンクリートが乾燥するので、せき板にも常時散水しておく。

④ 膜養生は散水養生が困難な場合や、長期にわたり湿潤養生したい場合などに用い、むらなく散布し、所要の性質をもつものとする。

❸ 型枠・支保工 ●●

(1) 型枠・支保工の設計荷重

① 鉛直荷重として、型枠、支保工、コンクリート、鉄筋、作業員、機器、仮設の各重量と衝撃を考える。コンクリートの単位容積質量は $2400kg/m^3$、鉄筋コンクリートでは $2550kg/m^3$ とする。

② 水平荷重として、型枠の傾斜、振動、風、地震等を考える。水平荷重は鉛直荷重の5%とする。

③ コンクリートのスランプ値、打込み速さ、打設温度による側圧を考える。

(2) 型枠の施工

① 型枠を締め付けるには、ボルトまたは棒鋼を用いることを標準とする。これらの締付け材は、型枠を取りはずしたあと、コンクリートの表面に残さない。

② せき板内面には、はく離剤を塗布する。

③ 型枠は、コンクリート打設前も打設中も、型枠の寸法のくるいの有無を管理する。

④ コンクリート表面に残った2.5cm以内のボルト・棒鋼等の締付け材は、穴をあけてこれを取り去り、穴には高品質のモルタルをつめる。

(3) 支保工の施工

① 支保工を安定させるため、埋戻し土は十分に転圧して不等沈下の生じないようにし、また、支保工の組立は安定性と強度を保つようにする。

② コンクリートの打込み前または打込み中に、支保工の移動、傾き、沈下、その他異常の有無などを管理し、必要に応じて危険を防止する。

(4) 型枠および支保工の取りはずし

① 型枠および支保工は、コンクリートがその自重および施工中に加わる荷重を受ける場合、現場養生で必要な強度に達するまでは取りはずしてはならない。

 1) 厚い鉛直部材（フーチングの側面等）$3.5N/mm^2$ 以上

 2) 構造部材側面（柱、壁、はりの側面等）$5N/mm^2$ 以上

 3) 橋・スラブの下面（スラブ、梁、アーチ）$14N/mm^2$ 以上

② 型枠および支保工の取りはずしの順序は、型枠の受ける力の小さいものからとする。このため、フーチング側面柱・壁などの側面、梁の側面、梁やスラブの下面というような順とする。鉛直部から水平部に取り外す。

3.2.6 特殊コンクリートの施工

❶ 寒中コンクリートの施工の留意点 ●●●●●●●●●●●●●●●●●●●●●●●●●●●●●●●●●●●

(1)寒中コンクリートの計画・配合・混合上の留意点

① 日平均気温4℃以下が予想されるとき、寒中コンクリートとして施工する。

② セメントは普通ポルトランドセメントを用い、早強ポルトランドセメントも効果的であるが、マスコンクリート以外混合セメント(高炉セメント、フライアッシュセメント)を用いない。

③ 氷雪の混入する骨材や、凍結している骨材は用いない。

④ コンクリート材料は加熱して混合してよいが、セメントは直接加熱してはならない。

⑤ 寒中コンクリートは、AE促進形コンクリートを原則とする。

⑥ 単位水量はできるだけ少なくする。

⑦ 加熱材料にセメントを混合するときには、ミキサ内を40℃以下とする。

⑧ 運搬中(1時間)に失われる温度は、コンクリートの温度と周囲の温度差との約15％が失われるので、現場到着温度にこの損失温度を加えたものを出荷時の温度とする。

(2)寒中コンクリートの運搬・打込み・養生・型枠・支保工の留意点

① コンクリートの運搬・打込みは、できるだけ速やかに手順よく行う。

② コンクリートの打込み温度は、薄い部材では最低10℃、厚い部材では5℃以上とする必要のあること、また初期凍害の防止と周囲との温度差をつくらないという点から、打込み温度を5℃～20℃の範囲とする。

③ コンクリート打込み前に、型枠、鉄筋に付着している氷雪を除去する。

④ 凍結した打継目は十分に溶かしてのちに、新コンクリートを打ち込む。

⑤ 打込み後、直ちに風よけのためシート類で覆い、水分の蒸発・凍結を防止する。

⑥ コンクリートは、圧縮強度(5N/mm²)が得られるまで、コンクリートを5℃以上に保ち、さらに2日間は0℃以上とする。

⑦ 保温養生または給熱養生の終了後、コンクリートの温度を急激に低下させてはならない。

❷ 暑中コンクリートの施工の留意点 ●●●●●●●●●●●●●●●●●●●●●●●●●●●●●●●●●●●

(1)暑中コンクリートの計画・配合・混合の留意点

① 30℃をこえると暑中の性状が著しいため、日平均25℃をこえるときは、暑中コンクリートの施工をする。

② 暑中コンクリートはAE減水剤の遅延形か、高性能AE減水剤を用いる。

③ 流動化剤を用いるときは、遅延形とする。

④ ワーカビリティが得られる範囲で、単位水量、単位セメント量を最小とする。

⑤ 暑中コンクリートは練り始めて、1.5時間以内に打ち終わる。

(2)暑中コンクリートの打込み・養生

① コンクリートの打込み前に、地盤、型枠、鉄筋などの直射日光により高温になっている部分に散水し、湿潤状態を保つ。

② コンクリートの打込み温度は35℃以下とする。

③ コンクリートは、練り混ぜから打ち終わるまで、1.5時間以内とする。

④ コールドジョイントの生じないよう連続打設し、コールドジョイントの生じたときは、打継目の施工をしなければならない。

⑤ コンクリート打設後、直ちに養生を開始し、直射日光、風を防ぎ、乾燥ひび割れを防止する。

⑥ コンクリートの硬化の前にひび割れが認められたら、再振動、締め固めしてタンピングを行い、ひび割れを除去する。

❸ マスコンクリートの施工の留意点 ●●

(1)マスコンクリートの計画・配合の留意点

① 広がりのあるスラブ等では厚さ80～100cm以上をマスコンクリートといい、橋梁の床版のように下端が拘束されている場合50cm以上の厚さのあるような部材は、マスコンクリートとして取り扱う。

② マスコンクリートの施工にあたっては、温度やひび割れに対する安全性を確保するよう施工計画書を作成する。

③ 施工においては、JISに定めるポルトランドセメントおよび混合セメントを用いるが、JIS以外の低熱セメント等は品質を確かめて用いる。

④ マスコンクリートでは、水和熱の低い中庸熱セメント、フライアッシュセメントB種、高炉セメントB種がJISに定められている。

⑤ AE剤、AE減水剤、高性能AE減水剤を適切に用いれば、単位水量、単位セメント量を最小となるよう減じることができる。

⑥ コンクリート硬化後の温度ひび割れを防止するため、打込み温度を低くして施工し、骨材は石灰石を用いることが望ましい。

(2)マスコンクリートの打込み・養生・型枠・ひび割れ誘発目地の留意点

① マスコンクリートの打込みに際し、打込み以前に、その区画の大きさ、リフト高、継目位置の確認を行う。

② コンクリートのブロック割は、新コンクリートが旧コンクリートに拘束されるので、温度差を少なくするため、打込み間隔があまり開き過ぎないようにする。

③ 打込み温度は、計画された打込み温度をこえてはならない。

④ コールドジョイントを防止するため、1区画内は連続打設する。

⑤ 外気温とコンクリート内部温度の温度差を少なくするため、保温養生として型枠外面に断熱材（スチロール、シート）で覆いを設ける。

⑥ 温度ひび割れ制御を計画どおりに行うため、コンクリートの温度との差が20℃以下の水によるパイプクーリングを行うことがある。

⑦ 型枠を取りはずしたのちも、急冷を防止するためシートで覆って保温する。

⑧ 温度ひび割れを制御するためのひび割れ誘発目地を設ける場合、目地間隔は4〜5mをめやすとするが、構造上の機能が損なわれない位置とする。

3.2.7 　　　　　鉄　筋　工

❶ 鉄筋の加工 ●●●

(1) 鉄筋は、原則として常温加工とし、加熱による加熱加工をしてはならない。

(2) フックは、半円形（180°）フック、鋭角（135°）フック、直角（90°）フックとする（図3・5）。

(3) 普通丸鋼は、必ず半円形フックを用いる。

(4) スターラップは異形鉄筋を用いる場合でも、直角または鋭角フックとする。

(5) 折曲げ鉄筋の曲げ内半径は、図3・6のように、鉄筋直径の5倍以上とする。

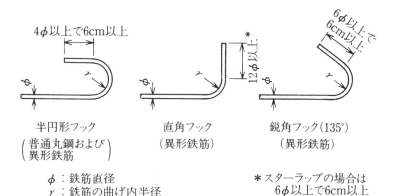

半円形フック
（普通丸鋼および異形鉄筋）

直角フック
（異形鉄筋）

鋭角フック（135°）
（異形鉄筋）

ϕ：鉄筋直径
r：鉄筋の曲げ内半径

＊スターラップの場合は
6ϕ以上で6cm以上

図3・5　鉄筋端部のフックの形状

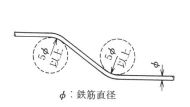

ϕ：鉄筋直径

図3・6　折曲げ鉄筋の曲げ内半径

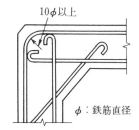

ϕ：鉄筋直径

図3・7　折ラーメン隅角部外側鉄筋の曲げ内半径

175

(6) ラーメン構造の隅角部の外側に沿う鉄筋の曲げ内半径は、図3・7のように、鉄筋直径の10倍以上とする。

(7) 鉄筋を加工するときは鉄筋の溶接箇所から鉄筋直径の**10倍以上離れた位置**とする。

❷ 鉄筋の組立 ●●

(1) 鉄筋の交点の要所は、直径0.8mm以上の焼きなまし鉄線または適切なクリップで緊結する。

(2) 鉄筋の正しい位置を確保するため組立用鋼材を使用する。

(3) 鉄筋の組立誤差は、かぶり、有効高は±5mm、折曲げ、定着、継手位置は±20mm程度とする。

(4) 鉄筋相互のあきは、次のようである。

　①梁における軸方向鉄筋のあき：水平あき2cm以上、粗骨材の最大寸法の4/3以上、鉄筋の直径以上。

　②柱における軸方向鉄筋のあき：軸方向鉄筋のあき4cm以上、粗骨材の最大寸法の4/3以上、鉄筋直径の1.5倍以上。

(5) 型枠に接するスペーサは、モルタル製あるいはコンクリート製として、強度は構造物以上とする。鋼製は腐食環境の厳しい所で用いない。また、プラスチック製は、強度の必要な所に用いない。

❸ 鉄筋の継手 ●●

(1) 鉄筋の継手位置は、設計図どおりとする。

(2) 鉄筋の継手位置が設計図に定められていないときは、次のように行う。

　①継手位置は、できるだけ応力の小さな位置とする。

　②継手位置を同一断面にそろえて配置してはならない。相互に、継手の長さに、鉄筋径の25倍以上ずらせる。

　③継手部の鉄筋相互の間隔は、粗骨材の最大寸法d以上と定められているが、できるだけあきをとるようにする。

(3) 鉄筋の重ね継手は、鉄筋径φとして所要の長さ20φ以上を重ね合わせ、0.8mm以上の焼なまし鉄線を用いて必要最小限の長さで緊結する。

❹ 圧接継手 ●●

圧接継手の施工の留意点は、次のとおりである。

(1) 圧接工(手動ガス圧接工技量資格検定試験合格者)は、有資格者であること。

(2) 鉄筋径が相互に5mm(又は7mm)以上異なるときは、圧接してはならない。

(3) 圧接面はグラインダで仕上げ、圧接面の隙間は2mm以下に仕上げ、面取りする。

(4) 軸心のくい違いは、細い鉄筋径の1/5以下とする。

(5)鉄筋の縮み代は、鉄筋径 d の 1 d 〜 1.5 d の長さを見込む。

(6)鉄筋の圧接部のふくらみの径は、鉄筋径 d の 1.4 倍以上とする。

(7)検査は、圧接部を超音波探傷検査または引張試験で管理する。

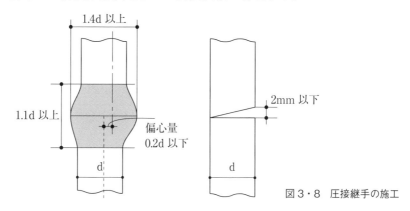

図 3・8　圧接継手の施工

3.2.8　コンクリートに関する用語のまとめ

　コンクリート標準示方書には、コンクリートの関する用語の定義が下記のようにまとめられている。試験問題で用語の説明を問われたときは、ここに書かれている内容から抜粋すると確実な解答を得ることができる。また、ここに書かれている内容はコンクリート工の基本となるものなので、その概要だけでも把握しておくことが望ましい。

用語	説明
コンクリート	セメント・水・細骨材・粗骨材および必要に応じて加える混和材料を構成材料とし、これらを練混ぜその他の方法によって混合または硬化させたもの。
フレッシュコンクリート	まだ固まらない状態にあるコンクリート。
レディーミクストコンクリート	整備されたコンクリート製造設備を持つ工場から、荷卸し地点における品質を指示して購入することができるフレッシュコンクリート。
細骨材	10mm網ふるいを全部通り、5mm網ふるいを質量で 85％ 以上通る骨材。
粗骨材	5mmふるいに質量で 85％ 以上留まる骨材。
混和材料	セメント・水・骨材以外の材料で、コンクリート等に特別の性質を与えるために、打込みを行う前までに、必要に応じて加える材料。
混和材	混和材料の中で、使用量が比較的多く、それ自体の容積がコンクリートの練上がり容積に算入されるもの。（使用量がセメント量の 5％ 以上であれば混和材として扱われる）
混和剤	混和材料の中で、使用量が少なく、それ自体の容積がコンクリートの練上がり容積に算入されないもの。（使用量がセメント量の 1％ 未満であれば混和剤として扱われる）

用語	説明
エントレインドエア	AE（Air Entrained）剤または空気連行作用のある混和剤を用いて、コンクリート中に連行させた独立した微細な空気泡。
エントラップトエア	混和材を用いないコンクリートに、その練混ぜ中に自然に取り込まれる空気泡。
AE コンクリート	AE 剤等を用いて微細な空気泡を含ませたコンクリート
流動化コンクリート	あらかじめ練り混ぜられたコンクリートに流動化剤を添加し、これを撹拌して流動性を増大させたコンクリート。
高流動コンクリート	フレッシュコンクリートの材料分離抵抗性を損なうことなく、流動性を著しく高めたコンクリート。一般にはスランプフローによる管理が必要になる。
ブリーディング	フレッシュコンクリートにおいて、固体材料の沈降または分離によって、練混ぜ水の一部が遊離して上昇する現象。
レイタンス	コンクリートの打込み後、ブリーディングに伴い、内部の微細な粒子が浮上し、コンクリート表面に形成される脆弱な物質の層。
コンシステンシー	フレッシュコンクリートの変形または流動に対する抵抗性。主として水量の多少によって左右される。
スランプ	フレッシュコンクリートの軟らかさの程度を示す指標のひとつ。スランプコーンを引き上げた直後に測った頂部からの下がりで表す。
ワーカビリティー	材料分離を生じることなく、運搬・打込み・締固め・仕上げ等の作業のしやすさ。
水セメント比	フレッシュコンクリートまたはフレッシュモルタルに含まれる、セメントペースト中の水とセメントの質量比。質量百分率で表されることが多い。
単位量	コンクリートまたはモルタル1m³を造るときに用いる各材料の使用量。単位セメント量・単位水量・単位粗骨材量・単位細骨材量・単位混和材量・単位混和剤量がある。単位セメント量は、単位結合材量または単位粉体量とも呼ばれる。
細骨材率	コンクリート中の全骨材量に対する細骨材量の絶対容積比を、百分率で表した値。
クリープ	応力を作用させた状態において、弾性ひずみおよび乾燥収縮ひずみを除いたひずみが時間とともに増大していく現象。
コールドジョイント	コンクリートを層状に打ち込む場合に、先に打ち込んだコンクリートと後から打ち込んだコンクリートとの間が、完全に一体化していない不連続面。

出典：2017 年制定『コンクリート標準示方書』【施工編】土木学会（抜粋・一部改変）

3.3 最新問題解説

令和5年度　コンクリート工　解答・解答例

必須問題 ●

令和5年度	問題5 コンクリート工	コンクリートに関する用語

コンクリートに関する下記の用語①〜④から2つ選び，その番号，その用語の説明について解答欄に記述しなさい。

① アルカリシリカ反応
② コールドジョイント
③ スランプ
④ ワーカビリティー

解答例

番号	用語	用語の説明
①	アルカリシリカ反応	アルカリとの反応性を持つ骨材が、セメント・その他のアルカリ分と長期にわたって反応し、コンクリートに膨張ひび割れ・ポップアウトを生じさせる現象。
②	コールドジョイント	コンクリートを層状に打ち込む場合に、先に打ち込んだコンクリートと後から打ち込んだコンクリートとの間が、完全に一体化していない不連続面。
③	スランプ	フレッシュコンクリートの軟らかさの程度を示す指標のひとつで、スランプコーンを引き上げた直後に測った頂部からの下がりで表す。
④	ワーカビリティー	材料分離を生じることなく、コンクリートの運搬・打込み・締固め・仕上げ等ができる作業のしやすさ。

以上から2つを選んで解答する。

考え方

1 コンクリート標準示方書に示されている用語の定義

　この問題で問われている4つの用語については、「コンクリート標準示方書」および「日本産業規格（JIS）」において、その定義が上記（　**解答例**　）のように明確に示されている（各説明文については読みやすさを考慮して一部改変）。したがって、これらの用語の定義を解答とすることが最も望ましい。ただし、解答欄にこの定義を一字一句間違えずに記載する必要はなく、その用語の説明がきちんとなされていれば正解となる。

2 アルカリシリカ反応の発生と対策

　アルカリシリカ反応（アルカリ骨材反応）とは、反応性シリカ鉱物などを含む粗骨材や細骨材が、コンクリート中に含まれるアルカリ性水溶液と反応し、骨材が異常膨張してコンクリートにひび割れやポップアウト（部分的な剥離）が生じる現象である。

　アルカリシリカ反応によるひび割れやポップアウトを防止するためには、コンクリート中のアルカリ総量を $3.0\,\mathrm{kg/m^3}$ 以下とするなどの対策を講じる必要がある。

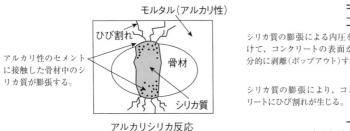

アルカリシリカ反応

アルカリシリカ反応によるひび割れとポップアウト

3 コールドジョイントの発生と対策

　コールドジョイントとは、コンクリートを2層に分けて打ち込んだときに、上下層のコンクリートが完全に一体化せず、下層のコンクリートと上層のコンクリートとの間（打継目）に、不連続面（接続面が一体化せずに打継目が不連続になった打継面）が生じる現象である。このコールドジョイントから水が浸透すると、鉄筋の錆や、構造物のひび割れ・漏水などの原因となる。

　コールドジョイントを防止するためには、上下層のコンクリートを一体化させるため、内部振動機を下層に10cm程度挿入して締め固めるなどの対策を講じる必要がある。

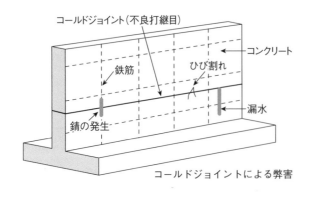

コールドジョイントによる弊害

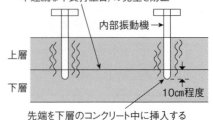

コールドジョイントの防止方法

4 コンクリートのスランプの測定

　スランプとは、フレッシュコンクリートの軟らかさの程度を示す指標のひとつである。コンクリートのスランプは、下図のようなスランプ試験において、スランプコーンを引き上げた直後の沈下量(スランプコーンの中心軸における沈下量)で表される。コンクリートのスランプは、そのコンクリートの運搬・打込み・締固めなどの作業に適する範囲内で、できるだけ小さくなるように設定する。

①スランプが大きすぎる(軟らかすぎる)と、コンクリートの品質(強度)が低下する。

②スランプが小さすぎる(硬すぎる)と、流動性が低下して作業ができなくなる。

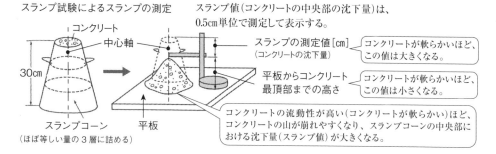

スランプ試験によるスランプの測定

スランプ値(コンクリートの中央部の沈下量)は、0.5cm単位で測定して表示する。

5 コンクリートのワーカビリティーの意義

　ワーカビリティーとは、コンクリートの施工性(施工しやすさ)を表す用語である。ワーカビリティーは、下記のフィニッシャビリティー・プラスティシティー・コンシステンシーの総合的な評価として表される。ワーカビリティーの良いコンクリートは、仕上げが容易で、粘性があり、適度の軟らかさがあるため、材料分離を生じさせずに施工することができる。

①フィニッシャビリティーとは、コンクリートの粗骨材の最大寸法によるコンクリート表面の「仕上げ性能」を表す用語である。

②プラスティシティーとは、コンクリートの材料分離に対する抵抗性と、コンクリートの「粘性」を表す用語である。

③コンシステンシーとは、コンクリートの変形に対する抵抗性(軟らかさ)と、コンクリートの「耐流動性」を表す用語である。

令和4年度　コンクリート工　解答・解答例

必須問題 ●

令和4年度	問題4　コンクリート工	コンクリートの養生

コンクリート養生の役割及び具体的な方法に関する次の文章の　[　　]　の(イ)〜(ホ)に当てはまる適切な語句を，下記の語句から選び解答欄に記入しなさい。

(1) 養生とは，仕上げを終えたコンクリートを十分に硬化させるために，適当な　[(イ)]　と湿度を与え，有害な　[(ロ)]　等から保護する作業のことである。

(2) 養生では，散水，湛水，　[(ハ)]　で覆う等して，コンクリートを湿潤状態に保つことが重要である。

(3) 日平均気温が　[(ニ)]　ほど，湿潤養生に必要な期間は長くなる。

(4) 　[(ホ)]　セメントを使用したコンクリートの湿潤養生期間は，普通ポルトランドセメントの場合よりも長くする必要がある。

[語句]

早強ポルトランド，	高い，	混合，	合成，	安全，
計画，	沸騰，	温度，	暑い，	低い，
湿布，	養分，	外力，	手順，	配合

考え方

　このような問題(空欄に当てはまる語句を選択する問題)を解くためには、問題文で示されている各語句について、その意味や施工における留意点を理解することが重要となる。また、空欄の前後にある文章を見て、候補となる語句(その空欄に当てはめることが文法的に不自然でない語句)をいくつか選出し、その中から最も適切なものを選択するための訓練が必要となる。

1 コンクリートの養生に必要な条件

　仕上げを終えたコンクリートを十分に硬化させるためには、水和反応(コンクリート中のセメントと水分との反応)を促進させる必要がある。この水和反応を促進させるためには、コンクリートに適当な**温度**と湿度を与えなければならない。

①コンクリートの温度が低すぎると、水和反応による圧縮強度の増加が遅くなる。

②コンクリートの温度が高すぎると、長期強度が低くなり、ひび割れなどが生じる。

③コンクリートの湿度が低すぎると、セメントと反応する水分が不足してひび割れる。

④コンクリートの湿度が高すぎることに、問題はない。(水分は十分に与える方がよい)

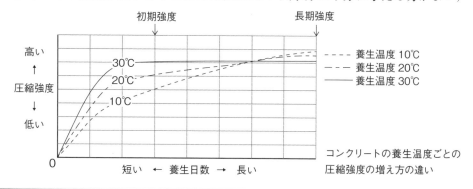

コンクリートの養生温度ごとの圧縮強度の増え方の違い

候補となる語句
○**温度**：コンクリートを硬化させるためには、ある程度の温度と湿度が必要である。
×**養分**：コンクリートは植物ではないので、硬化させるために養分を与える必要はない。
×**外力**：硬化中のコンクリートに、外から力を加えてはならない。(力が加わると破損する)
×**配合**：コンクリートの配合は、養生中に考慮することではなく、製造前に考慮することである。

2 コンクリートの養生の目的

　コンクリートの養生の目的は、仕上げを終えたコンクリートを十分に硬化させるために、コンクリートに適当な温度と湿度を与え、有害な**外力**から保護することである。硬化中のコンクリートは、非常に柔らかく脆弱であるため、外部からわずかでも力が加わると、簡単に破損してしまうからである。

候補となる語句
○**外力**：養生中のコンクリートに、外から力が加わらないようにする。(力が加わると破損する)
×**温度**：養生中の温度が高すぎたり低すぎたりするのは困るが、適当な温度は必要である。
×**手順**：養生中のコンクリートに害があるような施工手順は、最初から採ってはならない。
×**計画**：養生中のコンクリートに害があるような施工計画は、最初から立ててはならない。

3 コンクリートの養生の方法

　コンクリートの養生では、コンクリートを湿潤状態に保つため、次の方法が採られる。

① ホースなどから散水する。（一般的なコンクリートに適用される）

② 型枠内にあるコンクリートの天端に湛水する。（ダムコンクリートなどに適用される）

③ **湿布**（水を含ませた布やシートなどの材料）でコンクリートの天端を覆う。

④ 膜養生（養生剤をコンクリートの床版面に散布して膜を作ること）を行う。

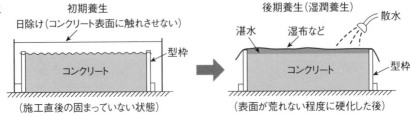

コンクリートの養生

初期養生
日除け（コンクリート表面に触れさせない）
型枠
コンクリート
（施工直後の固まっていない状態）

後期養生（湿潤養生）
散水
湛水　湿布など
型枠
コンクリート
（表面が荒れない程度に硬化した後）

　※コンクリートの露出面に対する散水や湿布による養生は、コンクリート表面を荒らさずに作業ができる程度に硬化した後に開始する。コンクリートの硬化前に、散水や湿布による養生を行うと、コンクリートの表面が荒れてしまうことがある。

候補となる語句
○**湿布**：コンクリートを湿潤状態に保つためには、「湿」「水」「膜」などの名が付いた材料を用いる。
×**養分**：コンクリートは植物ではないので、湿潤状態に保つために養分で覆う必要はない。
×**沸騰**：コンクリートを沸騰させてはならない。（コンクリートが蒸気圧で壊れてしまう）

4 コンクリートの養生期間と日平均気温との関係

　コンクリートは、水和反応（コンクリート中のセメントと水分との反応）によって硬化する。この水和反応は、コンクリート周辺の温度（日平均気温）が低いほど抑制されやすくなる。そのため、日平均気温が低いほど、コンクリートの硬化速度が遅くなる。

　コンクリートの湿潤養生は、コンクリートの水和反応が十分に進行し、コンクリートが十分に硬化するまで行えばよいとされている。したがって、日平均気温が**低い**（コンクリートの硬化が遅い）ほど、湿潤養生に必要な期間は長くなる。

候補となる語句
○**低い**：日平均気温が低いと、水和反応が抑制される（硬化しにくい）ため、湿潤養生期間は長くなる。
×**高い**：日平均気温が高いと、水和反応が活発になる（硬化しやすい）ため、湿潤養生期間は短くなる。
×**暑い**：土木工事の専門家であれば、「気温が暑い」「気温が寒い」などの口語的な表現はしない方がよい。

5 コンクリートの養生期間とセメントの種類との関係

　コンクリートに使用されるセメントとしては、普通ポルトランドセメント・早強ポルトランドセメント・混合セメントなどが挙げられる。

　このうち、混合セメントは、セメントの水和反応で生成された水酸化カルシウムが、セメント中の混合物に吸収された後に硬化を開始するため、水和反応による硬化に時間がかかる。したがって、**混合**セメントを使用したコンクリートの湿潤養生期間は、普通ポルトランドセメントを使用したコンクリートに比べて、長くする必要がある。

コンクリート工

<table>
<tr><th colspan="2">候補となる語句</th></tr>
<tr><td colspan="2">○混合：混合セメントは、水和反応による硬化が遅いため、湿潤養生期間は長くなる。</td></tr>
<tr><td colspan="2">×早強ポルトランド：このセメントは、水和反応による硬化が速いため、湿潤養生期間は短くなる。</td></tr>
<tr><td colspan="2">×合成：セメントの種類として、「合成セメント」という用語は存在しない。</td></tr>
<tr><td colspan="2">×安全：セメントの種類として、「安全セメント」という用語は存在しない。</td></tr>
</table>

コンクリートの養生期間に関する詳細

①コンクリートに用いるセメントの種類によって、コンクリートの硬化に必要な養生期間は変わってくる。セメントには、硬化の速い早強ポルトランドセメント、硬化速度が標準の普通ポルトランドセメント、硬化の遅い混合セメントB種（フライアッシュセメント・高炉セメントなど）がある。その養生日数は、セメントの種類と日平均気温に応じて、次のように定められている。

湿潤養生期間の標準

日平均気温 ＼ セメントの種類	早強ポルトランドセメント	普通ポルトランドセメント	混合セメントB種
15℃以上	3日	5日	7日
10℃以上	4日	7日	9日
5℃以上	5日	9日	12日

②コンクリートは、水とセメントの水和反応によって硬化するもので、この化学反応は温度が高いほど活発になり、温度が低下すると抑制されて硬化が遅くなる。日平均気温が低いほど養生日数が増加し、日平均気温が高いほど養生日数が減少するのは、これが理由である。

③セメントには、養生速度を速めて養生日数を低減させるために、三酸化硫黄などを普通ポルトランドセメントに加えた早強ポルトランドセメントや、普通ポルトランドセメントにフライアッシュ（石炭灰）やスラグ（鉄を取り出した鉄鉱石の粉末）などの混合物を加えて性質を改善した混合セメントがある。混合セメントは、混合物の添加割合が少ないA種、普通のB種、多いC種に区分されている。混合セメントは、普通ポルトランドセメントが硬化した後に反応するものがあるため、普通ポルトランドセメントよりも養生日数が多くなる。

解き方

(1) 養生とは、仕上げを終えたコンクリートを十分に硬化させるために、適当な**(イ)温度**と湿度を与え、有害な**(ロ)外力**等から保護する作業のことである。

(2) 養生では、散水、湛水、**(ハ)湿布**で覆う等して、コンクリートを湿潤状態に保つことが重要である。

(3) 日平均気温が**(ニ)低い**ほど、湿潤養生に必要な期間は長くなる。

(4) **(ホ)混合**セメントを使用したコンクリートの湿潤養生期間は、普通ポルトランドセメントの場合よりも長くする必要がある。

解答

(イ)	(ロ)	(ハ)	(ニ)	(ホ)
温度	外力	湿布	低い	混合

必須問題 🎌

令和3年度	問題2 コンクリート工	コンクリートの仕上げ・養生・打継目

フレッシュコンクリートの仕上げ，養生，打継目に関する次の文章の [　　] の(イ)〜(ホ)に当てはまる**適切な語句又は数値**を，次の語句又は数値から選び解答欄に記入しなさい。

(1) 仕上げ後，コンクリートが固まり始めるまでに，[(イ)] ひび割れが発生することがあるので，タンピング再仕上げを行い修復する。

(2) 養生では，散水，湛水，湿布で覆う等して，コンクリートを [(ロ)] 状態に保つことが必要である。

(3) 養生期間の標準は，使用するセメントの種類や養生期間中の環境温度等に応じて適切に定めなければならない。そのため，普通ポルトランドセメントでは日平均気温15℃以上で，[(ハ)] 日以上必要である。

(4) 打継目は，構造上の弱点になりやすく，[(ニ)] やひび割れの原因にもなりやすいため，その配置や処理に注意しなければならない。

(5) 旧コンクリートを打ち継ぐ際には，打継面の [(ホ)] や緩んだ骨材粒を完全に取り除き，十分に吸水させなければならない。

[語句又は数値]

漏水，	1，	出来形不足，	絶乾，	疲労，
飽和，	2，	ブリーディング，	沈下，	色むら，
湿潤，	5，	エントラップトエアー，	膨張，	レイタンス

考え方

このような問題（空欄に当てはまる語句を選択する問題）を解くためには、問題文で示されている各語句について、その意味や施工における留意点を理解することが重要となる。

1 沈下ひび割れの発生と修復

フレッシュコンクリートの仕上げ後、コンクリートが固まり始めるまでの間に、ブリーディング（骨材の沈降または分離によって過剰な練混ぜ水の一部が遊離して上昇する現象）が発生すると、その部分が沈み込もうとする。しかし、コンクリート中に鉄筋・骨材がある部分や型枠の周辺では、鉄筋・骨材・型枠がこの沈み込みを妨げて沈下量に差が生じるため、その部分が山型に盛り上がり、その山の頂部が左右に引っ張られてひび割れが生じる。このようなひび割れは、**沈下**ひび割れと呼ばれている。

フレッシュコンクリートの仕上げ後に、沈下ひび割れが発生した場合には、タンピングと再仕上げを行って修復しなければならない。タンピングとは、コンクリートの硬化前に、コンクリート表面を繰り返し叩いて締め固めることで、ひび割れを閉じる作業である。

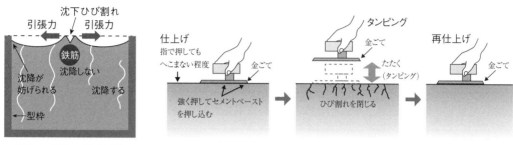

沈下ひび割れの発生原因　　　　　　　　　　　タンピングによるひび割れの修復

候補となる語句
○ **沈下**：コンクリートの硬化前に発生し、タンピングと再仕上げで修復できるのは、沈下ひび割れである。
✕ **疲労**：疲労ひび割れは、硬化後のコンクリートに、繰返し荷重がかかったときに生じるひび割れである。
✕ **膨張**：コンクリートは、乾燥して収縮するとひび割れるが、自身の膨張によってひび割れることはない。

２ コンクリートの湿潤養生

　コンクリートを硬化させるためには、水和反応(コンクリート中のセメントと水分の反応)を促進させる必要がある。そのため、打込み後のコンクリートは、**湿潤状態**に保つことが必要である。コンクリートを湿潤状態に保つことは、コンクリートの養生と呼ばれている。

　コンクリートを湿潤状態に保つためには、次のような方法で養生を行うことが望ましい。

①コンクリート表面に散水して水分を供給する。

②コンクリートの型枠内に湛水(水張り)する。

③湿布や養生マットでコンクリート表面を覆う。

候補となる語句
○ **湿潤**：湿潤状態とは、骨材の表面が水で覆われている状態をいう。養生では、この状態を保つ。
✕ **絶乾**：絶乾状態とは、骨材の内外に水分が全くない状態をいう。
✕ **飽和**：飽和状態とは、骨材の内部だけが水で満たされている状態(表面乾燥飽水状態)をいう。

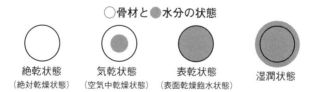

○骨材と●水分の状態

絶乾状態　　気乾状態　　表乾状態　　湿潤状態
(絶対乾燥状態)　(空気中乾燥状態)　(表面乾燥飽水状態)

3 コンクリートの養生期間

　コンクリートの湿潤養生期間は、そのコンクリートに使用されているセメントの種類と、養生期間中の環境温度（日平均気温）に応じて、下表のように定められている。したがって、普通ポルトランドセメントを使用したコンクリートを、日平均気温が15℃以上のときに施工するのであれば、そのコンクリートの湿潤養生期間は**5日**以上とする必要がある。

標準的な湿潤養生期間（湿潤養生の標準日数）

日平均気温　＼　セメントの種類	早強ポルトランドセメント	普通ポルトランドセメント	混合セメントB種
15℃以上	3日	5日	7日
10℃以上	4日	7日	9日
5℃以上	5日	9日	12日

※コンクリートの硬化は、外気温度が高いほど速く進行する。

候補となる数値
○5［日］：普通ポルトランドセメントでは日平均気温15℃以上で、5日以上の養生期間が必要である。
×1［日］：セメントの種類や日平均気温に関係なく、1日だけで養生を終わらせてはならない。
×2［日］：セメントの種類や日平均気温に関係なく、2日だけで養生を終わらせてはならない。

4 コンクリートの打継目

　コンクリートの打継目（既設コンクリートと新設コンクリートとの境界線）は、構造上の弱点になりやすく、**漏水**やひび割れの原因になりやすい。また、水の通り道になるため、構造強度の低下や、コンクリート内部にある鉄筋の錆の原因にもなる。

　コンクリートの打継目の施工の際には、次のような点に注意しなければならない。

①コンクリートの打継目は、できる限り一体化（密着）させておく。

②コンクリートの打継目は、できるだけせん断力の小さい位置に設ける。

③コンクリートの打継面は、原則として、部材にかかる圧縮力の作用方向と直交させる。

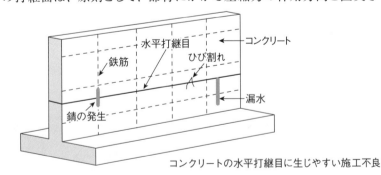

コンクリートの水平打継目に生じやすい施工不良

候補となる語句
○**漏水**：漏水（コンクリートを通して水が浸入する欠陥）の原因は、打継目が一体化していないことである。
×**出来形不足**：出来形不足（断面寸法が不足する欠陥）の原因は、不適切な施工管理などである。
×**色むら**：色むら（コンクリートの色調が不統一になる欠陥）の原因は、コンクリートの配合や環境である。

5 コンクリートの打継ぎにおける留意事項

　　既設コンクリートに新設コンクリートを打ち継ぐ場合には、打継面の**レイタンス**・緩んだ骨材粒・品質の悪いコンクリートなどを完全に取り除き、打継面を粗にして十分に吸水させなければならない。レイタンスとは、コンクリートの打込み後、ブリーディング(固体材料の沈降または分離によって練混ぜ水の一部が遊離して上昇する現象)に伴い、内部の微細な粒子が浮上し、コンクリート表面に形成される脆弱な物質の層である。

候補となる語句
○ **レイタンス**：コンクリートを打ち継ぐときは、この脆弱な物質の層を取り除かなければならない。
✕ **ブリーディング**：この現象は、レイタンスの発生原因になるが、「打継面から取り除く」ことはできない。
✕ **エントラップトエアー**：コンクリート施工中、自然に取り込まれる空気泡であり、取り除く必要はない。

解き方

(1) 仕上げ後、コンクリートが固まり始めるまでに、**(イ)沈下**ひび割れが発生することがあるので、タンピング再仕上げを行い修復する。

(2) 養生では、散水、湛水、湿布で覆う等して、コンクリートを**(ロ)湿潤**状態に保つことが必要である。

(3) 養生期間の標準は、使用するセメントの種類や養生期間中の環境温度等に応じて適切に定めなければならない。そのため、普通ポルトランドセメントでは日平均気温15℃以上で、**(ハ)5**日以上必要である。

(4) 打継目は、構造上の弱点になりやすく、**(ニ)漏水**やひび割れの原因にもなりやすいため、その配置や処理に注意しなければならない。

(5) 旧コンクリートを打ち継ぐ際には、打継面の**(ホ)レイタンス**や緩んだ骨材粒を完全に取り除き、十分に吸水させなければならない。

解答

(イ)	(ロ)	(ハ)	(ニ)	(ホ)
沈下	湿潤	5	漏水	レイタンス

令和3年度	問題5 コンクリート工	コンクリートの打込み・締固めの留意事項

コンクリート構造物の施工において，コンクリートの打込み時，又は締固め時に留意すべき事項を2つ，解答欄に記述しなさい。

考え方

1 コンクリートの打込み時に留意すべき事項

　コンクリート構造物の施工において、コンクリートの打込み時に留意すべき事項には、次のようなものがある。（主として過去の試験に出題された事項から抜粋）

① コンクリートを練り混ぜてから打ち終わるまでの時間は、次の通りとする。

・外気温が25℃を超えるときは、1.5時間以内とする。

・外気温が25℃以下のときは、2.0時間以内とする。

② コンクリートを打ち込むときは、打ち上がり面が水平となるように打ち込み、その1層あたりの打込み高さを40cm〜50cm以下とする。

③ コンクリートの打込み中に、表面に集まったブリーディング水は、適当な方法で取り除いてからコンクリートを打ち込む。

④ コンクリートを打ち込むときは、シュート・輸送管・バケットなどの吐出口から打込み面までの垂直距離を1.5m以下とする。

⑤ シュートによる打込みを行う場合には、原則として、コンクリートの材料分離を起こしにくい縦シュートを使用する。

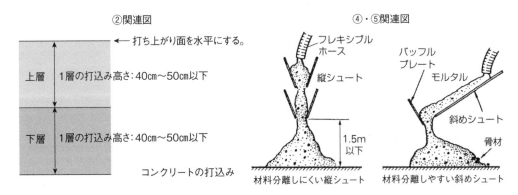

②関連図　　　　　④・⑤関連図

2 コンクリートの打重ね時に留意すべき事項

コンクリート構造物の施工において、コンクリートの打重ね時(打継ぎ時)に留意すべき事項には、次のようなものがある。コンクリートの打重ね(打継ぎ)は、コンクリートの打込みの一環なので、下記の事項を「打込み時に留意すべき事項」として解答してもよい。

① コンクリートの許容打重ね時間間隔(下層コンクリートを打ち終わってから上層コンクリートを打ち始めるまでの時間)は、次の通りとする。

・外気温が25℃を超えるときは、2.0時間以内とする。

・外気温が25℃以下のときは、2.5時間以内とする。

② 1回の打込み面積が広く、上記の許容打重ね時間間隔の確保が困難な場合は、階段状にコンクリートを打ち込む。

③ コンクリートの打上がり面に帯水が認められた場合は、型枠に接する面が洗われ、砂筋や脆弱層が形成されるおそれがあるので、スポンジやひしゃくなどで除去する。

④ 旧コンクリートに打ち継ぐ場合は、既に打ち込まれた旧コンクリートの表面のレイタンス等を完全に取り除き、旧コンクリート表面を粗にした後、十分に吸水させる。

⑤ スラブのコンクリートが、壁や柱のコンクリートと連続している場合は、壁・柱のコンクリートの沈下がほぼ終了してから、スラブのコンクリートを打ち込む。

②関連図　　①～⑧:打込みの順序(1箇所あたりの打込みにかかる時間:45分)

誤:この打ち方だと、上層と下層の打重ね時間間隔が3時間になってしまう。

上層	⑤	⑥	⑦	⑧
下層	①	②	③	④

正:この打ち方だと、上層と下層の打重ね時間間隔が1.5時間で済む。

上層	③	④	⑦	⑧
下層	①	②	⑤	⑥

⑤関連図

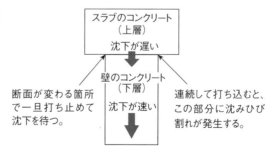

スラブのコンクリート
(上層)
沈下が遅い

壁のコンクリート
(下層)
沈下が速い

断面が変わる箇所で一旦打ち止めて沈下を待つ。

連続して打ち込むと、この部分に沈みひび割れが発生する。

3 **コンクリートの締固め時に留意すべき事項**

コンクリート構造物の施工において、コンクリートの締固め時に留意すべき事項には、次のようなものがある。(主として過去の試験に出題された事項から抜粋)

① コンクリートを締め固める際には、棒状バイブレータ(内部振動機)の挿入間隔を50cm以下とし、その挿入時間(1箇所あたりの振動時間)を5秒〜15秒程度とする。
　・挿入時間が短すぎると、十分な締固めができなくなってしまう。
　・挿入時間が長すぎると、コンクリートの材料分離が生じてしまう。

② コンクリートを打ち重ねる場合には、上層と下層が一体となるように、棒状バイブレータ(内部振動機)を下層のコンクリート中に10cm程度挿入する。

③ コンクリートの締固めに使用した棒状バイブレータ(内部振動機)は、コンクリートに穴を残さないように、鉛直方向にゆっくりと(徐々に)引き抜く。

④ コンクリートの締固めに使用する棒状バイブレータ(内部振動機)は、コンクリートの材料分離の原因となる横移動を目的として使用してはならない。

⑤ 締固め後のコンクリートに対して、空隙や余剰水を少なくするための再振動を行う場合には、コンクリートの締固めが可能な範囲のうち、できるだけ遅い時期に行う。
　・再振動の時期が早すぎると、コンクリート中に再び空隙や余剰水が生じてしまう。
　・再振動の時期が遅すぎると、硬化したコンクリートに損傷が生じてしまう。

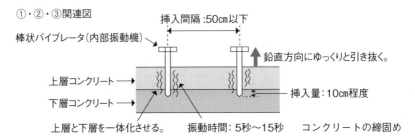

①・②・③関連図　　コンクリートの締固め

解答例

	コンクリートの打込み時に留意すべき事項
①	コンクリートを練り混ぜてから打ち終わるまでの時間は、外気温が25℃を超えるときは1.5時間以内、外気温が25℃以下のときは2.0時間以内とする。
②	スラブのコンクリートが、壁や柱のコンクリートと連続している場合は、壁・柱のコンクリートの沈下がほぼ終了してから、スラブのコンクリートを打ち込む。
	コンクリートの締固め時に留意すべき事項
①	棒状バイブレータの挿入間隔は50cm以下とし、1箇所あたりの挿入時間は5秒〜15秒程度とする。
②	コンクリートの締固めに使用した棒状バイブレータは、コンクリートに穴を残さないように、ゆっくりと引き抜く。

※打込み時の留意事項または締固め時の留意事項のどちらかを選んで解答する。

コンクリート工

必須問題 ●

| 令和２年度 | 問題4 コンクリート工 | コンクリートの打込み・締固め・養生 |

コンクリートの打込み，締固め，養生に関する次の文章の[　　　]の(イ)〜(ホ)にあてはまる適切な語句を，次の語句から選び解答欄に記入しなさい。

(1) コンクリートの打込中，表面に集まった[(イ)]水は，適当な方法で取り除いてからコンクリートを打ち込まなければならない。

(2) コンクリート締固め時に使用する棒状バイブレータは，材料分離の原因となる[(ロ)]移動を目的に使用してはならない。

(3) 打込み後のコンクリートは，その部位に応じた適切な養生方法により一定期間は十分な[(ハ)]状態に保たなければならない。

(4) [(ニ)]セメントを使用するコンクリートの[(ハ)]養生期間は，日平均気温15℃以上の場合，5日を標準とする。

(5) コンクリートは，十分に[(ホ)]が進むまで，[(ホ)]に必要な温度条件に保ち，低温，高温，急激な温度変化などによる有害な影響を受けないように管理しなければならない。

[語句]

硬化，	ブリーディング，	水中，	混合，	レイタンス，
乾燥，	普通ポルトランド，	落下，	中和化，	垂直，
軟化，	コールドジョイント，	湿潤，	横，	早強ポルトランド

考え方

　このような問題(空欄に当てはまる語句を選択する問題)を解くためには、問題文で示されている各語句について、その意味や施工における留意点を理解することが重要となる。

1 コンクリートの表面水

　コンクリート打設面に帯水(ブリーディング水)があると、砂筋や打設面の付近に、脆弱なレイタンス層(灰汁の層)が形成されてしまう。したがって、コンクリートの打込み中に、表面に集まった**ブリーディング水**は、スポンジや柄杓などで取り除いてから、コンクリートを打ち込まなければならなない。

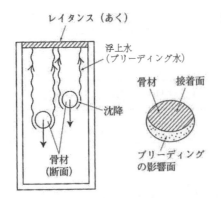

レイタンス（あく）　　　　　　　ブリーディングとレイタンス

浮上水
（ブリーディング水）

骨材　接着面

沈降

ブリーディング：コンクリートを型枠に打ち込んだ後、
重い骨材が沈降し、軽い水や遊離石灰が浮上する現象

ブリーディング
の影響面

レイタンス層は、このようなブリーディングによって形成
されることもある。

骨材
（断面）

候補となる語句
○ブリーディング：コンクリート打設後に、重い骨材が沈降し、軽い水などが浮上する現象である。
×レイタンス：ブリーディング水の残留により、コンクリート表面に形成された脆弱層である。
×コールドジョイント：コンクリートの上下層が一体化していない不連続な不良打継目である。

2 棒状バイブレータの取扱い

　コンクリートの締固めに使用する棒状バイブレータは、コンクリート中で**横**移動させると、その移動先にコンクリートのモルタル分だけが移動し、その移動元にコンクリートの粗骨材だけが取り残される現象(材料分離)が発生し、コンクリートの欠陥の原因となる。

1箇所あたりの加振(挿入)時間：5秒～15秒

50cm以下

内部振動機(バイブレータ)

横移動禁止！

水平面

内部振動機は鉛直方向に
挿入・引上げを行う

90°

上層
1層あたりの打込み高さ：40cm～50cm

せき板

下層
下層への挿入量：10cm程度

40cm～50cm

傾斜した型枠

コンクリートの締固めの留意点

候補となる語句
○横：棒状バイブレータは、材料分離を防止するため、コンクリート中で横移動させてはならない。
×落下：棒状バイブレータは、コンクリートに落下させてはならないが、「落下移動」という言葉はない。
×垂直：棒状バイブレータは、垂直にゆっくりとした速度でコンクリート中に挿入する。

3 コンクリートの養生方法

　型枠に打ち込んだコンクリートは、硬化する(強度を発現する)ために水分が必要なので、その部位(柱・梁・スラブ・基礎などの部位)に応じた適切な養生方法(シートをかけて直射日光や通風による水分の散逸を防ぐなどの方法)により、一定期間は十分な**湿潤**状態に保たなければならない。

候補となる語句
○湿潤：打込み後のコンクリートは、硬化に必要な水分を供給できるよう、湿潤状態に保つ。
×水中：水中養生は良い方法であるが、大規模な土木構造物を水に沈めるのは現実的でない。
×乾燥：打込み後のコンクリートは、硬化に必要な水分を供給できるよう、乾燥させないようにする。

4 コンクリートの養生期間

コンクリートの**湿潤**養生期間は、そのコンクリートに使用されているセメントの種類と、養生期間中の日平均気温に応じて、下表のように定められている。したがって、日平均気温が15℃以上の場合に、5日の湿潤養生期間を標準とするのは、**普通ポルトランドセメント**を使用したコンクリートである。

標準的な湿潤養生期間(湿潤養生の標準日数)

セメントの種類／日平均気温	早強ポルトランドセメント	普通ポルトランドセメント	混合セメントB種
15℃以上	3日	5日	7日
10℃以上	4日	7日	9日
5℃以上	5日	9日	12日

候補となる語句
○**普通ポルトランド**：このセメントは、最も一般的なコンクリートの材料である。
×**混合**：混合セメントは、混和材により性質を改善したセメントであるが、養生には長い時間がかかる。
×**早強ポルトランド**：このセメントは、早期に強度が発現するため、養生に必要な時間が短くて済む。

5 コンクリートの温度管理

打ち込んだコンクリートは、十分に**硬化**が進む(強度を発現する)までの間、**硬化**に必要な温度条件を保たなければならない。すなわち、硬化中のコンクリートが、低温・高温・急激な温度変化などによる有害な影響を受けないように管理しなければならない。特に、日平均気温が4℃以下の期間に施工される寒中コンクリートや、日平均気温が25℃を超える期間に施工される暑中コンクリートについては、その温度管理に注意が必要である。

候補となる語句
○**硬化**：打ち込んだコンクリートは、強度を発現させるため、硬化させなければならない。
×**軟化**：打ち込んだコンクリートは、強度を低下させてはならないので、軟化させてはならない。
×**中和化**：「コンクリートの中和化」という言葉はない。また、コンクリートを中性化させてはならない。

解き方

(1) コンクリートの打込み中、表面に集まった**(イ)ブリーディング**水は、適当な方法で取り除いてからコンクリートを打ち込まなければならない。

(2) コンクリート締固め時に使用する棒状バイブレータは、材料分離の原因となる**(ロ)横移動**を目的に使用してはならない。

(3) 打込み後のコンクリートは、その部位に応じた適切な養生方法により一定期間は十分な**(ハ)湿潤**状態に保たなければならない。

(4) **(ニ)普通ポルトランド**セメントを使用するコンクリートの**(ハ)湿潤**養生期間は、日平均気温15℃以上の場合、5日を標準とする。

(5) コンクリートは、十分に (ホ)硬化 が進むまで、(ホ)硬化 に必要な温度条件に保ち、低温、高温、急激な温度変化などによる有害な影響を受けないように管理しなければならない。

解　答

（イ）	（ロ）	（ハ）	（ニ）	（ホ）
ブリーディング	横	湿潤	普通ポルトランド	硬化

必須問題 ●

令和2年度	問題5 コンクリート工	コンクリートに関する用語の説明

コンクリートに関する次の用語から2つ選び，用語とその用語の説明についてそれぞれ解答欄に記述しなさい。

- コールドジョイント
- ワーカビリティー
- レイタンス
- かぶり

考え方

1 コンクリート標準示方書に示されている用語の定義

　　これらの用語については、「コンクリート標準示方書」において、その定義が下記のように示されている。したがって、これらの用語の定義を解答とすることが最も望ましい。ただし、解答欄にこの定義を一字一句間違えずに記載する必要はなく、その用語の説明がきちんとなされていれば正解となる。

	用語	用語の定義
①	コールドジョイント	コンクリートを層状に打ち込む場合に、先に打ち込んだコンクリートと後から打ち込んだコンクリートとの間が、完全に一体化していない不連続面。
②	ワーカビリティー	材料分離を生じることなく、運搬・打込み・締固め・仕上げ等の作業のしやすさ。
③	レイタンス	コンクリートの打込み後、ブリーディングに伴い、内部の微細な粒子が浮上し、コンクリート表面に形成されるぜい弱な物質の層。
④	かぶり	鋼材あるいはシースの表面からコンクリート表面までの最短距離で計測したコンクリートの厚さ。

2 各用語に関するより専門的な説明

①**コールドジョイント**：2層以上にしてコンクリートを打ち継ぐ場合に、上層と下層のコンクリートが一体化せず、上下層が不連続となった不良打継目である。このコールドジョイントから水が浸透すると、鉄筋の錆や、構造物のひび割れ・漏水などの原因となる。

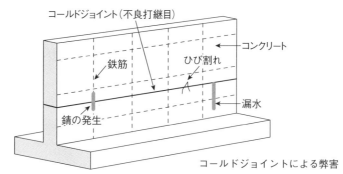

コールドジョイントによる弊害

②**ワーカビリティー**：コンクリートの施工性（施工しやすさ）を表す用語である。下記のフィニッシャビリティー・プラスティシティー・コンシステンシーの総合的な評価として表される。ワーカビリティーの良いコンクリートは、仕上げが容易で、粘性があり、適度の軟らかさがある。

1 フィニッシャビリティー：コンクリートの粗骨材の最大寸法によるコンクリート表面の「仕上げ性能」を表す用語である。粗骨材の最大寸法を適切に設定すると、この仕上げ性能は向上する。

2 プラスティシティー：コンクリートの材料分離に対する抵抗性と、コンクリートの「粘性」を表す用語である。スランプ試験終了後のコンクリートの山の側面を突き棒で叩き、その崩れ方から粘性の程度を目視で判断する。

3 コンシステンシー：コンクリートの変形に対する抵抗性（軟らかさ）と、コンクリートの「耐流動性」を表す用語である。コンクリートのワーカビリティーに関して、スランプ試験で数値として評価できる唯一の指標である。

③**レイタンス**：フレッシュコンクリートを型枠に打ち込むと、コンクリートの材料のうち、軽い水・セメントの灰汁・AE剤の泡などが、ブリーディング現象によってコンクリート表面に浮き出し、その水分が蒸発してコンクリート表面に沈着する。この沈着物をレイタンスという。レイタンスの層には強度がほとんどないため、レイタンスを残しておくとコンクリートの弱点となる。コンクリートを打ち継ぐときは、レイタンスを除去し、コンクリート面を粗にして十分に吸水させる必要がある。

④ **かぶり**：コンクリートのかぶりは、コンクリート中の鉄筋との付着力を確保すると共に、鉄筋の防錆性能および耐火性能を確保し、外周部の鉄筋を保護する目的で施工されるコンクリートの外皮層である。建築基準法施行令では、次のように定められている。

■ 鉄筋に対するコンクリートのかぶり厚さは、原則として、耐力壁以外の壁又は床にあっては2cm以上、耐力壁・柱又は梁にあっては3cm以上、直接土に接する壁・柱・床若しくは梁又は布基礎の立上り部分にあっては4cm以上、基礎(布基礎の立上り部分を除く)にあっては捨てコンクリートの部分を除いて6cm以上としなければならない。

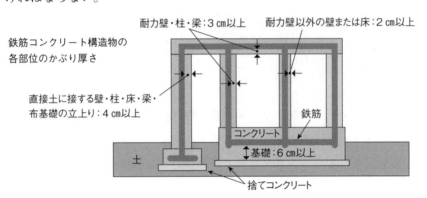

鉄筋コンクリート構造物の
各部位のかぶり厚さ

解答例

用語	用語の説明
コールドジョイント	コンクリートを層状に打ち込む場合に、先に打ち込んだコンクリートと後から打ち込んだコンクリートとの間が、完全に一体化していない不連続面。
ワーカビリティー	材料分離を生じることなく、運搬・打込み・締固め・仕上げ等ができる作業のしやすさ。
レイタンス	コンクリートの打込み後、ブリーディングに伴い、内部の微細な粒子が浮上し、コンクリート表面に形成される脆弱な物質の層。
かぶり	鋼材表面またはシース表面からコンクリート表面までの最短距離で計測したコンクリートの厚さ。

以上から2つを選んで解答する。

令和元年度　コンクリート工　解答・解答例

令和元年度	問題4 コンクリート工	型枠の施工

コンクリートの打込みにおける型枠の施工に関する次の文章の　　　　　の(イ)～(ホ)に当てはまる**適切な語句を、次の語句から選び解答欄に記入しなさい。**

(1) 型枠は、フレッシュコンクリートの　(イ)　に対して安全性を確保できるものでなければならない。また、せき板の継目はモルタルが　(ロ)　しない構造としなければならない。

(2) 型枠の施工にあたっては、所定の　(ハ)　内におさまるよう、加工及び組立てを行わなければならない。型枠が所定の間隔以上に開かないように、　(ニ)　やフォームタイなどの締付け金物を使用する。

(3) コンクリート標準示方書に示された、橋・建物などのスラブ及び梁の下面の型枠を取り外してもよい時期のコンクリートの　(ホ)　強度の参考値は $14.0\,\text{N/mm}^2$ である。

[語句]

スペーサ、	鉄筋、	圧縮、	引張り、	曲げ、
変色、	精度、	面積、	季節、	セパレータ、
側圧、	温度、	水分、	漏出、	硬化

考え方

このような問題(空欄に当てはまる語句を選択する問題)を解くためには、問題文で示されている[語句]について、その意味や施工における留意点を理解することが重要となる。

1 型枠の安全性

コンクリートの打込みに使用する型枠は、フレッシュコンクリートの**側圧**に対して、安全性を確保できるものでなければならない。

候補となる語句
側圧：フレッシュコンクリートの流動性により、型枠(せき板)に作用する圧力のことである。特に、下図のような条件のもとでは、型枠に作用する側圧が大きくなるので、コンクリートの打込みに際しては、十分な強度(安全性)を確保できる型枠を使用しなければならない。
変色：木製の型枠(せき板)に直射日光が当たると、木材の色素がコンクリートに付着し、コンクリートが変色することがある。
温度：コンクリートの温度が低すぎると、硬化反応が遅くなり、型枠に作用する側圧が大きくなる。
水分：コンクリートの単位水量が多すぎると、型枠に作用する側圧が大きくなる。

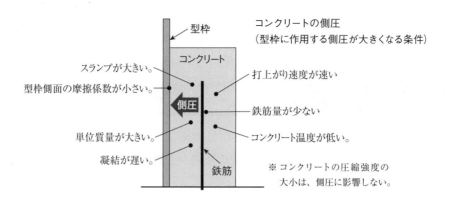

② せき板の継目

型枠(せき板)の継目は、モルタルが**漏出**しない構造としなければならない。

候補となる語句
漏出：型枠の建込み精度が悪く、その継目が閉じていないときに、型枠の接合面からモルタルが漏れ出すことをいう。型枠内のモルタル量が減少し、周辺を汚すことになるので、避けなければならない。 **硬化**：コンクリート中の水とセメントが反応し、コンクリート強度が発現することをいう。

③ 型枠の組立て

型枠は、所定の**精度**内に収まるように、加工および組立てを行わなければならない。

候補となる語句
精度：型枠の加工・組立ては、所定の精度内に収まるように行わなければならない。型枠の精度は、コンクリート構造物の精度(出来形)に直結するためである。 **面積**：型枠の加工・組立ては、フレッシュコンクリートの側圧に抵抗できるよう、支保工の間隔を短くして行わなければならない。 **季節**：型枠の加工・組立ては、どの季節に行ってもよい。ただし、冬季はコンクリートの温度が低くなり、型枠に作用する側圧が大きくなるので、支保工の施工には注意が必要になる。

④ 型枠の間隔保持

型枠が所定の間隔以上に開かないように、**セパレータ**やフォームタイなどの締付け金物を使用する。

候補となる語句
セパレータ：型枠(せき板)の間隔を保持するための部材である。両側にある型枠(せき板)を、ボルトで繋ぎ止めることにより、フレッシュコンクリートの側圧による型枠の開きすぎを防止している。 **スペーサ**：コンクリート構造物のかぶりを確保し、鉄筋の位置を正しく保持するためのものである。 **鉄筋**：鉄筋コンクリート構造物において、コンクリートを補強するための部材である。

コンクリートの打込みに使用する型枠　打ち込んだフレッシュコンクリートは流動性があるので、型枠(せき板)には側圧が作用する。

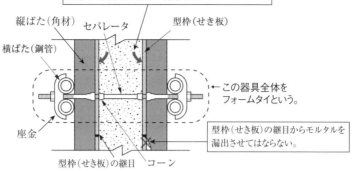

縦ばた(角材)　セパレータ　型枠(せき板)

横ばた(鋼管)

この器具全体をフォームタイという。

座金

型枠(せき板)の継目からモルタルを漏出させてはならない。

型枠(せき板)の継目　コーン

> **参考**　下図のような木製型枠では、型枠(せき板)に縦端太を添え、縦端太を横端太で押さえ、締付け金具(フォームタイ)で締め付けて型枠の位置を定めることになっている。

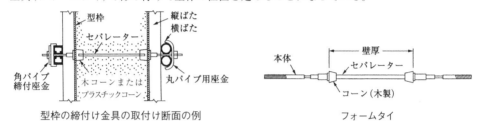

型枠

セパレーター

縦ばた
横ばた

角パイプ
締付座金

木コーンまたは
プラスチックコーン

丸パイプ用座金

型枠の締付け金具の取付け断面の例

壁厚

本体

セパレーター

コーン(木製)

フォームタイ

コンクリート工

5 コンクリートの圧縮強度

　　コンクリート標準示方書では、コンクリートの**圧縮**強度が 14.0N/mm^2 以上になれば、橋・建物などのスラブおよび梁の下面について、型枠を取り外してもよいと定められている。

候補となる語句
圧縮：コンクリートの強度は、圧縮強度で表される。型枠を取り外す時期は、コンクリートの圧縮強度によって定められる。圧縮強度が十分でないまま型枠を取り外すと、コンクリートが変形する。
引張り：コンクリートの引張強度は、圧縮強度の10分の1程度である。鉄筋コンクリート構造物では、圧縮には強いが引張には弱いコンクリートが圧縮力を負担し、引張には強いが圧縮には弱い鉄筋が引張力を負担する。そのため、コンクリートの引張強度は無視してよい。
曲げ：コンクリートの曲げ強度は、コンクリート舗装の床版などの強度計算において使われる指標である。

解き方

(1) 型枠は、フレッシュコンクリートの **(イ)側圧** に対して安全性を確保できるものでなければならない。また、せき板の継目はモルタルが **(ロ)漏出** しない構造としなければならない。

(2) 型枠の施工にあたっては、所定の **(ハ)精度** 内におさまるよう、加工及び組立てを行なわなければならない。型枠が所定の間隔以上に開かないように、**(ニ)セパレータ** やフォームタイなどの締付け金物を使用する。

(3) コンクリート標準示方書に示された、橋・建物などのスラブ及び梁の下面の型枠を取り外してもよい時期のコンクリートの **(ホ)圧縮** 強度の参考値は 14.0N/mm^2 である。

解 答

(イ)	(ロ)	(ハ)	(ニ)	(ホ)
側圧	漏出	精度	セパレータ	圧縮

必須問題 ●

コンクリートの施工に関する次の①～④の記述のいずれにも語句又は数値の誤りが文中に含まれている。①～④のうちから2つ選び、その番号をあげ、**誤っている語句又は数値と正しい語句又は数値**をそれぞれ解答欄に記述しなさい。

①コンクリートを打込む際のシュートや輸送管、バケットなどの吐出口と打込み面までの高さは2.0m以下が標準である。

②コンクリートを棒状バイブレータで締固める際の挿入間隔は、平均的な流動性及び粘性を有するコンクリートに対しては、一般に100cm以下にするとよい。

③打込んだコンクリートの仕上げ後、コンクリートが固まり始めるまでの間に発生したひび割れは、棒状バイブレータと再仕上げによって修復しなければならない。

④打込み後のコンクリートは、その部位に応じた適切な養生方法により一定期間は十分な乾燥状態に保たなければならない。

考え方

1 コンクリートの落下による材料分離の抑制

高い位置からコンクリートを自由落下させると、材料分離(コンクリートに含まれているモルタルと粗骨材が分離してコンクリートの均一性が失われる現象)が発生する。そのため、コンクリートを打ち込むときは、シュート・輸送管・バケットなどの吐出口から打込み面までの垂直距離を、**1.5m以下**としなければならない。

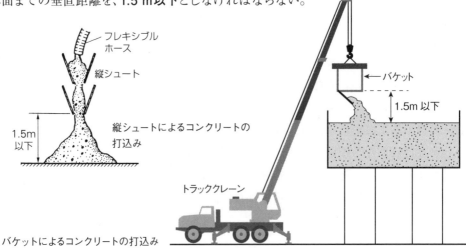

縦シュートによるコンクリートの打込み

バケットによるコンクリートの打込み

2 コンクリートの締固め間隔

コンクリートを棒状バイブレータ(内部振動機)で締め固める作業は、次のような点に留意して行わなければならない。これらの値を順守しないと、コンクリートを十分に締め固めることができなくなる。

① コンクリートの1層あたりの打込み高さは、40cm～50cm以下とする。

② 棒状バイブレータは、下層のコンクリートに10cm程度挿入する。

③ 棒状バイブレータの挿入間隔は、**50cm以下**とする。

④ 棒状バイブレータの挿入・引上げは、ゆっくりとした速度で、鉛直方向に行う。

※これらの値は、平均的な流動性および粘性を有するコンクリートを施工する場合に適用される。

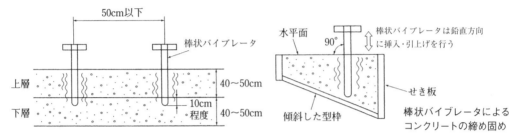

棒状バイブレータによるコンクリートの締め固め

3 コンクリートのひび割れの修復

打ち込んだコンクリートの仕上げ後、コンクリートが固まり始めるまでの間に、ひび割れが発生した場合には、**タンピング**と再仕上げによって修復しなければならない。棒状バイブレータは、コンクリートの締固めに使用する道具であり、仕上げが完了したコンクリートのひび割れを修復することはできない。

タンピングとは、コンクリートの硬化前に、コンクリート表面を繰り返し叩いて締め固めることで、ひび割れを閉じる作業である。

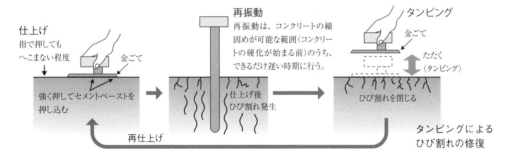

タンピングによるひび割れの修復

4 コンクリートの湿潤養生

　コンクリートを硬化させるためには、水和反応(コンクリート中のセメントと水分の反応)を促進させる必要がある。そのため、打込み後のコンクリートは、十分な**湿潤状態**に保たなければならない。コンクリートが乾燥していると、水和反応が十分に促進されないため、その表面にひび割れが発生する。

　コンクリートを湿潤状態に保つためには、次のような方法で養生を行うことが望ましい。
①コンクリート表面に、直射日光や風が当たらないようにする。
②布や養生マットでコンクリート表面を覆い、散水する。

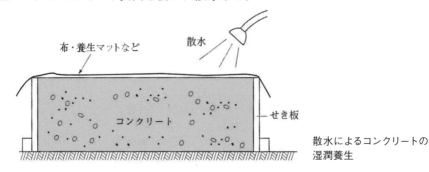

散水によるコンクリートの
湿潤養生

解き方

①コンクリートを打込む際のシュートや輸送管、バケットなどの吐出口と打込み面までの高さは**1.5m 以下**が標準である。

②コンクリートを棒状バイブレータで締固める際の挿入間隔は、平均的な流動性及び粘性を有するコンクリートに対しては、一般に**50cm以下**にするとよい。

③打込んだコンクリートの仕上げ後、コンクリートが固まり始めるまでの間に発生したひび割れは、**タンピング**と再仕上げによって修復しなければならない。

④打込み後のコンクリートは、その部位に応じた適切な養生方法により一定期間は十分な**湿潤状態**に保たなければならない。

解　答

番号	誤っている語句又は数値	正しい語句又は数値
①	2.0	1.5
②	100	50
③	棒状バイブレータ	タンピング
④	乾燥	湿潤

※以上のうち、2つを選択して解答する。

コンクリート工

204

平成30年度　コンクリート工　解答・解答例

必須問題 ●

平成30年度	問題4 コンクリート工	コンクリートの仕上げ・養生・打継目

　フレッシュコンクリートの仕上げ、養生及び硬化したコンクリートの打継目に関する次の文章の　□　の(イ)〜(ホ)に当てはまる**適切な語句**を、次の語句から選び解答欄に記入しなさい。

(1) 仕上げとは、打込み、締固めがなされたフレッシュコンクリートの表面を平滑に整える作業のことである。仕上げ後、ブリーディングなどが原因の　(イ)　ひび割れが発生することがある。

(2) 仕上げ後、コンクリートが固まり始めるまでに、ひび割れが発生した場合は、　(ロ)　や再仕上げを行う。

(3) 養生とは、打込み後一定期間、硬化に必要な適当な温度と湿度を与え、有害な外力などから保護する作業である。湿潤養生期間は、日平均気温が15℃以上では　(ハ)　で7日と、使用するセメントの種類や養生期間中の温度に応じた標準日数が定められている。

(4) 新コンクリートを打ち継ぐ際には、打継面の　(ニ)　や緩んだ骨材粒を完全に取り除き、十分に　(ホ)　させなければならない。

[語句]

水分、	普通ポルトランドセメント、	吸水、	乾燥収縮、
パイピング、	プラスチック収縮、	タンピング、	保温、
レイタンス、	混合セメント(B種)、	ポンピング、	乾燥、
沈下、	早強ポルトランドセメント、	エアー	

考え方

1 コンクリートのひび割れ

　フレッシュコンクリートの仕上げとは、打込み・締固めが終了した後、フレッシュコンクリートの表面を平滑に整える作業のことである。コンクリートの仕上げ後には、ブリーディングなどによる**沈下**ひび割れが発生することがある。

　ブリーディングとは、コンクリートを型枠に打ち込んだ後、重い骨材が沈降し、軽い水や遊離石灰(セメントの灰汁)がコンクリート表面に浮上する現象である。ブリーディングの発生が著しい場合、硬化後のコンクリートに水の通り道が残るため、雨水の凍結融解作用によるコンクリートの劣化が懸念される上、骨材とセメントとの付着面積の減少により圧縮強度が低下するので、コンクリートの施工においては、

ブリーディングを抑制するための対策が重要になる。

■2 コンクリートのひび割れの補修

フレッシュコンクリートの仕上げ後、コンクリートが固まり始めるまでの間に、ひび割れが発生した場合には、**タンピング**や再仕上げによる補修を行う。

タンピングとは、表面仕上げの前（コンクリートの硬化前）に、コンクリート表面を軽く繰り返し叩いて締め固める（ひび割れを閉じる）ことをいう。タンピングによる沈下ひび割れの補修を行うときは、コンクリートが凝結する直前（凝結を始める前のうち、できるだけ遅い時期）に、再振動とタンピングを行い、ひび割れを閉じることが望ましい。特に密実な表面を必要とするコンクリートでは、この時期に金ゴテで強い力を加えてコンクリート面を仕上げる。

■3 コンクリートの湿潤養生期間

コンクリートが所要の品質（強度・劣化に対する抵抗性・ひび割れ抵抗性・水密性・美観など）を確保するためには、セメントの水和反応を十分に進行させる必要がある。したがって、打込み後の一定期間は、コンクリートを十分な湿潤状態と適当な温度に保ち、有害な外力（振動・衝撃・荷重・海水など）の影響を受けないようにしなければならない。そのための作業を、コンクリートの養生という。

コンクリートの湿潤養生に必要な期間は、使用するセメントの種類や、養生期間中の日平均気温に応じて、下表のように定められている。

標準的な湿潤養生期間（湿潤養生の標準日数）

セメントの種類 日平均気温	早強ポルトランドセメント	普通ポルトランドセメント	混合セメントB種
15℃以上	3日	5日	7日
10℃以上	4日	7日	9日
5℃以上	5日	9日	12日

■4 コンクリートの打継面

既に打ち込んだコンクリートに、新たなコンクリートを打ち継ぐ場合には、既に打ち込まれたコンクリートの表面（打継面）の**レイタンス**・緩んだ骨材粒・品質の悪いコンクリートなどを完全に取り除き、コンクリートの表面（打継面）を粗にして十分に**吸水**させなければならない。

このようなコンクリートの鉛直方向の打継面は、原則として、部材にかかる圧縮力の作用方向と直交させなければならない。また、コンクリートの打継目は、梁の中央付近など、できるだけせん断力の小さい位置とすべきである。

解き方

1. 仕上げとは、打込み、締固めがなされたフレッシュコンクリートの表面を平滑に整える作業のことである。仕上げ後、ブリーディングなどが原因の**(イ)沈下**ひび割れが発生することがある。

(2) 仕上げ後、コンクリートが固まり始めるまでに、ひび割れが発生した場合は、**(ロ)タンピング**や再仕上げを行う。

(3) 養生とは、打込み後一定期間、硬化に必要な適当な温度と湿度を与え、有害な外力などから保護する作業である。湿潤養生期間は、日平均気温が15℃以上では**(ハ)混合セメント(B種)**で7日と、使用するセメントの種類や養生期間中の温度に応じた標準日数が定められている。

(4) 新コンクリートを打ち継ぐ際には、打継面の**(ニ)レイタンス**や緩んだ骨材粒を完全に取り除き、十分に**(ホ)吸水**させなければならない。

解答

(イ)	(ロ)	(ハ)	(ニ)	(ホ)
沈下	タンピング	混合セメント(B種)	レイタンス	吸水

参考

沈下ひび割れと乾燥収縮ひび割れの違いについて

コンクリートの仕上げ後にブリーディングが発生すると、コンクリートの表面に水が浮上し、その部分が沈み込む。しかし、コンクリート中に鉄筋・骨材がある部分や型枠の周辺では、鉄筋・骨材・型枠がこの沈み込みを妨げて沈下量に差が生じるため、その部分が山型に盛り上がり、その山の頂部が左右にぱっくりと開いてしまう。これが、沈下ひび割れである。

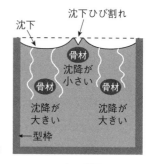

沈下ひび割れ
（ブリーディングが直接の原因である）

また、ブリーディングによって浮上した水が蒸発すると、コンクリートの表面が急激に乾燥し、その直後に蒸発した水の分だけコンクリートの体積が減少して収縮する。これが、乾燥収縮ひび割れである。

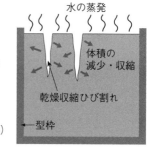

乾燥収縮ひび割れ
（ブリーディングが直接の原因ではない）

一見すると、仕上げ後にブリーディングなどを原因として発生するひび割れには、乾燥収縮ひび割れと沈下ひび割れの両方があるように思われる。しかし、コンクリート標準示方書には「ブリーディングとは、フレッシュコンクリートにおいて、固体材料の沈降または分離によって、練混ぜ水の一部が遊離して上昇する現象」と書かれているため、遊離して上昇した水が蒸発することは、ブリーディングとは直接の関係がない。したがって、(イ)の解答は「乾燥収縮」ではなく「沈下」であると考えられる。

| 平成30年度 | 問題5 | コンクリート工 | コンクリート用語の説明 |

　コンクリートに関する次の用語から2つ選び、**用語名とその用語の説明**についてそれぞれ解答欄に記述しなさい。
・ブリーディング
・コールドジョイント
・AE剤
・流動化剤

考え方

1 **コンクリート標準示方書に示されている用語の定義**

　問われている用語のうち、ブリーディングとコールドジョイントについては、「コンクリート標準示方書」において、その定義が下記のように示されている。ただし、解答欄にこの定義を一字一句間違えずに記載する必要は一切なく、その用語の説明がきちんとなされていれば得点となる。また、解答例に示されているように、この定義以外のことを書いてもよい。

①**ブリーディング**：フレッシュコンクリートにおいて、固体材料の沈降または分離によって、練混ぜ水の一部が遊離して上昇する現象。

②**コールドジョイント**：コンクリートを層状に打ち込む場合に、先に打ち込んだコンクリートと後から打ち込んだコンクリートとの間が、完全に一体化していない不連続面。

2 **コンクリートの混和材料**

　コンクリートの混和材料とは、セメント・水・骨材以外の材料で、コンクリートに特別の性質を与えるために、打込みを行う前までに目的に応じて加える材料のことをいう。AE剤と流動化剤は、コンクリートの混和材料のうち、使用量が少なく、それ自体の容積がコンクリートの練上がり容積に算入されない混和剤の一種である。

① **AE (Air Entraining) 剤**：コンクリート中に多数の微細な気泡（エントレインドエア）を均等に生じさせるために使用される混和剤（アニオン系界面活性剤）である。この気泡は、直径が0.025mm～0.25mmの独立気泡となり、ボールベアリングのような働きをする。AE剤を使用したAEコンクリートは、流動性が高まるのでワーカビリティー（施工しやすさ）が改善され、気泡によってブリーディングが抑制されるので耐久性・耐凍害性が向上する。しかし、気泡を多く入れすぎると、コンクリートの内部に空洞が生じ、強度が低下するので、AE剤の使用量は適切なものとしなければならない。

②**流動化剤**：AE コンクリートの流動性を更に高めるために使用される混和剤（界面活性剤）である。単位水量の減少や、ワーカビリティー（施工しやすさ）の向上を目的として使用される。なお、混和剤として流動化剤を使用すると、単位水量を変えずにワーカビリティーを改善できるが、スランプが短時間で低下するおそれがあるので注意が必要である。

解答例

用語	用語の説明
ブリーディング	コンクリートを型枠に打ち込んだ後、重い骨材が沈降し、軽い水や遊離石灰がコンクリート表面に浮上する現象。
コールドジョイント	上下層が一体化していない不連続な不良打継目。下層コンクリートが硬化してから上層コンクリートを打ち継ぐと発生する。
AE 剤	コンクリート中に気泡を連行することで、コンクリートを流動化させる混和剤。ワーカビリティーや耐凍害性の向上を目的として使用される。
流動化剤	コンクリートの単位水量を減少させることで、AE コンクリートを流動化させる混和剤。ワーカビリティーの向上を目的として使用される。

以上から2つを選んで解答する。

コンクリート工

平成29年度　コンクリート工　解答・解答例

必須問題 ●

平成29年度	問題4 コンクリート工	コンクリートの打継ぎの施工

　コンクリートの打継ぎの施工に関する次の文章の　　　　の(イ)～(ホ)に当てはま
る**適切な語句を、下記の語句から選び**解答欄に記入しなさい。

(1) 打継目は、構造上の弱点になりやすく、 (イ) やひび割れの原因にもなりやす
　　いため、その配置や処理に注意しなければならない。

(2) 打継目には、水平打継目と鉛直打継目とがある。いずれの場合にも、新コンク
　　リートを打ち継ぐ際には、打継面の (ロ) や緩んだ骨材粒を完全に取り除き、
　　コンクリート表面を (ハ) にした後、十分に (ニ) させる。

(3) 水密を要するコンクリート構造物の鉛直打継目では、 (ホ) を用いる。

[語句] ワーカビリティー、　乾燥、　　モルタル、　　密実、　　　　漏水、
　　　　コンシステンシー、平滑、　　吸水、　　　　はく離剤、　　粗、
　　　　レイタンス、　　　豆板、　　止水板、　　　セメント、　　給熱

考え方

1 コンクリートの打継目

　①コンクリートの打継目は、構造上の弱点や、**漏水**やひび割れの原因になりやすい。

　②コンクリートの打継目は、できるだけせん断力の小さい位置に設ける。

　③打継面は、原則として、部材にかかる圧縮力の作用方向と直交させる。

　④打継目の計画では、温度応力・乾燥収縮などによるひび割れの発生について考慮
　　しなければならない。

2 コンクリートの打継ぎにおける留意点

　①コンクリートを打ち継ぐ場合には、既に打ち込まれたコンクリートの表面(打継
　　面)の**レイタンス**・品質の悪いコンクリート・緩んだ骨材粒などを完全に取り除き、
　　コンクリートの表面(打継面)を**粗**にして十分に**吸水**させなければならない。

　②既に打ち込まれて硬化したコンクリートの打継面がある場合、ワイヤブラシなど
　　で表面を削るか、チッピング(既設コンクリート面を斫り取って凹凸のある面に
　　仕上げること)などの方法で、打継面を**粗**にして十分に**吸水**させた後、新しいコ
　　ンクリートを打ち継がなければならない。

　③コンクリートの打継ぎでは、打ち込んだコンクリートが打継面に行きわたり、打
　　継面と密着するような方法で、打込みおよび締固めを行わなければならない。

3 水平打継目と鉛直打継目

①コンクリートの打継目には、水平打継目と鉛直打継目とがある。

②美観が要求される場合、水平打継目の型枠に接する線は、できるだけ水平な直線にする。

③鉛直打継目の施工にあたっては、打継面の型枠を強固に支持しなければならない。

コンクリート工

参考

打継目からの漏水やひび割れの防止についての詳細

①コンクリートは、水分の蒸発によって収縮するため、長さが 10 m〜 20 m以上のコンクリートを連続して施工すると、必ずその数箇所に、収縮によるひび割れが生じる。そのため、コンクリートには計画的に打継目を設けて、乾燥収縮による影響を吸収させなければならない。打継目は、あらかじめ設計されたひび割れを吸収させるひび割れ誘発目地として設けられる。打継目は、構造的にせん断力の小さい梁の中央などに設けられ、柱の近くなどのせん断力の大きい箇所を避けるようにする。

②水平打継目は、旧コンクリート面上に、水平に打ち継ぐ目地であり、既設コンクリート面の清掃が要点となる。最初に、既設コンクリート面のレイタンスや緩んだ骨材粒を取り除く。その後、油やペンキなどの汚れをワイヤブラシで削り落とし、浮いた骨材などを除去して粗面とし、十分に吸水させてから新コンクリートを打ち継ぐ。

③鉛直打継目は、水平打継目と同様に、旧コンクリート面をワイヤブラシやサンドブラストなどでチッピングして粗面とし、十分に吸水させた後、セメントモルタルや浸潤面用エポキシ樹脂を塗布し、一体性を高めてから新コンクリートを打ち継ぐ。特に、鉛直打継目では、漏水を防止するため、打継目の周囲に漏水防止用のプラスチック製の止水板を設置しておくことが定められている。

鉛直打継目の止水板

4 各種のコンクリートの打継目

①水密性を要するコンクリートにおいては、所要の水密性が得られるよう、適切な間隔で打継目を設けなければならない。

②水密性を要するコンクリートの鉛直打継目では、原則として、**止水板**を用いる。

③外部の塩分による被害を受けるおそれのある海洋コンクリートや港湾コンクリートなどの施工では、できるだけ打継目を設けない方がよい。やむを得ず打継目を設けるときは、その打継目が構造物の耐久性に影響を及ぼさないよう、十分な配慮をしなければならない。

④逆打ちコンクリートの施工では、先に打たれている旧コンクリート(上層)に、新コンクリート(下層)を打ち継ぐので、新コンクリートのブリーディングや沈下を考慮し、打継目が一体となるよう、下図のような方法で施工しなければならない。

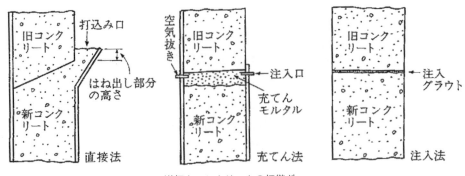

逆打ちコンクリートの打継ぎ

解き方

(1) 打継目は、構造上の弱点になりやすく、**(イ)漏水**やひび割れの原因にもなりやすいため、その配置や処理に注意しなければならない。

(2) 打継目には、水平打継目と鉛直打継目とがある。いずれの場合にも、新コンクリートを打ち継ぐ際には、打継面の**(ロ)レイタンス**や緩んだ骨材粒を完全に取り除き、コンクリート表面を**(ハ)粗**にした後、十分に**(ニ)吸水**させる。

(3) 水密を要するコンクリート構造物の鉛直打継目では、**(ホ)止水板**を用いる。

解　答

(イ)	(ロ)	(ハ)	(ニ)	(ホ)
漏水	レイタンス	粗	吸水	止水板

必須問題 ●

平成29年度	問題5 コンクリート工	コンクリート用語の説明

コンクリートに関する次の用語から**2つ選び、用語とその用語の説明**をそれぞれ解答欄に記述しなさい。

ただし、解答欄の記入例と同一内容は不可とする。

・エントレインドエア
・スランプ
・ブリーディング
・呼び強度
・コールドジョイント

考え方

◀ コンクリート標準示方書に示されている用語の定義

問われている用語のうち、エントレインドエア・スランプ・ブリーディング・コールドジョイントについては、「コンクリート標準示方書」において、その定義が下記

のように示されている。ただし、解答欄にこの定義を一字一句間違えずに記載する必要は一切なく、その用語の説明がきちんとなされていれば得点となる。また、解答例に示されているように、この定義以外のことを書いてもよい。

①**エントレインドエア**：AE剤または空気連行作用のある混和剤を用いてコンクリート中に連行させた独立した微細な空気泡。（エントレインドエアは、自然に混入する空気泡であるエントラップトエアと区別されている）

②**スランプ**：フレッシュコンクリートの軟らかさの程度を示す指標の一つで、スランプコーンを引き上げた直後に測った頂部からの下がりで表す。（頂部からの下がり＝スランプコーン中心線上の下がりである）

③**ブリーディング**：フレッシュコンクリートにおいて、固体材料の沈降または分離によって、練混ぜ水の一部が遊離して上昇する現象。

④**コールドジョイント**：コンクリートを層状に打ち込む場合に、先に打ち込んだコンクリートと後から打ち込んだコンクリートとの間が、完全に一体化していない不連続面。

2 呼び強度の定義

呼び強度とは、荷卸し地点でレディーミクストコンクリートを標準養生し、28日が経過した時点で発現するコンクリートの強度のことである。ここでいう標準養生とは、水温が20℃の水槽中に、レディーミクストコンクリートを静置することである。呼び強度は、JISに定められている品質の規定の強度を保証したものである。

解答例

用語	用語の説明
タンピング（記入例）	表面仕上げの前にコンクリート表面を軽く繰り返し叩いて締め固めること。
エントレインドエア	AE剤を用いてフレッシュコンクリート中に導入された空気泡。コンクリートの流動性・耐久性・耐凍害性などを向上させる。
スランプ	スランプ試験で求めたフレッシュコンクリートの沈下量。ワーカビリティーを数値で評価するものである。
ブリーディング	コンクリートを型枠に打ち込んだ後、重い骨材が沈降し、軽い水や遊離石灰がコンクリート表面に浮上する現象。
呼び強度	荷卸し地点におけるレディーミクストコンクリートの品質として保証された強度。
コールドジョイント	上下層が一体化していない不連続な不良打継目。下層コンクリートが硬化してから上層コンクリートを打ち継ぐと発生する。

以上から2つを選んで解答する。

平成28年度　コンクリート工　解答・解答例

必須問題 ●

平成28年度	問題4 コンクリート工	コンクリート用混和剤の種類・機能

　コンクリート用混和剤の種類と機能に関する次の文章の ____ の(イ)〜(ホ)に当てはまる**適切な語句**を、下記の語句から選び解答欄に記入しなさい。

(1) AE剤は、ワーカビリティー、 (イ) などを改善させるものである。

(2) 減水剤は、ワーカビリティーを向上させ、所要の単位水量及び (ロ) を減少させるものである。

(3) 高性能減水剤は、大きな減水効果が得られ、 (ハ) を著しく高めることが可能なものである。

(4) 高性能AE減水剤は、所要の単位水量を著しく減少させ、良好な (ニ) 保持性を有するものである。

(5) 鉄筋コンクリート用 (ホ) 剤は、塩化物イオンによる鉄筋の腐食を抑制させるものである。

[語句] 中性化、　　　単位セメント量、　　凍結、　　　　　空気量、

　　　　強度、　　　　コンクリート温度、　遅延、　　　　　スランプ、

　　　　粗骨材量、　　塩化物量、　　　　　防せい、　　　　ブリーディング、

　　　　細骨材率、　　耐凍害性、　　　　　アルカリシリカ反応

考え方

1 混和材料の定義

①混和材料とは、コンクリートの性能を改良するため、セメントに混合する材料である。その混合割合により、混和剤と混和材に分類される。

②混和剤とは、セメント量の1%未満を投入する混和材料である。混合割合が少ないので、コンクリートの配合計算において考慮する必要はない。

③混和材とは、セメント量の5%以上を投入する混和材料である。混合割合が多いので、コンクリートの配合計算において考慮する必要がある。

④混合セメントとは、普通ポルトランドセメントに、セメント量の5%以上の混和材を投入し、混合したセメントである。化学抵抗性が大きくなるため、ダム・海洋構造物などの水理構造物や、基礎・杭・トンネルなどの地下構造物を造るためのセメントとして用いられることが多い。

2 混和剤の種類

(1) コンクリートの性能を改良するために用いられる代表的な混和剤には、次のようなものがある。減水剤・AE 減水剤・高性能 AE 減水剤が、一般的な混和剤である。

　①減水剤

　②AE 剤

　③AE 減水剤（標準形・遅延形・促進形）

　④高性能 AE 減水剤（標準形・遅延形）

　⑤高性能減水剤

　⑥流動化剤（標準形・遅延形）

　⑦硬化促進剤

　⑧防錆剤

(2) 混和剤を使用するときの留意点は、次の通りである。

　①使用する混和剤は、JIS A 6204「コンクリート用化学混和剤」に適合したものを標準とする。

　②暑中コンクリートに減水剤・AE 減水剤・高性能 AE 減水剤を使用する場合は、標準形ではなく遅延形のものを使用することが望ましい。

　③コールドジョイントを防ぐために遅延形の混和剤を使用する場合は、使用方法などを十分に検討し、その添加量を適切に定めなければならない。

(3) 各種の混和剤の特徴は、次の通りである。

　① AE 剤を用いると、ワーカビリティーが改善され、**耐凍害性**が向上する。

　②減水剤を用いると、セメントが分散されるので、ワーカビリティーが改善され、単位水量・**単位セメント量**を少なくすることができる。

　③高性能減水剤を用いると、減水効果により単位水量が減じられるので、コンクリートの**強度**を大きく高めることができる。

　④高性能 AE 減水剤を用いると、暑中コンクリートにおいても、単位水量・単位セメント量を大幅に少なくすることができる。また、**スランプ**保持性が向上する。

　⑤鉄筋コンクリート用**防せい剤**は、海砂中の塩分（塩化物イオン）を原因とする鉄筋の腐食を抑制するための混和剤である。成形される皮膜の性質により、不動態皮膜形成防錆剤・沈殿皮膜形成防錆剤・吸着皮膜形成防錆剤に分類される。

解き方

(1) AE剤は、ワーカビリティー、**(イ)耐凍害性**などを改善させるものである。

(2) 減水剤は、ワーカビリティーを向上させ、所要の単位水量及び**(ロ)単位セメント量**を減少させるものである。

(3) 高性能減水剤は、大きな減水効果が得られ、**(ハ)強度**を著しく高めることが可能なものである。

(4) 高性能AE減水剤は、所要の単位水量を著しく減少させ、良好な**(ニ)スランプ**保持性を有するものである。

(5) 鉄筋コンクリート用**(ホ)防せい**剤は、塩化物イオンによる鉄筋の腐食を抑制させるものである。

解 答

(イ)	(ロ)	(ハ)	(ニ)	(ホ)
耐凍害性	単位セメント量	強度	スランプ	防せい

必須問題 ●

平成28年度	問題5 コンクリート工	鉄筋工・型枠工における確認事項

　鉄筋コンクリート構造物の施工管理に関して、コンクリート打込み前に、鉄筋工及び型枠において現場作業で**確認すべき事項**をそれぞれ**1つずつ**解答欄に記述しなさい。ただし、解答欄の記入例と同一内容は不可とする。

考え方

1 鉄筋コンクリート構造物の施工では、コンクリート打込み前に、鉄筋工および型枠工において、下表の項目に関する検査を行い、施工が適切かどうかを確認する必要がある。

鉄筋の加工に関する検査

対象	項目	試験・検査方法	時期・回数	判定基準
鉄筋	種類・径・数量	製造会社の試験成績表による確認、目視、径の測定	加工後	設計図書通りであること
	加工寸法	スケールなどによる測定		所定の許容誤差以内であること
	固定方法	目視	組立後および組立後長時間が経過したとき	コンクリートの打込みに際し、変形・移動のおそれがないこと
スペーサー	種類・配置・数量			床版・梁などでは1m²あたり4個以上、柱では1m²あたり2個以上

鉄筋の組立に関する検査

対象	項目	試験・検査方法	時期・回数	判定基準
組み立てた鉄筋の配置	継手・定着の位置・長さ	スケールなどによる測定、目視	組立後および組立後長時間が経過したとき	設計図書通りであること
	かぶり			耐久性照査時に設定したかぶり以上であること
	有効高さ			許容誤差（設計寸法の±3%または±30㎜のうち小さい方の値）以内であること（標準）
	中心間隔			許容誤差（±20㎜）以内であること（標準）

鉄筋の継手に関する検査

対象	項目	試験・検査方法	時期・回数	判定基準
重ね継手	位置	目視、スケールによる測定	組立後	設計図書通りであること
	継手長さ			
ガス圧接継手	位置	目視、必要であればスケール・ノギスなどによる測定	全数検査	設計図書通りであること
	外観検査			日本圧接協会「鉄筋のガス圧接工事標準仕様書」の規定と、鉄筋定着・継手指針に適合すること
	超音波探傷検査	JIS Z 3062 の方法	抜取検査	

型枠・支保工に関する検査

対象	項目	試験・検査方法	時期・回数	判定基準
型枠	材料	目視	型枠の組立前	指定した品質・寸法であること
	形状寸法・位置	スケールによる測定	コンクリートの打込み前および打込み中	コンクリート硬化後、コンクリート部材の表面状態・位置・形状寸法が適切であること
	最外側鉄筋との空き			耐久性照査時に設定したかぶり以上であること
支保工	材料	目視	支保工の組立前	指定した品質・寸法であること
	配置	目視、スケールによる測定	支保工の組立後	コンクリート硬化後、コンクリート部材の表面状態・位置・形状寸法が適切であること
締付け材	種類・材質・形状寸法	目視	型枠・支保工の組立前	指定した品質・寸法であること
	位置・数量	目視、スケールによる測定	コンクリートの打込み前	コンクリート硬化後、コンクリート部材の表面状態・位置・形状寸法が適切であること

解き方

　鉄筋工の現場作業で確認すべき事項は、鉄筋の加工に関する検査・鉄筋の組立に関する検査・鉄筋の継手に関する検査から、ひとつを採り上げて記述する。型枠において現場作業で確認すべき事項は、型枠・支保工に関する検査から、ひとつを採り上げて記述する。

解答例

	確認すべき事項
記入例	鉄筋は型枠の中の所定の位置に配置して堅固に組み立てられていること。
鉄筋工	設計図と照らし合わせながら鉄筋径などを測定し、鉄筋の種類・径・数量が、設計図書の通りであることを確認する。
型枠	型枠締付け材の種類・材料・形状寸法が、指定されたものであることを、目視により確認する。

平成27年度　コンクリート工　解答・解答例

必須問題 ●

平成 27 年度	問題4 コンクリート工	鉄筋の加工・組立て

　コンクリート工事において、鉄筋を加工し、組み立てる場合の留意事項に関する次の文章の　　　　の（イ）～（ホ）に当てはまる**適切な語句又は数値を、下記の語句又は数値から選び解答欄に記入しなさい。**

(1) 鉄筋は、組み立てる前に清掃し、どろ、浮きさび等、鉄筋とコンクリートとの　(イ)　を害するおそれのあるものを取り除かなければならない。

(2) 鉄筋は、正しい位置に配置し、コンクリートを打ち込むときに動かないように堅固に組み立てなければならない。鉄筋の交点の要所は、直径　(ロ)　mm以上の焼なまし鉄線又は適切なクリップで緊結しなければならない。使用した焼なまし鉄線又はクリップは、　(ハ)　内に残してはならない。

(3) 鉄筋の　(ハ)　を正しく保つためにスペーサを必要な間隔に配置しなければならない。鉄筋は、材質を害しない方法で、　(ニ)　で加工することを原則とする。コンクリートを打ち込む前に鉄筋や型枠の配置や清掃状態などを確認するとともに、型枠をはがしやすくするために型枠表面に　(ホ)　剤を塗っておく。

[語句又は数値] 0.6、　　　常温、　　　圧縮、　　　はく離、　　　0.8、　　　付着、
　　　　　　　　有効高さ、　0.4、　　　スランプ、　遅延、　　　加熱、　　　硬化、
　　　　　　　　冷間、　　　引張、　　　かぶり

考え方

(1) 鉄筋の加工

鉄筋の曲げ加工は、原則として、**常温**加工とする。

(2) 鉄筋の組立て前の処理

加工後の鉄筋は、組立て・配筋までに時間がかかるため、汚れが付着する。鉄筋とコンクリートとが**付着**しやすくなるよう、組立て前に鉄筋を清掃し、その汚れや錆などを落とす。

(3) 鉄筋の組立てにおける留意事項

①鉄筋を堅固に組み立てるため、設計図に示されていなかったとしても、必要に応じて組立用鉄筋を使用する。

②鉄筋の交点の要所は、直径 **0.8**㎜以上の焼なまし鉄線またはクリップを用いて緊結する。点溶接を用いてはならない。

③鉄筋のかぶりを確保するため、焼なまし鉄線やクリップが、型枠内で**かぶり**の範囲に入らないようにする。

④型枠と鉄筋との間に、コンクリート製またはモルタル製のスペーサを設置し、所要のかぶり厚さを確保する。

⑤所要のかぶり厚さを確保するためのスペーサは、はり・床板等で $1m^2$ につき 4 箇所程度を目安として、間隔50㎝の千鳥で設置する。

⑥コンクリートの表面を保護するため、型枠の表面(内面)に**はく離剤**を塗布する。

解き方

(1) 鉄筋は、組み立てる前に清掃し、どろ、浮きさび等、鉄筋とコンクリートとの**(イ)付着**を害するおそれのあるものを取り除かなければならない。

(2) 鉄筋は、正しい位置に配置し、コンクリートを打ち込むときに動かないように堅固に組み立てなければならない。鉄筋の交点の要所は、直径**(ロ)0.8**㎜以上の焼なまし鉄線又は適切なクリップで緊結しなければならない。使用した焼なまし鉄線又はクリップは、**(ハ)かぶり**内に残してはならない。

(3) 鉄筋の**(ハ)かぶり**を正しく保つためにスペーサを必要な間隔に配置しなければならない。鉄筋は、材質を害しない方法で、**(ニ)常温**で加工することを原則とする。コンクリートを打ち込む前に鉄筋や型枠の配置や清掃状態などを確認するとともに、型枠をはがしやすくするために型枠表面に**(ホ)はく離剤**を塗っておく。

解 答

(イ)	(ロ)	(ハ)	(ニ)	(ホ)
付着	0.8	かぶり	常温	はく離

| 平成 27 年度 | 問題 5 | コンクリート工 | コンクリートの養生 |

　コンクリートの養生は、コンクリート打込み後の一定期間実施するが、**養生の役割又は具体的な方法を 2 つ**解答欄に記述しなさい。

考え方

(1) 養生の役割

　　コンクリートは、水和作用により水とセメントが接着剤となり、骨材を相互に接合して一体化させることで硬化する。コンクリートの養生とは、硬化に必要な水和作用を促進するために、十分な温度と湿度を確保することをいう。

(2) 具体的な養生方法

　　①普通コンクリートの養生：養生期間中は、常に散水による湿潤養生を行う。

　　②暑中コンクリートの養生：直射日光を遮り、常に散水による湿潤養生を行う。

　　③寒中コンクリートの養生：風を遮断し、常に散水による湿潤養生を行う。また、必要に応じて給熱養生を行う。

　　④マスコンクリートの養生：型枠の外部に発泡スチロールなどの断熱材を取り付け、保温養生を行う。マスコンクリートのような大型のコンクリートでは、その中心部と表面との温度差を小さくするため、パイプクーリング等を行う必要がある。

(3) 初期養生と後期養生

　　①初期養生：コンクリート打設直後から散水養生等が可能になるまでの間に行う養生のこと。

　　②後期養生：初期養生終了後、コンクリートを養生マットや布で覆って行う散水養生や、コンクリート表面に水をためて行う湛水養生のこと。

　　③養生効果：養生効果は、後期養生の方が初期養生よりも大きいので、できるだけ早期に後期養生を行う。

解答例

養生の役割又は具体的な方法
① コンクリート養生の役割は、水和作用による硬化を促進することである。
② コンクリート養生の方法として、初期養生終了後、直ちに散水による湿潤養生を行う。

| 平成26年度 | 問題3 | 設問1 | コンクリート工 | コンクリートの打継目 |

　コンクリートの打継目に関する次の文章の［　　　］に当てはまる**適切な語句を下記の語句から選び、解答欄に記入しなさい。**

(1) 打継目は、できるだけ ［(イ)］ の小さい位置に設け、打継面を部材の圧縮力の作用方向と直交させるのを原則とする。

(2) 水平打継目については、既に打ち込まれたコンクリートの表面の ［(ロ)］ や品質の悪いコンクリート、緩んだ骨材などを完全に取り除く。

(3) 鉛直打継目については、既に打ち込まれ硬化したコンクリートの打継面をワイヤブラシで削るか ［(ハ)］ などにより粗にして十分吸水させた後、新しくコンクリートを打ち継がなければならない。

(4) 打ち込んだコンクリートが打継面に行きわたり、打継面と密着するように打込み及び ［(ニ)］ を行わなければならない。

(5) 水密を要するコンクリート構造物の鉛直打継目では ［(ホ)］ を用いるのを原則とする。

　[語句]　養生、　　　　クラッキング、　　止水板、　　　　引張力、
　　　　　レイタンス、　金網、　　　　　　せん断力、　　　コンシステンシー、
　　　　　締固め、　　　曲げの力、　　　　チッピング、　　スランプ、
　　　　　仕上げ、　　　コールドジョイント、接着

※クラッキング：コンクリートのひび割れのこと。

考え方

(1) コンクリートの打継目の位置・方向

　①打継目の位置は、できる限り、せん断力が小さい梁の中央付近とする。打継目の方向は、部材の圧縮力に対して直角の方向（鉄筋があるなら鉄筋に対して直角の方向）とする。

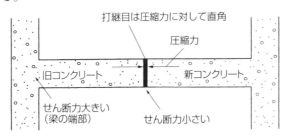

(2) **コンクリートの水平打継目の施工における留意点**

①旧コンクリート表面にあるレイタンスをワイヤブラシで削り取り、品質が悪いコンクリートや緩んだ骨材をチッピングで取り除く。

②レイタンスを除去・洗浄して十分に吸水させ、型枠を十分に締め付ける。

③必要であれば、厚さ1.5cm程度のモルタルを敷き、打ち込んだコンクリートが打継面に密着するよう締め固める。

用語 チッピング：コンクリート表面などを斫り取り、粗面にすること

(3) **コンクリートの鉛直打継目の施工における留意点**

①旧コンクリート表面にあるレイタンスを、ワイヤブラシで削り取るかチッピングし、コンクリート表面を粗面として十分に吸水させ、型枠を十分に締め付ける。

②打継目にモルタルやエポキシ樹脂を塗布し、打ち込んだコンクリートが打継面に密着するよう締め固める。

③打継面のコンクリートが硬化する直前に再振動締固めを行い、コンクリート表面を金ゴテなどで十分に押さえ、タンピングする。

用語 タンピング：コンクリート表面のひび割れを閉じるため、コテ等で叩くこと

(4) **水密を要するコンクリートの打継面の施工における留意点**

①水槽などの鉛直打継目には、漏水を防止するため、原則として、止水板を用いる。

解き方

(1) 打継目は、できるだけ **(イ)せん断力** の小さい位置に設け、打継面を部材の圧縮力の作用方向と直交させるのを原則とする。

(2) 水平打継目については、既に打ち込まれたコンクリートの表面の **(ロ)レイタンス** や品質の悪いコンクリート、緩んだ骨材などを完全に取り除く。

(3) 鉛直打継目については、既に打ち込まれ硬化したコンクリートの打継面をワイヤブラシで削るか **(ハ)チッピング** などにより粗にして十分吸水させた後、新しくコンクリートを打ち継がなければならない。

(4) 打ち込んだコンクリートが打継面に行きわたり、打継面と密着するように打込み及び **(ニ)締固め** を行わなければならない。

(5) 水密を要するコンクリート構造物の鉛直打継目では **(ホ)止水板** を用いるのを原則とする。

解　答

(イ)	(ロ)	(ハ)	(ニ)	(ホ)
せん断力	レイタンス	チッピング	締固め	止水板

| 平成 26 年度 | 問題3 | 設問2 | コンクリート工 | コンクリート用語の説明 |

コンクリートに関する**次の用語から2つ選び**、その用語の説明をそれぞれ解答欄に記述しなさい。

① スペーサ
② AE 剤
③ ワーカビリティー
④ ブリーディング
⑤ タンピング

考え方

(1) スペーサ

スペーサは、コンクリートの打込みで位置がずれないよう、鉄筋の配置を正しく確保するための部品のひとつである。スペーサを施工するときの留意点は、下記の通りである。

　①スペーサの圧縮強度は、躯体コンクリート(打込みコンクリート)の強度以上とする。

　②スペーサの配置は、コンクリートの圧力により鉄筋が変形しないよう、密にする。

　③スペーサの寸法は、かぶりを確保できる適正なものとする。

　④型枠に接するスペーサは、錆が生じないよう、モルタル製またはコンクリート製とする。

　⑤スラブなどに使用するスペーサの数は、1m^2 あたり4個程度とする。

　⑥ウェブや壁などに使用するスペーサの数は、1m^2 あたり2個～4個程度とする。

(2) AE 剤

AE 剤(Air Entraining Agent)は、コンクリート中に微細な気泡を導入する混和剤である。AE 剤を用いるときの留意点は、下記の通りである。

　①AE 剤の混和量は、セメント量の1%未満とする。

　②単位水量が少ないコンクリートに AE 剤を混合すると、ワーカビリティーが向上する。これは、ボールベアリングのような作用により、コンクリートが流動化するからである。

　③AE 剤によりコンクリートの空気量が1%上昇すると、コンクリートの圧縮強度は4%～6%低下する。そのため、AE 剤の使用量は、コンクリートの流動化に必要な最小限とする。

　④寒中コンクリート・暑中コンクリート・マスコンクリートなどの厳しい環境下で施工するコンクリートは、流動性を確保するため、必ず AE 剤を混合した AE コンクリートとする。

　⑤凍結・融解を繰り返すコンクリートに AE 剤を混合すると、コンクリートの凍害性を抑制して耐久性を大きく向上させることができる。

(3) ワーカビリティー

ワーカビリティーは、フレッシュコンクリートを材料分離させずに仕上げる際の容易さを示した値で、コンクリートの施工性の良さを表す指標である。

ワーカビリティーは、コンクリートのスランプ試験で求めたコンシステンシーの数値と、耐材料分離性を表すプラスティシティー等から判断される。プラスティシティーは、モルタルと粗骨材の分離を防ぐことのできるコンクリートの粘りの強さを表すもので、数値化できないので目視により判断される。

(4) ブリーディング

ブリーディングとは、型枠に打ち込んだフレッシュコンクリートに生じる材料分離のことである。この現象は、打込み後のフレッシュコンクリートにおいて、重力の作用により、重い粗骨材が沈降し、軽い水やセメントの灰汁が表面に浮き上がるために生じる。

ブリーディングにより表面に浮上した薄層は、レイタンスと呼ばれる。レイタンスは、強度を全く持たないので、打ち継ぐときに弱点となる。そのため、コンクリートを打ち継ぐときは、ワイヤブラシなどによりレイタンスを完全に除去しなければならない。

ブリーディングを抑制するためには、コンクリートの単位水量を少なくし、AEコンクリートとするなどの対策が有効である。

(5) タンピング

タンピングとは、施工したコンクリートの表面が硬化する直前に、金ゴテ等でひび割れを強く圧し、ひび割れを閉じてコンクリート表面を平滑にする作業のことである。タンピングを行うと、コンクリートの水密性を高めることができる。

特に、鉛直打継目の施工をするときは、必ずタンピングを行わなければならない。また、柱・壁・スラブ・梁が相互に連続する箇所は、ひび割れが生じやすいので、タンピングを行うべきである。

解答例

①	スペーサ	コンクリート構造物のかぶりや鉄筋の位置を正しく確保するための部品。
②	AE剤	フレッシュコンクリートに気泡を導入し、流動化を促す混和剤。
③	ワーカビリティー	フレッシュコンクリートを材料分離させずに施工できる容易さを表した指標。
④	ブリーディング	型枠内にあるフレッシュコンクリート中の骨材が沈降し、水が浮上する材料分離現象。
⑤	タンピング	フレッシュコンクリートの硬化直前に、コンクリート面のひび割れを閉じる作業。

①〜⑤のうち、2つを選択して解答する。

コンクリート工分野の語句選択問題（平成25年度～平成22年度に出題された問題の要点）

問題	空欄	前節―**解答となる語句**―後節
平成25年度 コンクリートの 打込み・締固め	（イ）	25℃を超える場合、許容打重ね時間間隔は**2時間**を標準とする。
	（ロ）	上下層が一体化しない不連続面を、**コールドジョイント**という。
	（ハ）	棒状バイブレータは、下層のコンクリートに**10cm**程度挿入する。
	（ニ）	棒状バイブレータは、**50cm以下**の間隔で差し込む。
	（ホ）	1箇所あたりの締固め時間は、**5～15秒**程度とする。
平成22年度 コンクリートの 初期欠陥	（イ）	完全に一体化していない不連続面を、**コールドジョイント**という。
	（ロ）	沈み変位を水平鉄筋が拘束すると、**沈みひび割れ**が生じる。
	（ハ）	**ブリーディング**が多いコンクリートでは、砂すじが生じやすい。
	（ニ）	セメントや骨材の品質が悪いと、**全面網目状**のひび割れが生じる。
	（ホ）	初期ひび割れの原因には、発熱に伴う**温度応力**によるものがある。

コンクリート工分野の誤り訂正問題（平成25年度～平成22年度に出題された問題の要点）

問題	設問	前節―**解答となる語句**―後節
平成23年度 コンクリートの 施工方法	①	シュートの吐出口から打込み面までの高さは、**1.5m以下**とする。
	③	外気温25℃以下での許容打重ね時間間隔は、**2.5時間**とする。
	⑥	締固め作業時には、内部振動機の挿入間隔は**50cm以下**とする。

コンクリート工分野の記述問題（平成25年度～平成22年度に出題された問題の要点）

問題の要点	解答の要点	出題年度
コンクリートの型枠および支保工の施工上の留意点を2つ記述する。	①型枠が所定の間隔以上に開かないよう、セパレータやフォームタイなどの締付け金物を使用する。 ②スラブや梁下面の型枠は、コンクリートの圧縮強度が14N/mm² 以上になってから取り外す。	**平成25年度**
コンクリートの締固めの留意点を2つ記述する。	①内部振動機は、なるべく鉛直に一様な間隔で差し込む。その間隔は50cm以下にする。 ②内部振動機による1箇所あたりの締固め時間は、5秒～15秒程度とする。	**平成24年度**
圧縮強度試験の結果表から、合格・不合格を判定する。	①圧縮強度が「呼び強度の85%以上」となる試験結果は、1回の圧縮試験値を満足する試験である。 ②圧縮強度の平均値が「呼び強度以上」となる部位は、JIS規定を満足する部位である。	**平成22年度**

第 4 章

品質管理

※ 平成 26 年度以前の過去問題は、出題形式(問題数)が異なっていたため、本書の最新問題解説
では、平成 27 年度以降の出題形式に合わせて、土工・コンクリート工・品質管理・安全管理・
施工管理の各分野に再配分しています。

年　度		最新10年間の品質管理の出題内容
令和5年度	問題6	盛土の締固め管理方法(工法規定・品質規定)に関する語句を選択
	問題7	鉄筋の組立(交点・継手など)・型枠の品質管理に関する語句を選択
令和4年度	問題6	土の原位置試験とその結果の利用に関する語句を選択
	問題7	レディーミクストコンクリートの受入れ検査に関する語句を選択
令和3年度	問題6	盛土の施工(敷均し・締固め・含水量調節)に関する語句を選択
	問題7	鉄筋の組立・型枠・型枠支保工の品質管理に関する語句を選択
令和2年度	問題6	土の標準貫入試験・平板載荷試験・密度試験に関する語句を選択
	問題8	寒中・暑中・マスコンクリートの打込み・養生の留意事項を記述
令和元年度	問題6	盛土の締固め管理(工法規定・品質規定)に関する語句を選択
	問題7	レディーミクストコンクリートの受入れ検査に関する語句を選択
平成30年度	問題6	盛土の締固めと含水量調節に関する語句を選択
	問題7	レディーミクストコンクリートの受入れ検査の各種判定基準
平成29年度	問題6	鉄筋の組立・型枠の品質管理に関する語句を選択
	問題8	盛土の敷均し・締固めの留意事項を記述
平成28年度	問題6	土の原位置試験に関する語句を選択
	問題8	レディーミクストコンクリートの試験名と判定内容を記述
平成27年度	問題6	レディーミクストコンクリートの品質指定と受入れ検査項目
	問題8	盛土材料として望ましい条件を記述
平成26年度	問題4(1)	レディーミクストコンクリートの受入れ検査
	問題4(2)	土の工学的性質を確認するための試験名を記述

※問題番号や出題数は年度によって異なります。

品質管理

4.1.2 最新10年間の品質管理の分析・傾向

	年度	R5	R4	R3	R2	R元	H30	H29	H28	H27	H26
土工	土工の品質特性と試験									◯	
	原位置試験		◯		◯				◯		◯
	土工の施工			◯			◯	◯			
	盛土の締固め管理の方式	◯				◯					
コンクリート工	レディーミクストコンクリート		◯			◯	◯		◯	◯	◯
	フレッシュコンクリート品質管理										
	各種コンクリートの施工				◯						
	鉄筋の加工・組立て・型枠	◯		◯				◯			

◯：選択問題

最新の出題傾向から分析　本年度の試験に向けた学習ポイント

土 工 の 品 質 管 理：盛土の締固め管理の方式と原位置試験について理解し、盛土の品質を確保するための施工方法を理解する。

コンクリート工の品質管理：コンクリート構造物の検査に関する事項と、フレッシュコンクリートの品質管理について理解する。また、レディーミクストコンクリートの受入れ検査に関する事項は、出題頻度が高いので、確実に覚えておく。

品質管理

4.2.1　土工の品質管理

1 品質特性と品質試験

　各管理対象の品質管理において設定すべき品質特性と、その品質特性を測定することができる品質試験名は、下表の通りである。

工　　種	管理対象	品質特性	品質試験
土　　工	堤　　防	粒　度 自然含水比	粒度試験 含水比試験
	道路盛土	液性限界 塑性限界 最大乾燥密度 最適含水比 締固め度 現場 CBR 値 地盤係数（K値）	液性限界試験 塑性限界試験 土の締固め試験 土の締固め試験 土の締固め試験 現場 CBR 試験 平板載荷試験
	路盤材料	粒度 自然含水比	粒度試験 含水比試験
	路盤支持力	地盤反力係数（K値） 現場 CBR 値 貫入指数（q_c） 平坦（へいたん）性	道路の平板載荷試験 現場 CBR 試験 コーン貫入試験 平坦性試験
コンクリート工	骨　　材	骨材粒度 すり減り減量 細骨材表面水量	ふるい分け試験 ロサンゼルス試験 表面水率試験
	コンクリート	スランプ値 空気量 圧縮強度 単位容積質量 混合割合（水セメント比）	スランプ試験 空気量試験 圧縮強度試験 単位容積質量試験 洗い分析試験
アスファルト工	アスファルト材料	針入度 軟化点	針入度試験 軟化点試験
	アスファルト混合物	各種材料温度 粒　度 アスファルト混合率	材料温度試験 ふるい分け試験 合材抽出試験
	アスファルト舗装	安定度・フロー値 現場到着温度 厚　さ 混合割合 平坦性	マーシャル安定度試験 現場到着温度試験 コア採取厚さ試験 コア混合割合試験 平坦性試験
鋼　　材	鋼　　材	引張強度 降状点	引張試験 引張試験

品質管理

② 最大乾燥密度と施工含水比

盛土工事において、盛土を規準どおりの締固めをするために、施工含水比を管理する。この施工含水比は、次の手順で求める。突固めによる締固め試験によって、土の含水比 w[%]とその土の湿潤密度 ρ_t[g/cm³]を測定し、これから乾燥密度 ρ_d を

$$\rho_d = \rho_t / (1 + w/100)$$

の関係式から求める。

こうして、含水比 w を横軸に、乾燥密度 ρ_d を縦軸に、点(w、ρ_d)をグラフに打点して、これらの点を滑らかな曲線で結び、その頂点を求める。この頂点の座標は、(w_{opt}、$\rho_{d\,max}$)と表され、w_{opt} は最適含水比を、$\rho_{d\,max}$ は最大乾燥密度を表す。

一般に管理基準は、最大乾燥密度 $\rho_{d\,max}$ に対して、現場の盛土の乾燥密度 ρ_d の割合を締固め度 C_d といい、次の式で表される。

$$C_d = \frac{\rho_d}{\rho_{d\,max}} \times 100\%$$

路床は、一般に $C_d \geqq 90\%$ で、$\rho_d \geqq 0.9 \times \rho_{d\,max}$ となるように管理し、

路盤は、一般に $C_d \geqq 93\%$ で、$\rho_d \geqq 0.93 \times \rho_{d\,max}$ となるように管理する。

例として、過去の問題から考えてみよう。

(1) ある現場の盛土材料を用いて、突固めによる締固め試験をしたところ、下表のような結果が与えられた。

含水比—湿潤密度

測定番号	1	2	3	4	5
含水比 w　　　[%]	10	12	15	18	20
湿潤密度 ρ_t　[g/cm³]	1.650	2.016	2.300	2.124	1.800

(2) 上表の結果より、各測定番号の土の乾燥密度 ρ_d を計算すると、下表のようになる。ただし、$\rho_d = \rho_t / (1 + w/100)$ である。

乾燥密度

測定番号	1	2	3	4	5
乾燥密度 ρ_t[g/cm³]	1.65 ÷ 1.1 = 1.5	2.016 ÷ 1.12 = 1.8	2.30 ÷ 1.15 = 2.0	2.124 ÷ 1.18 = 1.8	1.80 ÷ 1.2 = 1.5

(3) 横軸に含水比 w[%]、縦軸に乾燥密度 ρ_d[g/cm³]としてグラフをつくる。このグラフに、点(w、ρ_d)として、各測定番号順に、

　　(10、1.5)　　(12、1.8)　　(15、2.0)　　(18、1.8)　　(20、1.5)

の5点を打点して、各点を円滑な曲線で結ぶ。

品質管理

(4) 曲線の頂点を求め、この頂点の座標を
$(w_{opt}$、$\rho_{d\,max})$ とし、これを求める。

w_{opt}	：最適含水比
$\rho_{d\,max}$	：最大乾燥密度

この結果、下図より $w_{opt}=15\%$、$\rho_{d\,max}=2.0\,\mathrm{g/cm^3}$ となる。

(5) 今、路床の盛土の管理をするものと考えると、締固め度 $C_d=90\%$ なので、現場の盛土の乾燥密度 $\rho_{d\,max}=0.9\times2.0=1.8\,\mathrm{g/cm^3}$ 以上とする。

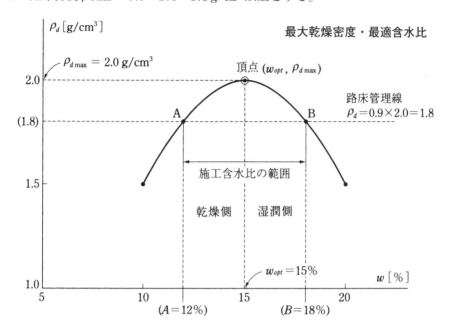

上図において、$1.8\,\mathrm{g/cm^3}$ の乾燥密度を得るためには、施工含水比は $\rho_d=1.8\,\mathrm{g/cm^3}$ のグラフにかき込み、締固め曲線との交点 A(12%) および B(18%) を求める。その AB 間の含水比として求められる。

こうして、現場の盛土は、この施工含水比を厳守することで、所要の締固め度の規準が守れる。一般に、施工含水比の湿潤側で施工すると、空隙が小さく耐久性が高い。乾燥側で施工したときは、締固め直後の状態では、圧縮性が最小で支持力が大きいが、降雨後空隙に雨水が浸透し支持力が低下しやすい。

3 ヒストグラム

❶ 品質管理の基本原理は正規分布 ●●●●●●●●●●●●●●●●●●●●●●●●●●●●●●●●●●●●●●●

あるコンクリートのスランプ値 10cm を目標として無限回のデータを取ったとするとき、横軸にスランプ、縦軸にスランプの値の回数を表示するヒストグラムを描くと、必ず下図のように、富士山に似た対称形で綺麗なつり鐘形の曲線になる。

このようなつり鐘形に分布するデータを「正規分布するデータ」という。土木で取り扱うすべての品質は、正しい状態では正規分布することがわかっている。したがって、品質管理において、測定されたデータが正規分布すれば「管理された状態」といえる。

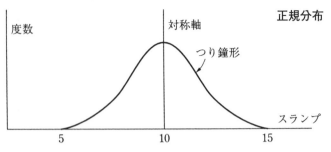

逆にいうと、正規分布しないデータが採取されたときは、「管理されていない状態」という。

これから取り扱うヒストグラムは、品質管理の道具である。データを測定して、その並び方が正規分布の並び方にふさわしくないとき、その製品はわるい品質であるとか、その製造工程に異常が発生したと判断する。この判断基準を理解することがすなわち品質管理の基本となる。

❷ ヒストグラム ●●

(1) ヒストグラムの理想的な形状

ヒストグラムの理想的な形状は、次のような性質をもつことである。

① 対称な山形をしている。

② 中心線とデータの平均値が等しい。

③ ゆとりが両方にある(または分布幅が適当である)。

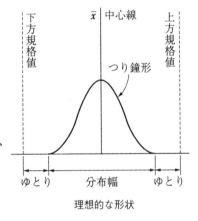

理想的な形状

したがって、ヒストグラムが理想形にならないときは、個々のデータは合格していても、品質のわるい製品として検査の結果は不合格となり、取り壊しとなる。このため、ヒストグラムを順次描きながら、最終的にはヒストグラムの形状がつり鐘となり、ゆとりのあるように管理することになる。

(2) ヒストグラムのわるい例 (図(a)〜(c)参照)

(a)データが2山に分布している。

(b)分布の山が絶壁形になっていて、分布幅が広く、ゆとりがない。

(c)データの山の中心がずれていて、規格値をこえた不良品がある。

(d)正常な分布の例である。

施工完了後の製品のヒストグラムが図(a)、(b)のようになったとき、この製品は各品質が個々には規格値の内部にあり、合格品であっても、全体の品質が正規分布していないので、不良品と判断する。

したがって、製品管理は次のように行う。

① 規格外の品質を用いない。

② 最終ヒストグラムの分布をゆとりのある正規分布とする。

ヒストグラムの分布

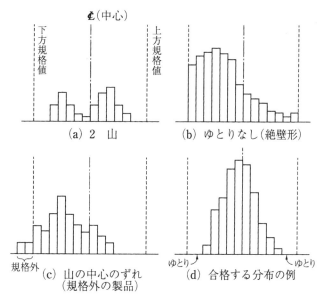

(a) 2 山 (b) ゆとりなし（絶壁形）

(c) 山の中心のずれ（規格外の製品） (d) 合格する分布の例

規格外

ゆとり　ゆとり

4 盛土の締固め管理の方式

❶ 盛土の締固め管理

　盛土の締固め管理方式は、建設機械の種類・締固め回数・まき出し厚などを指定する**工法規定方式**と、盛土の締固め度・飽和度などを指定する**品質規定方式**に分類されている。

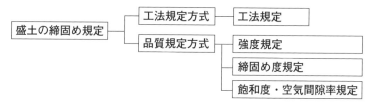

❷ 工方規定方式

　工法規定方式は、発注者が試験施工を行い、所要の盛土品質を確保するための施工方法を規定する方式である。工法規定方式では、仕様書において、締固めに必要な敷均し厚さ(まき出し厚)・締固め機械の種類・締固め回数などが定められている。施工者(受注者)は、この施工方法に従って施工する。

　硬岩を破砕した岩塊で盛土をする場合など、工事現場での品質確認が難しいときは、工法規定方式が採用される。また、工法規定方式は、どのように施工するかが明確に定められているため、現場経験に乏しい施工者(受注者)であっても施工管理ができるという長所がある。

　工法規定方式における盛土の締固め管理(品質確認)は、次のような方法で行われる。

① タスクメータ・タコメータを使用するときは、作業時間の記録から施工量を確認する。

② トータルステーションや衛星測位システム(GNSS ／ Global Navigation Satellite System)を使用するときは、転圧機械の走行軌跡をパソコンなどの画面上に表示し、走行範囲や締固め回数を確認する。

❸ 品質規定方式 ●●

　品質規定方式は、発注者が盛土の品質を仕様書で規定する方式である。品質規定方式では、仕様書において、「盛土の締固め度を 90％以上にすること」などと定められている。この品質基準を確保するための締固め方法は、施工者(受注者)が自らの責任において定めなければならない。

　品質規定方式における盛土の締固め管理(品質確認)は、次のような方法で行われる。

①締固め管理が困難な礫から成る盛土では、強度規定が用いられており、平板載荷試験やコーン貫入試験で求められる盛土の変形量や支持力を確認する。

②砂質土から成る盛土では、締固め度規定が用いられており、締固め度(C_d)が仕様書で定められた品質基準の 90％以上であることを確認する。この締固め度(C_d)は、砂置換法や RI 計器で求められる乾燥密度(ρ_d)と、土の締固め試験で求められる最大乾燥密度(ρ_{dmax})と施工含水比から、「$C_d = \rho_d \div \rho_{dmax} \times 100\%$」の式で求めることができる。

③粘性土から成る盛土では、飽和度規定または空気間隙率規定が用いられており、飽和度(S_r)が 85％以上であることか、空気間隙率(V_a)が 10％以下であることを確認する。この飽和度(S_r)や空気間隙率(V_a)は、施工含水比(w)[％]の上限を定めて管理することができる。

$$\rho_d = \frac{100 \times \rho_t}{100 + w}\,[\mathrm{g/cm^3}]$$

$$V_a = 100 \times \rho_d \times \left(\frac{100}{\rho_S} + w\right)[\%]$$

$$S_r = \frac{w}{\dfrac{1}{\rho_d} - \dfrac{1}{\rho_s}}[\%]$$

ρ_d：乾燥密度[$\mathrm{g/cm^3}$]

ρ_t：湿潤密度[$\mathrm{g/cm^3}$]

ρ_s：土粒子の密度[$\mathrm{g/cm^3}$]

w：施工含水比[％]

V_a：空気間隙率[％]

S_r：飽和度[％]

コンクリート工の品質管理

1 レディーミクストコンクリートの購入

次表に示す JIS A 5308 に定められたコンクリートの配合表から、コンクリートの種類・粗骨材の最大寸法・スランプ値・呼び強度（JIS に定められた強度）を指定してレディーミクストコンクリートを購入する。

コンクリートには、普通コンクリート・軽量コンクリート・舗装コンクリート・高強度コンクリートの 4 種類がある。

呼び強度は、普通コンクリート・軽量コンクリートの場合には圧縮強度で、舗装コンクリートの場合には曲げ強度で表す。

コンクリート配合表（JIS A 5308）　　　　　　　○：購入可能

コンクリートの種類	粗骨材の最大寸法 [mm]	スランプまたはスランプフロー [cm]	18	21	24	27	30	33	36	40	42	45	50	55	60	曲げ4.5
普通コンクリート	20, 25	8, 10, 12, 15, 18	○	○	○	○	○	○	○	○	○	○	–	–	–	–
		21	–	○	○	○	○	○	○	○	○	○	–	–	–	–
	40	5, 8, 10, 12, 15	○	○	○	○	○	○	○	–	–	–	–	–	–	–
軽量コンクリート	15	8, 10, 12, 15, 18, 21	○	○	○	○	○	○	○	–	–	–	–	–	–	–
舗装コンクリート	20, 25, 40	2.5, 6.5	–	–	–	–	–	–	–	–	–	–	–	–	–	○
高強度コンクリート	20, 25	10, 15, 18	–	–	–	–	–	–	–	–	–	○	–	–	–	–
		50, 60	–	–	–	–	–	–	–	–	–	–	○	○	○	–

※この表は、JIS A 5308 2014 の基準に基づくものですが、令和元年 9 月 19 日までは適用可能であった（過去の試験問題において典拠とされていた）表なので、ここに掲載しています。最新の JIS A 5308 2019 の表については、本書の 285 ページを参照してください。

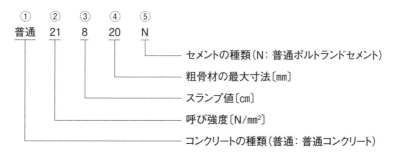

① コンクリートの種類は、普通・軽量・舗装・高強度のいずれかから選定する。

② 呼び強度は、圧縮強度については 16N/mm²〜40N/mm² の範囲で、曲げ強度については 4.5N/mm² を表の中から選定する。

③ スランプ値は、一般に 5cm〜21cm の範囲で表の中から選定する。

④ 粗骨材の最大寸法は、15mm〜40mm の範囲で表の中から選定する。

⑤ セメントの種類は、N: 普通ポルトランドセメント、H: 早強ポルトランドセメント、B:

高炉セメントA種(BA)・B種(BB)・C種(BC)、F:フライアッシュセメントA種(FA)・B種(FB)・C種(FC)、M:中庸熱ポルトランドセメントなどのように表示する。

2 レディーミクストコンクリートの協議事項

(1) 協議事項

　　購入者は、生産者と協議して、コンクリートの温度・呼び強度を保証する材齢・単位水量の上限などの14項目を指定できる。協議事項は、下記の通りである。また、コンクリートの配達に先立ち、生産者は購入者に対し、配合設計の報告書を提出しなければならない。

①セメントの種類

②骨材の種類

③粗骨材の最大寸法

④骨材のアルカリシリカ反応性による区分において、モルタルバー試験または化学法で無害と判定されない骨材を用いるときの抑制方法

⑤混和材料の種類

⑥塩化物含有量の上限値が規定($0.3kg/m^3$以下)と異なる場合の上限値

⑦呼び強度を保証する材齢

⑧空気量が指定と異なる場合の空気量

⑨軽量コンクリートの単位容積質量

⑩コンクリートの最高または最低の温度

⑪水セメント比の上限値

⑫単位水量の上限値

⑬単位セメント量の上限値または下限値

⑭流動化コンクリートの場合、流動化前のレディーミクストコンクリートからのスランプの増大量

補足：①～⑥の各項目については、JISに定められた規定の範囲内とする。

⑦～⑭は購入者と生産者の協議事項とする。⑧の空気量は、指定された空気量にかかわらず、その許容差が±1.5%と一定である点に注意する。

(2) アルカリシリカ反応の抑制方法

　　レディーミクストコンクリートのアルカリシリカ反応の抑制方法は、下記の3つである。

①無害と判定された骨材を用いる。

②高炉セメントB種・C種またはフライアッシュセメントB種・C種を用いる。

③コンクリートに含まれるアルカリ総量を、$3.0kg/m^3$以下に規制する。

3 レディーミクストコンクリートの受入検査

レディーミクストコンクリートの受入検査には(1)～(4)の4項目があり、購入時には(5)～(6)の2項目についても確認する。

(1) コンクリートの強度検査（受入検査）

①試験は3回行い、3回のうちどの1回の試験結果も、指定呼び強度の85%以上を確保していなければならない。

②3回の試験結果の平均値が、指定呼び強度以上でなければならない。ただし、1回の試験結果は、任意の1台の運搬車からつくった3個の供試体の試験値の平均で表す。

(2) スランプ値検査（受入検査）

スランプ値ごとの受入許容差は、次表の通りである。表から分かるように、スランプ値が大きいからといって、受入れの許容差が大きいとは限らない。

スランプ値・スランプフロー値の許容差〔cm〕

スランプ値	許容差
2.5	±1
5 および 6.5	±1.5
8 以上 18 以下	±2.5
21	±1.5 ※

スランプフロー値	許容差
50	±7.5
60	±10

※呼び強度が27以上かつ高性能AE減水剤を使用しているなら±2cm

(3) 空気量検査（受入検査）

コンクリートの種類ごとの空気量は、次表に示す通りとされているが、購入者が別に指定することもある。受入れの許容差は、どんなコンクリートであっても±1.5%で一定である。

空気量の許容差

コンクリートの種類	空気量〔%〕	許容差〔%〕
普通コンクリート	4.5	±1.5
軽量コンクリート	5.0	±1.5
舗装コンクリート	4.5	±1.5
高強度コンクリート	4.5	±1.5

(4) 塩化物含有量検査（受入検査又は出荷時工場検査）

塩化物含有量は、塩化物イオン(Cl^-)量を基準とし、塩化物含有量試験で定める。許容の上限は、下記の通りである。

①鉄筋コンクリートの場合、$0.3kg/m^3$以下

②無筋コンクリートで購入者の承認を受けた場合、$0.6kg/m^3$以下

(5) 運搬時間の確認（購入時確認）

レディーミクストコンクリートの運搬時間は、次のように決められている。

①普通コンクリート・軽量コンクリート（アジテータで運搬）は、練り始めてから荷卸しまでの時間を 1.5 時間以内とする。

②舗装コンクリート（ダンプで運搬）は、練り始めてから荷卸しまでの時間を 1.0 時間以内とする。

(6) 検査場所の確認（購入時の検査）

①強度・スランプ値・空気量は、必ず現場荷卸地点で確認する。

②塩化物含有量は、原則として現場荷卸地点で検査するが、やむを得ないときは出荷時に工場で検査してもよい。

4 コンクリート供試体試料の採取

(1) 供試体の試料の採取

コンクリートの圧縮試験を行うために、1 日に 1 回以上、また、少なくとも 20 m³〜150 m³（高強度コンクリートは 100 m³）の施工につき 1 回、供試体となる試料を採取する。その際、最初にアジテータから排出される 50 ℓ 〜 100 ℓ のコンクリートを除き、同一バッチ（同一のバッチミキサにより同一時刻に練られたコンクリート試料）から、1 回につき 3 本の試料を採取するものとする。

(2) 供試体モールドの寸法

圧縮強度試験に用いる供試体は、直径の 2 倍の高さをもつ円柱形とする。供試体の直径は、粗骨材の最大寸法の 3 倍以上かつ 10 cm 以上とする。なお、モールドとは、供試体の成形円筒形型枠のことである。

(3) ロットの単位

コンクリートの圧縮強度試験は、150 m³ の施工につき 1 回とする。3 回で 450 m³ となり、この 450 m³ を 1 ロットという。ただし、高強度コンクリートの圧縮強度試験は、100 m³ の施工につき 1 回とし、300 m³ を 1 ロットとする。

(4) コンクリートの品質

コンクリートの品質の良否は、1 ロット 450 m³ 単位で検査される。すなわち、1 回で 3 本・3 回で 9 本の供試体に対する試験を行うこととなる。その試験で得られた平均圧縮強度と配合強度を比較し、コンクリートの品質を判定する。判定の結果、不合格となったときは、1 ロット 450 m³ のすべてを廃棄し、施工をやり直す。

(5) 試験の頻度

試験の頻度は、施工開始時や材料が変わったときは多くする。製品の品質が安定して製造されてきたら、受注者の判断で試験の回数を元の回数に戻すのが一般的で

ある。このことは、コンクリート圧縮試験に限らず、種々の品質管理でも同様である。

5 コンクリートの管理

（1）管理材齢

　　コンクリートの品質管理は、材齢28日の時点に行うのではなく、3日目または7日目の早期強度から材齢28日時点の強度を推定し、管理することが一般的である。

（2）管理の方法

　　水セメント比により管理するときは、「洗い分析法」で水セメント比を求め、その値を配合設計表の水セメント比と比較する。

（3）骨材試験

　　コンクリートの品質管理について、強度に関するもの以外に留意すべきことは、骨材試験である。骨材試験の留意点は、下記の通りである。

①骨材の粒度試験は、工事の初期は1日2回とし、安定してきたなら試験回数を減らす。

②スランプ値に変動があるときは、骨材の粒度分布などを点検し、改善する。

③空気量に変動があるときは、骨材の粒度を点検し、改善する。

6 コンクリートのひび割れ対策

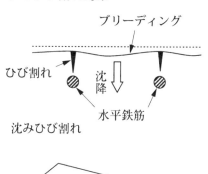

沈みひび割れ

乾燥収縮ひび割れ

水和熱によるひび割れ

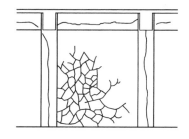

アルカリシリカ反応によるひび割れ
（膨張ひび割れ）

ひび割れの状況図

　　コンクリートに生じる主なひび割れは、ひび割れの状況図に示す、沈みひび割れ・乾燥収縮ひび割れ・水和熱によるひび割れ・アルカリシリカ反応によるひび割れである。これらのひび割れの防止対策は、次の通りである。

(1) 沈みひび割れ防止対策

　沈みひび割れは、柱、壁などの高い部材にコンクリートを打ち込むと、コンクリートが重力の作用でブリーディングが生じ、コンクリートが沈降する。このとき、鉄筋などにより沈降が妨げられると、コンクリート打接面に引張力が生じ、ひび割れが生じる。この初期ひび割れを沈みひび割れという。沈みひび割れは、コンクリートの沈降により鉄筋や凝結したコンクリートの拘束により生じる、こうしたひび割れは、再振動及びタンピングで閉じておく。

(2) 乾燥収縮ひび割れ防止対策

　乾燥収縮ひび割れは、主に、仕上時に、表面近くにセメントペーストが集まったり、打込み後、直射日光や風の影響で水分が急激に蒸発することで発生することが多い。このため、乾燥収縮ひび割れを抑制するには、ブリーディングの終了を待って表面仕上げをすることと、散水養生及びコンクリートに直射日光や風が直接あたらないよう日覆、防風の養生などの対策が必要である。

(3) 水和熱によるひび割れ防止対策

　橋台、橋脚などのマスコンクリートは、部材寸法が大きく、セメントの水和熱がコンクリート内部に蓄積し、コンクリート表面と内部に温度差が生じる。この温度差により生じるひび割れを温度ひび割れといい、これを防止するには、水和熱の少ないフライアッシュセメントや中庸熱セメントなどの低熱型セメントを用い、単位水量を減少するため、AE減水剤を併用するとよい。また、養生方法としてはパイプクーリングを行い、コンクリートの内部を冷却するか、または、マスコンクリート表面を断熱材（発泡スチロール）等で保温養生し、内部と表面の温度差を少なくすることが有効である。

(4) アルカリシリカ反応によるひび割れ防止対策

　骨材中のシリカ質とセメント中のアルカリ成分とが水分のある状態で化学反応が生じ、骨材中のシリカ質が膨張し、骨材の膨張に伴い、コンクリートにひび割れが発生する。このひび割れは、アルカリシリカ反応又はアルカリシリカ骨材反応により生じるものである。アルカリシリカ反応を抑制するには、アルカリ性分の少ない混合セメントB種又はC種を用いたり、コンクリート中のアルカリ総量を$3.0kg/m^3$以下にする対策が有効である。この他、施工後においては、コンクリート中に水分の浸入を抑制する塗膜などの方法も有効である。

(5) ひび割れ発生の原因

　コンクリートに生じるひび割れの原因を、材料と施工のどちらに不備があるか、どの部材に生じるか、製造や施工のどの段階で生じるかなどに分類し、まとめたものを次表に示す。

ひび割れ発生の原因

大分類	中分類	小分類	原因
材料	使用材料	セメント	セメントの異常凝結 セメントの水和熱
		骨材	骨材に含まれている泥分 反応性骨材
	コンクリート	コンクリート	コンクリート中の塩化物 コンクリートの沈下・ブリーディング コンクリートの収縮
施工	コンクリート	練混ぜ	混和材料の不均一な分散 長時間の練混ぜ
		運搬	ポンプ圧送時の配合の変化
		打込み	不適切な打込み順序 急速な打込み
		締固め	不十分な締固め
		養生	硬化前の振動や載荷 コンクリートの沈下・ブリーディング 初期凍害
		打重ね	不適切な打重ね処理(コールドジョイント)
	鉄筋	配筋	配筋の乱れ かぶりの不足
	型枠	型枠	型枠のはらみ 型枠からの漏水 路盤への漏水 型枠の早期除去
		支保工	支保工の沈下

7 コンクリートの非破壊検査

コンクリートを破壊せずに品質を検査する基本的な方法には、下記のようなものがある。

(1) コンクリートの強度を推定するため、反発度法としてテストハンマーなどを用いる。

(2) 赤外線法(サーモグラフィ法)は、コンクリートの浮きやはく離、空隙などの箇所を非接触法で調べる非破壊試験である。

(3) Ｘ線法は、コンクリート中を透過したＸ線の強度の分布状態から、大型構造物のコンクリート中の鉄筋位置、鉄筋径、かぶり、空隙などを精度良く検出できる。検出できる厚さに制約がある。

(4) 電磁誘導法における一般構造物の鉄筋径やかぶりの測定では、配筋間隔が密になると測定が困難になる場合がある。その他、コンクリートの含水率の測定では、表層部は精度よく測定できるが内部の精度はよくない欠点がある。

(5) 自然電位法は、電気化学的な方法で、鉄筋や鋼材の腐食傾向や、腐食速度の測定に用いられる。

コンクリートの品質管理で用いる代表的な非破壊検査は次表のようである。

コンクリートの非破壊検査

非破壊検査法	測定対象	測定項目
テストハンマー強度試験	強度	反発度
電磁誘導法	鉄筋の位置、鉄筋直径、かぶり、コンクリートの含水率	鉄筋の磁性
打音法 超音波法 衝撃弾性波法 AE(アコースティック・エミッション)	浮き、空隙 ひび割れ深さ 部材厚さ、空隙 ひび割れの発生状況	打撃音受振波特性 超音波伝播特性 打撃の弾性波特性 AE波特性
Ｘ線法 電磁波レーダ法 赤外線法(サーモグラフィック)	鉄筋位置、径、かぶり、空隙 鉄筋位置、かぶり厚(橋台,橋脚等に適用) 浮き、はく離、空隙、ひび割れ	透過率 比誘電率 熱伝導率
自然電位法 分極抵抗法 四電極法	鋼の腐食傾向 鋼の腐食速度 コンクリートの電気抵抗	電位差 分極抵抗差 比抵抗率

4.3　最新問題解説

4.3.1　土工の品質管理　解答・解答例

選択問題

| 令和5年度 | 問題6 | 品質管理 | 盛土の締固め管理方法 |

盛土の締固め管理方法に関する次の文章の　□　の(イ)～(ホ)に当てはまる**適切な語句又は数値**を，下記の語句又は数値から選び解答欄に記入しなさい。

(1) 盛土工事の締固め管理方法には，　(イ)　規定方式と　(ロ)　規定方式があり，どちらの方法を適用するかは，工事の性格・規模・土質条件など，現場の状況をよく考えた上で判断することが大切である。

(2) 　(イ)　規定方式のうち，最も一般的な管理方法は，現場における土の締固めの程度を締固め度で規定する方法である。

(3) 締固め度の規定値は，一般に JIS A 1210（突固めによる土の締固め試験方法）の A 法で道路土工に規定された室内試験から得られる土の最大　(ハ)　の　(ニ)　％以上とされている。

(4) 　(ロ)　規定方式は，使用する締固め機械の機種や締固め回数，盛土材料の敷均し厚さ等，　(ロ)　そのものを　(ホ)　に規定する方法である。

[語句又は数値]

施工,	80,	協議書,	90,	乾燥密度,
安全,	品質,	収縮密度,	工程,	指示書,
膨張率,	70,	工法,	現場,	仕様書

文章

(1) 盛土工事の締固め管理方法には、**(イ)品質**規定方式と**(ロ)工法**規定方式があり、どちらの方法を適用するかは、工事の性格・規模・土質条件など、現場の状況をよく考えた上で判断することが大切である。

(2) **(イ)品質**規定方式のうち、最も一般的な管理方法は、現場における土の締固めの程度を締固め度で規定する方法である。

(3) 締固め度の規定値は、一般に JIS A 1210（突固めによる土の締固め試験方法）の A 法で道路土工に規定された室内試験から得られる土の最大**(ハ)乾燥密度**の**(ニ)90%以上**とされている。

(4) **(ロ)工法**規定方式は、使用する締固め機械の機種や締固め回数、盛土材料の敷均し厚さ等、**(ロ)工法**そのものを**(ホ)仕様書**に規定する方法である。

解 答

(イ)	(ロ)	(ハ)	(ニ)	(ホ)
品質	工法	乾燥密度	90	仕様書

考え方

１ 盛土工事の締固め管理方法

　盛土工事の締固めの管理方法は、盛土の締固め度・飽和度などを仕様書で指定する**品質**規定方式と、使用する土工機械の種類・締固め回数・まき出し厚などを仕様書で指定する**工法**規定方式に分類されている。

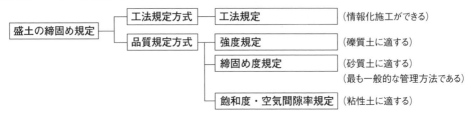

　品質規定方式・工法規定方式のうち、どちらの方法を適用するかは、工事の性格・規模・土質条件などの現場の状況を、よく考えたうえで判断することが重要である。

①工事の性格：施工者の現場経験が豊富なときは、品質規定方式が適している。施工者の現場経験が乏しいときは、工法規定方式が適している。

　※工法規定方式では、施工者は仕様書に従えばよく、品質管理の方法を自ら考える必要がない。

②工事の規模：一般的な工事では、品質規定方式が適している。大規模な工事では、工法規定方式が適している。

　※大規模な工事では、そのすべての過程を、情報化されたデータで管理することが適切である。

③土質条件：現場の土質が変化に富むときは、品質規定方式が適している。現場の土質が比較的均一なときは、工法規定方式が適している。

　※品質規定方式では、礫質土・砂質土・粘性土の種類ごとに、有効な管理方法が異なっている。

２ 品質規定方式による締固め管理

　品質規定方式は、発注者が盛土の品質を仕様書で規定する方式である。品質規定方式では、仕様書において、「盛土の締固め度を90％以上にすること」などが定められている。この品質基準を確保するための締固め方法や品質管理の頻度は、施工者（受注者）が自らの責任において定めなければならない。

　品質規定方式のうち、最も一般的な管理方法は、現場における土の締固めの程度を、締固め度で規定する方法である。この締固め度の規定値は、道路土工に規定された室内試験から得られる土の**最大乾燥密度**の**90％以上**とすることが一般的である。施工者（受注者）は、盛土の乾燥密度がこの条件を満たせるように、盛土の施工含水比を管理する。

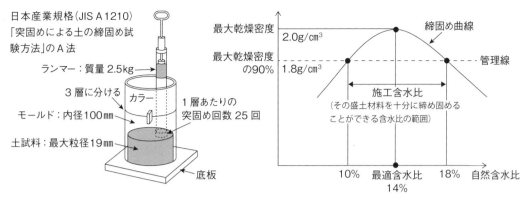

日本産業規格（JIS A 1210）
「突固めによる土の締固め試験方法」のA法

ランマー：質量2.5kg

3層に分ける

モールド：内径100mm

土試料：最大粒径19mm

カラー

1層あたりの突固め回数 25回

底板

最大乾燥密度 2.0g/cm³

最大乾燥密度の90% 1.8g/cm³

締固め曲線

管理線

施工含水比
（その盛土材料を十分に締め固めることができる含水比の範囲）

10%　最適含水比　18%　自然含水比
14%

※突固め試験の結果は、上図のように表される。

3 工法規定方式による締固め管理

工法規定方式は、発注者が試験施工を行い、所要の盛土品質を確保するための施工方法を規定する方式である。工法規定方式では、締固め機械の種類・盛土材料の締固め回数・盛土材料の敷均し厚さ（撒き出し厚さ）などの**工法**そのものが、**仕様書**に定められている。施工者（受注者）は、この施工方法に従って施工したことを証明できればよい。

盛土の締固め管理方法に関する参考情報

この問題は、「盛土工指針」と「TS・GNSSを用いた盛土の締固め管理要領」からの出題であり、規定方式の特徴を問うものである。盛土の締固めは、GNSS等の位置情報が利用できなかった時代は、盛土の締固め度によって合否を判定していた。近年では、GNSS等の情報化が進んだことで、建設機械の走行履歴から盛土の合否を判定できるようになった。このため、大規模の工事にはGNSS等を使用した工法規定方式が、中小規模の工事には締固め度で判定する品質規定方式が用いられるようになった。

品質規定方式と工法規定方式の比較

比較項目の例	品質規定方式	工法規定方式
管理項目の決定者	受注者	発注者
仕様書の規定内容	出来形・品質（締固め度）	機種・まき出し厚さ・締固め回数
試験施工	任意	必須
突固めによる締固め試験	必須（締固め度※は受注者が決定）	必須（締固め度※90%以上）
品質管理頻度	1000m²に1回：自動計測不可	1ブロック（0.05m²）単位：自動計測可
品質管理方法	点による管理	面による管理
適用できる土質	軟弱土・岩塊以外	すべての土質
検査内容	出来形・品質の確認	走行履歴の全データの確認
盛土の精度	普通	良好
適する工事規模	中規模・小規模	大規模
経済性	普通	良好
施工速度	普通	高速
主な使用機材	一般建設機械・レベル（測高器）	MC※機械・GNSS※・TS※
管理方法	一般的管理方法（締固め度）	情報化管理方法（工法規定）

※締固め度＝現場密度÷最大乾燥密度×100%
※MC＝マシンコントロール、GNSS＝全球測位衛星システム、TS＝トータルステーション

品質管理

| 令和4年度 | 問題6 | 品質管理 | 土の原位置試験 |

土の原位置試験とその結果の利用に関する次の文章の ☐ の(イ)～(ホ)に当てはまる**適切な**語句を，下記の語句から選び解答欄に記入しなさい。

(1) 標準貫入試験は，原位置における地盤の硬軟，締まり具合又は土層の構成を判定するための ☐(イ)☐ を求めるために行い，土質柱状図や地質 ☐(ロ)☐ を作成することにより，支持層の分布状況や各地層の連続性等を総合的に判断できる。

(2) スウェーデン式サウンディング試験は，荷重による貫入と，回転による貫入を併用した原位置試験で，土の静的貫入抵抗を求め，土の硬軟又は締まり具合を判定するとともに ☐(ハ)☐ の厚さや分布を把握するのに用いられる。

(3) 地盤の平板載荷試験は，原地盤に剛な載荷板を設置して垂直荷重を与え，この荷重の大きさと載荷板の ☐(ニ)☐ との関係から，☐(ホ)☐ 係数や極限支持力等の地盤の変形及び支持力特性を調べるための試験である。

[語句]

含水比，	盛土，	水温，	地盤反力，	管理図，
軟弱層，	N値，	P値，	断面図，	経路図，
降水量，	透水，	掘削，	圧密，	沈下量

考え方

1 標準貫入試験

　　標準貫入試験は、63.5kgのハンマーを、760mmの高さから自由落下させて、動的にサンプラー(鋼管)を300mm貫入させるのに必要な打撃回数(N値)を求める試験である。このN値からは、地盤の硬軟・締まり具合・土層の構成などを判定することができる。

①地盤が硬質であるほど、サンプラーの貫入に必要な打撃回数(N値)が多くなる。

②地盤が締まっているほど、サンプラーの貫入に必要な打撃回数(N値)が多くなる。

③サンプラーを貫入させる地盤の深さを変えてゆくことで、土層の構成が分かる。

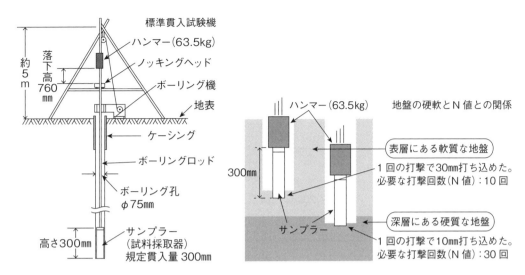

標準貫入試験の結果は、土質柱状図を作成して整理する。土質柱状図が複数得られている場合は、地質**断面図**を作成してまとめる。この土質柱状図や地質断面図を読み取ることにより、支持層の分布状況や各地層の連続性などを総合的に判断できる。

①土質柱状図は、その地点における深さ方向の支持層・地層を整理したものである。

②地質断面図は、ある地形の線形に沿って、支持層・地層をまとめたものである。

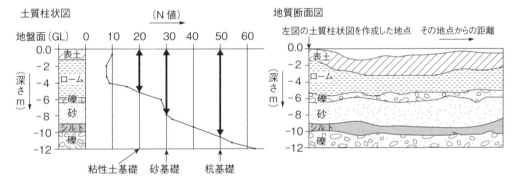

2 スウェーデン式サウンディング試験

スウェーデン式サウンディング試験（スクリューウエイト貫入試験）は、100kgの荷重が静的に載荷された鋼製のスクリューポイントを、地盤中に1m貫入させるのに必要なハンドルの半回転数から、土の静的貫入抵抗を求める試験である。

①この半回転数は、スクリューポイントが180度回転するのを1回として数えている。

②静的貫入抵抗が大きいほど、スクリューポイントの貫入に必要な半回転数が多くなる。

③この試験には、荷重による貫入と回転による貫入を併用できるという特徴がある。

スウェーデン式サウンディング試験（スクリューウエイト貫入試験）の結果からは、土の硬軟や土の締まり具合などを判定することができる。この試験は、軟らかい土には適するが、硬い土には適さない（硬い土ではハンドルを何度回してもスクリューポイントがほとんど貫入しない）ので、**軟弱層**の厚さや分布を把握するために用いられる。

※硬い土に対しては、標準貫入試験などの動的な試験を行う必要がある。

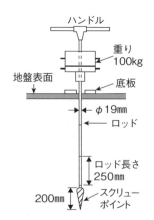

ハンドル

重り
100kg

地盤表面　　底板

φ19mm

ロッド

ロッド長さ
250mm

200mm　スクリュー
ポイント

スウェーデン式サウンディング試験機
（現在の名称：スクリューウエイト貫入試験装置）

JIS 改正情報

2020年の日本産業規格（JIS）改正により、現在では、「スウェーデン式サウンディング試験」の名称は「スクリューウエイト貫入試験」に、「スウェーデン式サウンディング試験機」の名称は「スクリューウエイト貫入試験装置」に改められている。

---

3 平板載荷試験

地盤の平板載荷試験は、剛な載荷板を介して、原地盤（基礎面）にジャッキで垂直方向の荷重を与えることで、地盤の変形や強さ（支持力）に関する特性を調べる試験である。

①この特性は、垂直荷重の大きさと載荷板の**沈下量**との関係から求めることができる。

支持力が強い（変形しにくい）地盤であるほど、荷重による載荷板の沈下量が小さい。

②この特性は、**地盤反力**係数（K値）や極限支持力（地盤の耐荷力）などで表される。

●地盤反力係数は、単位面積あたりの荷重変化に対する沈下量の変化の割合を示す。

支持力が強い（変形しにくい）地盤であるほど、この地盤反力係数が大きくなる。

●極限支持力は、地盤が破壊されたときに加えられた単位面積あたりの荷重を示す。

支持力が強い（変形しにくい）地盤であるほど、この極限支持力が大きくなる。

③使用する載荷板は、厚さ22mm以上の円形鋼板とし、直径は300mmが一般的である。

④平板載荷試験は、主として構造物の基礎の支持力を求めるために行われる。

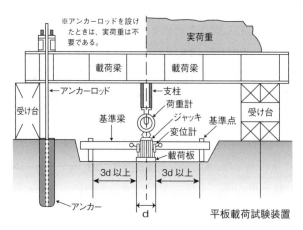

平板載荷試験装置

※載荷板に大きな荷重を与えても、載荷板があまり沈下しない地盤は、その浅い位置における地盤反力係数や極限支持力が大きい地盤である。

4 土の原位置試験とその結果の利用に関する総まとめ

　　各種の土の原位置試験において、試験結果から求められるものと、試験結果を利用してできることをまとめると、下表のようになる。

試験の名称	試験結果から求められるもの	試験結果を利用してできること
標準貫入試験	N 値（打撃回数）	地盤の許容支持力の算定 地盤の硬軟や締まり具合の判定 土層の構成や支持層の位置の判定 土質柱状図と地質断面図の作成
ポータブルコーン貫入試験	貫入抵抗	トラフィカビリティーの判定
スクリューウエイト貫入試験 （スウェーデン式サウンディング試験）	静的貫入抵抗	土層の締まり具合の判定 軟弱層の厚さや分布の把握
平板載荷試験	地盤反力係数と極限支持力	地盤の支持力の算定
RI 計器による土の密度試験	土の含水比と湿潤密度	盛土の締固め管理の判定
CBR 試験	設計 CBR	舗装厚さの決定

解き方

(1) 標準貫入試験は、原位置における地盤の硬軟、締まり具合又は土層の構成を判定するための **(イ)N 値** を求めるために行い、土質柱状図や地質 **(ロ)断面図** を作成することにより、支持層の分布状況や各地層の連続性等を総合的に判断できる。

(2) スウェーデン式サウンディング試験は、荷重による貫入と、回転による貫入を併用した原位置試験で、土の静的貫入抵抗を求め、土の硬軟又は締まり具合を判定するとともに **(ハ)軟弱層** の厚さや分布を把握するのに用いられる。

(3) 地盤の平板載荷試験は、原地盤に剛な載荷板を設置して垂直荷重を与え、この荷重の大きさと載荷板の **(ニ)沈下量** との関係から、 **(ホ)地盤反力** 係数や極限支持力等の地盤の変形及び支持力特性を調べるための試験である。

解　答

（イ）	（ロ）	（ハ）	（ニ）	（ホ）
N 値	断面図	軟弱層	沈下量	地盤反力

品質管理

令和3年度 問題6 品質管理 盛土の施工

盛土の施工に関する次の文章の ☐ の(イ)～(ホ)に当てはまる**適切な語句**を，**次の語句から
選び解答欄に記入しなさい。**

(1) 敷均しは，盛土を均一に締め固めるために最も重要な作業であり ☐(イ) でていね
いに敷均しを行えば均一でよく締まった盛土を築造することができる。

(2) 盛土材料の含水量の調節は，材料の ☐(ロ) 含水比が締固め時に規定される施工含
水比の範囲内にない場合にその範囲に入るよう調節するもので，曝気乾燥，トレンチ掘
削による含水比の低下，散水等の方法がとられる。

(3) 締固めの目的として，盛土法面の安定や土の ☐(ハ) の増加等，土の構造物として必
要な ☐(ニ) が得られるようにすることがあげられる。

(4) 最適含水比，最大 ☐(ホ) に締め固められた土は，その締固めの条件のもとでは土
の間隙が最小である。

[語句]

塑性限界，	収縮性，	乾燥密度，	薄層，	最小，
湿潤密度，	支持力，	高まき出し，	最大，	砕石，
強度特性，	飽和度，	流動性，	透水性，	自然

考え方

1 盛土の敷均しの方法

　盛土の敷均しは、盛土を均一に締め固めるために最も重要な作業である。均一でよ
く締まった盛土を築造するためには、次のような点に留意して敷均しを行わなければ
ならない。

①敷均しは、モーターグレーダやブルドーザなどを用いて、水平かつ丁寧に行うこと。

②敷均し厚さは、締固め機械および要求される締固め度などの条件に適合させること。

③敷均しは、**薄層**(1層の仕上り厚さが30cm以下)となるように行うこと。

④敷均しにおいて、高まき出し(1層の仕上り厚さが30cmを超える状態)を避けること。

⑤敷均しに使用する材料に、砕石(大粒径の砕かれた岩塊)が含まれないようにすること。

2 盛土材料の含水比の調節

盛土材料の**自然含水比**(採取した盛土材料の元々の含水比)が、締固め時に規定される施工含水比(所要の品質を確保できる含水比)の範囲内にない場合は、盛土材料の含水比が施工含水比の範囲に入るように、次のような方法で含水量の調節を行わなければならない。

①盛土材料の自然含水比が、施工含水比の範囲内にある(盛土材料に含まれる水分量が適度である)場合は、適正な材料として、そのまま盛土に使用することができる。

②盛土材料の自然含水比が、施工含水比の許容範囲よりも高い(盛土材料に含まれる水分量が多すぎる)場合は、その材料を曝気乾燥させる(薄く敷き均して日光を当てる)か、トレンチ掘削(排水溝の設置)による排水を行うことで、盛土材料の水分量を減少させる。

③盛土材料の自然含水比が、施工含水比の許容範囲よりも低い(盛土材料に含まれる水分量が少なすぎる)場合は、散水などを行うことで、盛土材料の水分量を増大させる。

3 盛土の締固めの目的

盛土の締固めの目的には、次のようなものがある。盛土を締め固めるときは、不同沈下を防止するため、盛土全体を均等に締め固めることが最も重要である。

①盛土の空気間隙を少なくすること。

②盛土の膨張性を低下させる(吸水による膨張を小さくする)こと。

③盛土の透水性を低下させる(土の浸潤性を小さくする)こと。

④盛土(特に盛土法面)を安定した状態にすること。

⑤盛土の**支持力**を増加させること。

⑥盛土の構造物として必要な**強度特性**が得られるようにすること。

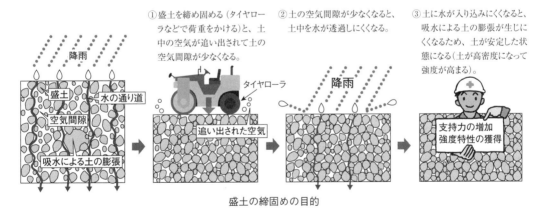

盛土の締固めの目的

4 土の間隙の最小化

　盛土材料の含水比が最もよく調整され、最適含水比かつ最大**乾燥密度**に締め固められた土は、その締固め条件のもとでは土の間隙が最小となるので、盛土のせん断強度が大きくなり、盛土が浸水に対して強くなる。

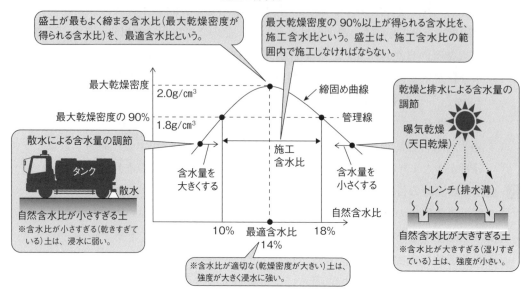

盛土の含水比

盛土が最もよく締まる含水比(最大乾燥密度が得られる含水比)を、最適含水比という。

最大乾燥密度の90%以上が得られる含水比を、施工含水比という。盛土は、施工含水比の範囲内で施工しなければならない。

最大乾燥密度　2.0g/cm³

最大乾燥密度の90%　1.8g/cm³

締固め曲線

管理線

乾燥と排水による含水量の調節

曝気乾燥
(天日乾燥)

散水による含水量の調節

タンク　散水

自然含水比が小さすぎる土
※含水比が小さすぎる(乾きすぎている)土は、浸水に弱い。

含水量を大きくする

施工含水比

含水量を小さくする

自然含水比

トレンチ(排水溝)

自然含水比が大きすぎる土
※含水比が大きすぎる(湿りすぎている)土は、強度が小さい。

10%　最適含水比14%　18%

※含水比が適切な(乾燥密度が大きい)土は、強度が大きく浸水に強い。

解き方

(1) 敷均しは、盛土を均一に締め固めるために最も重要な作業であり**(イ)薄層**でていねいに敷均しを行えば均一でよく締まった盛土を築造することができる。

(2) 盛土材料の含水量の調節は、材料の**(ロ)自然**含水比が締固め時に規定される施工含水比の範囲内にない場合にその範囲に入るよう調節するもので、曝気乾燥、トレンチ掘削による含水比の低下、散水等の方法がとられる。

(3) 締固めの目的として、盛土法面の安定や土の**(ハ)支持力**の増加等、土の構造物として必要な**(ニ)強度特性**が得られるようにすることがあげられる。

(4) 最適含水比、最大**(ホ)乾燥密度**に締め固められた土は、その締固め条件のもとでは土の間隙が最小である。

解答

(イ)	(ロ)	(ハ)	(ニ)	(ホ)
薄層	自然	支持力	強度特性	乾燥密度

盛土材料の最適含水比と最大乾燥密度を求める締固め試験
（上記の解答に関する応用的な内容）

　盛土材料のせん断強度を最大にするときの土の含水比である最適含水比の状態で土を締め固めると、盛土材料は最大乾燥密度となり、盛土材料の間隙が最小となる。こうした最適含水比や最大乾燥密度を求める試験を、土の締固め試験という。土は、最適含水比にすることが理想であるが、実際の施工で最適含水比を確保することは困難であるため、最大乾燥密度が90％以上となる施工含水比を定めて締固め管理をしている。土の締固め試験の例として、次のような例題が挙げられる。

例題

下表は、ある盛土材料の突固めによる土の締固め試験（JIS A 1210）を行い、その経過を示したものである。

測　定　番　号	1	2	3	4	5
含水比（％）	6.0	10.0	14.0	18.0	22.0
湿潤密度（g/cm³）	1.590	1.980	2.280	2.124	1.830
乾燥密度（g/cm³）					

(1)上記の結果から、測定番号1～5の乾燥密度を求め、締固め曲線図を作成しなさい。

(2)締固め度が最大乾燥密度の90％以上となる施工含水比の値の範囲を記入しなさい。

例題の解き方

① 乾燥密度ρ_d〔g/cm³〕の、湿潤密度ρ_t〔g/cm³〕及び含水比 w〔％〕との関係は次の通りである。

　　乾燥密度 $\rho_d = \dfrac{\rho_t}{1 + w/100}$ の式で表される関係がある。

　　この式を用いて、測定番号1～5それぞれの乾燥密度を求める。

測　定　番　号	1	2	3	4	5
含水比 （％）	6.0	10.0	14.0	18.0	22.0
湿潤密度ρ_t(g/cm³)	1.590	1.980	2.280	2.124	1.830
乾燥密度ρ_d(g/cm³)	$\dfrac{1.590}{1.06}$ = 1.5	$\dfrac{1.980}{1.10}$ = 1.8	$\dfrac{2.280}{1.14}$ = 2.0	$\dfrac{2.124}{1.18}$ = 1.8	$\dfrac{1.830}{1.22}$ = 1.5

② 横軸を含水比 w、縦軸を乾燥密度ρ_dとして、点（w・ρ_d）をグラフ用紙に打点してグラフを描く。
　　その頂点の座標の縦軸の値が、最大乾燥密度$\rho_{dmax}=2.0\,g/cm^3$、最適含水比$w_{opt}=14\%$となる。

③ 最大乾燥密度の90％の締固め度C_d（乾燥密度ρ_d）は、2.0×0.9＝1.8 g/cm³ となる。

④ 1.8g/cm³の横軸に線を引き、その線と締固め曲線との交点A・Bの横軸の含水比の範囲が、施工含水比となる。

品質管理

例題の解答

グラフの(6、1.5)(10、1.8)(14、2.0)(18、1.8)(22、1.5)の座標に打点して、打点を曲線で結ぶことで締固め曲線図が作成される。そのグラフにおける頂点の座標の縦軸の値が、最大乾燥密度 $\rho_{dmax} = 2.0 \ g/cm^3$ となる。

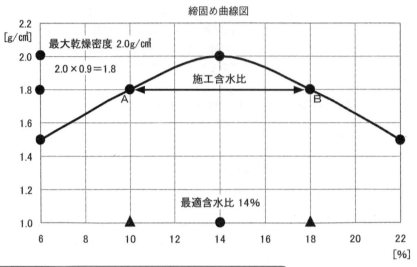

締固め曲線図

①	最大乾燥密度	$\rho_{dmax} = 2.0 \ g/cm^3$
②	最適含水比	$w_{opt} = 14\%$
③	締固め度90%の密度	$\rho = 2.0 \times 0.9 = 1.8 \ g/cm^3$
④	施工含水比はグラフより	$10\% \sim 18\%$

以上により | 施工含水比の値の範囲 | 10%～18% |

| 令和2年度 | 問題6 | 品質管理 | 土の原位置試験 |

土の原位置試験に関する次の文章の ☐ の(イ)〜(ホ)に当てはまる**適切な語句**を，**次の語句**から選び解答欄に記入しなさい。

(1) 標準貫入試験は，原位置における地盤の ☐(イ)☐ ，締まり具合または土層の構成を判定するための ☐(ロ)☐ を求めるために行うものである。

(2) 平板載荷試験は，原地盤に剛な載荷板を設置して ☐(ハ)☐ 荷重を与え，この荷重の大きさと載荷板の沈下量との関係から ☐(ニ)☐ 係数や極限支持力などの地盤の変形及び支持力特性を調べるための試験である。

(3) RI計器による土の密度試験とは，放射性同位元素（RI）を利用して，土の湿潤密度及び ☐(ホ)☐ を現場において直接測定するものである。

[語句]

バラツキ，	硬軟，	N値，	圧密，	水平，
地盤反力，	膨張，	調整，	含水比，	P値，
沈下量，	大小，	T値，	垂直，	透水

右余白縦書き：品質管理

考え方

1 標準貫入試験

標準貫入試験は、土の原位置試験の一種であり、63.5kgのハンマーを、約76cmの高さから落下させて、長さ30cmの鋼管(サンプラー)を打撃し、鋼管を30cm貫入させるのに必要な打撃回数(**N値**)を求める試験である。このN値からは、地盤の**硬軟**・締まり具合・土層の構成を判定することができる。

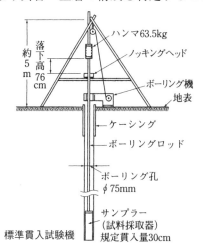

標準貫入試験機　規定貫入量30cm

標準貫入試験で求められるもの
○ 地盤の硬軟(締まり具合)
○ 地盤の支持力(許容支持力)
○ 土層の構成(支持層の位置)
○ 砂質地盤の内部摩擦角

※ 標準貫入試験では、地盤の動的貫入抵抗値(打撃による貫入に対する抵抗値)を判定することはできるが、地盤の静的貫入抵抗値(圧入による貫入に対する抵抗値)を判定することはできないことに注意が必要である。地盤の静的貫入抵抗値は、コーン貫入試験・CBR試験・平板載荷試験などにより判定する。

2 平板載荷試験

平板載荷試験は、原地盤（基礎面）に剛な載荷板（直径30cmの鋼製の円板）を設置し、その載荷板にジャッキで**垂直**荷重を与えて、垂直荷重の大きさと載荷板の沈下量との関係を調べる試験である。この関係からは、**地盤反力**係数（K値）や極限支持力（地盤の耐荷力）などの地盤変形特性や地盤支持力特性を求めることができる。

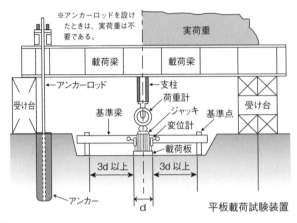

平板載荷試験装置

※載荷板に大きな荷重を与えても、載荷板があまり沈下しない地盤は、その浅い位置における地盤反力係数や極限支持力が大きい地盤である。

3 RI計器による土の密度試験

RI計器による土の密度試験は、放射性同位元素（Radio Isotope）を利用してガンマ線の土中透過減衰量を測定することで、土の**含水比**[%]・乾燥密度[g/cm³]・湿潤密度[g/cm³]などを現場で直接測定する試験である。他の原位置試験よりも測定精度が高いという特長があるので、RI計器による土の密度試験の結果は、盛土の締固め管理の判定に利用されることが多い。

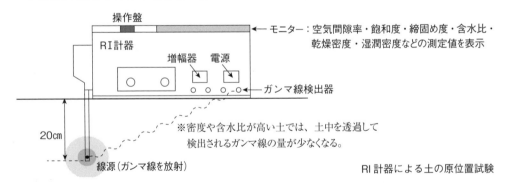

RI計器による土の原位置試験

解き方

(1) 標準貫入試験は、原位置における地盤の**(イ)硬軟**、締まり具合または土層の構成を判定するための**(ロ)N値**を求めるために行うものである。

(2) 平板載荷試験は、原地盤に剛な載荷板を設置して**(ハ)垂直**荷重を与え、この荷重の大きさと載荷板の沈下量との関係から**(ニ)地盤反力**係数や極限支持力などの地盤の変形及び支持力特性を調べるための試験である。

(3) RI計器による土の密度試験とは、放射性同位元素（RI）を利用して、土の湿潤密度及び**(ホ)含水比**を現場において直接測定するものである。

解　答

（イ）	（ロ）	（ハ）	（ニ）	（ホ）
硬軟	N 値	垂直	地盤反力	含水比

選択問題 [　　　]

令和元年度　**問題6**　品質管理　盛土の締固め管理

　　盛土の締固め管理に関する次の文章の [　　　] の（イ）～（ホ）に当てはまる**適切な語句**を、次の語句から選び解答欄に記入しなさい。

(1)　盛土工事の締固めの管理方法には、[（イ）] 規定方式と [（ロ）] 規定方式があり、どちらの方法を適用するかは、工事の性格・規模・土質条件などをよく考えたうえで判断することが大切である。

(2)　[（イ）] 規定のうち、最も一般的な管理方法は、締固め度で規定する方法である。

(3)　$締固め度 = \dfrac{\text{[（ハ）] で測定された土の [（ニ）]}}{\text{室内試験から得られる土の最大 [（ニ）]}} \times 100（\%）$

(4)　[（ロ）] 規定方式は、使用する締固め機械の種類や締固め回数、盛土材料の [（ホ）] 厚さなどを、仕様書に規定する方法である。

［語句］

積算、	安全、	品質、	工場、	土かぶり、
敷均し、	余盛、	現場、	総合、	環境基準、
現場配合、	工法、	コスト、	設計、	乾燥密度

※余盛：盛土後の沈下を見込んで、余分に盛土しておくこと
※土かぶり：地表から埋設物までの深さのこと（地下埋設物を保護するために必要）
※現場配合：粒度が異なる土を現場で混合し、所要の盛土材料を作ること

考え方

1 盛土の締固め管理

　　盛土工事の締固めの管理方法は、盛土の締固め度・飽和度などを指定する**品質**規定方式と、建設機械の種類・締固め回数・まき出し厚などを指定する**工法**規定方式に分類されている。

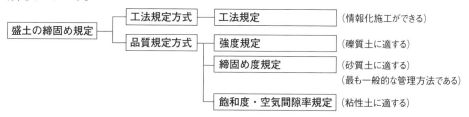

品質規定方式・工法規定方式のどちらを適用するかは、工事の性格・規模・土質条件などをよく考えて判断する必要がある。

①工事の性格：施工者の現場経験が豊富なときは、品質規定方式が適している。施工者の現場経験が乏しいときは、工法規定方式が適している。

※工法規定方式では、施工者は仕様書に従えばよく、品質管理の方法を自ら考える必要がない。

②工事の規模：一般的な工事では、品質規定方式が適している。大規模な工事では、工法規定方式が適している。

※大規模な工事では、そのすべての過程について、情報化されたデータで管理することが適切である。

③土質条件：現場の土質が変化に富むときは、品質規定方式が適している。現場の土質が比較的均一なときは、工法規定方式が適している。

※品質規定方式では、礫質土・砂質土・粘性土の種類ごとに、有効な管理方法が異なっている。

2 品質規定方式による管理

品質規定方式は、発注者が盛土の品質を仕様書で規定する方式である。品質規定方式では、仕様書において、「施工直後における盛土の締固め度を90％以上にすること」などと定められている。この品質管理基準を確保するための締固め方法は、施工者が自らの責任において定めなければならない。

品質規定方式のうち、最も一般的な管理方法は、締固め度で規定する方法である。

3 締固め度を規定する方法

盛土の締固め度は、盛土施工後に現場で測定された土の乾燥密度を、土の締固め試験（室内試験）で得られた土の最大乾燥密度で除して求める。盛土の締固め度は、百分率[％]で表される。これを計算式で表すと、下記のようになる。

$$締固め度 = \frac{現場で測定された土の乾燥密度}{室内試験から得られる土の最大乾燥密度} \times 100[％]$$

4 工法規定方式による管理

工法規定方式は、発注者が試験施工を行い、所要の盛土品質を確保するための施工方法を規定する方式である。**工法**規定方式では、使用する締固め機械の種類・締固め回数や、盛土材料の**敷均し**厚さなどが、仕様書に規定されている。施工者は、この施工方法に従って施工すればよい。

硬岩を破砕した岩塊で盛土をする場合など、工事現場での品質確認が難しいときは、工法規定方式が採用される。また、工法規定方式は、どのように施工するかが明確に定められているため、現場経験に乏しい施工者であっても施工管理ができる。

工法規定方式のうち、最も一般的な管理方法は、GNSS（Global Navigation Satellite System／全球測位衛星システム）とトータルステーションを併用し、敷均し機械および締固め機械の走行軌跡を管理する方法である。

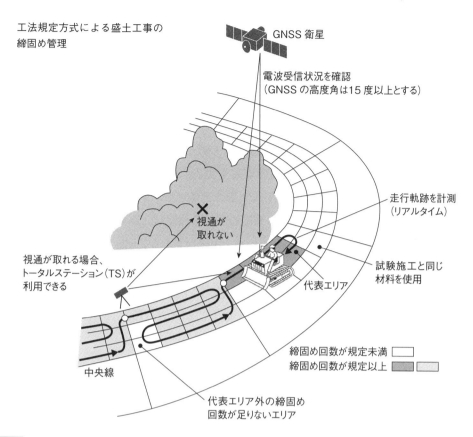

工法規定方式による盛土工事の締固め管理

GNSS 衛星

電波受信状況を確認
（GNSS の高度角は 15 度以上とする）

×
視通が取れない

視通が取れる場合、
トータルステーション（TS）が利用できる

走行軌跡を計測
（リアルタイム）

試験施工と同じ材料を使用

代表エリア

締固め回数が規定未満 □
締固め回数が規定以上 ▨ ▢

中央線

代表エリア外の締固め回数が足りないエリア

解き方

(1) 盛土工事の締固めの管理方法には、**(イ)品質** 規定方式と**(ロ)工法** 規定方式があり、どちらの方法を適用するかは、工事の性格・規模・土質条件などをよく考えたうえで判断することが大切である。

(2) **(イ)品質** 規定のうち、最も一般的な管理方法は、締固め度で規定する方法である。

(3) 締固め度 ＝ $\dfrac{\text{(ハ)現場 で測定された土の (二)乾燥密度}}{\text{室内試験から得られる土の最大 (二)乾燥密度}} \times 100\,(\%)$

(4) **(ロ)工法** 規定方式は、使用する締固め機械の種類や締固め回数、盛土材料の **(ホ)敷均し** 厚さなどを、仕様書に規定する方法である。

解　答

(イ)	(ロ)	(ハ)	(二)	(ホ)
品質	工法	現場	乾燥密度	敷均し

平成30年度	問題6	品質管理	盛土の施工

盛土に関する次の文章の ☐ の(イ)〜(ホ)に当てはまる**適切な語句を、次の語句から選び解答欄に記入しなさい。**

(1) 盛土の施工で重要な点は，盛土材料を水平に敷くことと ☐(イ)☐ に締め固めることである。

(2) 締固めの目的として、盛土法面の安定や土の支持力の増加など、土の構造物として必要な ☐(ロ)☐ が得られるようにすることが上げられる。

(3) 締固め作業にあたっては、適切な締固め機械を選定し、試験施工などによって求めた施工仕様に従って、所定の ☐(ハ)☐ の盛土を確保できるよう施工しなければならない。

(4) 盛土材料の含水量の調節は、材料の ☐(ニ)☐ 含水比が締固め時に規定される施工含水比の範囲内にない場合にその範囲に入るよう調節するもので、☐(ホ)☐、トレンチ掘削による含水比の低下、散水などの方法がとられる。

[語句]

押え盛土、	膨張性、	自然、	軟弱、	流動性、
収縮性、	最大、	ばっ気乾燥、	強度特性、	均等、
多め、	スランプ、	品質、	最小、	軽量盛土

※軽量盛土: 発泡スチロールなどの軽い材料を併用して盛土すること

考え方

1 盛土施工の重要事項

盛土材料の施工において重要なことは、構造物の部位ごとに水平に敷き均すこと、盛土全域を**均等**に締め固めて不同沈下を防止すること、一層の仕上り厚さが過大にならないようにすることである。

一例として、アスファルト舗装工事における一層の仕上り厚さは、路体(盛土)では30cm以下、路床では20cm以下、下層路盤では20cm以下、上層路盤では15cm以下、アスファルト混合物層(表層と基層)では10cm以下とすることが望ましい。

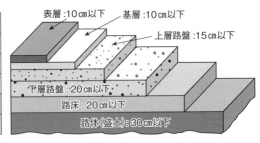

アスファルト舗装の構造 (一層の仕上がり厚さ)			
	舗装	表層	10cm以下
		基層	10cm以下
		上層路盤	15cm以下
		下層路盤	20cm以下
	基盤	路床	20cm以下
		路体(盛土)	30cm以下

2 盛土の締固めの目的

盛土の締固めの目的には、盛土法面を安定させること、土の支持力を増加させること、土の構造物として必要な**強度特性**が得られるようにすることなどがある。

発注者が仕様書で定めた品質条件を満たせるよう、施工者が使用機械・敷均し厚・締固め方法を定めて管理する品質規定方式では、試験施工で求めた施工含水比を順守しながら、盛土材料を均等に敷き均し、適切な締固め機械で十分に締め固める。その後、RI計器などにより現場で締め固めた盛土の乾燥密度を求め、土の締固め試験で求めた最大乾燥密度で除して、管理の基準となる締固め度（強度特性）を求める。

（締固め度＝盛土の乾燥密度÷最大乾燥密度）

3 盛土の品質の確保（工法規定方式）

　盛土の締固め作業では、盛土材料を均等に敷きなした後、適切な締固め機械で十分に締め固め、所定の**品質**の盛土を確保できるように施工しなければならない。

　発注者が試験施工を行い、使用機械・敷均し厚・締固め方法を仕様書に記載し、施工者はその仕様書に書かれた通りの方法で管理する工法規定方式では、仕様書に記載された通りの方法で作業を行えば、所定の品質の盛土を確保することができる。この方式では、締固め機械の走行軌跡などを管理できるので、情報化施工に適した効率的な作業を行うことができる。

4 適切な含水量の確保（品質規定方式）

　品質規定方式とする場合において、盛土材料の適切な含水量を求めるためには、土の突き固め試験により、施工含水比を求める必要がある。その後、盛土材料の**自然含水比**が、この施工含水比の範囲内にあるかどうかを確認し、施工含水比の範囲内にない場合には、対策を講じる必要がある。

①盛土材料の自然含水比が、施工含水比の範囲内にある場合は、適正な材料としてそのまま盛土に使用することができる。

②盛土材料の自然含水比が、施工含水比の許容範囲よりも高い場合は、その材料を薄く敷き均して**曝気乾燥**（ばっき）させるか、トレンチ掘削による排水を行ってから、その材料を盛土に使用する。

③盛土材料の自然含水比が、施工含水比の許容範囲よりも低い場合は、散水などを行ってから、その材料を水平に敷き均し、盛土を均等に締め固める。

解き方

⑴盛土の施工で重要な点は，盛土材料を水平に敷くことと**(イ)均等**に締め固めることである。

⑵締固めの目的として、盛土法面の安定や土の支持力の増加など、土の構造物として必要な**(ロ)強度特性**が得られるようにすることが上げられる。

⑶締固め作業にあたっては、適切な締固め機械を選定し、試験施工などによって求めた施工仕様に従って、所定の**(ハ)品質**の盛土を確保できるよう施工しなければならない。

⑷盛土材料の含水量の調節は、材料の**(ニ)自然**含水比が締固め時に規定される施工含水比の範囲内にない場合にその範囲に入るよう調節するもので、**(ホ)ばっ気乾燥**、トレンチ掘削による含水比の低下、散水などの方法がとられる。

(イ)	(ロ)	(ハ)	(ニ)	(ホ)
均等	強度特性	品質	自然	ばっ気乾燥

選択問題 [　　]

平成29年度	問題8　品質管理	盛土の敷均しと締固め

　盛土の品質を確保するために行う**敷均し及び締固めの施工上の留意事項**をそれぞれ解答欄に記述しなさい。

考え方

1 盛土材料の敷均し

　盛土を施工するときには、盛土を締め固めた際に、一層の平均仕上り厚さおよび締固め度が、管理基準値(一般的には平均仕上り厚さ30cm以下かつ締固め度90％以上)を満たせるよう、盛土材料の敷均しを行わなければならない。盛土材料の敷均しにおける施工上の留意事項には、次のようなものがある。

①締固め時に規定される施工含水比が得られるよう、敷均し時に含水量調節を行う。

②含水量調節が困難な場合には、薄層で念入りに転圧するなど、適切な対策を講じる。

③敷均し厚さは、35cm〜45cmとすることが一般的である。しかし、具体的な敷均し厚さは、一層の仕上り厚さが30cm以下となるよう、試験施工で確認しておく。

④盛土施工中および盛土施工後は、盛土の表面にローラをかけて平滑にしておき、3％〜5％の横断勾配をつけておく。

⑤高含水比の盛土材料を敷き均すときは、トラフィカビリティーが得られるよう、湿地ブルドーザを使用する。また、こね返しを防止するため、その運搬路は透水性の高い山砂等で構築する。

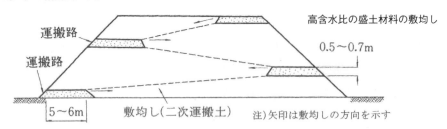

2 盛土の締固め

　盛土を施工するときは、締め固めた土の性質の恒久性や、設計において設定した盛土の所要力学特性を確保するため、盛土材料および盛土の構成部分等に応じた適切な締固めを行わなければならない。その締固め方法は、基準試験を行って確認する必要がある。盛土の締固めにおける施工上の留意事項には、次のようなものがある。

①盛土材料を水平に敷き均し、一層の仕上り厚さが30cm以下となるよう、均等かつ十分に締め固める

②盛土材料の土質区分に応じて、適切な締固め機械（タイヤローラ・振動ローラ・タンピングローラなど）を選定し、管理基準値を満足するよう、必要な回数分走行して締め固める。

③工法規定方式の場合は、所要の敷均し厚を確保するため、定められた締固め機械を使用し、仕様書に示された走行回数を遵守する。

④品質規定方式の場合は、土の種類に応じた規定（強度規定・変形量規定・乾燥密度規定・飽和度規定・空気間隙率規定）を受注者が選んで採用する。

⑤盛土の施工含水比を管理し、基準試験を行って締固め機械の走行回数を定める。

解答例

敷均しの施工上の留意事項	砂質土の敷均しでは、一層の仕上り厚さが30cm以下となるよう、敷均し厚さの具体的な数値は試験施工で確認する。
締固めの施工上の留意事項	砂質土の締固めでは、施工含水比を確認し、基準試験で締固め機械の走行回数を定めた後、締固め作業を開始する。

参考

　盛土の締固め規定方式は、工法規定方式と品質規定方式に分類される。

　工法規定方式では、締固め機械の重量・敷均し厚さ・締固め回数などの工法を規定する。これらの工法は、土質に応じて、情報化施工として、発注者が仕様書で規定する。工法が規定されているので、受注者による管理は容易である。

　品質規定方式では、支持力・変形量・締固め度・飽和度・空気間隙率などの品質を規定する。どの品質で管理するかは、土質や部位によって異なる。受注者は、自らの品質管理基準に従って管理しなければならない。

　品質規定方式では、土の種類ごとに、規定項目や締固め度の試験方法が異なっている。下表にこれらの規定項目および試験方法を示す。この中で、特に重要なものは、乾燥密度規定である。

品質管理

土の締固め規定と適用土質の関係

方式	規定名 （規定方法）	粘性土	シルト	砂	礫	岩塊・玉石
		粒径　0.005mm		0.075mm	2.0mm	75mm
工法規定方式	工法規定 （重量, 走行回数, 敷均厚）				←―――――――→	
品質規定方式	強度規定 （現場CBR値, K値, q値）			←―――――――→		
	変形量規定 （荷重車走行時沈下量）					
	乾燥密度規定 （締固め度）	←―――――――→				
	飽和度規定（飽和度）	←――→				
	空気間隙率規定 （空気間隙率）	←→				

締固めの試験方法と適用土質の関係

	試験・測定方法	原理・特徴	適用土質 礫	砂	粘
品質規定 / 密度	ブロックサンプリング	掘り出した土塊の体積を直接（パラフィンを湿布し, 液体に浸すなどして）測定する。		←――→	
	砂置換法 －乾燥砂	掘り出し跡の穴を別の材料（乾燥砂, 水等）で置換することにより, 掘り出した土の体積を知る。		←――→	
	水置換法 －水		←――――――→		
	RI法	土中での放射線（ガンマ線）透過減衰を利用した間接測定。線源棒挿入による非破壊的な測定法。		←――→	
	衝撃加速度試験	重錘落下時の衝撃加速度から間接測定。		←――→	
含水量	炉乾燥法	一定温度（110℃）における乾燥。	←――――――→		
	急速乾燥法	フライパン, アルコール, 赤外線, 電子レンジ等を利用した燃焼・乾燥による簡便・迅速な測定方法。	←――――――→		
	RI法	放射線（中性子）と土中の水素元素との錯乱・吸収を利用した間接測定, 非破壊測定法。		←――→	
強度・変形	平板載荷試験	静的載荷による変形支持特性の測定。	←――――――→		
	現場CBR試験			←――→	
	ポータブルコーン貫入	コーンの静的貫入抵抗の測定。		←→	
	プルーフローリング	タイヤローラ後の転圧車輪の沈下・変形量（目視）より締固め不良箇所を知る。		←→	
	衝撃加速度 　重錘落下試験 　衝撃加速度試験	重錘落下時の衝撃加速度, 機械インピーダンス, 振動載荷時の応答加速度等からの間接測定。	←――→		
工法規定	タスクメータ	転圧機械の稼働時間の記録をもとに管理する方法。	←――――――→		
	TS・GNSSを用いた管理	転圧機械の走行記録をもとに管理する方法。	←――――――→		

| 平成28年度 | 問題6 品質管理 | 土の原位置試験 |

土の原位置試験に関する次の文章の [　　　] の (イ)〜(ホ)に当てはまる**適切な語句**を、下記の語句から選び解答欄に記入しなさい。

(1) 原位置試験は、土がもともとの位置にある自然の状態のままで実施する試験の総称で、現場で比較的簡易に土質を判定しようとする場合や乱さない試料の採取が困難な場合に行われ、標準貫入試験、道路の平板載荷試験、砂置換法による土の [(イ)] 試験などが広く用いられている。

(2) 標準貫入試験は、原位置における地盤の硬軟、締まり具合などを判定するための [(ロ)] や土質の判断などのために行い、試験結果から得られる情報を [(ハ)] に整理し、その情報が複数得られている場合は地質断面図にまとめる。

(3) 道路の平板載荷試験は、道路の路床や路盤などに剛な載荷板を設置して荷重を段階的に加え、その荷重の大きさと載荷板の [(ニ)] との関係から地盤反力係数を求める試験で、道路、空港、鉄道の路床、路盤の設計や締め固めた地盤の強度と剛性が確認できることから工事現場での [(ホ)] に利用される。

[語句] 品質管理、　　粒度加積曲線、　膨張量、　　　　出来形管理、　沈下量、
　　　　隆起量、　　　N値、　　　　写真管理、　　　密度、　　　　透水係数、
　　　　土積図、　　　含水比、　　　土質柱状図、　　間隙水圧、　　粒度

※粒度加積曲線は粒径加積曲線の誤植と思われる。

考え方

①土質調査は、野外で地盤の強さなどを調べる原位置試験と、土試料を現場から採取して試験室で土のせん断強さなどを調べる土質試験に大別されている。代表的な土の原位置試験によって求める値と、その結果の利用法をまとめると、次表のようになる。

原位置試験	試験で求める値	試験で求めた結果の利用法
砂置換法 (単位体積質量試験)	土の**密度**(ρ)	盛土の締固め度の判断、盛土の品質管理
標準貫入試験	打撃回数(**N値**) (サンプラーの打ち込みにくさ)	地盤の硬軟の判断、**土質柱状図**の作成
平板載荷試験	地盤反力係数(K値) (0.25cmの貫入圧力による載荷板の**沈下量**)	締固め路盤の強度の判断、路盤の**品質管理**
コーン貫入試験	コーン指数(q_c)(10cm圧入時の貫入抵抗力)	建設機械の走行性の判定
現場CBR試験	CBR値(0.25cmの貫入量に対する貫入圧力比)	原位置地盤の支持力の判定
ベーン試験	粘着力(c)	斜面のせん断強さの判定
スウェーデン式 サウンディング試験	半回転数(N_{SW}値) (スクリューを1m貫入したときの半回転数)	地盤の硬軟の判断

品質管理

②代表的な土の原位置試験で使用される各機器は、下図のような構造となっている。

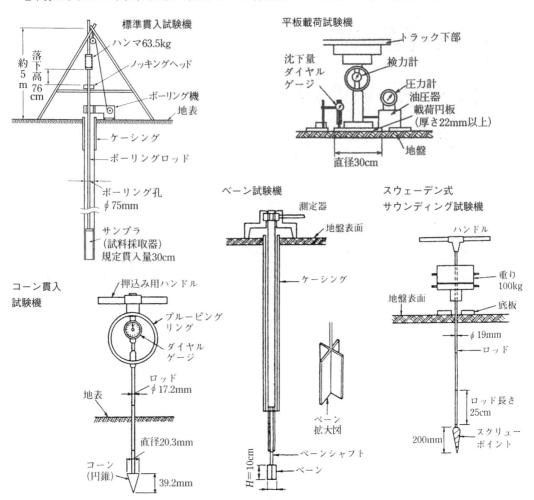

解き方

(1) 原位置試験は、土がもともとの位置にある自然の状態のままで実施する試験の総称で、現場で比較的簡易に土質を判定しようとする場合や乱さない試料の採取が困難な場合に行われ、標準貫入試験、道路の平板載荷試験、砂置換法による土の**(イ)密度**試験などが広く用いられている。

(2) 標準貫入試験は、原位置における地盤の硬軟、締まり具合などを判定するための**(ロ)N値**や土質の判断などのために行い、試験結果から得られる情報を**(ハ)土質柱状図**に整理し、その情報が複数得られている場合は地質断面図にまとめる。

(3) 道路の平板載荷試験は、道路の路床や路盤などに剛な載荷板を設置して荷重を段階的に加え、その荷重の大きさと載荷板の**(ニ)沈下量**との関係から地盤反力係数を求める試験で、道路、空港、鉄道の路床、路盤の設計や締め固めた地盤の強度と剛性が確認できることから工事現場での**(ホ)品質管理**に利用される。

解 答

（イ）	（ロ）	（ハ）	（ニ）	（ホ）
密度	Ｎ値	土質柱状図	沈下量	品質管理

平成27年度	問題8 品質管理	品質計画（盛土の安定性）

　盛土の安定性を確保し良好な品質を保持するために求められる盛土材料として、望ましい**条件を2つ**解答欄に記述しなさい。

考え方

　盛土の安定を保つためには、適切な盛土材料を選定することが重要である。ここでは、盛土の施工計画を立てる上で、品質管理の視点から、望ましい盛土材料について記述する。望ましい盛土材料は、次のような性質を持っている。

①敷均し・締固めが容易で、締固め後のせん断強度が大きい。

②圧縮性が小さく、雨水などに浸食されにくい。

③吸水による膨潤性が低い。

　一般に、粒度配合の良い礫質土や砂質土は、①～③のような性質を持っていることが多いので、盛土材料に適している。土の透水性については、堤防では小さく、道路盛土では大きい方が望ましい。

参考

　近年、盛土の品質管理は、工法規定方式（仕様書規定方式）から性能規定方式に移行している。従来の工法規定方式では、使用すべき材料が仕様書に示されていた。現在の性能規定方式では、施工者自らが盛土材料を選定し、必要な性能を確保することの責任を施工者が負うことになっている。これからの土木施工管理技士は、単に施工品質を確保するだけではなく、土工の計画・設計に関する知識を修得する必要がある。

解答例

	盛土材料として望ましい条件
①	敷均し・締固めが容易で、施工後の盛土のせん断強度が大きい材料
②	圧縮性や膨潤性が小さい材料

| 平成26年度 | 問題4 | 設問2 | 品質管理 | 土の工学的性質を確認するための試験の名称 |

土の工学的性質を確認するための**試験の名称を5つ**解答欄に記入しなさい。

試験の名称は、原位置試験又は室内土質試験のどちらからでも可とする。

ただし、解答欄の記入例と同一内容は不可とする。

考え方

　　土質試験は、工事現場で実施する原位置試験と、工事現場の土を採取して土質試験室で実施する室内土質試験に分類される。土質試験の一覧を下表に示す。このすべてが土の工学的性質を確認するための試験といえるので、次の各表の試験名から5つを選択し、解答する。

原位置試験

No	試験名	試験により求める値	試験で求めた値の利用法
1	弾性波探査	・V（弾性波速度）	・岩質を調べ、掘削法を検討
2	電気探査	・r（電気抵抗）	・地下水位の位置を知り、掘削法を検討
3	単位体積質量試験（現場）	・ρ_d（原位置の土の密度）	・土の締固め管理
4	標準貫入試験	・N値（打撃回数）	・土層の支持層の確認 ・成層の状況
5	スウェーデン式サウンディング	・N_{sw}値	・広い範囲の地盤の支持力 ・地盤の締固まり具合
6	コーン貫入試験	・q_c（コーン指数）	・トラフィカビリティの判定 ・浅い地盤支持力の確認
7	ベーン試験	・c（粘着力）	・深い粘性地盤の支持力の確認 ・斜面の安定性の判定
8	道路の平板載荷試験	・K値（地盤反力係数）	・路床、路盤の支持力の確認
9	地盤の平板載荷試験	・K値（地盤反力係数）	・地盤の支持力の確認
10	現場CBR試験	・CBR値	・切土・盛土の支持力の確認
11	現場透水試験	・k（透水係数）	・掘削方法の検討

土の性質を判別分類するための土質試験

No	試験名	試験により求める値	試験で求めた値の利用法
1	含水量試験	・w（含水比）	・土の締固め管理 ・土の分類
2	単位体積質量試験 （室内）	・ρ_t（湿潤密度） ・ρ_d（乾燥密度）	・土の締固め管理 ・斜面の安定性の検討
3	土粒子の密度試験	・ρ（土粒子の密度） ・S_r（飽和度） ・v_a（空気間隙率）	・土の基本的な分類 ・高含水比粘性土の締固め管理
4	コンシステンシー試験 ・液性限界試験 ・塑性限界試験	・w_L（液性限界） ・w_p（塑性限界） ・PI（塑性指数） ・I_c（コンシステンシー指数）	・細粒土の分類 ・安定処理工法の検討 ・凍上性の判定 ・締固め管理
5	粒度試験	・粒径加積曲線 ・U_c（均等係数）	・盛土材料の判定 ・液状化の判定 ・透水性の判定
6	相対密度試験	・D_r（相対密度）	・砂地盤の締まりぐあいの判断 ・砂層の液状化の判定

土の力学的性質を求める土質試験

No	試験名	試験により求める値	試験で求めた値の利用法
1	突固めによる土の締固め 試験	・$\rho_{d\,max}$（最大乾燥密度） ・w_{opt}（最適含水比）	・盛土の締固め管理
2	せん断試験 ・直接せん断試験 ・一軸圧縮試験 ・三軸圧縮試験	・ϕ（内部摩擦角） ・c（粘着力） ・q_u（一軸圧縮） ・S_t（鋭敏比）	・地盤の支持力の確認 ・細粒土のこね返しによる支持力 　の判定 ・斜面の安定性の判定
3	室内 CBR 試験	・CBR 値 ・修正 CBR 値	・路盤材料の選定 ・地盤支持力の確認 ・トラフィカビリティの判定
4	圧密試験	・m_v（体積圧縮係数） ・C_v（圧縮指数） ・k（透水係数）	・圧密量の判定 ・圧密時間の判定
5	室内透水試験	・k（透水係数）	・堤体・排水工の設計

解答例

①	標準貫入試験
②	平板載荷試験
③	コーン貫入試験
④	一軸圧縮試験
⑤	圧密試験

品質管理

選択問題 ☐

令和5年度	問題7 品質管理	鉄筋の組立て・型枠の施工

コンクリート構造物の鉄筋の組立及び型枠に関する次の文章の ☐ の(イ)～(ホ)に当てはまる適切な語句を，下記の語句から選び解答欄に記入しなさい。

(1) 鉄筋どうしの交点の要所は直径 0.8 mm 以上の ☐(イ) 等で緊結する。

(2) 鉄筋のかぶりを正しく保つために，モルタルあるいはコンクリート製の ☐(ロ) を用いる。

(3) 鉄筋の継手箇所は構造上の弱点となりやすいため，できるだけ大きな荷重がかかる位置を避け， ☐(ハ) の断面に集めないようにする。

(4) 型枠の締め付けにはボルト又は鋼棒を用いる。型枠相互の間隔を正しく保つためには， ☐(ニ) やフォームタイを用いる。

(5) 型枠内面には， ☐(ホ) を塗っておくことが原則である。

[語句]

結束バンド，	スペーサ，	千鳥，	剥離剤，	交互，
潤滑油，	混和剤，	クランプ，	焼なまし鉄線，	パイプ，
セパレータ，	平板，	供試体，	電線，	同一

文章

(1) 鉄筋どうしの交点の要所は直径 0.8mm 以上の **(イ)焼なまし鉄線**等で緊結する。

(2) 鉄筋のかぶりを正しく保つために、モルタルあるいはコンクリート製の **(ロ)スペーサ** を用いる。

(3) 鉄筋の継手箇所は構造上の弱点となりやすいため、できるだけ大きな荷重がかかる位置を避け、**(ハ)同一**の断面に集めないようにする。

(4) 型枠の締め付けにはボルト又は鋼棒を用いる。型枠相互の間隔を正しく保つためには、**(ニ)セパレータ**やフォームタイを用いる。

(5) 型枠内面には、**(ホ)剥離剤**を塗っておくことが原則である。

解答

(イ)	(ロ)	(ハ)	(ニ)	(ホ)
焼なまし鉄線	スペーサ	同一	セパレータ	剥離剤

1 鉄筋相互の緊結

鉄筋相互の交点の要所は、直径0.8mm以上の**焼なまし鉄線**や、適切な**クリップ**などの連結金具を用いて緊結する。この緊結に結束バンドや電線などの緊結力に劣るものを用いたり、この緊結に使用する焼なまし鉄線が細すぎたりすると、鉄筋の緊結が不十分となり、鉄筋が脱落するおそれが生じる。また、次のような事項にも留意する。
①重ね継手部分の焼なまし鉄線は、付着強度の低下を避けるため、必要以上に長くしない。
②使用した焼なまし鉄線やクリップは、下記 **2** で示すようなかぶり内に残してはならない。

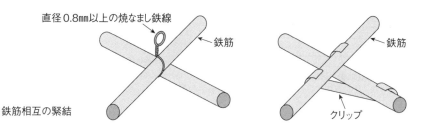

直径0.8mm以上の焼なまし鉄線

鉄筋

鉄筋相互の緊結

鉄筋

クリップ

2 鉄筋のかぶりの保持

鉄筋の**かぶり**(コンクリート表面から鉄筋までの最短距離)を正しく保つためには、下図のような**スペーサ**を用いることにより、鉄筋を適切な位置に保持する必要がある。このスペーサが正しく用いられていないと、鉄筋のかぶりが不足し、コンクリートの中性化の進行による鉄筋の発錆が生じやすくなる。平板(床材などに用いる板状のコンクリート)や供試体(強度試験などのために採取したコンクリート片)などは、鉄筋を適切に保持できるような形状ではないので、スペーサの代わりに用いるようなことをしてはならない。

スペーサの材質は、使用箇所に応じたものとする。土木構造物では、型枠に接するスペーサは、**モルタル製**または**コンクリート製**とすることが原則である。型枠に接するスペーサを、強度に劣るプラスチック製としたり、錆が生じやすい鋼製としたりしてはならない。

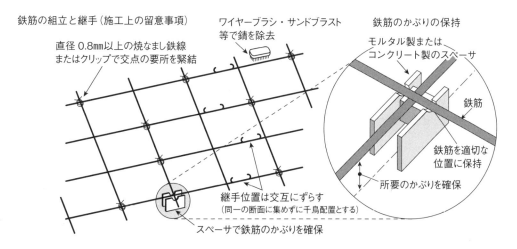

鉄筋の組立と継手(施工上の留意事項)

ワイヤーブラシ・サンドブラスト等で錆を除去

鉄筋のかぶりの保持

直径0.8mm以上の焼なまし鉄線またはクリップで交点の要所を緊結

モルタル製またはコンクリート製のスペーサ

鉄筋

鉄筋を適切な位置に保持

所要のかぶりを確保

継手位置は交互にずらす
(同一の断面に集めずに千鳥配置とする)

スペーサで鉄筋のかぶりを確保

品質管理

3 鉄筋の継手の配置

鉄筋の継手箇所(2本の鉄筋を接合する位置)は、鉄筋の構造上の弱点となりやすい(他の部分と比べて強度が80%程度に低下する)ので、同一の断面に集めないようにする(隣接する鉄筋の継手は交互にずらして千鳥配置とする)必要がある。また、鉄筋の継手箇所は、大きな荷重がかかる位置(梁の端部などのせん断力が作用する位置)を避け、荷重がかかりにくい位置(梁の中央付近などのせん断力が小さい位置)とする必要がある。

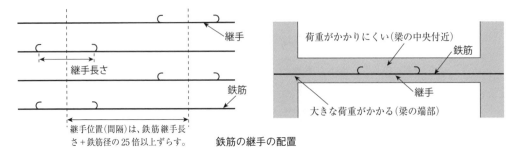

継手位置(間隔)は、鉄筋継手長さ+鉄筋径の25倍以上ずらす。

鉄筋の継手の配置

4 型枠の締付け

コンクリートを流し込むための型枠の施工にあたっては、所定の精度内に収まるように、次のような事項に留意して加工および組立てを行わなければならない。

①型枠の締付けには、ボルトまたは棒鋼などの締付け材を使用することを標準とする。この締付け材は、型枠を取り外した後、コンクリート表面に残しておいてはならない。

②型枠相互の間隔を正しく保つ(型枠が所定の間隔以上に開かないようにする)ためには、セパレータやフォームタイなどの締付け金具を使用する。この締付け金具の代わりに、クランプ(鉄筋の吊上げ用の器具)やパイプを用いるようなことをしてはならない。

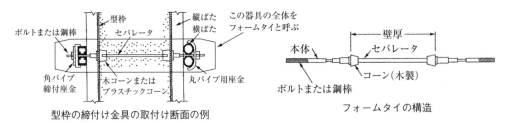

型枠の締付け金具の取付け断面の例　　　フォームタイの構造

5 型枠内面の処理

コンクリートを流し込むための型枠のせき板の内面には、剥離剤を塗っておくことが原則である。この剥離剤が塗られていないと、硬化したコンクリートが、型枠のせき板の内面に付着してしまい、コンクリートの仕上げ面に損傷を与えるおそれが生じる。型枠のせき板の内面に、潤滑油や混和剤(コンクリートの性質を改善するための薬剤)を塗っても、コンクリートと型枠のせき板との付着を防止することはできない。

令和4年度	問題7 品質管理	レディーミクストコンクリートの受入れ検査

レディーミクストコンクリート（JIS A 5308）の受入れ検査に関する次の文章の　　　　の(イ)～(ホ)に当てはまる**適切な語句又は数値を，下記の語句又は数値から選び解答欄に記入しなさい**。

(1)　スランプの規定値が 12 cm の場合，許容差は± 　(イ)　 cm である。

(2)　普通コンクリートの 　(ロ)　 は 4.5 ％ であり，許容差は± 1.5 ％ である。

(3)　コンクリート中の 　(ハ)　 含有量は 0.30 kg / m³ 以下と規定されている。

(4)　圧縮強度の 1 回の試験結果は，購入者が指定した 　(ニ)　 強度の強度値の　(ホ)　 ％ 以上であり，3 回の試験結果の平均値は，購入者が指定した 　(ニ)　 強度の強度値以上である。

［語句又は数値］

単位水量,	空気量,	85,	塩化物,	75,
せん断,	95,	引張,	2.5,	不純物,
7.0,	呼び,	5.0,	骨材表面水率,	アルカリ

考え方

① レディーミクストコンクリートの受入れ検査における合格基準

レディーミクストコンクリートの受入れ検査（品質検査）における合格基準（各種の品質特性が収まっていなければならない範囲）は、次頁の表のように定められている。

品質特性(検査場所)	合格基準
圧縮強度 (荷卸点)	① 3回の試験のうち、どの1回も指定呼び強度の85%以上である。 ② 3回の試験の平均値が指定呼び強度以上である。 ※強度試験では、上記の①と②の条件を同時に満たさなければならない。
スランプ (荷卸点)	①規定値が2.5cmであれば、許容差は±1cmとする。 ②規定値が5cmまたは6.5cmであれば、許容差は±1.5cmとする。 ③規定値が8cm以上18cm以下であれば、許容差は±2.5cmとする。 ④規定値が21cmであれば、許容差は±1.5cmとする。
スランプフロー (荷卸点)	①規定値が50cmであれば、許容差は±7.5cmとする。 ②規定値が60cmであれば、許容差は±10cmとする。
空気量 (荷卸点)	①普通コンクリートの場合、規定値は4.5%とし、許容差は±1.5%とする。 ②軽量コンクリートの場合、規定値は5.0%とし、許容差は±1.5%とする。 ③舗装コンクリートの場合、規定値は4.5%とし、許容差は±1.5%とする。 ④高強度コンクリートの場合、規定値は4.5%とし、許容差は±1.5%とする。
塩化物含有量 (荷卸点か工場)	①通常は、塩化物イオン量に換算して0.3kg/m³以下とする。 ②購入者の承認がある無筋コンクリートは、塩化物イオン量に換算して0.6kg/m³以下とする。

※スランプ試験・空気量試験では、最初の試験で不合格と判定された場合に、もう一度だけ同じ試験を行い、合格と判定された場合には、最終結果を合格とすることができる。

※アルカリシリカ反応(アルカリ骨材反応)骨材反応については、コンクリートの配合計画書を見て、次の条件のいずれかを満たしていることが判明すれば、対策がとられていると判定してよい。

①アルカリ総量が3.0kg/m³以下である。

②「無害」と判定された骨材を使用している。

③反応を抑制できる混合セメント(高炉セメントB種など)を使用している。

2 スランプの合格基準

レディーミクストコンクリートの受入れ検査では、スランプの規定値(指定値)が8cm以上18cm以下である場合、その許容差は**±2.5cm**とすることが定められている。すなわち、スランプが規定値±2.5cmの範囲にあれば、スランプについては合格と判定する。一例として、スランプの規定値が12cmである場合、受入れ時のスランプ試験において、そのスランプが9.5cm～14.5cmの範囲にあれば、スランプについては合格と判定する。

※スランプが大きすぎる(コンクリートが軟らかすぎる)と、コンクリートの品質が悪くなる。
※スランプが小さすぎる(コンクリートが硬すぎる)と、流動性が低下して作業しにくくなる。

3 空気量の合格基準

レディーミクストコンクリートの受入れ検査では、普通コンクリートの**空気量**の規定値は4.5%とし、その許容差は±1.5%とすることが定められている。すなわち、普通コンクリートは、受入れ時の空気量試験において、その空気量が3.0%～6.0%の範囲にあれば、空気量については合格と判定する。

候補となる語句
○**空気量**:空気量は、受入れ検査における主要な検査項目(品質特性)のひとつである。
×**単位水量**:単位水量は、受入れ時に検査するのではなく、工場での配合設計時に検査する。
×**骨材表面水率**:骨材表面水量は、受入れ時には検査できないので、工場での配合設計時に検査する。

※空気量が多すぎると、コンクリート中の空隙が多くなるので、完成後の圧縮強度が低下する。
※空気量が少なすぎると、コンクリートが浸水や凍結に弱くなり、ひび割れが生じやすくなる。

4 塩化物含有量の合格基準

　レディーミクストコンクリートの受入れ検査では、その**塩化物**含有量が、塩化物イオン量に換算して 0.30kg/m^3 以下（例外として購入者の承認がある無筋コンクリートの場合は 0.60kg/m^3 以下）であれば、塩化物含有量については合格と判定する。したがって、コンクリート中の塩化物含有量は、0.30kg/m^3 以下と規定されている。

候補となる語句
○**塩化物**：塩化物の含有量は、受入れ検査における主要な検査項目（品質特性）のひとつである。
×**不純物**：不純物の含有量は、受入れ時には検査できないので、工場で各材料の目視確認を行う。
×**アルカリ**：アルカリ総量は、配合計画書を見て、3.0kg/m^3 以下であることを確認できればよい。

※塩化物含有量が多すぎるコンクリートを使用すると、その内部にある鉄筋に錆が発生しやすくなる。

5 圧縮強度の合格基準

　レディーミクストコンクリートの受入れ検査では、3回の圧縮強度試験が行われる。3回の圧縮強度試験において、その試験結果が次の①と②の規定をどちらも満足していれば、圧縮強度については合格と判定する。

①1回の試験結果が、いずれも購入者が指定した**呼び**強度の強度値の**85%以上**である。

②3回の試験結果の平均値が、購入者が指定した**呼び**強度の強度値以上である。

候補となる語句
○**呼び**：呼び強度は、コンクリートの強度の区分であり、コンクリートの圧縮強度に近い値である。
×**せん断**：せん断強度は、呼び強度（圧縮強度）の5分の1程度なので、基準にしてはならない。
×**引張**：引張強度は、呼び強度（圧縮強度）の10分の1程度なので、基準にしてはならない。

※コンクリートは、引張に弱い（引張強度は小さい）が、圧縮に強い（圧縮強度は大きい）。鉄筋は、引張に強い（引張強度は大きい）が、圧縮に弱い（圧縮強度は小さい）。鉄筋コンクリート造の建築物は、鉄筋が引張力を分担し、コンクリートが圧縮力を分担するように造られている。

解き方

(1) スランプの規定値が12cmの場合、許容差は ± **(イ)2.5**cmである。

(2) 普通コンクリートの**(ロ)空気量**は4.5％であり、許容差は±1.5％である。

(3) コンクリート中の**(ハ)塩化物**含有量は 0.30kg/m^3 以下と規定されている。

(4) 圧縮強度の1回の試験結果は、購入者が指定した**(ニ)呼び**強度の強度値の**(ホ)85**％以上であり、3回の試験結果の平均値は、購入者が指定した**(ニ)呼び**強度の強度値以上である。

解答

(イ)	(ロ)	(ハ)	(ニ)	(ホ)
2.5	空気量	塩化物	呼び	85

令和3年度	問題7 品質管理	鉄筋・型枠・型枠支保工の品質管理

鉄筋の組立・型枠及び型枠支保工の品質管理に関する次の文章の ☐ の(イ)～(ホ)に当てはまる**適切な語句を，次の語句から選び解答欄に記入しなさい。**

(1) 鉄筋の継手箇所は，構造上弱点になりやすいため，できるだけ，大きな荷重がかかる位置を避け， (イ) の断面に集めないようにする。

(2) 鉄筋の (ロ) を確保するためのスペーサは，版（スラブ）及び梁部ではコンクリート製やモルタル製を用いる。

(3) 型枠は，外部からかかる荷重やコンクリートの (ハ) に対し，十分な強度と剛性を有しなければならない。

(4) 版（スラブ）の型枠支保工は，施工時及び完成後のコンクリートの自重による沈下や変形を想定して，適切な (ニ) をしておかなければならない。

(5) 型枠及び型枠支保工を取り外す順序は，比較的荷重を受けにくい部分をまず取り外し，その後残りの重要な部分を取り外すので，梁部では (ホ) が最後となる。

[語句]

負圧，	相互，	妻面，	千鳥，	側面，
底面，	側圧，	同一，	水圧，	上げ越し，
口径，	下げ止め，	応力，	下げ越し，	かぶり

考え方

1 鉄筋の継手の配置

　鉄筋の継手(2本の鉄筋を接合する位置)は、鉄筋の構造上の弱点となりやすい(他の部分と比べて強度が80%程度に低下する)ので、**同一**の断面に集めないようにする(隣接する鉄筋の継手は相互にずらして千鳥配置とする)必要がある。また、鉄筋の継手は、大きな荷重がかかる位置(梁の端部などの荷重が作用する位置)を避け、荷重がかかりにくい位置(梁の中央付近などの荷重が小さい位置)に設けるようにする。

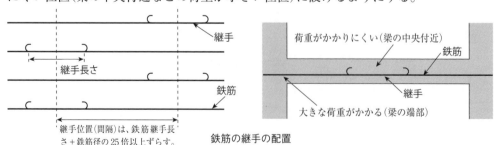

鉄筋の継手の配置

❷ 鉄筋のかぶりを確保するスペーサ

　スペーサは、鉄筋の**かぶり**(コンクリート表面から鉄筋までの最短距離)を確保すると共に、鉄筋を適切な位置に保持するための部材である。コンクリートの中性化等による鉄筋の発錆を防止するため、鉄筋のかぶりは、部位ごとに定められた値以上としなければならない。スペーサの材質については、土木工事共通仕様書において、次の事項が定められている。

①型枠に接するスペーサについては、コンクリート製あるいはモルタル製で、本体コンクリートと同等以上の品質を有するものを使用しなければならない。

②鉄筋コンクリート床版のスペーサについては、コンクリート製もしくはモルタル製を使用するのを原則とし、本体コンクリートと同等の品質を有するものとしなければならない。

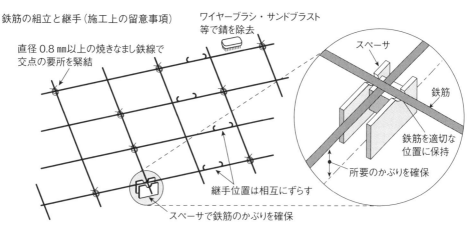

※型枠に接するスペーサは、原則として、モルタル製またはコンクリート製とする。
※型枠に接するスペーサを、強度に劣るプラスチック製としたり、錆が生じやすい鋼製としたりしてはならない。
※土木工事における版(スラブ)及び梁のスペーサは、「型枠に接するスペーサ」に該当する。

❸ 型枠の強度と剛性

　コンクリートの打込みに使用する型枠は、外部からかかる荷重やコンクリートの**側圧**に対して、型枠のはらみ(膨らみ)・モルタルの漏れ・移動・沈下・接続部の緩みなどの異常が生じないように、十分な強度と剛性を有していなければならない。

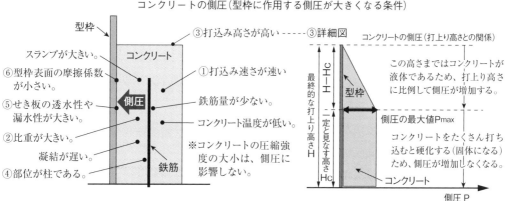

4 型枠支保工の上げ越し

打ち込んだ直後のコンクリートは、その流動性が側圧として作用するため、それを支える型枠支保工は、この側圧を受けて変形することがある。そのため、版（スラブ）の型枠支保工を施工するときは、施工時および完成後の自重による沈下や変形を想定して、適切な**上げ越し**を行うことで、コンクリート硬化後の水平を確保できるようにしなければならない。

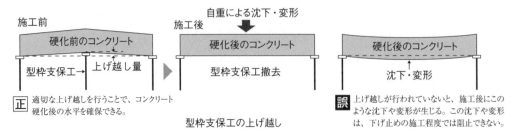

型枠支保工の上げ越し

5 型枠・型枠支保工の取外し順序

型枠・型枠支保工の取外しは、比較的荷重を受けにくい部分を優先して（先行して）行わなければならない。言い換えれば、荷重を受けやすい部分（重要な部分）の型枠・型枠支保工は、最後まで残しておく必要がある。梁部の型枠・型枠支保工の取外し順序は、次の通りとする。（①→②→③の順序で取り外す）

①比較的荷重を受けにくい梁上面の型枠・型枠支保工を取り外す。

②比較的荷重を受けやすい梁側面および梁妻面の型枠・型枠支保工を取り外す。

③最も荷重を受けやすい（重要な部分である）梁**底面**の型枠・型枠支保工を取り外す。

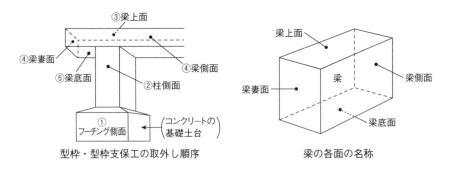

型枠・型枠支保工の取外し順序 　　　　梁の各面の名称

解き方

(1) 鉄筋の継手箇所は、構造上弱点になりやすいため、できるだけ、大きな荷重がかかる位置を避け、**(イ)同一**の断面に集めないようにする。

(2) 鉄筋の**(ロ)かぶり**を確保するためのスペーサは、版（スラブ）及び梁部ではコンクリート製やモルタル製を用いる。

(3) 型枠は、外部からかかる荷重やコンクリートの**(ハ)側圧**に対し、十分な強度と剛性を有しなければならない。

(4) 版（スラブ）の型枠支保工は、施工時及び完成後のコンクリートの自重による沈下や変形を想定して、適切な**(ニ)上げ越し**をしておかなければならない。

(5) 型枠及び型枠支保工を取り外す順序は、比較的荷重を受けにくい部分をまず取り外し、その後残りの重要な部分を取り外すので、梁部では(ホ)底面が最後となる。

解　答

(イ)	(ロ)	(ハ)	(ニ)	(ホ)
同一	かぶり	側圧	上げ越し	底面

選択問題 □

令和2年度 　問題8　品質管理　各種コンクリートの打込み・養生における留意事項

次の各種コンクリートの中から2つ選び，それぞれについて打込み時又は養生時に留意する事項を解答欄に記述しなさい。

　・寒中コンクリート
　・暑中コンクリート
　・マスコンクリート

考え方

1 寒中コンクリート

　　コンクリート工事において、日平均気温が4℃以下になることが想定されるときは、そのコンクリートを寒中コンクリートとして施工しなければならない。寒中コンクリートの施工では、水和反応によるコンクリートの硬化に必要な水分が凍結するおそれがあるので、適切な温度管理を行う必要がある。

寒中コンクリートの打込み時に留意する事項には、次のようなものがある。
①コンクリートの打込み前に、型枠や鉄筋に付着した水を除去する。
②コンクリートの打込み温度は5℃～20℃とし、できるだけ速やかに打ち込む。
③打継目が凍結しているときは、十分に溶かしてから新しいコンクリートを打ち継ぐ。

寒中コンクリートの養生時に留意する事項には、次のようなものがある。
①水分の蒸発や凍結を防止するため、打込み後は直ちに防風シートなどで覆う。
②乾燥を防ぐ(湿潤養生とする)ため、給熱器の温風が直接当たらないようにする。
③初期凍害を防止できる強度が得られるまでは、コンクリート温度を5℃以上に保つ。
④部材断面が薄い場合は、養生温度を高く設定する。(コンクリート温度を10℃以上に保つ)
⑤初期凍害を防止できる強度が得られた後も、2日間はコンクリート温度を0℃以上に保つ。
⑥保温養生や給熱養生を終了する場合は、コンクリート温度を緩やかに低下させる。

2 暑中コンクリート

　コンクリート工事において、日平均気温が25℃を超えることが想定されるときは、そのコンクリートを暑中コンクリートとして施工しなければならない。暑中コンクリートの施工では、コンクリート中の水分蒸発が著しく、スランプが低下しやすくなるので、適切な温度管理を行う必要がある。

暑中コンクリートの打込み時に留意する事項には、次のようなものがある。

①コンクリートの練混ぜ開始から打込み終了までの時間は、1.5時間以内とする。

②コンクリートの打込み温度は35℃以下とし、直射日光を防ぐための覆いを設ける。

③コンクリートの表面が乾燥しやすいので、常時湿潤状態を保つ。

暑中コンクリートの養生時に留意する事項には、次のようなものがある。

①乾燥によるひび割れを防止するため、打込みを終了したときは、速やかに養生を開始する。

②養生中のコンクリートに、直射日光や風が当たらないようにする。

③硬化前にひび割れが生じたときは、再振動・締固め・タンピングを行う。

3 マスコンクリート

　マスコンクリートは、部材断面の最小寸法（一辺の長さ）が80cm以上となるコンクリートである。橋台・橋脚などの大型構造物を造るときに用いられる。マスコンクリートの施工では、コンクリートの水和作用で生じる反応熱がコンクリート内に閉じ込められるため、コンクリートの中央部ほど温度が上昇し、その表面との温度差による温度ひび割れが発生しやすくなるので、適切な温度管理を行う必要がある。

マスコンクリートの打込み時に留意する事項には、次のようなものがある。

①コールドジョイントが発生しやすいので、一区画は連続して打ち込む。

②型枠外面に保温材を設けて、コンクリートの表面が急冷されないようにする。

③温度ひび割れを抑制するため、ひび割れ誘発目地（断面欠損率30%〜50%）を設ける。

マスコンクリートの養生時に留意する事項には、次のようなものがある。

①コンクリート温度をできるだけ緩やかに外気温に近づけるため、必要以上の散水は避ける。

②コンクリート内外面の温度差によるひび割れを防ぐため、コンクリート表面を保温する。

③パイプクーリング通水用の水の温度は、周囲のコンクリート温度との差を20℃以下とする。

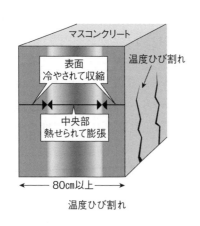

温度ひび割れ

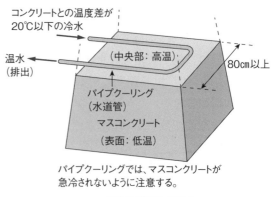

温度ひび割れの防止

解答例

コンクリートの種類	打込み時又は養生時に留意する事項
寒中コンクリート	初期凍害を防止できる強度が得られるまでコンクリート温度を5℃以上に保つ。その後も2日間はコンクリート温度を0℃以上に保つ。
暑中コンクリート	コンクリートの打込み温度は35℃以下とし、コンクリートの練混ぜ開始から打込み終了までの時間は1.5時間以内とする。
マスコンクリート	打込み後に実施するパイプクーリング通水用の水は、コンクリートとの温度差が20℃を超えない(低温にしすぎない)ようにする。

以上から2つを選んで解答する。

選択問題 ☐

令和元年度	問題7 品質管理	レディーミクストコンクリートの受入検査

レディーミクストコンクリート(JIS A 5308)の受入れ検査に関する次の文章の ☐ の(イ)〜(ホ)に当てはまる適切な**語句又は数値**を、次の語句又は数値から選び解答欄に記入しなさい。

(1) ☐(イ)☐ が8cmの場合、試験結果が±2.5cmの範囲に収まればよい。

(2) 空気量は、試験結果が± ☐(ロ)☐ %の範囲に収まればよい。

(3) 塩化物イオン濃度試験による塩化物イオン量は、☐(ハ)☐ kg/m³ 以下の判定基準がある。

(4) 圧縮強度は、1回の試験結果が指定した ☐(ニ)☐ の強度値の85%以上で、かつ3回の試験結果の平均値が指定した ☐(ニ)☐ の強度値以上でなければならない。

(5) アルカリシリカ反応は、その対策が講じられていることを、☐(ホ)☐ 計画書を用いて確認する。

[語句又は数値]

フロー、	仮設備、	スランプ、	1.0、	1.5、
作業、	0.4、	0.3、	配合、	2.0、
ひずみ、	せん断強度、	0.5、	引張強度、	呼び強度

考え方

1 レディーミクストコンクリートの受入検査における合格基準

レディーミクストコンクリートの受入検査における合格基準(それぞれの品質項目が収まればよい範囲)は、下表のように定められている。

品質項目	合格基準
スランプ	①指定値が2.5cmであれば、許容差は±1cmとする。 ②指定値が5cmまたは6.5cmであれば、許容差は±1.5cmとする。 ③指定値が8cm以上18cm以下であれば、許容差は±2.5cmとする。 ④指定値が21cmであれば、許容差は±1.5cmとする。
スランプフロー (荷卸点)	①指定値が50cmであれば、許容差は±7.5cmとする。 ②指定値が60cmであれば、許容差は±10cmとする。
空気量	①普通コンクリートの場合、指定値は4.5%とし、許容差は±1.5%とする。 ②軽量コンクリートの場合、指定値は5.0%とし、許容差は±1.5%とする。 ③舗装コンクリートの場合、指定値は4.5%とし、許容差は±1.5%とする。 ④高強度コンクリートの場合、指定値は4.5%とし、許容差は±1.5%とする。
塩化物含有量	①通常は、塩化物イオン量に換算して $0.3kg/m^3$ 以下とする。 ②購入者の承認がある無筋コンクリートは、塩化物イオン量に換算して $0.6kg/m^3$ 以下とする。
圧縮強度	①3回の試験のうち、どの1回も指定呼び強度の85%以上である。 ②3回の試験の平均値が指定呼び強度以上である。 ※強度試験では、上記の①と②の条件を同時に満たさなければならない。

※アルカリシリカ反応については、コンクリートの配合計画書を見て、次の条件のいずれかを満たしていることが判明すれば、対策がとられていると判定してよい。
①アルカリ総量が $3.0kg/m^3$ 以下である。
②「無害」と判定された骨材を使用している。
③反応を抑制できる混合セメント(高炉セメントB種など)を使用している。

2 スランプの合格基準

スランプの許容差は、上表のように、スランプの指定値に応じて定められている。したがって、**スランプ**が8cmと定められている場合は、試験結果が±2.5cmの範囲に収まればよい。すなわち、スランプが5.5cm以上10.5cm以下であれば合格となる。

3 空気量の合格基準

空気量の許容差は、上表のように、一律で±1.5%と定められている。したがって、空気量は、試験結果が**±1.5%**の範囲に収まればよい。

4 塩化物イオン量の合格基準

コンクリート中に過剰な塩化物イオンがあると、その内部にある鉄筋に錆が発生する。そのため、コンクリート中の塩化物イオン量は、**$0.3kg/m^3$ 以下**としなければならない。例外として、購入者の承認がある無筋コンクリートでは、$0.6kg/m^3$ 以下とすればよい。

5 圧縮強度の合格基準

コンクリートの圧縮強度は、3回の試験を行って判定する。その1回の試験結果は、指定された**呼び強度**の強度値の85%以上でなければならない。また、3回の試験結果の平均値は、指定された**呼び強度**の強度値以上でなければならない。

一例として、指定された呼び強度の強度値が$24N/mm^2$である場合、その1回の試験結果は、$20.4N/mm^2$以上$(24 \times 0.85 = 20.4)$でなければならない。また、3回の試験結果の平均値は、$24N/mm^2$以上でなければならない。下表のような試験結果が得られた場合は、ロット No.4 だけが合格と判定される。(表中の○が付いた試験結果が不合格となる理由である)

ロット No.	圧縮強度 (指定された呼び強度:$24N/mm^2$)			
	1回目の圧縮強度 (N/mm^2)	2回目の圧縮強度 (N/mm^2)	3回目の圧縮強度 (N/mm^2)	圧縮強度の平均値 (N/mm^2)
1	⟨20⟩	25	27	24.0
2	22	26	22	⟨23.3⟩
3	24	⟨20⟩	23	⟨22.3⟩
4	22	24	28	24.7

6 アルカリシリカ反応性の合格基準

アルカリシリカ反応の対策が講じられていないコンクリートを使用すると、骨材中のシリカ質とセメント中のアルカリ成分との化学反応により、骨材中のシリカ質が膨張し、コンクリートにひび割れが発生する。

コンクリートのアルカリシリカ反応性については、受入時に検査することは難しいので、そのコンクリートの**配合**計画書を見て、その対策が講じられていることを確認すればよい。

品質管理

解き方

(1) **(イ)スランプ**が8cmの場合、試験結果が±2.5cmの範囲に収まればよい。

(2) 空気量は、試験結果が± **(ロ)1.5** %の範囲に収まればよい。

(3) 塩化物イオン濃度試験による塩化物イオン量は、**(ハ)0.3**kg/m^3以下の判定基準がある。

(4) 圧縮強度は、1回の試験結果が指定した **(二)呼び強度** の強度値の85%以上で、かつ3回の試験結果の平均値が指定した **(二)呼び強度** の強度値以上でなければならない。

(5) アルカリシリカ反応は、その対策が講じられていることを、**(ホ)配合**計画書を用いて確認する。

解 答

(イ)	(ロ)	(ハ)	(二)	(ホ)
スランプ	1.5	0.3	呼び強度	配合

レディーミクストコンクリートの工場選定・品質指定・品質管理項目に関する重要事項

1 レディーミクストコンクリートの工場選定

　レディーミクストコンクリート(荷卸し地点まで配達されるコンクリート)の工場の選定にあたっては、荷卸し地点となる土木工事現場までの運搬時間が最も重要である。運搬中のコンクリートは、その運搬時間に応じて品質変化を引き起こすので、運搬時間はできる限り短くすべきである。また、運搬時間は搬路の交通状況や天候などにより変動するため、こうした変動時間も考慮する必要がある。

　レディーミクストコンクリートの運搬時間は、「JIS A 5308 レディーミクストコンクリート」において、「レディーミクストコンクリートの運搬は、原則として、所定の性能を有するトラックアジテータで行う。レディーミクストコンクリートの運搬時間(生産者が練混ぜを開始してから運搬車が荷卸し地点に到着するまでの時間)は、原則として、1.5時間以内とする。」ことが定められている。

　したがって、JIS認証品のコンクリートを使用する場合は、定める時間の限度内(1.5時間以内)に、コンクリートの運搬・荷卸し・打込みが可能な工場を選定しなければならない。

※ダンプトラックは、スランプ2.5cmの舗装コンクリートを運搬する場合に限り使用することができる。
※ダンプトラックでコンクリートを運搬する場合の運搬時間は、練混ぜを開始してから1時間以内とする。

2 レディーミクストコンクリートの種類の選定

　レディーミクストコンクリートの種類の選定にあたっては、フレッシュコンクリート(型枠に打ち込まれた硬化前のコンクリート)に必要とされる品質と、運搬中および荷卸し地点から打込み時点までの品質変化を考慮する必要がある。レディーミクストコンクリートの種類は、次の①~④の項目を基に選定しなければならない。

①粗骨材の最大寸法
②呼び強度
③荷卸し時の目標スランプまたは目標スランプフロー
④セメントの種類

　　※レディーミクストコンクリートの種類は、次のような記号と数値で表される。

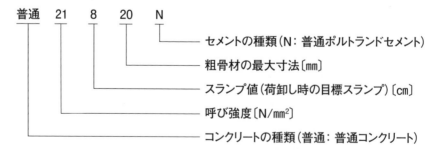

　普通　21　8　20　N

　　　　　　　　　　　セメントの種類(N: 普通ポルトランドセメント)
　　　　　　　　　粗骨材の最大寸法〔mm〕
　　　　　　　　スランプ値(荷卸し時の目標スランプ)〔cm〕
　　　　　　呼び強度〔N/mm²〕
　　　　コンクリートの種類(普通: 普通コンクリート)

レディーミクストコンクリートの種類及び区分（○：購入可能）

コンクリートの種類	粗骨材の最大寸法 [mm]	スランプまたはスランプフロー a) [cm]	呼び強度 [N/mm²]													
			18	21	24	27	30	33	36	40	42	45	50	55	60	曲げ4.5
普通コンクリート	20, 25	8, 10, 12, 15, 18	○	○	○	○	○	○	○	○	○	○	–	–	–	–
		21	–	○	○	○	○	○	○	○	○	○	–	–	–	–
		45	–	–	–	○	○	○	○	○	○	○	–	–	–	–
		50	–	–	–	–	○	○	○	○	○	○	–	–	–	–
		55	–	–	–	–	–	–	○	○	○	○	–	–	–	–
		60	–	–	–	–	–	–	－	○	○	○	–	–	–	–
	40	5, 8, 10, 12, 15	○	○	○	○	○	○	○	○	○	○	–	–	–	–
軽量コンクリート	15	8, 12, 15, 18, 21	○	○	○	○	○	○	○	○	○	–	–	–	–	–
舗装コンクリート	20, 25, 40	2.5, 6.5	–	–	–	–	–	–	–	–	–	–	–	–	–	○
高強度コンクリート	20, 25	12, 15, 18, 21	–	–	–	–	–	–	–	–	–	–	○	–	–	–
		45, 50, 55, 60	–	–	–	–	–	–	–	–	–	–	○	○	○	–

注a) 荷卸し地点での値であり、45cm、50cm、55cm及び60cmはスランプフローの値である。

出典：JIS A 5308 レディーミクストコンクリート

3 レディーミクストコンクリートの空気量

　レディーミクストコンクリートは、製造時の材料や配合が同じであっても、骨材の粒度・気温などが変化すると、その空気量が大きく変動することがある。空気量が変動すると、コンクリートの強度・耐凍害性・施工性（ワーカビリティー）に大きな影響を及ぼしてしまう。そのため、レディーミクストコンクリートの受入れ時には、空気量試験を行い、空気量が許容範囲内にあること（コンクリートの空気量が所要の範囲内にあること）を確認しなければならない。

4 レディーミクストコンクリートのスランプ

　工場で調合されたコンクリートは、運搬中にスランプの値が低下することが多い。そのため、レディーミクストコンクリートの受入れ時には、スランプ試験を行い、スランプが許容誤差の範囲内にあることを確認しなければならない。このスランプ試験は、コンクリートのコンシステンシー（硬軟の程度）を評価する試験である。コンクリートは、そのスランプが大きいほど軟らかい。

品質管理

5 フレッシュコンクリートの単位水量

　フレッシュコンクリートの単位水量は、多すぎず少なすぎず、適切な値を維持していなければならない。単位水量が多すぎると、硬化後のコンクリートの乾燥収縮が増大してしまい、単位水量が小さすぎると、コンクリートの流動性が低下して作業が困難になるからである。

　フレッシュコンクリートの単位水量の試験方法としては、加熱乾燥法（高周波加熱法・乾燥炉法・減圧加熱乾燥法など）・エアメータ法・静電容量法などが挙げられる。しかし、これらの試験の測定精度はそれほど高くないので、これらの試験によるフレッシュコンクリート中の単位水量の検査は、単位水量が多すぎる（過度な水量を含む）コンクリートを排除することだけを目的として行うべきである。

「水セメント比＝単位水量÷単位セメント量×100%」

単位水量：1m³のコンクリートを造るために必要な水の量

単位セメント量：1m³のコンクリートを造るために必要なセメントの量。

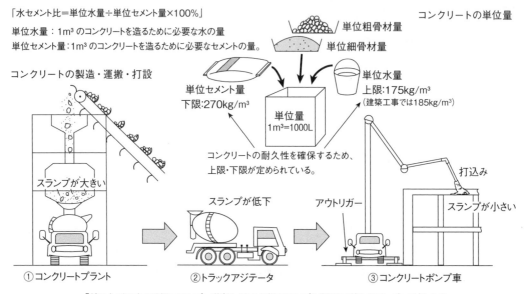

コンクリートの単位量

コンクリートの製造・運搬・打設

単位粗骨材量
単位細骨材量
単位セメント量
下限:270kg/m³
単位量
1m³=1000L
単位水量
上限:175kg/m³
（建築工事では185kg/m³）

コンクリートの耐久性を確保するため、上限・下限が定められている。

スランプが大きい

スランプが低下

打込み
アウトリガー
スランプが小さい

① コンクリートプラント　　② トラックアジテータ　　③ コンクリートポンプ車

「練り上がり時の目標スランプ＝荷卸し時の目標スランプ＋運搬に伴うスランプロス」とする。

① 練り上がり直後のコンクリートは、軟らかい。（スランプが大きい）

② 運搬中のコンクリートは、凝結が進んで徐々に硬くなる。（スランプが低下）

③ 工事現場に到着したコンクリートは、硬くなっている。（スランプが小さい）

品質管理

平成30年度 | **問題7** 品質管理 | レディーミクストコンクリートの受入検査

　レディーミクストコンクリート(JIS A 5308)の普通コンクリートの荷おろし地点における受入検査の各種判定基準に関する次の文章の　　　の(イ)～(ホ)に当てはまる適切な語句又は数値を、次の語句又は数値から選び解答欄に記入しなさい。

(1)　スランプが12cmの場合、スランプの許容差は± (イ) cmであり、 (ロ) は4.5%で、許容差は±1.5%である。

(2)　コンクリート中の (ハ) は0.3kg/m³以下である。

(3)　圧縮強度の1回の試験結果は、購入者が指定した呼び強度の (ニ) の (ホ) ％以上である。また、3回の試験結果の平均値は、購入者が指定した呼び強度の (ニ) 以上である。

[語句又は数値]

骨材の表面水率、	補正値、	90、	塩化物含有量、	2.5、
アルカリ総量、	70、	空気量、	1.0、	標準値、
強度値、	ブリーディング量、	2.0、	水セメント比、	85

考え方

1 レディーミクストコンクリートの受入検査

　レディーミクストコンクリートの荷卸し地点における受入検査では、そのスランプおよび空気量が許容差以内であることと、その塩化物含有量が基準値以下であること、その圧縮強度が基準値以上であることを確認しなければならない。

2 スランプの許容差

　スランプの許容差は、コンクリートのスランプ値に応じて、下表のように定められている。したがって、スランプが12cmの場合、スランプの許容差は±**2.5cm**である。また、特に流動性の高いコンクリートでは、スランプの代わりにスランプフローの許容差が定められている。

スランプ値	許容差
2.5	±1cm
5および6.5	±1.5cm
8以上18以下	±2.5cm
21	±1.5cm ※

スランプフロー値	許容差
50	±7.5cm
60	±10cm

※呼び強度が27以上かつ高性能AE
　減水剤を使用しているなら±2cm

スランプ値・スランプフロー値の許容差

3 空気量の許容差

コンクリートの空気量とその許容差は、コンクリートの種類に応じて、下表のように定められている。したがって、普通コンクリートの**空気量**は4.5%で、その許容差は±1.5%である。なお、空気量の許容差は、コンクリートの種類等に関係なく、±1.5%である。

空気量の許容差

コンクリートの種類	空気量	許容差
普通コンクリート	4.5%	± 1.5%
軽量コンクリート	5.0%	± 1.5%
舗装コンクリート	4.5%	± 1.5%
高強度コンクリート	4.5%	± 1.5%

4 塩化物含有量の基準値

コンクリート中の**塩化物含有量**は、塩化物イオン量に換算して $0.3kg/m^3$ 以下でなければならない。ただし、無筋コンクリートで購入者の承認を受けた場合は $0.6kg/m^3$ 以下とすることができる。鉄筋コンクリートでは、コンクリート中に多量の塩化物が含まれていると、その内部にある鉄筋が錆びてしまうので、塩化物含有量の検査は特に重要となる。

5 圧縮強度の基準値

コンクリートの圧縮強度は、3回の試験を行って確認する。その結果は下記の①と②の両方を満たしていなければならない。

① 圧縮強度の1回の試験結果は、購入者が指定した呼び強度の**強度値の85%以上**でなければならない。3回の試験のうち、1回でもこの値を下回っていたら、そのコンクリートを受け入れることはできない。

② 圧縮強度の3回の試験結果の平均値は、購入者が指定した呼び強度の**強度値**以上でなければならない。

解き方

(1) スランプが12cmの場合、スランプの許容差は± **(イ)2.5** cmであり、**(ロ)空気量**は4.5%で、許容差は±1.5%である。

(2) コンクリート中の**(ハ)塩化物含有量**は $0.3kg/m^3$ 以下である。

(3) 圧縮強度の1回の試験結果は、購入者が指定した呼び強度の**(ニ)強度値**の**(ホ)85**%以上である。また、3回の試験結果の平均値は、購入者が指定した呼び強度の**(ニ)強度値**以上である。

解　答

(イ)	(ロ)	(ハ)	(ニ)	(ホ)
2.5	空気量	塩化物含有量	強度値	85

品質管理

選択問題 ☐

平成29年度	問題6 品質管理	鉄筋の組立・型枠の品質管理

　コンクリート構造物の鉄筋の組立・型枠の品質管理に関する次の文章の ☐ の
(イ)〜(ホ)に当てはまる**適切な語句**を、下記の語句から選び解答欄に記入しなさい。

(1) 鉄筋コンクリート用棒鋼は納入時に JIS G 3112 に適合することを製造会社の
　　 (イ) により確認する。

(2) 鉄筋は所定の (ロ) や形状に、材質を害さないように加工し正しく配置して、
　　堅固に組み立てなければならない。

(3) 鉄筋を組み立てる際には、かぶりを正しく保つために (ハ) を用いる。

(4) 型枠は、外部からかかる荷重やコンクリートの側圧に対し、型枠の (ニ) 、モ
　　ルタルの漏れ、移動、沈下、接続部の緩みなど異常が生じないように十分な強度
　　と剛性を有していなければならない。

(5) 型枠相互の間隔を正しく保つために、 (ホ) やフォームタイが用いられている。

[語句]　鉄筋、　　断面、　　　補強鉄筋、　　　スペーサ、　表面、
　　　　はらみ、　ボルト、　　寸法、　　　　　信用、　　　セパレータ、
　　　　下振り、　試験成績表、バイブレータ、　許容値、　　実績

考え方

　コンクリート構造物の鉄筋の組立や、型枠の品質管理に関する事項は、コンクリート標
準示方書において、次のように定められている。

1 補強材の受入れ検査

　　コンクリート構造物の補強材として用いられる鉄筋コンクリート用棒鋼の品質は、納入
　時に、製造会社の**試験成績表**または JIS G 3112 の方法によって確認しなければならない。
　　各種の補強材の受入れ検査についての詳細は、下表のように定められている。

補強材の種類	項目	試験・検査方法	時期	判定基準
鉄筋コンクリート用棒鋼	JIS G 3112 の品質項目	製造会社の試験成績表による確認または JIS G 3112 の方法	納入時	JIS G 3112 に適合すること
エポキシ樹脂塗装鉄筋	JSCE-E 102 の品質項目	製造会社の試験成績表による確認または JSCE-E 102 の方法	納入時	JSCE-E 102 に適合すること
PC鋼棒	JIS G 3109 または JIS G 3137 の品質項目	製造会社の試験成績表による確認または JIS G 3109 または JIS G 3137 の方法	納入時	JIS G 3109 または JIS G 3137 に適合すること
溶接構造用圧延鋼材	JIS G 3106 の品質項目	製造会社の試験成績表による確認または JIS G 3106 の方法	納入時	JIS G 3106 に適合すること

2 鉄筋の加工・組立て

鉄筋は、設計図書に示された形状および**寸法**に一致するように、材質を害さない方法で加工しなければならない。また、鉄筋は、正しい位置に配置し、コンクリートを打ち込むときに動かないよう、堅固に組み立てなければならない。

3 鉄筋のかぶり

鉄筋のかぶりを正しく保つために、必要な間隔に**スペーサ**を配置しなければならない。スペーサの選定と配置にあたっては、使用箇所の条件・スペーサの固定方法および鉄筋の質量・作業荷重等を考慮する必要がある。

4 型枠・支保工の検査

型枠および支保工は、コンクリートの打込み前および打込み中に作用する荷重の中で、最も不利な組合せに対して、十分な強度と安全性を有するものでなければならない。したがって、それらの荷重に対して、型枠の**はらみ**・モルタルの漏れ・移動・傾き・沈下・接続部の緩み・その他の異常が生じないよう、下表の規定に従って検査し、構造物または部材の断面形状・寸法・施工安全性などを確保する必要がある。

項目	試験・検査方法	時期・回数	判定基準
型枠・支保工の材料および締付け材の種類・材質・形状寸法	目視	型枠・支保工の組立前	指定した品質および寸法のものであること
支保工の配置	目視およびスケールによる測定	支保工の組立後	コンクリートの硬化後、コンクリート部材が、表面状態の検査およびコンクリート部材の位置および形状寸法の検査の規定に適合すること
締付け材の位置・数量	目視およびスケールによる測定	コンクリートの打込み前	
型枠の形状寸法および位置	スケールによる測定	コンクリートの打込み前および打込み中	
型枠と最外側鉄筋との空き	スケールによる測定		鉄筋の加工および組立の検査のかぶりの規定に適合すること

5 型枠相互の間隔の保持

コンクリート構造物では、型枠相互の間隔を正しく保つために、**セパレータ**やフォームタイが用いられている。

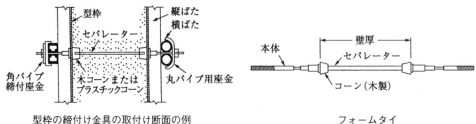

型枠の締付け金具の取付け断面の例　　　　　　　フォームタイ

解き方

(1) 鉄筋コンクリート用棒鋼は納入時に JIS G 3112 に適合することを製造会社の**(イ) 試験成績表**により確認する。

(2) 鉄筋は所定の**(ロ)寸法**や形状に、材質を害さないように加工し正しく配置して、堅固に組み立てなければならない。

(3) 鉄筋を組み立てる際には、かぶりを正しく保つために**(ハ) スペーサ**を用いる。

(4) 型枠は、外部からかかる荷重やコンクリートの側圧に対し、型枠の**(ニ) はらみ**、モルタルの漏れ、移動、沈下、接続部の緩みなど異常が生じないように十分な強度と剛性を有していなければならない。

(5) 型枠相互の間隔を正しく保つために、**(ホ) セパレータ**やフォームタイが用いられている。

解　答

（イ）	（ロ）	（ハ）	（ニ）	（ホ）
試験成績表	寸法	スペーサ	はらみ	セパレータ

選択問題

平成 28 年度	問題 8	品質管理	レディーミクストコンクリートの受入れ検査

　レディーミクストコンクリート（JIS A 5308）「普通－24－8－20－N」（空気量の指定と塩化物含有量の協議は行わなかった）の荷おろし時に行う受入れ検査に関する下記の項目の中から 2 項目を選び、その項目の**試験名**と**判定内容**を記入例を参考に解答欄に記述しなさい。

　・スランプ
　・塩化物イオン量
　・圧縮強度

考え方

①レディーミクストコンクリートの表記には、次のような意味がある。

「普通－24－8－20－N」

　　　　　　　　　普通ポルトランドセメントを使用している。

　　　　　　　粗骨材の最大寸法が20mmである。

　　　　　荷卸し時のスランプ値が8cmである。

　　　呼び強度が24（圧縮強度が24N/mm² 相当）である。

　普通コンクリートに分類されている。

②レディーミクストコンクリートの受入れ検査では、圧縮強度・スランプ・空気量・塩化物含有量についての試験を行う。「普通−24−8−20−N」のレディーミクストコンクリートに対して行う検査項目・試験名・合格判定基準は、下表の通りである。

検査項目	試験名	合格判定基準
圧縮強度	圧縮強度試験	3回の試験を行い、次の①・②の条件を同時に満たす。 ①どの1回の試験においても指定呼び強度の85%以上($24 \times 0.85 = 20.4 \text{N/mm}^2$ 以上) ②3回の試験の平均値が指定呼び強度以上(24N/mm^2 以上)
スランプ	スランプ試験	指定値±2.5cm以内($8 \text{cm} \pm 2.5 \text{cm} = 5.5 \text{cm}$ 以上 10.5cm 以下)
空気量	空気量試験	指定値±1.5%以内(一般的には 4.5% ±1.5% とする)
塩化物含有量	塩化物含有量試験	塩化物イオン量に換算して 0.3kg/m³ 以下

解答例

項目	試験名	判定内容
記入例	空気量の試験	普通コンクリートの空気量の値は 4.5% でその許容誤差は ±1.5% である。
スランプ	スランプ試験	スランプ値が 5.5cm 以上 10.5cm 以下であれば合格とする。
塩化物イオン量	塩化物含有量試験	塩化物イオン量が 0.3kg/m³ 以下であれば合格とする。
圧縮強度	圧縮強度試験	3回の試験を行い、どの1回の圧縮強度も 20.4N/mm^2 以上であり、3回の圧縮強度の平均値が 24.0N/mm^2 以上であれば合格とする。

以上のうち、2つを選択して解答する。

参 考 スランプ試験は、次のような手順で行われる。
①スランプコーンにコンクリートを3層にして詰めて、その上面をこてで均す。
②スランプコーンを静かに引き上げる。
③スランプコーンの中央部における沈下量をスランプゲージで測定する。
この沈下量(下がり)が、そのコンクリートのスランプ[cm]となる。

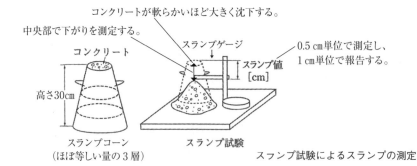

コンクリートが軟らかいほど大きく沈下する。
中央部で下がりを測定する。
コンクリート
スランプゲージ
0.5cm単位で測定し、1cm単位で報告する。
スランプ値[cm]
高さ30cm
スランプコーン
(ほぼ等しい量の3層)
スランプ試験
スフンプ試験によるスランプの測定

品質管理

平成 **27** 年度	問題 **6** 品質管理	レディーミクストコンクリートの受け入れ検査

レディーミクストコンクリート(JIS A 5308)の品質管理に関する次の文章の ☐ の(イ)〜(ホ)に当てはまる**適切な語句又は数値**を、下記の語句又は数値から選び解答欄に記入しなさい。

(1) レディーミクストコンクリートの購入時の品質の指定

「普通 − 24 − 8 − 20 − N」と指定したレディーミクストコンクリートでは、

└─ 20 の数値は、 (イ) の最大寸法である。

└─ 8 の数値は、荷おろし地点での (ロ) の値である。

└─ 24 の数値は、 (ハ) の値である。

(2) レディーミクストコンクリートの受け入れ検査項目の空気量と塩化物含有量

・普通コンクリートの空気量 4.5 ％の許容差は、 (ニ) ％である。

・レディーミクストコンクリートの塩化物含有量は、荷おろし地点で塩化物イオン量として (ホ) kg/m^3 以下である。

[語句又は数値] スランプコーン、 ± 1.5、 引張強度、 0.2、 スランプフロー、

粗骨材、 曲げ強度、 0.3、 骨材、 0.4、

± 2.5、 細骨材、 スランプ、 ± 3.5、 呼び強度

考え方

(1) レディーミクストコンクリートの購入時の品質指定

「普通−24−8−20−N」と指定されたレディーミクストコンクリートにおける各数値等の意味は、下記の通りである。

①**コンクリートの種類**：普通コンクリート・軽量コンクリート・舗装コンクリート・高強度コンクリートのうち、どれなのかを表している。

②**呼び強度**：呼び強度が、18・21・24・27・30・33・36・40・42・45・50・55・60のうち、どれなのかを表している。基本的に、呼び強度＝圧縮強度[N/mm^2]と見てよい。

③**スランプ**：荷卸し地点におけるスランプの値が、2.5cm・5cm・6.5cm・8cm・10cm・12cm・15cm・18cm・21cmのうち、どれなのかを表している。または、スランプフローの値が、50cm・60cmのどちらなのかを表している。なお、ここで指定できる数値は、コンクリートの種類により異なる。例えば、舗装コンクリートの場合、スランプ値を2.5cmまたは6.5cmとし、曲げ強度を4.5N/mm^2とする。

④**粗骨材の最大寸法**：粗骨材の最大寸法が、15mm・20mm・25mm・40mmのうち、どれなのかを表している。

⑤**セメントの種類**：コンクリートに使われているセメントの種類を表している。例えば、普通ポルトランドセメントならN、低アルカリ形の超早強ポルトランドセメントであればUHLと表される。

(2) レディーミクストコンクリートの受け入れ検査

① 普通コンクリートの空気量は、4.5%±1.5%とする。なお、空気量の許容差は、コンクリートの種類や空気量の指定値に関係なく、常に±1.5%である。

② コンクリートの塩化物イオン量は、工場出荷時または荷卸し地点において、0.3 kg/m³ 以下とする。

③ コンクリートの強度は、3回の強度試験において、どの1回の強度も呼び強度の85%以上でなければならない。また、3回の強度の平均値が呼び強度以上でなければならない。

④ コンクリートのスランプまたはスランプフローの許容差は、下表の通りである。

スランプの指定値	スランプの許容差	スランプフローの指定値	スランプフローの許容差
2.5cm	±1cm	50cm	±7.5cm
5cmまたは6.5cm	±1.5cm	60cm	±10cm
8cm以上18cm以下	±2.5cm		
21cm	±1.5cm		

解き方

(1) レディーミクストコンクリートの購入時の品質の指定

「普通 − 24 − 8 − 20 − N」と指定したレディーミクストコンクリートでは、

└── 20 の数値は、(イ)粗骨材の最大寸法である。

└─ 8 の数値は、荷おろし地点での(ロ)スランプの値である。

└ 24 の数値は、(ハ)呼び強度の値である。

(2) レディーミクストコンクリートの受け入れ検査項目の空気量と塩化物含有量

・普通コンクリートの空気量 4.5 %の許容差は、(ニ)±1.5%である。

・レディーミクストコンクリートの塩化物含有量は、荷おろし地点で塩化物イオン量として(ホ)0.3kg/m³ 以下である。

解　答

(イ)	(ロ)	(ハ)	(ニ)	(ホ)
粗骨材	スランプ	呼び強度	±1.5	0.3

レディーミクストコンクリート(JIS A 5308)の普通コンクリートの荷卸し地点における受入れ検査に関する次の文章の　　　　　に当てはまる**適切な語句又は数値を下記の語句又は数値から選び、解答欄に記入しなさい。**

強度試験の 1 回の試験結果は、指定した呼び強度の強度値の　(イ)　%以上でなければならず、また、3 回の試験結果の　(ロ)　は、指定した呼び強度の強度値以上でなければならない。

スランプが 8.0cm の場合、スランプの許容差は ±　(ハ)　cm であり、普通コンクリートの　(ニ)　は 4.5%で、許容差は ±1.5%と定めている。また、塩化物含有量は、塩化物イオン量として　(ホ)　kg/m³ 以下でなければならない。

[語句又は数値]　セメント量、　　5、　　　　　最小値、　　2.5、
　　　　　　　　85、　　　　　最大値、　　0.3、　　　　70、
　　　　　　　　空気量、　　　0.5、　　　　90、　　　　単位水量、
　　　　　　　　1.5、　　　　0.1、　　　　平均値

考え方

レディーミクストコンクリートの荷卸し地点における受入れ検査の基準は、JIS により次のように定められている。

コンクリートの荷卸し地点における品質

① **強度**

コンクリートの強度試験は、原則として 150 m³（高強度コンクリート 100 m³）に 1 回行い、1 回に 3 本供試体を採取し、その平均値で表す。強度試験の材齢は、3 日、7 日などとし、指定のないときは 28 日とする。強度の品質規準は、次の 2 つを同時に満足するものでなければならない。

（1) どの 1 回の試験結果も、購入者の指定した呼び強度の値の 85 % 以上とする。

（2) 3 回の試験結果の平均値は、購入者の指定した呼び強度の値以上とする。

② **スランプまたはスランプフロー**

スランプ試験またはスランプフロー試験は適宜行い、運搬車の荷の約 1/4 と 3/4 からそれぞれ採取し、両者のスランプ値が 3cm 以内であれば、この両方の平均値をスランプとする。両者のスランプ値の差が 3cm をこえるときは、そのコンクリートを用いてはならない。

こうして求められたスランプは、次表に定めた許容差の範囲とする。

スランプフローを測定するのは流動性の高いコンクリートの場合で、スランプ表示することが適当でない場合、平板上でスランプコーンを引上げ、コンクリートの最大の広がり長さと、それに直交する長さの平均径を求め、スランプフローとする。その許容差は次表のようである。

③ 空気量

空気量試験は必要に応じて適宜行い、空気量の許容差は±1.5%で一定である。購入者が指定した値に対して次表に定めたものとする。

スランプ（単位：cm）

指定した値	スランプ許容差
2.5	± 1
5 および 6.5	± 1.5
8 以上 18 以下	± 2.5
21	± 1.5

空気量（単位：%）

コンクリートの種類	空気量	空気量の許容差
普通コンクリート	4.5	± 1.5
軽量コンクリート	5.0	
舗装コンクリート	4.5	
高強度コンクリート	4.5	

荷卸し地点でのスランプフローの許容差

スランプフロー	スランプフローの許容差
50	± 7.5cm
60	± 10cm

④ レディーミクストコンクリート

塩化物含有量は、荷卸し地点で塩化物イオン(Cl⁻)量として 0.3kg/m³ 以下とする。ただし、購入者の承認を受けた場合には、無筋で 0.6kg/m³ 以下とすることができる。

解き方

強度試験の1回の試験結果は、指定した呼び強度の強度値の**(イ)85**%以上でなければならず、また、3回の試験結果の**(ロ)平均値**は、指定した呼び強度の強度値以上でなければならない。

スランプが8.0cmの場合、スランプの許容差は±**(ハ)2.5**cmであり、普通コンクリートの**(ニ)空気量**は4.5%で、許容差は±1.5%と定めている。また、塩化物含有量は、塩化物イオン量として**(ホ)0.3**kg/m³ 以下でなければならない。

解 答

(イ)	(ロ)	(ハ)	(ニ)	(ホ)
85	平均値	2.5	空気量	0.3

品質管理（土工）分野の記述問題（平成 25 年度～平成 22 年度に出題された問題の要点）

問題の要点	解答の要点	出題年度
原位置試験から 2 つを選び、得られる結果と結果の利用法を記述する。	**標準貫入試験**：動的貫入抵抗（N 値）が得られる。その結果は、地盤支持力の判定に利用される。 **平板載荷試験**：地盤反力係数（K 値）が得られる。その結果は、地盤支持力の判定に利用される。	平成 23 年度

品質管理（コンクリート工）分野の語句選択問題（平成 25 年度～平成 22 年度に出題された問題の要点）

問題	空欄	前節―**解答となる語句**―後節
平成 25 年度 コンクリートの品質管理	（イ）	施工できる範囲内で、スランプが**小さく**なるようにする。
	（ロ）	作業が容易にできる程度を表す指標を、**ワーカビリティー**という。
	（ハ）	AE コンクリートは、**凍害**に対する耐久性が優れている。
	（ニ）	AE コンクリートの空気量は、練上り容積の **4 ～ 7%**程度とする。
	（ホ）	練混ぜ水の一部が表面に上昇する現象を、**ブリーディング**という。
平成 23 年度 コンクリート構造物の検査	（イ）	レディーミクストコンクリートの受入検査は、**荷卸し時**に行う。
	（ロ）	コンクリート構造物は、所定の**精度**で造らなければならない。
	（ハ）	精度の検査項目は、平面位置・計画高さ・**部材の形状寸法**である。
	（ニ）	塩害や中性化による**鋼材腐食**に対しては、かぶりの検査を行う。
	（ホ）	かぶりの検査は、**非破壊試験**による方法で実施する。

品質管理（コンクリート工）分野の記述問題（平成 25 年度～平成 22 年度に出題された問題の要点）

問題の要点	解答の要点	出題年度
鉄筋継手から 2 つを選び、その検査項目を 1 つ記述する。	**重ね継手**：継手長さの検査 **ガス圧接継手**：外観検査	平成 24 年度

第 5 章

安全管理

5.1 出題分析

5.2 技術検定試験　重要項目集

5.3 最新問題解説

労働安全衛生法施行令の改正について

平成 30 年の法改正により、現在では、労働安全衛生規則上の「安全帯」の名称は「要求性能墜落制止用器具」に置き換えられている。ただし、工事現場で「安全帯」の名称を使い続けることに問題はないとされている。古い時代の過去問題では、その時代の法令に基づいた解答とするため、「安全帯」を解答としているものもあるが、同じ問題が再度出題された場合には「要求性能墜落制止用器具」と解答する必要がある。

※ 平成 26 年度以前の過去問題は、出題形式（問題数）が異なっていたため、本書の最新問題解説では、平成 27 年度以降の出題形式に合わせて、土工・コンクリート工・品質管理・安全管理・施工管理の各分野に再配分しています。

5.1 出題分析

5.1.1 最新10年間の安全管理の出題内容

年　度		最新10年間の安全管理の出題内容
令和5年度	問題2 問題8	明り掘削の作業の安全管理（事業者の義務）に関する語句を選択 移動式クレーンと玉掛けの作業における事業者の安全対策を記述
令和4年度	問題8	高さ2m以上の高所作業における墜落災害防止対策を記述
令和3年度	問題3 問題8	移動式クレーンによる荷下ろし作業の労働災害防止対策を記述 工事用掘削機械による作業の架空線損傷事故防止対策を記述
令和2年度	問題7	高所作業（足場と架設通路）の安全管理に関する語句を選択
令和元年度	問題8	土止め支保工の組立てにおける労働災害防止対策を記述
平成30年度	問題8	掘削機械による架空線・地下埋設物の損傷防止対策を記述
平成29年度	問題7	移動式クレーン・玉掛作業の安全管理に関する語句を選択
平成28年度	問題7	明り掘削作業の安全管理に関する語句を選択
平成27年度	問題7	建設工事における足場の安全管理に関する語句を選択
平成26年度	問題5(1)	墜落事故の防止対策に関する語句を選択

※問題番号や出題数は年度によって異なります。

5.1.2 最新10年間の安全管理の分析・傾向

年度	R5	R4	R3	R2	R元	H30	H29	H28	H27	H26
墜落災害防止対策		○								
車両系建設機械			○			○				
移動式クレーン	○		●				○			
山留め掘削・明り掘削	●				○			○		
足場				○					○	○
型枠支保工										

● : 必須問題　　○ : 選択問題　　※すべての年度が空欄の項目は、平成25年度以前にのみ出題があった項目です。

最新の出題傾向から分析　本年度の試験に向けた学習ポイント

安全管理：高所からの墜落防止に関する安全対策と、車両系建設機械の安全について
　　　　　　理解する。

安全管理

1 足場の安全対策

1 作業床 ●●

(1) 高さ **2m以上**の箇所での作業およびスレート・床板等の屋根の上での作業においては、組立図に基づき、下図のような作業床を設置すること。

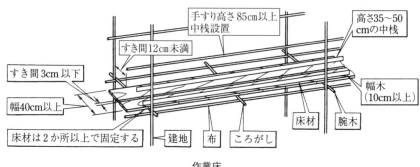

作業床

(2) 床材は十分な強度を有するものを使用すること。また、床材の幅は **40cm以上**、床材間のすき間は **3cm以下**、**床材と建地とのすき間は 12cm未満**とする、床材は、変位または脱落しないよう支持物に2箇所以上取り付けること。

(3) 足場の組立等を行う作業床の幅は40cm以上とする。作業床を長手方向に重ねるときは支点上で重ね、その重ねた部分の長さは **20cm以上**とすること。

(4) 足場の組立等、床材を作業に応じて移動させる足場板の場合は、**3箇所以上**の支持物にかけ、支点からの突出部の長さは10cm以上とし、かつ足場板長の18分の1以下とすること。

(5) 建地間の最大積載荷重（**400kg以下**）を定め、作業員に周知すること。

2 手すり ●●

(1) 墜落による危険のある箇所には、本足場図のように、手すりを設けることとし、材料は損傷・腐食等がないものとすること。

(2) 手すり高さは **85cm以上**とし、高さ **35～50cm**に中さん、高さ **10cm以上**の幅木を設けること。

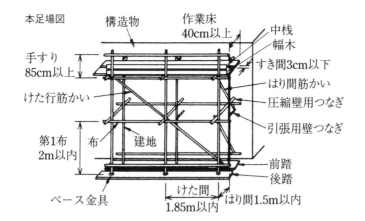

本足場図

構造物 / 作業床 40cm以上 / 中桟 / 幅木 / すき間3cm以下 / はり間筋かい / 圧縮壁用つなぎ / 引張用壁つなぎ / 手すり 85cm以上 / けた行筋かい / 第1布 2m以内 / 布 / 建地 / 前踏 / 後踏 / ベース金具 / けた間 1.85m以内 / はり間1.5m以内

❸ 足場の組立設置作業 ●●●

(1)組立、変更の時期、範囲および順序を当該労働者に周知すること。

(2)作業を行う区域内には、関係労働者以外の労働者の立入りを禁止すること。

(3)足場材の緊結、取りはずし、受渡し等の作業には幅40cm以上の足場板を設け、労働者に要求性能墜落制止用器具(安全帯)を使用させること。

(4)架空電路に接近して足場を設けるときは、電路の移設または電路に絶縁防護具を装着すること。

(5)材料・器具・工具等の上げ下ろし時には、吊り綱・吊り袋を使用すること。

❹ 足場の点検等 ●●

(1)つり足場以外で作業を行うときは、その日の作業を開始する前に、作業を行う箇所に設けた足場に係る墜落防止設備の取りはずしの有無等の点検をし、異常を認めたときは、直ちに補修すること。

(2)つり足場で作業を行うときは、その日の作業を開始する前に、足場に係る墜落防止設備および落下防止設備の取りはずしの有無等の点検をし、異常を認めたときは、直ちに補修すること。

(3)悪天候（強風、大雨、大雪等の悪天候もしくは中震以上の地震）や、足場組立て・一部解体もしくは変更の後に、足場に係る墜落防止設備および落下防止設備の取りはずしの有無等を点検し、異常を認めたときは、直ちに補修すること。

(4)上記(3)の点検を行ったときは、点検結果を記録し、足場を使用する作業を行う仕事が終了するまでの間、記録を保存すること。

❺ 桟橋・登り桟橋の組立・解体・撤去 ●●●●●●●●●●●●●●●●●●●●●●●●●●●●●●●●●●●

(1)次図の登り桟橋では、足場の緊結、取りはずし、受渡し等の作業には、幅20cm以上の足場を設け、作業員に要求性能墜落制止用器具(安全帯)を使用させること。

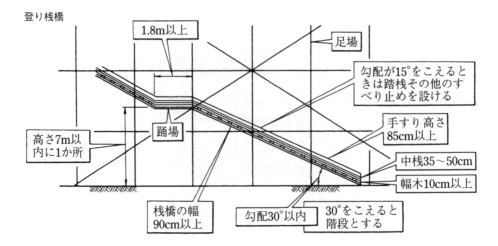

登り桟橋

1.8m以上

足場

勾配が15°をこえるときは踏桟その他のすべり止めを設ける

踊場

手すり高さ85cm以上

高さ7m以内に1か所

中桟35～50cm

幅木10cm以上

桟橋の幅90cm以上

勾配30°以内

30°をこえると階段とする

(2) 材料・器具・工具等を上げ下ろしするときは、吊り綱・吊り袋等を使用すること。

(3) 最大積載荷重を定め、作業員に周知すること。高さ**8m以上**の登桟橋には**7m以内**ごとに踊場を設ける。

(4) 解体・撤去の範囲および順序を当該労働者に周知すること。

❻ 作業構台の組立 ●●●

(1) 作業構台には、支柱の滑動・沈下を防止するため、地盤に応じた根入れをするとともに、支柱脚部に根がらみを設けること。また、必要に応じて、敷板・敷角等を使用すること。

(2) 材料に使用する木材・鋼材は十分な強度を有し、著しい損傷、変形または腐食のないものを使用すること。

(3) 支柱・梁・筋かい等の緊結部、接続部または取付け部は、変位、脱落等が生じないように緊結金具等で堅固に固定すること。

(4) 道路等との取付け部においては、段差がないようにすりつけ、緩やかな勾配とすること。

(5) 組立・解体時には、次の事項を作業に従事する労働者に周知すること。

　① 材料・器具・工具等を上げ下ろしするときの吊り綱・吊り袋の使用

　② 仮吊り、仮受け、仮締り、仮つなぎ、控え、補強、筋かい、トラワイヤ等による倒壊防止

　③ 適正な運搬・仮置き

(6) 作業構台の最大積載荷重を定め、労働者に周知すること。

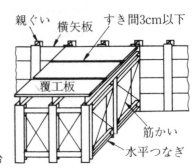

親ぐい　横矢板　すき間3cm以下

覆工板

筋かい

水平つなぎ

作業構台

安全管理

❼ 作業構台の点検 ●●●

(1)その日の作業を開始する前に、作業を行う箇所に設けた作業構台に係る墜落防止設備の取りはずしの有無等の点検をし、異常を認めたときは、直ちに補修すること。

(2)悪天候の後に、作業を開始する前に作業構台に係る墜落防止措置の取りはずしの有無等の点検をし、異常を認めたときは、直ちに補修すること。

(3)上記(2)の点検を行ったときは、点検結果等を記録し、作業構台を使用する作業を行う仕事が終了するまでの間、保存すること。

(4)材料および器具・工具を点検し、不良品を取り除くこと。

(5)床材の損傷、取付けおよび掛渡しの状態、建地・布・腕木等の緊結部・接続部および取付け部のゆるみの状態を点検すること。

(6)脚部の沈下および滑動の状態を点検すること。

(7)作業開始前および悪天候もしくは地震の後に点検すること。

② 建設機械の安全対策

❶ 移動式クレーンの配置・据付け ●●●●●●●●●●●●●●●●●●●●●●●●●●●●●●●●●●

(1)移動式クレーンの作業範囲内に障害物がないことを確認すること。障害物がある場合は、あらかじめ作業方法をよく検討しておくこと。

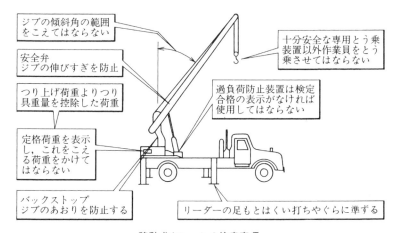

移動式クレーンの注意事項

(2)移動式クレーンを設置する地盤の状態を確認すること。地盤の支持力が不足する場合は、移動式クレーンが転倒しないよう地盤の改良、鉄板等により吊り荷重に相当する地盤反力が確保できるまで補強した後でなければ、移動式クレーンの操作は行わないこと。

(3)移動式クレーンの機体は水平に設置し、アウトリガーは作業荷重に応じて、完全に張り出すこと。

(4)荷重表で吊り上げ能力を確認し、吊り上げ荷重や旋回範囲の制限を厳守すること。

(5)作業前には必ず自主点検を行い、無負荷で安全装置・警報装置・ブレーキ等の機能の状態を確認すること。

移動式クレーンの定期自主検査

検査頻度	検査項目
1年以内ごとに1回(定期)	荷重試験
1月以内ごとに1回(定期) (異常・損傷の有無を点検)	巻過防止装置・その他の安全装置・過負荷警報装置・その他の警報装置・ブレーキ・クラッチ・ワイヤロープ・吊りチェーン・吊具(フック・グラブバケット等)・配線・配電盤・コントローラー
その日の作業を開始する前 (機能を点検)	巻過防止装置・過負荷警報装置・その他の警報装置・ブレーキ・クラッチ・コントローラー

※事業者は、定期自主検査の結果を記録し、これを3年間保存しなければならない。

(6)運転開始からしばらくの時間が経ったところで、アウトリガーの状態を点検し、異常があれば矯正すること。

❷ 移動式クレーンの運転 ●●

(1)運転は、吊り上げ荷重により、次にあげる①、②、③の資格を有する者が行うこと。
　① 吊り上げ荷重が **1t未満** の移動式クレーン；特別教育、技能講習の修了者、免許取得者
　② 吊り上げ荷重が **1t以上5t未満** の移動式クレーン；技能講習の修了者、免許取得者
　③ 吊り上げ荷重が **5t以上** の移動式クレーン；免許取得者

(2)移動式クレーンに装備されている安全装置(モーメントリミッター)は、ブームの作業状態とアウトリガーの設置状態を正確にセットして作動させること。

(3)作業中に機械の各部に異常音、発熱、臭気、異常動作等が認められた場合は、直ちに作業を中止し、原因を調べ、必要な措置を講じてから作業を再開すること。

(4)吊り荷、フック、玉掛け用具等吊り具を含む全体重量が定格吊り上げ荷重以内であることを確認すること。

❸ 移動式クレーンの作業 ●●

(1)荷を吊り上げる場合は、必ず地面からわずかに荷が浮いた状態で停止し、機体の安定、吊り荷の重心、玉掛けの状態を確認すること。

(2)荷を吊り上げる場合は、必ずフックが吊り荷の重心の真上にくるようにすること。

(3)移動式クレーンで荷を吊り上げた際、ブーム等のたわみにより、吊り荷が外周方向に移動するため、フックの位置はたわみを考慮して作業半径の少し内側で作業をすること。

(4)旋回を行う場合は、旋回範囲内に人や障害物のないことを確認すること。

(5)吊り荷は安全な高さまで巻き上げたのち、静かに旋回すること。

(6)オペレーターは合図者の指示に従って運転し、常にブームの先端の動きや吊り荷の状態に注意すること。

(7)荷降ろしは一気に着床させず、着床直前に一旦停止し、着床場所の状態や荷の位置を確認したのち、静かに降ろすこと。

(8)オペレーターは、吊り荷を降ろし、ブレーキをかけ、エンジンを切って運転席を離れる。

❹ 玉掛け作業 ●●

(1)玉掛け作業は、吊り上げ荷重が1t以上の場合には技能講習を修了した者が行うこと。

(2)移動式クレーンのフックは吊り荷の重心に誘導し、吊り角度と水平面とのなす角度は60°以内とすること。

(3)わく組足場材等は、種類および寸法ごとに仕分けし、玉掛用ワイヤロープ以外のもので緊結する等、抜け落ち防止の措置を行うこと。

(4)単管用クランプ等の小物は、吊り箱等を用いて作業を行うこと。

❺ 車両系建設機械の現場搬入時点検 ●●●●●●●●●●●●●●●●●●●●●●●●●●●●●●●●●

(1)前照灯、警報装置、ヘッドガード、落下物保護装置、転倒時保護装置、操作レバーロック装置、降下防止用安全ピン等の安全装置の装備を確認すること。

(2)前照灯、警報装置、操作レバーロック装置等の正常動作を確認すること。

(3)建設機械の能力の最大使用荷重、安定度、整備状況等を確認すること。

❻ 運転終了後および機械を離れるときの処置 ●●●●●●●●●●●●●●●●●●●●●●●●●●●

(1)建設機械を地盤のよい平坦な場所に止め、バケット等を地面まで降ろし、思わぬ動きを防止すること。やむを得ず坂道に停止するときは、足回りに歯止め等を確実にすること。

(2)原動機を止め、ブレーキは完全に掛け、ブレーキペダルをロックすること。また、作業装置についてもロックし、キーをはずして所定の場所へ保管すること。

❼ 建設機械の使用・取扱い環境 ●●●●●●●●●●●●●●●●●●●●●●●●●●●●●●●●●●●●●

(1)危険防止のため、作業箇所には必要な照度を確保すること。

(2)機械設備には、粉じん、騒音、高温・低温等から作業員を保護する措置を講じること。措置することが難しいときは、保護具を着用させること。

(3)運転に伴う加熱・発熱・漏電等で火災のおそれがある機械については、よく整備してから使用するものとし、消火器等を装備すること。また、燃料の補給は、必ず機

械を停止してから行うこと。

(4)接触のおそれのある高圧線には、必ず防護措置を講じること。

(5)電気機器については、その特性に応じて仮建物の中に装置する時、漏電に対して安全な措置を行うこと。

(6)異常事態発生時における連絡方法、応急処置の方法は、わかりやすい所に表示しておくこと。

(7)機械の使用中に異常が発見された場合には、直ちに作業を中止し、原因を調べて修理を行うこと。

❽ 建設機械・工具・ロープの点検・整備 ●●●●●●●●●●●●●●●●●●●●●●●●●●●●●●●●●●●●

(1)法令で定められた点検を必ず行うこと。

(2)機械・設備内容に応じた、始業、終業、日、月、年次の点検・給油・保守整備を行うこと。

(3)それぞれの機械に対し、適切な点検表の作成・記入を行い、必要に応じて所定の期間保存すること。

(4)機械の管理責任者を選任し、必要に応じて、次に示す検査・点検をオペレーターまたは点検責任者に確実に実施させること。

　① 始業、終業、日常点検

　② 月例点検

　③ 年次点検、特定自主検査

(5)杭打機等の鋼索（ワイヤロープ）が次の状態の場合には、使用してはならない。

　① 一よりの間で素線数の10%以上の素線が断線した場合

　② 直径の減少が公称径の7%をこえた場合

　③ キンク、著しい形くずれまたは腐食の認められる場合

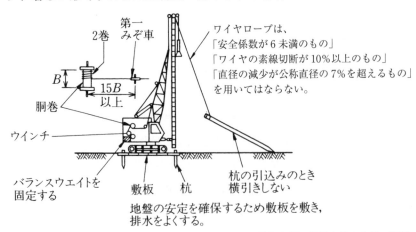

杭打ち機・杭抜き機の点検・整備

❾ 建設機械の積込み・固定 ●●●

(1) 大型の建設機械をトレーラまたはトラック等に積載して移送する場合は、登坂用具または専用装置を備えた移送用の車両を使用すること。

(2) 積降ろしを行う場合は、支持力のある平坦な地盤で、作業に必要な広さのある場所を選定すること。

(3) 積込み・積降ろし作業時には、移送用車両は必ず駐車ブレーキをかけ、タイヤに歯止めをすること。

(4) 登坂用具は、積降ろしする機械重量に耐えられる強度・長さおよび幅をもち、キャタピラ回転によって荷台からはずれないようにする。

❸ 土止め支保工と型わく支保工の安全対策

❶ 土止め支保工の計画上の留意点 ●●

(1) 掘削作業を行う場合は、掘削箇所ならびにその周囲の状況を考慮し、掘削の深さ、土質、地下水位、作用する土圧等を十分に検討したうえで、必要に応じて土圧計等の計測機器の設置を含め、土止め・支保工の安全管理計画をたて、これを実施すること。

(2) 掘削する深さが **1.5m 以上**の場合には、土止め工を施すこと。

(3) 腹起しは長さ **6m 以上**で第1段目は地盤面より **1m 以内**に設ける。腹起しの鉛直間隔は **3m 以下**とする。切梁は水平間隔 **5m 以下**とし、鉛直間隔は **3m 以下**とする。部材は、いずれも **H300mm 以上**のものを用いる。根入れ深さは、鋼矢板 **3m 以上**、親杭 **1.5m 以上**とする。

(4) 土止め・矢板は、根入れ、応力、変位に対して安全であるほか、土質に応じてボイリング・ヒービングの検討を行い、安全であることを確認すること。

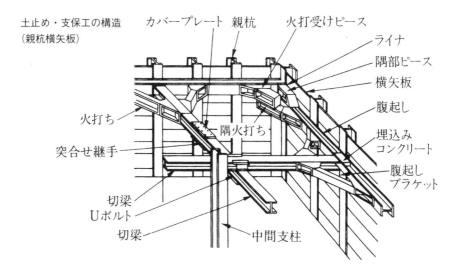

土止め・支保工の構造（親杭横矢板）

❷ 土止め支保工の施工上の留意点 ●●●

(1) 土止め支保工の施工にあたっては、土止め支保工の設計条件を十分理解した者が施工管理に当たること。

(2) 土止め支保工は、施工計画に沿って所定の部材の取付けが完了しないうちは、次の段階の掘削を行わないこと。

(3) 道路において、杭、鋼矢板等を打ち込むため、これに先行して布掘りまたはつぼ掘りを行う場合、その作業範囲または深さは、杭、鋼矢板等の打ち込む作業の範囲にとどめ、打設後は速やかに埋め戻し、念入りに締め固めて、従前の機能を維持し得るよう表面を仕上げておくこと。

(4) 土止め壁の背面は、掘削後速やかに掘削面との間にすき間のないようにはめ込むこと。すき間ができたときは、裏込め、くさび等ですき間のないように固定すること。

(5) 土止め支保工を施してある間は、点検員を配置して**7日以内ごとに点検**を行い、土止め用部材の変形、緊結部のゆるみ、地下水位や周辺地盤の変化等の異常が発見された場合は、直ちに労働者全員を必ず避難させるとともに、事故防止対策に万全を期したのちでなければ、次の段階の施工は行わないこと。

(6) 必要に応じて測定計器を使用し、土止め支保工に作用する土圧・変位を測定すること。

(7) 定期的に地下水位、地盤の変化を観測・記録し、地盤の隆起・沈下等の異常が発生したときは、埋設物管理者等に連絡して保全の措置を講じるとともに、関係者に報告すること。

(8) 切梁等の材料・器具または工具の上げ下ろし時は、吊り綱・吊り袋等を使用すること。

(9) 腹起しおよび切梁は溶接、ボルト等で堅固に取り付けること。

(10) 圧縮材（コーナーの火打ちを除く）の継手は突合せ継手とし、部材全体が1つの直線となるようにすること。木材を圧縮材として用いる場合は、2個以上の添え物を用いて真すぐにつなぐこと。

❸ 土止め支保工の点検 ●●●

(1) 新たな施工段階に進む前には、必要部材が定められた位置に安全に取り付けられていることを確認したのちに作業を開始すること。

(2) 作業中は、指名された点検者が常時点検を行い、異常を認めたときは直ちに労働者全員を避難させ、責任者に連絡し、必要な措置を講じること。

(3) 土止め支保工は、特に次の事項について点検すること。

　① 矢板、背板、腹起し、切梁等の部材のきしみ・ふくらみおよび損傷の有無

　② 切梁の緊圧の度合い

③ 部材相互の接続部および継手部のゆるみの状態

④ 矢板、背板等の背面の空隙の状態

(4)必要に応じて安全のための管理基準を定め、変位等を観測し、記録すること。

(5)次の場合は、すみやかに点検を行い、安全を確認したのちに作業を再開すること。

① **7日以内**ごと。

② 中震以上の地震が発生したとき。

③ 大雨等により、盛土または地山が軟弱化するおそれがあるとき。

❹ 型わく支保工の措置 ••

(1)支柱の沈下、滑動防止のため、必要に応じ敷砂・敷板の使用、コンクリート基礎の打設、杭の打込み、根がらみの取付け等を行うこと。

(2)支柱の継手は突合せまたは差込みとし、鋼材相互はボルト・クランプ等を用いて緊結すること。

(3)型わくが曲面の場合には、控の取付け等、型わくの浮き上がりを防止するための措置を講じること。

(4)支柱は大引きの中央に取り付ける等、偏心荷重がかからないようにすること。

(5)型わく支保工の組立・解体の作業では、作業区域には関係者以外の立入りを禁止すること。また、材料・工具の吊り上げ、吊り下げには、吊り綱・吊り袋を使用すること。

(6)鋼管支柱は、高さ**2m以内**ごとに水平つなぎを**2方向**に設け、堅固なものに固定すること。

(7)パイプサポートは**3本以上**つないで用いないこと。また、パイプサポートをつないで用いるときは、**4個以上**のボルトまたは専用の金具を用いること。

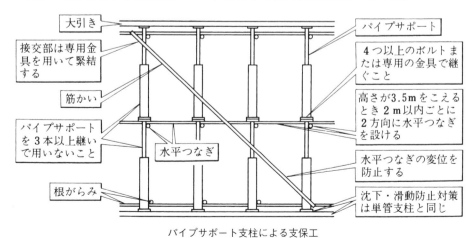

パイプサポート支柱による支保工

安全管理

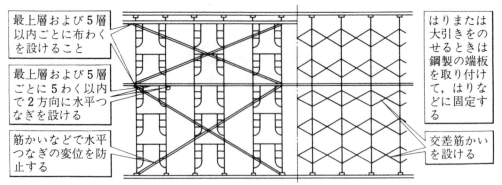

左側の注記（上から）：
- 最上層および5層以内ごとに布わくを設けること
- 最上層および5層ごとに5わく以内で2方向に水平つなぎを設ける
- 筋かいなどで水平つなぎの変位を防止する

右側の注記（上から）：
- はりまたは大引きをのせるときは鋼製の端板を取り付けて，はりなどに固定する
- 交差筋かいを設ける

鋼管わく組支柱による支保工

(8) 上図に示すように、鋼管わくと鋼管わくとの間には、交差筋かいを設けること。

(9) 鋼管わくの最上層および5層以内ごとの箇所において、型わく支保工の側面ならびにわく面の方向および交差筋かい方向に、5わく以内ごとの箇所に水平つなぎを設け、かつ、水平つなぎの変位を防止すること。

(10) 鋼管わくの最上層および**5層以内**ごとの箇所において、型わく支保工のわく面の方向における両端および5わく以内ごとの箇所に、交差筋かいの方向に布わくを設けること。

❺ 型わくの組立・解体作業 ●●

(1) 足場は作業に適したものを使用すること。

(2) 吊り上げ、吊り下げのときは、材料が落下しないように玉掛けを確実にすること。

(3) 高所から取りはずした型わくは、投げたり、落下させたりせず、ロープ等を使用して型わくに損傷を与えないよう降ろすこと。

(4) 型わくの釘仕舞は、すみやかに行うこと。

(5) 型わくの組立・解体作業を行う区域には、関係作業員以外の者の立入りを禁止すること。

4 掘削作業の安全対策

❶ 人力掘削 ●●

(1) 高さ**2.0m以上**の掘削作業は、地山掘削の技能講習修了者を作業主任者に選任し、その者に直接指揮させる。

(2) 掘削面の勾配の制限は、次表のようである。

(3) すかし掘りは、絶対にしないこと。

(4) 湧水のある場合には、これを処理してから掘削すること。

掘削制限

地　　山	掘削面の高さ	勾　配	備　考
岩盤または硬い粘土からなる地山	5m 未満	90° 以下	
	5m 以上	75° 以下	
その他の地山	2m 未満	90° 以下	
	2〜5m 未満	75° 以下	
	5m 以上	60° 以下	
砂からなる地山	5m 未満または 35° 以下		掘削面とは 2m 以上の水平段に区切られるそれぞれの掘削面をいう。
発破などにより崩壊しやすい状態の地山	2m 未満または 45° 以下		

（図中：2m以上、掘削面の高さ、勾配）

❷ 機械掘削 ●●

(1) 機械掘削作業の計画

① 高さ **2m 以上**の人力掘削を含む作業では、作業主任者の指揮により作業を行う。

② トラックの運転手、掘削機械の運転者は、法定の資格を有すること。

③ 作業場所が道路、建物、作業員との接触の危険、土石の崩壊のおそれのあるところでの施工では、誘導員を配置する。

④ 道路上での作業には、夜間の照明、各種バリケード、標識を基準どおりに設置する。

(2) 機械掘削作業の留意点

① 作業範囲付近の他の作業員の位置に絶えず注意し、互いに連絡をとり、作業範囲内に作業員を入れないこと。

② 後進させる時は、後方を確認し、誘導員の指示を受けてから後進すること。

③ 荷重およびエンジンをかけたまま運転席を離れないこと。

④ 斜面や崩れやすい地盤上に機械を置かないこと。

⑤ 掘削機械等は、安全能力以上の使い方および用途以外の使用をしないこと。

⑥ 既設構造物等の近傍を掘削する場合は、転倒・崩壊などに十分配慮すること。

⑦ 危険範囲内に人がいないかを常に確認しながら運転すること。また、作業区域をロープ柵・赤旗等で表示すること。

⑧ 軟弱な路肩・のり肩に接近しないように作業を行うこと。近づく場合は、誘導員を配置すること。

⑨ 落石等の危険がある場合は、運転席にヘッドガードを付けること。

❸ 盛土の施工の安全上の留意点 ●●●

(1) 盛土の施工前の安全の留意点

① 盛土箇所はあらかじめ伐開除根を行う等、有害な雑物を取り除いておくこと。

② 施工に先立ち、湧水を処理すること。

③ 盛土場所は、排水処理を行うこと。

④ 急な勾配を有する地盤上に盛土を施工する場合は、段切りを設けること。

(2) 盛土施工時の安全の留意点

① 捨土ののり面、勾配はなるべく緩やかにしておくこと。

② のり肩の防護を十分にし、重量物を置かないようにすること。

③ 盛土後、転圧等を行う場合は、施工機械の能力、接地圧、周囲の状況等に十分配慮し、事故防止の措置を講じること。

④ のり肩・のり尻排水を十分に行うこと。

⑤ のり肩付近からの水の流入をできるだけ防ぐこと。

(3) 切土のり面施工時の安全の留意点

① 切土のり面の変化に注意を払うこと。

② 擁壁類が計画されているのり面では、掘削面の勾配が急勾配となるので、擁壁等の施工中には地山の点検等、安全管理を十分に行うこと。

③ 降雨後は地山が崩壊しやすいので、流水、亀裂等ののり面の変化に特に注意すること。

必須問題　●

| 令和5年度 | 問題2 | 安全管理 | 明り掘削の作業における事業者の義務 |

地山の明り掘削の作業時に事業者が行わなければならない安全管理に関し、労働安全衛生法上、次の文章の　　　　　の(イ)〜(ホ)に当てはまる**適切な語句を**、**下記の語句から選び**解答欄に記入しなさい。

(1) 地山の崩壊、埋設物等の損壊等により労働者に危険を及ぼすおそれのあるときは、作業箇所及びその周辺の地山について、ボーリングその他適当な方法により調査し、調査結果に適応する掘削の時期及び　(イ)　を定めて、作業を行わなければならない。

(2) 地山の崩壊又は土石の落下により労働者に危険を及ぼす恐れのあるときは、あらかじめ　(ロ)　を設け、　(ハ)　を張り、労働者の立入りを禁止する等の措置を講じなければならない。

(3) 掘削機械、積込機械及び運搬機械の使用によるガス導管、地中電線路その他地下に存在する工作物の　(ニ)　により労働者に危険を及ぼす恐れのあるときは、これらの機械を使用してはならない。

(4) 点検者を指名して、その日の作業を　(ホ)　する前、大雨の後及び中震（震度4）以上の地震の後、浮石及び亀裂の有無及び状態並びに含水、湧水及び凍結の状態の変化を点検させなければならない。

[語句]

土止め支保工、	遮水シート、	休憩、	飛散、	作業員、
型枠支保工、	順序、	開始、	防護網、	段差、
吊り足場、	合図、	損壊、	終了、	養生シート

安全管理

文章

(1) 地山の崩壊、埋設物等の損壊等により労働者に危険を及ぼすおそれのあるときは、作業箇所及びその周辺の地山について、ボーリングその他適当な方法により調査し、調査結果に適応する掘削の時期及び**(イ)順序**を定めて、作業を行わなければならない。

(2) 地山の崩壊又は土石の落下により労働者に危険を及ぼす恐れのあるときは、あらかじめ**(ロ)土止め支保工**を設け、**(ハ)防護網**を張り、労働者の立入りを禁止する等の措置を講じなければならない。

(3) 掘削機械、積込機械及び運搬機械の使用によるガス導管、地中電線路その他地下に存する工作物の(ニ)損壊により労働者に危険を及ぼす恐れのあるときは、これらの機械を使用してはならない。

(4) 点検者を指名して、その日の作業を(ホ)開始する前、大雨の後及び中震(震度4)以上の地震の後、浮石及び亀裂の有無及び状態並びに含水、湧水及び凍結の状態の変化を点検させなければならない。

解 答

(イ)	(ロ)	(ハ)	(ニ)	(ホ)
順序	土止め支保工	防護網	損壊	開始

考え方

1 明り掘削の作業における危険の防止

　土木工事などの建設工事において、明り掘削の作業(地上における掘削作業)を行う場合は、労働者の安全を確保する(地山の崩壊や埋設物の損壊による危険を防止する)ための対策を講じなければならない。明り掘削の作業における危険の防止については、労働安全衛生規則の第355条～第378条に定められている。(労働安全衛生規則からこの問題に関連する条文を抜粋・読みやすさを考慮して一部改変)

①作業箇所等の調査(労働安全衛生規則第355条)────────

　事業者は、地山の掘削の作業を行う場合において、地山の崩壊・埋設物の損壊などにより労働者に危険を及ぼすおそれのあるときは、あらかじめ、作業箇所およびその周辺の地山について、次の❶～❹の事項をボーリング(地盤を穿孔して土試料を採取する方法)・その他の適当な方法により調査し、これらの事項について、知り得たところに適応する掘削の時期および順序を定めて、その定めにより作業を行わなければならない。

❶形状・地質・地層の状態

❷亀裂・含水・湧水・凍結の有無・状態

❸埋設物などの有無・状態

❹高温のガス・蒸気の有無・状態

②明り掘削の作業における点検(労働安全衛生規則第358条)────────

　事業者は、明り掘削の作業を行うときは、地山の崩壊または土石の落下による労働者の危険を防止するため、次の❶～❷の措置を講じなければならない。

❶点検者を指名して、作業箇所およびその周辺の地山について、その日の作業を開始する前と、大雨(1回の降雨量が50㎜以上の雨)や中震以上の地震(震度が4以上の地震)の後に、浮石・亀裂の有無・状態や、含水・湧水・凍結の状態の変化を点検させること。

❷点検者を指名して、発破を行った後に、その発破を行った箇所およびその周辺の浮石・亀裂の有無・状態を点検させること。

③地山の掘削作業主任者の選任（労働安全衛生規則第359条）──────────

　事業者は、掘削面の高さが2m以上となる地山の掘削の作業については、地山の掘削および土止め支保工作業主任者技能講習を修了した者のうちから、地山の掘削作業主任者を選任しなければならない。

④地山の崩壊等による危険の防止（労働安全衛生規則第361条）──────────

　事業者は、明り掘削の作業を行う場合において、地山の崩壊または土石の落下により労働者に危険を及ぼすおそれのあるときは、あらかじめ、**土止め支保工**を設け、**防護網**を張り、労働者の立入りを禁止するなど、その危険を防止するための措置を講じなければならない。

⑤掘削機械等の使用禁止（労働安全衛生規則第363条）──────────

　事業者は、明り掘削の作業を行う場合において、掘削機械・積込機械・運搬機械の使用によるガス導管・地中電線路・その他地下に存する工作物の損壊により労働者に危険を及ぼすおそれのあるときは、これらの機械を使用してはならない。

⑥誘導者の配置（労働安全衛生規則第365条）──────────

　事業者は、明り掘削の作業を行う場合において、運搬機械・掘削機械・積込機械が、労働者の作業箇所に後進して接近するときや、転落するおそれのあるときは、誘導者を配置し、その者にこれらの機械を誘導させなければならない。

⑦照度の保持（労働安全衛生規則第367条）──────────

　事業者は、明り掘削の作業を行う場所については、その作業を安全に行うために必要な照度を保持しなければならない。

選択問題

令和5年度	問題8 安全管理	移動式クレーン作業と玉掛け作業の安全管理

建設工事における移動式クレーン作業及び玉掛け作業に係る安全管理のうち，事業者が実施すべき安全対策について，下記の①，②の作業ごとに，それぞれ1つずつ解答欄に記述しなさい。
　ただし，同一の解答は不可とする。

　① 移動式クレーン作業
　② 玉掛け作業

解答例

		建設工事において事業者が実施すべき安全対策
①	移動式クレーン作業	移動式クレーンの運転について、事業者が一定の合図を定め、合図を行う者を指名して、その者に合図を行わせる。
②	玉掛け作業	ワイヤロープなどの玉掛用具については、その日の作業を開始する前に、異常の有無について点検し、異常を認めたときは直ちに補修する。

出典：クレーン等安全規則

安全管理

解き方

　この問題に対する解答は、下記の 考え方 の条文から、移動式クレーン作業および玉掛け作業において、事業者が実施すべき安全対策に関するものを、ひとつずつ抜き出して（要約して）記述することが望ましい。一例として、本書の（解答例）は、下記の 考え方 の条文のうち、「**1**②運転の合図」と「**2**⑤作業開始前の点検」を抜き出して要約したものである。

考え方

1 移動式クレーン作業における安全対策

　移動式クレーン（原動機を内蔵して不特定の場所に移動させることができるクレーン）による作業において、事業者が実施すべき安全対策（移動式クレーンの転倒や労働者との接触を防止するために行うべき安全対策）については、クレーン等安全規則の第63条〜第80条に定められている。（クレーン等安全規則から重要と思われる条文を抜粋・読みやすさを考慮して一部改変）

①アウトリガー等の張り出し（クレーン等安全規則第70条の5）──────

　事業者は、アウトリガーを有する移動式クレーンまたは拡幅式のクローラを有する移動式クレーンを用いて作業を行うときは、そのアウトリガーまたはクローラを最大限に張り出さなければならない。ただし、アウトリガーまたはクローラを最大限に張り出すことができない場合であって、その移動式クレーンに掛ける荷重が、その移動式クレーンのアウトリガーまたはクローラの張り出し幅に応じた定格荷重を下回ることが確実に見込まれるときは、この限りでない。

②運転の合図（クレーン等安全規則第71条）──────

　事業者は、移動式クレーンを用いて作業を行うときは、移動式クレーンの運転について一定の合図を定め、合図を行う者を指名して、その者に合図を行わせなければならない。ただし、移動式クレーンの運転者に単独で作業を行わせるときは、この限りでない。

③立入禁止（クレーン等安全規則第74条）──────

　事業者は、移動式クレーンに係る作業を行うときは、その移動式クレーンの上部旋回体と接触することにより労働者に危険が生ずるおそれのある箇所に、労働者を立ち入らせてはならない。

④強風時の作業中止（クレーン等安全規則第74条の3）──────

　事業者は、強風のため、移動式クレーンに係る作業の実施について危険が予想されるときは、その作業を中止しなければならない。

⑤運転位置からの離脱の禁止（クレーン等安全規則第75条）──────

　事業者は、移動式クレーンの運転者を、荷を吊ったままで、運転位置から離れさせてはならない。

移動式クレーン作業において事業者が実施すべき安全対策（ボックスカルバートの設置作業の例）

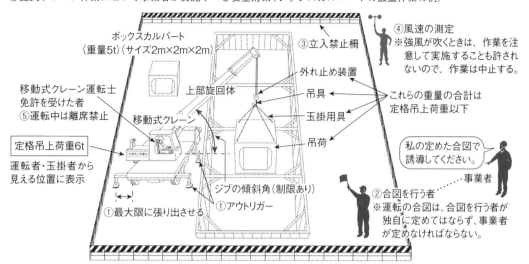

2 玉掛け作業における安全対策

　　玉掛け作業（クレーンの玉掛用具であるフックなどに荷物を取り付けたり取り外したりする作業）において、事業者が実施すべき安全対策（取付けが不適切な荷物が落下して労働者に衝突するなどの事故を防止するための安全対策）については、クレーン等安全規則の第213条〜第222条に定められている。（クレーン等安全規則から重要と思われる条文を抜粋・読みやすさを考慮して一部改変）

①玉掛け用ワイヤロープの安全係数（クレーン等安全規則第213条）

　　事業者は、クレーン・移動式クレーン・デリックの玉掛用具であるワイヤロープの安全係数（ワイヤロープの切断荷重の値÷ワイヤロープにかかる荷重の最大値）については、6以上でなければ使用してはならない。

②玉掛け用フック等の安全係数（クレーン等安全規則第214条）

　　事業者は、クレーン・移動式クレーン・デリックの玉掛用具であるフック・シャックルの安全係数（フック・シャックルの切断荷重の値÷フック・シャックルにかかる荷重の最大値）については、5以上でなければ使用してはならない。

③不適格なワイヤロープの使用禁止（クレーン等安全規則第215条）

　　事業者は、次の❶〜❹のいずれかに（ひとつでも）該当するワイヤロープを、クレーン・移動式クレーン・デリックの玉掛用具として使用してはならない。

❶ ワイヤロープ一撚りの間において、素線の数の10%以上の素線が切断しているもの

❷ 直径の減少が公称径の7%を超えるもの

❸ キンクした（一度でも折れ曲がったり捻じれたりして損傷したことがある）もの

❹ 著しい形崩れ・腐食があるもの

④不適格なフック・シャックル等の使用禁止（クレーン等安全規則第217条）

　　事業者は、フック・シャックル・リングなどの金具で、変形しているものや亀裂があるものを、クレーン・移動式クレーン・デリックの玉掛用具として使用してはならない。

安全管理

⑤作業開始前の点検（クレーン等安全規則第220条）

　　事業者は、クレーン・移動式クレーン・デリックの玉掛用具であるワイヤロープなどを用いて玉掛けの作業を行うときは、その日の作業を開始する前に、そのワイヤロープなどの異常の有無について、点検を行わなければならない。この点検を行った場合において、異常を認めたときは、直ちに補修しなければならない。

移動式クレーンの玉掛け作業

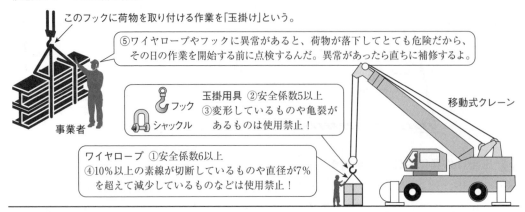

※安全係数の算定の一例：荷物の重量と玉掛用具の重量の合計が2ｔである場合、玉掛用具（フック・シャックル）は10ｔまでの荷重であれば切断されないものを選定し、ワイヤロープは12ｔまでの荷重であれば切断されないものを選定する。

安全管理

選択問題 ☐

| 令和4年度 | 問題8 安全管理 | 高所作業における墜落等による危険の防止対策 |

建設工事における高さ2ｍ以上の高所作業を行う場合において、労働安全衛生法で定められている事業者が実施すべき**墜落等による危険の防止対策**を、2つ解答欄に記述しなさい。

考え方

1 高所作業における墜落災害防止対策

　　建設工事において、高さが2ｍ以上となる場所で高所作業を行う場合は、労働者の安全を確保する（労働者の墜落等による危険を防止する）ための対策を講じなければならない。墜落等による危険の防止対策については、労働安全衛生規則の第518条〜第539条に定められている。（労働安全衛生規則から高さが2ｍ以上の高所作業に関する条文を抜粋・一部改変）

①作業床の設置（労働安全衛生規則第518条-第1項）

　　事業者は、高さが**2ｍ以上の箇所**（作業床の端・開口部等を除く）で作業を行う場合において、墜落により労働者に危険を及ぼすおそれのあるときは、足場を組み立てるなどの方法により、**作業床を設けなければならない**。

② 作業床の設置ができないときの措置（労働安全衛生規則第 518 条 - 第 2 項）━━━━

　事業者は、上記①の規定により作業床を設けることが困難なときは、**防網**を張り、労働者に**要求性能墜落制止用器具**を使用させるなど、墜落による労働者の危険を防止するための措置を講じなければならない。

③ 囲い等の設置（労働安全衛生規則第 519 条 - 第 1 項）━━━━━━━━━━━━━

　事業者は、高さが 2m 以上の作業床の**端・開口部**等で、墜落により労働者に危険を及ぼすおそれのある箇所には、**囲い等**（囲い・手すり・覆いなど）を設けなければならない。

④ 囲い等の設置ができないときの措置（労働安全衛生規則第 519 条 - 第 2 項）━━━━

　事業者は、上記③の規定により、囲い等を設けることが著しく困難なときや、作業の必要上臨時に囲い等を取り外すときは、**防網を張り**、労働者に**要求性能墜落制止用器具**を使用させるなど、墜落による労働者の危険を防止するための措置を講じなければならない。

⑤ 要求性能墜落制止用器具の取付設備（労働安全衛生規則第 521 条 - 第 1 項）━━━━

　事業者は、高さが 2m 以上の箇所で作業を行う場合において、労働者に要求性能墜落制止用器具等を使用させるときは、要求性能墜落制止用器具等を**安全に取り付けるための設備**等を設けなければならない。

⑥ 要求性能墜落制止用器具の取付設備の点検（労働安全衛生規則第 521 条 - 第 2 項）━━

　事業者は、労働者に要求性能墜落制止用器具等を使用させるときは、要求性能墜落制止用器具等およびその取付け設備等の**異常の有無**について、**随時点検**しなければならない。

⑦ 悪天候時の作業禁止（労働安全衛生規則第 522 条）━━━━━━━━━━━━━━━

　事業者は、高さが 2m 以上の箇所で作業を行う場合において、**強風・大雨・大雪**などの悪天候のため、その作業の実施について危険が予想されるときは、その作業に労働者を**従事させてはならない**。

⑧ 照度の保持（労働安全衛生規則第 523 条）━━━━━━━━━━━━━━━━━━

　事業者は、高さが 2m 以上の箇所で作業を行うときは、その作業を安全に行うために必要な**照度**を保持しなければならない。

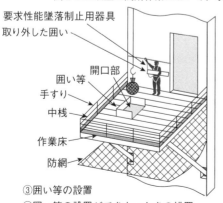
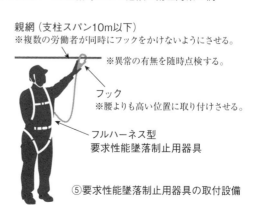

高さ 2m 以上の高所作業において、事業者が実施すべき墜落等による危険の防止対策の例

要求性能墜落制止用器具
取り外した囲い
開口部
囲い等
手すり
中桟
作業床
防網
③囲い等の設置
④囲い等の設置ができないときの措置

親網（支柱スパン10m以下）
※複数の労働者が同時にフックをかけないようにさせる。
※異常の有無を随時点検する。
フック
※腰よりも高い位置に取り付けさせる。
フルハーネス型
要求性能墜落制止用器具
⑤要求性能墜落制止用器具の取付設備

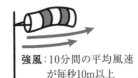

⑦悪天候時の作業禁止

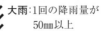

大雨：1回の降雨量が
　　　50mm以上

大雪：1回の降雪量が
　　　25cm以上

強風：10分間の平均風速
　　　が毎秒10m以上

このような悪天候の時には、各種の
措置の有無に関係なく、作業を中
止しなければならないんだ。

❷ このような問題を解くときの留意事項

　このような問題を解くときは、解答を記述した後に、問題文をもう一度読み直すことが望ましい。一例として、この問題では、「建設工事における高さ2m以上の高所作業」において、「労働安全衛生法で定められている」項目の中から、「事業者が実施すべき墜落等による危険の防止対策」を記述するよう指定されているので、下記のような解答をしないように注意する必要がある。

×移動はしごや脚立に関する条文など、「高さ2m以上」と明記されていない事項の解答
×実際に現場で行う対策ではあるが、労働安全衛生規則に明記されていない事項の解答
×「要求性能墜落制止用器具を使用する」など、事業者ではなく労働者を主語とする解答

解き方

　この問題に対する解答は、上記の条文から、事業者が実施すべき墜落等による危険の防止対策に関するものを、ひとつずつ抜き出して（要約して）記述することが望ましい。具体的な解答例としては、次のようなものが考えられる。

①高さが2m以上の箇所には、足場を組み立てるなどの方法で、作業床を設ける。
②作業床の設置が困難なときは、防網を張り、要求性能墜落制止用器具を使用させる。
③高さが2m以上の作業床の端や開口部には、囲い・手すり・覆いなどを設ける。
④囲い等を取り外すときは、防網を張り、要求性能墜落制止用器具を使用させる。
⑤使用させる要求性能墜落制止用器具を、安全に取り付けるための設備を設ける。
⑥要求性能墜落制止用器具とその取付け設備について、異常の有無を随時点検する。
⑦強風・大雨・大雪などの悪天候による危険が予想されるときは、作業を中止する。
⑧高さが2m以上の箇所で作業を行うときは、安全な作業に必要な照度を保持する。

解答例

高さ2m以上の高所作業で、事業者が実施すべき墜落等による危険の防止対策
(1) 高さが2m以上の作業床の端や開口部には、囲い・手すり・覆いなどを設ける。
(2) 強風・大雨・大雪などの悪天候による危険が予想されるときは、作業を中止する。

出典：労働安全衛生規則

安全管理

| 令和3年度 | 問題3 安全管理 | 移動式クレーンによる作業の労働災害防止対策 |

移動式クレーンを使用する荷下ろし作業において，労働安全衛生規則及びクレーン等安全規則に定められている**安全管理**上必要な労働災害防止対策に関し，次の(1)，(2)の作業段階について，具体的な措置を解答欄に記述しなさい。

ただし，同一内容の解答は不可とする。

(1) 作業着手前
(2) 作業中

考え方

1 移動式クレーンによる作業着手前の労働災害防止対策

移動式クレーン（原動機を内蔵して不特定の場所に移動させることができるクレーン）による荷下ろしなどの作業において、安全管理上必要な労働災害防止対策については、クレーン等安全規則の第63条～第80条に定められている。（クレーン等安全規則から作業着手前の安全管理に関する条文を抜粋・一部改変）

①特別の教育（クレーン等安全規則第67条）

事業者は、吊り上げ荷重が1t未満の移動式クレーンの運転の業務に労働者を就かせるときは、当該労働者に対し、当該業務に関する安全のための特別の教育を行わなければならない。

②就業制限（クレーン等安全規則第68条）

事業者は、吊り上げ荷重が5t以上の移動式クレーンの運転の業務については、移動式クレーン運転士**免許**を受けた者でなければ、当該業務に就かせてはならない。ただし、吊り上げ荷重が1t以上5t未満の移動式クレーンの運転の業務については、小型移動式クレーン運転**技能講習**を修了した者を当該業務に就かせることができる。

③定格荷重の表示等（クレーン等安全規則第70条の2）

事業者は、移動式クレーンを用いて作業を行うときは、移動式クレーンの**運転者**および**玉掛けをする者**が、当該移動式クレーンの**定格荷重**を常時知ることができるよう、表示・その他の措置を講じなければならない。

④アウトリガー等の張り出し（クレーン等安全規則第70条の5）

事業者は、アウトリガーを有する移動式クレーンを用いて作業を行うときは、当該アウトリガーを**最大限に張り出さ**なければならない。ただし、アウトリガーを最大限に張り出すことができない場合であって、当該移動式クレーンに掛ける荷重が、当該移動式クレーンのアウトリガーの張り出し幅に応じた定格荷重を下回ることが確実に見込まれるときは、この限りでない。

安全管理

⑤**作業開始前の点検（クレーン等安全規則第78条）**

事業者は、移動式クレーンを用いて作業を行うときは、**その日の作業を開始する前**に、巻過防止装置・過負荷警報装置・その他の警報装置・ブレーキ・クラッチ・コントローラーの機能について、**点検を行わなければならない。**

2 移動式クレーンによる作業中の労働災害防止対策

移動式クレーン（原動機を内蔵して不特定の場所に移動させることができるクレーン）による荷下ろしなどの作業において、安全管理上必要な労働災害防止対策については、クレーン等安全規則の第63条〜第80条に定められている。（クレーン等安全規則から作業中の安全管理に関する条文を抜粋・一部改変）

①**外れ止め装置の使用（クレーン等安全規則第66条の3）**

事業者は、移動式クレーンを用いて荷を吊り上げるときは、**外れ止め装置を使用し**なければならない。

②**過負荷の制限（クレーン等安全規則第69条）**

事業者は、移動式クレーンにその**定格荷重を超える**荷重をかけて使用してはならない。

③**傾斜角の制限（クレーン等安全規則第70条）**

事業者は、移動式クレーンについては、移動式クレーン明細書に記載されている**ジ**ブの傾斜角の範囲を超えて使用してはならない。

④**運転の合図（クレーン等安全規則第71条）**

事業者は、移動式クレーンを用いて作業を行うときは、移動式クレーンの運転について**一定の合図を定め、合図を行う者を指名**して、その者に合図を行わせなければならない。ただし、移動式クレーンの運転者に単独で作業を行わせるときは、この限りでない。

⑤**立入禁止（クレーン等安全規則第74条）**

事業者は、移動式クレーンに係る作業を行うときは、当該移動式クレーンの**上部旋回体と接触**することにより労働者に危険が生ずるおそれのある箇所に、労働者を立ち入らせてはならない。

⑥**強風時の作業中止（クレーン等安全規則第74条の3）**

事業者は、強風のため、移動式クレーンに係る作業の実施について危険が予想されるときは、当該作業を**中止**しなければならない。

⑦**強風時における転倒の防止（クレーン等安全規則第74条の4）**

事業者は、上記⑥の規定により作業を中止した場合であって、移動式クレーンが転倒するおそれのあるときは、当該移動式クレーンのジブの位置を固定させる等により、移動式クレーンの**転倒**による労働者の危険を防止するための措置を講じなければならない。

⑧**運転位置からの離脱の禁止（クレーン等安全規則第75条）**

事業者は、移動式クレーンの運転者を、**荷を吊った**ままで、運転位置から離れさせてはならない。

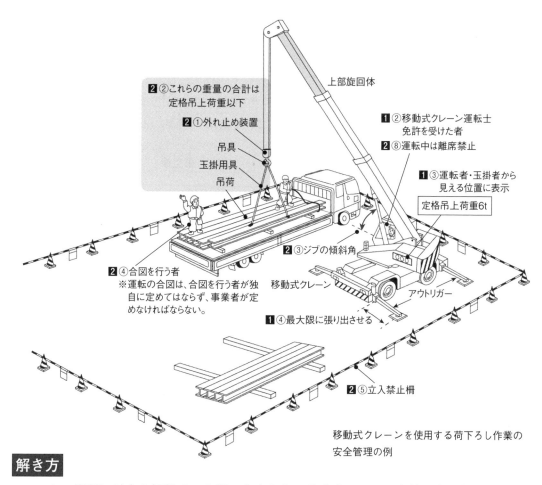

2②これらの重量の合計は
　　定格吊上荷重以下

2①外れ止め装置

吊具
玉掛用具
吊荷

2④合図を行う者
※運転の合図は、合図を行う者が独
　自に定めてはならず、事業者が定
　めなければならない。

上部旋回体

1②移動式クレーン運転士
　免許を受けた者

2⑧運転中は離席禁止

1③運転者・玉掛者から
　見える位置に表示

定格吊上荷重6t

2③ジブの傾斜角

移動式クレーン

1④最大限に張り出させる

アウトリガー

2⑤立入禁止柵

移動式クレーンを使用する荷下ろし作業の
安全管理の例

安全管理

解き方

　この問題に対する解答は、上記の条文から、移動式クレーンを使用する荷下ろし作業における作業着手前および作業中の労働災害防止対策に関するものを、ひとつずつ抜き出して解答することが望ましい。下記の解答例は、上記の条文のうち、「**1**⑤作業開始前の点検」と「**2**④運転の合図」を抜き出して要約したものである。なお、この問題では「労働安全衛生規則及びクレーン等安全規則に定められている措置」を記述するよう指定されているので、実際の現場で行うべき労働災害防止対策であっても、これらの法律に明記されていない措置を解答してはならないことに注意が必要である。

解答例

移動式クレーンを使用する荷下ろし作業における労働災害防止対策	
(1)作業着手前の措置	巻過防止装置・過負荷警報装置・その他の警報装置・ブレーキ・クラッチ・コントローラーの機能を点検する。
(2)作業中の措置	移動式クレーンの運転について、事業者が一定の合図を定め、合図を行う者を指名して、その者に合図を行わせる。

出典：クレーン等安全規則

| 令和3年度 | 問題8 安全管理 | 掘削機械による作業の架空線損傷事故防止対策 |

下図のような道路上で工事用掘削機械を使用してガス管更新工事を行う場合，架空線損傷事故を防止するために配慮すべき具体的な安全対策について2つ，解答欄に記述しなさい。

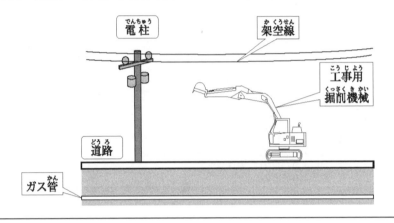

考え方

1 架空線損傷事故を防止するために配慮すべき安全対策

　道路上で工事用掘削機械を使用するときは、掘削機械のブーム（腕の部分）が架空線（架空電線）に触れることによる架空線損傷事故を防止するため、次のような安全対策を講じなければならない。架空線損傷事故は、作業者の感電などの労働災害や、広範囲に及ぶ停電などの原因となるため、適切な安全対策を講じて防止しなければならない。なお、下記の①～⑥では、工事用掘削機械を使用する作業に限らず、建設工事における架空線などの上空施設の防護に関する事項をまとめて記載している。

①工事現場に存在する架空線などの上空施設については、施工に先立ち、その種類・場所・高さ・管理者などを、現地調査により事前確認する。

②架空線との接触などのおそれがある場合は、建設機械の運転手などに、工事区域や工事用道路内に存在する架空線などの上空施設の種類・場所・高さなどを連絡し、留意事項を周知徹底する。

③架空線などの上空施設に近接して工事を行う場合は、必要に応じて、架空線などの上空施設の管理者に、施工方法の確認や立会いを求める。

④架空線などの上空施設に近接して工事を行う場合は、架空線などの上空施設と機械・工具・材料などとの間に、安全な離隔（作業を安全に行うことができる距離）を確保する。

⑤架空線の近接箇所で、建設機械のブーム操作やダンプトラックのダンプアップ（荷台の持ち上げ）により架空線の接触・切断のおそれがある場合は、防護カバーの設置・看板の設置・現場出入口での高さ制限装置の設置・立入禁止区域の設定などを行う。

2 架空線等上空施設の事故防止マニュアル

　国土交通省から発表されている「架空線等上空施設の事故防止マニュアル（案）」では、施工中の保安措置として、次のような事項が定められている。

架空線等上空施設に対して建設機械等のブーム・ダンプトラックのダンプアップ等により、接触・切断の可能性がある場合は、必要に応じて以下の保安措置を行う。
①架空線上空施設への防護カバーの設置
②工事現場の出入り口等における高さ制限装置の設置
③架空線等上空施設の位置を明示する看板等の設置
④建設機械ブーム等の旋回・立入り禁止区域等の設定
⑤近接して施工する場合は監視人の配置

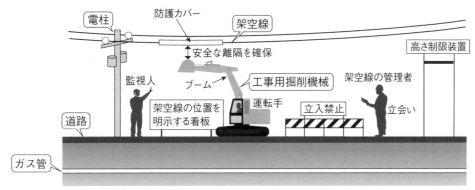

工事用掘削機械によるガス管更新工事（架空線近接工事）の例

解き方

　この問題に対する解答は、上記の安全対策から、道路上で工事用掘削機械を使用する作業に関するものをいくつか選択し、要約して記述すればよい。その際には、「建設機械」という語句を「掘削機械」という語句に変更するなど、できるだけ問題文中の語句を使用して解答する（設問に正対した解答とする）ことが望ましい。

解答例

	工事用掘削機械による作業における架空線損傷事故の防止対策
(1)	工事用掘削機械の運転手に、道路内に存在する架空線の種類・場所・高さなどを連絡し、留意事項を周知徹底する。
(2)	架空線と工事用掘削機械との間に、安全な離隔を確保する。それができないときは、架空線に防護カバーを設置する。

出典：架空線等上空施設の事故防止マニュアル（案）

令和2年度　問題7　安全管理　高所作業の安全管理

建設工事における高所作業を行う場合の安全管理に関して，労働安全衛生法上，次の文章の [　　] の(イ)～(ホ)に当てはまる適切な語句又は数値を，次の語句又は数値から選び解答欄に記入しなさい。

(1) 高さが [　(イ)　] m以上の箇所で作業を行なう場合で，墜落により労働者に危険を及ぼすおそれのあるときは，足場を組立てる等の方法により [　(ロ)　] を設けなければならない。

(2) 高さが [　(イ)　] m以上の [　(ロ)　] の端や開口部等で，墜落により労働者に危険を及ぼすおそれのある箇所には，[　(ハ)　]，手すり，覆い等を設けなければならない。

(3) 架設通路で墜落の危険のある箇所には，高さ [　(ニ)　] cm以上の手すり又はこれと同等以上の機能を有する設備を設けなくてはならない。

(4) つり足場又は高さが5m以上の構造の足場等の組立て等の作業については，足場の組立て等作業主任者 [　(ホ)　] を修了した者のうちから，足場の組立て等作業主任者を選任しなければならない。

[語句又は数値]

特別教育，	囲い，	85，	作業床，	3，
待避所，	幅木，	2，	技能講習，	95，
1，	アンカー，	技術研修，	休憩所，	75

考え方

　　建設工事において高所作業を行う場合は、労働者の安全を確保する（労働者の墜落等による危険を防止する）ための措置を講じなければならない。高所作業の安全管理については、労働安全衛生規則の第518条〜第539条「墜落・飛来崩壊等による危険の防止」および第540条〜第575条「通路・足場等」に定められている。（抜粋・一部改変）

労働安全衛生規則第518条　作業床の設置

　　事業者は、高さが2m以上の箇所（作業床の端・開口部等を除く）で作業を行う場合において、墜落により労働者に危険を及ぼすおそれのあるときは、足場を組み立てる等の方法により**作業床**を設けなければならない。

　　事業者は、上記の規定により作業床を設けることが困難なときは、防網を張り、労働者に要求性能墜落制止用器具を使用させる等、墜落による労働者の危険を防止するための措置を講じなければならない。

労働安全衛生規則第519条　囲い等の設置

　事業者は、高さが**2m以上**の**作業床**の端・開口部等で、墜落により労働者に危険を及ぼすおそれのある箇所には、**囲い・手すり・覆い等**を設けなければならない。

　事業者は、上記の規定により、囲い等を設けることが著しく困難なとき又は作業の必要上臨時に囲い等を取りはずすときは、防網を張り、労働者に要求性能墜落制止用器具を使用させる等、墜落による労働者の危険を防止するための措置を講じなければならない。

労働安全衛生規則第552条　架設通路

　事業者は、架設通路については、原則として、次に定めるところに適合したものでなければ使用してはならない。

①丈夫な構造とすること。

②勾配は、30度以下とすること。ただし、階段を設けたもの又は高さが2m未満で丈夫な手掛を設けたものはこの限りでない。

③勾配が15度を超えるものには、踏桟・その他の滑止めを設けること。

④墜落の危険のある箇所には、次に掲げる設備（丈夫な構造の設備であって、たわみが生ずるおそれがなく、かつ、著しい損傷・変形・腐食がないものに限る）を設けること。

●高さ**85cm以上**の手すり又はこれと同等以上の機能を有する設備（手すり等）

●高さ**35cm以上50cm以下**の桟又はこれと同等以上の機能を有する設備（中桟等）

⑤たて坑内の架設通路で、その長さが15m以上であるものは、10m以内ごとに踊場を設けること。

⑥建設工事に使用する高さ8m以上の登り桟橋には、7m以内ごとに踊場を設けること。

足場と作業床の安全に関する規定

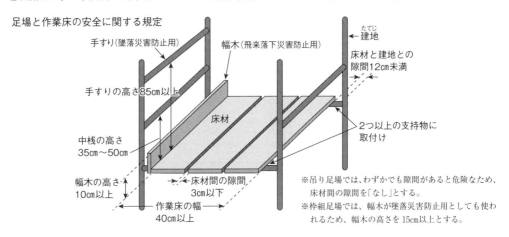

登り桟橋の安全に関する規定
※手すりと中さんは、墜落災害防止のための設備である。
※幅木は、物体の落下防止のための設備である。

勾配が15度を超える場合は踏桟（すべり止め）を設ける。

労働安全衛生規則第565条　足場の組立て等作業主任者の選任

　事業者は、吊り足場(ゴンドラの吊り足場を除く)・張出し足場・高さが5m以上の構造の足場の組立て・解体・変更の作業の作業については、足場の組立て等作業主任者技能講習を修了した者のうちから、足場の組立て等作業主任者を選任しなければならない。

労働安全衛生規則第566条　足場の組立て等作業主任者の職務

　事業者は、足場の組立て等作業主任者に、次の事項を行わせなければならない。ただし、解体の作業のときは、①の規定は適用しない。

①材料の欠点の有無を点検し、不良品を取り除くこと。
②器具・工具・要求性能墜落制止用器具・保護帽の機能を点検し、不良品を取り除くこと。
③作業の方法及び労働者の配置を決定し、作業の進行状況を監視すること。
④要求性能墜落制止用器具・保護帽の使用状況を監視すること。

解き方

(1) 高さが**(イ)2**m以上の箇所で作業を行なう場合で、墜落により労働者に危険を及ぼすおそれのあるときは、足場を組立てる等の方法により**(ロ)作業床**を設けなければならない。

(2) 高さが**(イ)2**m以上の**(ロ)作業床**の端や開口部等で、墜落により労働者に危険を及ぼすおそれのある箇所には、**(ハ)囲い**、手すり、覆い等を設けなければならない。

(3) 架設通路で墜落の危険のある箇所には、高さ**(ニ)85**cm以上の手すり又はこれと同等以上の機能を有する設備を設けなくてはならない。

(4) つり足場又は高さが5m以上の構造の足場等の組立て等の作業については、足場の組立て等作業主任者**(ホ)技能講習**を修了した者のうちから、足場の組立て等作業主任者を選任しなければならない。

解答

(イ)	(ロ)	(ハ)	(ニ)	(ホ)
2	作業床	囲い	85	技能講習

安全管理

| 令和元年度 | 問題8　安全管理 | 土止め支保工の組立てにおける労働災害防止対策 |

下図に示す土止め支保工の組立て作業にあたり、**安全管理上必要な労働災害防止対策に関して労働安全衛生規則に定められている内容について2つ**解答欄に記述しなさい。

ただし、解答欄の(例)と同一内容は不可とする。

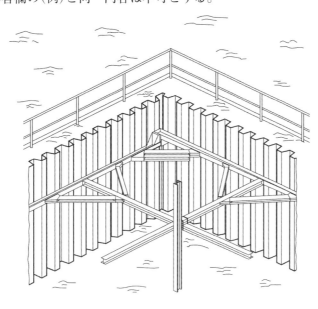

考え方

　　土止め支保工は、掘削工事を行うときに、地山の崩壊(土砂崩れ)が発生しないようにするために設けられる仮設物である。その組立てにおいて不具合があると、土止め支保工内で作業している労働者が、土砂に埋まるなどの労働災害が発生することがある。

　　土止め支保工の組立て作業にあたっての労働災害防止対策については、労働安全衛生規則の第368条〜第375条に定められている。(抜粋・一部改変)

労働安全衛生規則第368条　土止め支保工の材料

　　事業者は、土止め支保工の材料については、著しい損傷・変形・腐食があるものを使用してはならない。

労働安全衛生規則第369条　土止め支保工の構造

　　事業者は、土止め支保工の構造については、当該土止め支保工を設ける箇所の地山に係る形状・地質・地層・亀裂・含水・湧水・凍結や、埋設物等の状態に応じた堅固なものとしなければならない。

労働安全衛生規則第 370 条　土止め支保工の組立図

　事業者は、土止め支保工を組み立てるときは、あらかじめ、組立図を作成し、かつ、当該組立図により組み立てなければならない。この組立図は、矢板・杭・背板・腹起し・切梁などの部材について、配置・寸法・材質・取付け時期・取付け順序が示されているものでなければならない。

労働安全衛生規則第 371 条　部材の取付け等

　事業者は、土止め支保工の部材の取付け等については、次に定めるところによらなければならない。

①切梁・腹起しは、脱落を防止するため、矢板・杭などに確実に取り付けること。

②圧縮材（火打ちを除く）の継手は、突合せ継手とすること。

③切梁・火打ちの接続部や、切梁相互の交差部は、当て板をあてて、ボルトで緊結し、溶接で接合するなどの方法により、堅固なものとすること。

④中間支持柱を備えた土止め支保工にあっては、切梁を当該中間支持柱に確実に取り付けること。

⑤切梁を建築物の柱等部材以外の物により支持する場合にあっては、当該支持物は、これにかかる荷重に耐えうるものとすること。

労働安全衛生規則第 372 条　切梁等の作業

　事業者は、土止め支保工の切梁・腹起しの取付け・取外しの作業を行うときは、次の措置を講じなければならない。

①当該作業を行う箇所には、関係労働者以外の労働者が立ち入ることを禁止すること。

②材料・器具・工具を上げ下ろすときは、吊り綱・吊り袋などを労働者に使用させること。

労働安全衛生規則第 373 条　土止め支保工の点検

　事業者は、土止め支保工を設けたときは、その後 7 日を超えない期間ごと、中震以上の地震の後、大雨などにより地山が急激に軟弱化するおそれのある事態が生じた後に、次の事項について点検し、異常を認めたときは、直ちに、補強または補修しなければならない。

①部材の損傷・変形・腐食・変位・脱落の有無・状態

②切梁の緊圧の度合

③部材の接続部・取付け部・交差部の状態

労働安全衛生規則第 374 条　土止め支保工作業主任者の選任

　事業者は、土止め支保工の切梁・腹起しの取付け・取外しの作業については、地山の掘削および土止め支保工作業主任者技能講習を修了した者のうちから、土止め支保工作業主任者を選任しなければならない。

労働安全衛生規則第375条　土止め支保工作業主任者の職務

　事業者は、土止め支保工作業主任者に、次の事項を行わせなければならない。

①作業の方法を決定し、作業を直接指揮すること。

②材料の欠点の有無と、器具・工具を点検し、不良品を取り除くこと。

③要求性能墜落制止用器具(安全帯)等と、保護帽の使用状況を監視すること。

解き方

　問題文では「労働安全衛生規則に定められている内容」を記述するように指示されているので、上記の条文の中から2つを選択し、その内容を要約して解答することが望ましい。解答欄のスペースに余裕があれば、条文そのものを転載しても正解となる。

解答例

土止め支保工の組立てにおける労働災害防止対策
著しい損傷・変形・腐食がある材料を使用しない。
土止め支保工の構造は、地山の形状や埋設物の状態に応じた堅固なものとする。
作業前に、部材の配置や取付け順序などが示された組立図を作成する。
切梁や腹起しは、脱落を防止するため、矢板または杭に確実に取り付ける。
切梁の取付け作業場所では、関係労働者以外の労働者の立ち入りを禁止する。
7日を超えない期間ごとに、切梁の緊圧の度合を点検する。
技能講習の修了者の中から、土止め支保工作業主任者を選任する。
土止め支保工作業主任者に、作業を直接指揮させる。

※以上のうち、2つを選択して解答する。

安全管理

平成30年度 | 問題8 安全管理 | 架空線・地下埋設物に近接する工事の安全管理

　下図のような道路上で架空線と地下埋設物に近接して水道管補修工事を行う場合において、工事用掘削機械を使用する際に次の項目の事故を防止するため**配慮すべき具体的な安全対策**について、それぞれ1つ解答欄に記述しなさい。

(1) 架空線損傷事故

(2) 地下埋設物損傷事故

考え方

① 架空線損傷事故の防止対策

　道路上で工事用掘削機械を使用するときは、機械のブームが架空線（架空電線）に触れることによる感電事故を防止するための措置（離隔距離を確保する等の措置）を講じなければならない。このような活線近接作業における危険の防止については、労働安全衛生規則第349条に定められている。また、架空線そのものの損傷を防止するための対策については、建設工事公衆災害防止対策要綱土木工事編第87条に定められている。

労働安全衛生規則第349条　工作物の建設等の作業を行う場合の感電の防止

①事業者は、架空電線又は電気機械器具の充電電路に近接する場所で、工作物の建設・解体・点検・修理・塗装等の作業若しくはこれらに附帯する作業又は杭打機・杭抜機・移動式クレーン等を使用する作業を行う場合において、当該作業に従事する労働者が作業中又は通行の際に、当該充電電路に身体等が接触し、又は接近することにより感電の危険が生ずるおそれのあるときは、次の1.～4.のいずれかに該当する措置を講じなければならない。

　1.当該充電電路を移設すること。

　2.感電の危険を防止するための囲いを設けること。

　3.当該充電電路に絶縁用防護具を装着すること。

　4.前号1.～3.に該当する措置を講ずることが著しく困難なときは、監視人を置き、作業を監視させること。

建設工事公衆災害防止対策要綱土木工事編第87条　機械類の使用及び移動

① 施工者は、機械類を使用し、又は移動させる場合においては、それらの機械類に関する法令等の定めを厳守し、架線その他の構造物に接触し、若しくは法令等に定められた範囲以上に近接し、又は道路等に損傷を与えることのないようにしなければならない。

② 施工者は、機械類を使用する場合においては、その作動する範囲は原則として作業場の外に出てはならない。

③ 施工者は、架線・構造物等若しくは作業場の境界に近接して、又はやむを得ず作業場の外に出て機械類を操作する場合においては、歯止めの設置、ブームの回転に対するストッパーの使用、近接電線に対する絶縁材の装着、見張員の配置等、必要な措置を講じなければならない。

② 地下埋設物損傷事故の防止対策

道路内にある水道管の補修工事では、工事用掘削機械による明り掘削作業が必要となる。明り掘削とは、トンネル内ではなく露天の状態で行う掘削作業のことをいう。明り掘削を行うときは、埋設物の損壊や、それによる労働者への危険を防止するための措置を講じなければならない。明り掘削の作業における埋設物等による危険の防止については、労働安全衛生規則第362条に定められている。また、地下埋設物そのものの損傷を防止するための対策については、建設工事公衆災害防止対策要綱土木工事編第33条〜第40条に定められている。

労働安全衛生規則第362条　埋設物等による危険の防止

① 事業者は、埋設物等・れんが壁・コンクリートブロック塀・擁壁等の建設物に近接する箇所で明り掘削の作業を行う場合において、これらの損壊等により労働者に危険を及ぼすおそれのあるときは、これらを補強し、移設する等、当該危険を防止するための措置が講じられた後でなければ、作業を行ってはならない。

② 明り掘削の作業により露出したガス導管の損壊により、労働者に危険を及ぼすおそれのある場合の前項①の措置は、吊り防護・受け防護等による当該ガス導管についての防護を行い、又は当該ガス導管を移設する等の措置でなければならない。

③ 事業者は、前項②のガス導管の防護の作業については、当該作業を指揮する者を指名して、その者の直接の指揮のもとに当該作業を行わせなければならない。

建設工事公衆災害防止対策要綱土木工事編第36条　埋設物の確認

① 起業者又は施工者は、埋設物が予想される場所で土木工事を施工しようとするときは、施工に先立ち、埋設物管理者等が保管する台帳に基づいて試掘等を行い、その埋設物の種類・位置（平面・深さ）・規格・構造等を、原則として目視により確認しなければならない。なお、起業者又は施工者は、試掘によって埋設物を確認した場合においては、その位置等を道路管理者及び埋設物の管理者に報告しなければならない。この場合、深さについては、原則として標高によって表示しておくものとする。

② 施工者は、工事施工中において、管理者の不明な埋設物を発見した場合、埋設物に関する調査を再度行い、当該管理者の立会を求め、安全を確認した後に処置しなければならない。

建設工事公衆災害防止対策要綱土木工事編第39条　近接位置の掘削

① 施工者は、埋設物に近接して掘削を行う場合には、周囲の地盤のゆるみ・沈下等に十分注意するとともに、必要に応じて、埋設物の補強・移設等について、起業者及びその埋設物の管理者とあらかじめ協議し、埋設物の保安に必要な措置を講じなければならない。

安全管理

333

	配慮すべき具体的な安全対策
(1)架空線損傷事故	架空線に絶縁用防護具を装着し、工事用掘削機械と架空線との間に十分な離隔距離を確保する。
(2)地下埋設物損傷事故	水道管補修箇所まで掘削を進める前に、ガス管に吊り防護を行う。その際、吊り防護の作業指揮者を指名し、その者の直接の指揮の下で作業する。

選択問題 [　　　]

平成29年度	問題7 安全管理	移動式クレーンと玉掛け作業の安全管理

建設工事における移動式クレーンを用いる作業及び玉掛作業の安全管理に関する、クレーン等安全規則上、次の文章の[　　　]の (イ)〜(ホ) に当てはまる**適切な語句**を、**下記の語句から選び解答欄に記入しなさい。**

(1) 移動式クレーンで作業を行うときは、一定の[(イ)]を定め、[(イ)]を行う者を指名する。

(2) 移動式クレーンの上部旋回体と[(ロ)]することにより労働者に危険が生ずるおそれの箇所に労働者を立ち入らせてはならない。

(3) 移動式クレーンに、その[(ハ)]荷重をこえる荷重をかけて使用してはならない。

(4) 玉掛作業は、つり上げ荷重が1 t以上の移動式クレーンの場合は、[(ニ)]講習を修了した者が行うこと。

(5) 玉掛けの作業を行うときは、その日の作業を開始する前にワイヤロープ等玉掛用具の[(ホ)]を行う。

[語句] 誘導、　定格、　特別、　旋回、　措置、
　　　　接触、　維持、　合図、　防止、　技能、
　　　　異常、　自主、　転倒、　点検、　監視

考え方

移動式クレーンおよび玉掛け作業に関する「クレーン等安全規則」の条文のうち、この問題に関係する部分は、次の通りである。（抜粋・一部改変）

①過負荷の制限（第69条）

事業者は、移動式クレーンに、その**定格**荷重（負荷させることができる最大の荷重から、吊り具の重量に相当する荷重を控除した荷重）をこえる荷重をかけて使用してはならない。

②傾斜角の制限（第70条）

事業者は、移動式クレーンについては、移動式クレーン明細書に記載されているジブ

の傾斜角の範囲をこえて使用してはならない。

③運転の合図（第71条）

事業者は、移動式クレーンを用いて作業を行うときは、移動式クレーンの運転について一定の**合図**を定め、**合図**を行う者を指名して、その者に合図を行わせなければならない。ただし、移動式クレーンの運転者に単独で作業を行わせるときは、この限りでない。

④立入禁止（第74条）

事業者は、移動式クレーンに係る作業を行うときは、当該移動式クレーンの上部旋回体と**接触**することにより労働者に危険が生ずるおそれのある箇所に、労働者を立ち入らせてはならない。

⑤作業開始前の点検（第220条）

事業者は、クレーン・移動式クレーン・デリックの玉掛用具であるワイヤロープ等を用いて玉掛けの作業を行うときは、その日の作業を開始する前に、当該ワイヤロープ等の異常の有無について、**点検**を行わなければならない。

⑥就業制限（第221条）

事業者は、吊り上げ荷重が1t以上のクレーン・移動式クレーン・デリックによる玉掛けの業務については、次のいずれかに該当する者でなければ、当該業務に就かせてはならない。
・玉掛け**技能講習**を修了した者
・職業能力開発促進法に基づく玉掛け科の訓練を修了した者
・その他厚生労働大臣が定める者

⑦特別の教育（第222条）

事業者は、吊り上げ荷重が1t未満のクレーン・移動式クレーン・デリックの玉掛けの業務に労働者を就かせるときは、当該労働者に対し、当該業務に関する安全のための特別の教育を行わなければならない。

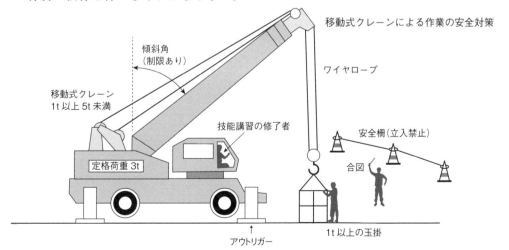

移動式クレーンによる作業の安全対策

傾斜角（制限あり）

ワイヤロープ

移動式クレーン 1t以上5t未満

技能講習の修了者

安全柵（立入禁止）

定格荷重3t

合図

アウトリガー

1t以上の玉掛

解き方

(1) 移動式クレーンで作業を行うときは、一定の **(イ)合図** を定め、**(イ)合図** を行う者を指名する。

(2) 移動式クレーンの上部旋回体と **(ロ)接触** することにより労働者に危険が生ずるおそれの箇所に労働者を立ち入らせてはならない。

(3) 移動式クレーンに、その **(ハ)定格** 荷重をこえる荷重をかけて使用してはならない。

(4) 玉掛作業は、つり上げ荷重が1 t以上の移動式クレーンの場合は、**(ニ)技能** 講習を修了した者が行うこと。

(5) 玉掛けの作業を行うときは、その日の作業を開始する前にワイヤロープ等玉掛用具の **(ホ)点検** を行う。

解　答

(イ)	(ロ)	(ハ)	(ニ)	(ホ)
合図	接触	定格	技能	点検

参考 　移動式クレーンの運転業務・玉掛け業務に就くことができる者（必要な資格）は、その移動式クレーンの吊上荷重に応じて、次のように定められている。

運転業務に就くことができる者 ＼ 移動式クレーンの吊上荷重	5トン以上	1トン以上5トン未満	1トン未満
移動式クレーン運転士免許を受けた者	○	○	○
小型移動式クレーン運転技能講習を修了した者	×	○	○
移動式クレーンに関する特別の教育を受けた者	×	×	○

玉掛け業務に就くことができる者 ＼ 移動式クレーンの吊上荷重	5トン以上	1トン以上5トン未満	1トン未満
玉掛け技能講習を修了した者	○	○	○
玉掛けに関する特別の教育を受けた者	×	×	○

安全管理

| 平成28年度 | 問題7 | 安全管理 | 明り掘削の安全管理 |

明り掘削作業時に事業者が行わなければならない安全管理に関し、労働安全衛生規則上、次の文章の ☐ の(イ)〜(ホ)に当てはまる**適切な語句又は数値**を、下記の**語句又は数値**から選び解答欄に記入しなさい。

(1) 掘削面の高さが ☐(イ)☐ m以上となる地山の掘削（ずい道及びたて坑以外の坑の掘削を除く。）作業については、地山の掘削作業主任者を選任し、作業を直接指揮させなければならない。

(2) 明り掘削の作業を行う場合において、地山の崩壊又は土石の落下により労働者に危険を及ぼすおそれのあるときは、あらかじめ、☐(ロ)☐ を設け、防護網を張り、労働者の立入りを禁止する等当該危険を防止するための措置を講じなければならない。

(3) 明り掘削の作業を行うときは、点検者を指名して、作業箇所及びその周辺の地山について、その日の作業を開始する前、☐(ハ)☐ の後及び中震以上の地震の後、浮石及び亀裂の有無及び状態ならびに含水、湧水及び凍結の状態の変化を点検させること。

(4) 明り掘削の作業を行う場合において、運搬機械等が労働者の作業箇所に後進して接近するとき、又は転落するおそれのあるときは、☐(ニ)☐ 者を配置しその者にこれらの機械を ☐(ニ)☐ させなければならない。

(5) 明り掘削の作業を行う場所については、当該作業を安全に行うため作業面にあまり強い影を作らないように必要な ☐(ホ)☐ を保持しなければならない。

[語句又は数値] 角度、　大雨、　　3、　　　土止め支保工、　突風、

4、　　型枠支保工、　照度、　　落雷、　　　　合図、

誘導、　濃度、　　　足場工、　見張り、　　2

考え方

1 明り掘削とは、トンネルを造らず、露天の状態で掘削する作業のことである。その安全管理の方法は、労働安全衛生規則第6章「掘削作業等における危険の防止」で規定されている。

①地山の掘削作業主任者の選任（第359条）

事業者は、掘削面の高さが2m以上となる地山の掘削（ずい道及びたて坑以外の坑の掘削を除く）の作業については、地山の掘削及び土止め支保工作業主任者技能講習を修了した者のうちから、地山の掘削作業主任者を選任しなければならない。

②地山の崩壊等による危険の防止（第361条）

事業者は、明り掘削の作業を行う場合において、地山の崩壊又は土石の落下により労働者に危険を及ぼすおそれのあるときは、あらかじめ、**土止め支保工**を設け、防護網を張り、労働者の立入りを禁止する等当該危険を防止するための措置を講じなければならない。

③ **点検（第 358 条）**

事業者は、明り掘削の作業を行うときは、地山の崩壊又は土石の落下による労働者の危険を防止するため、次の措置を講じなければならない。

一　点検者を指名して、作業箇所及びその周辺の地山について、その日の作業を開始する前、**大雨**の後及び中震以上の地震の後、浮石及びき裂の有無及び状態並びに含水、湧水及び凍結の状態の変化を点検させること。

二　点検者を指名して、発破を行った後、当該発破を行った箇所及びその周辺の浮石及びき裂の有無及び状態を点検させること。

④ **誘導者の配置（第 365 条）**

事業者は、明り掘削の作業を行う場合において、運搬機械等が、労働者の作業箇所に後進して接近するとき、又は転落するおそれのあるときは、**誘導**者を配置し、その者にこれらの機械を**誘導**させなければならない。運搬機械等の運転者は、誘導者が行う誘導に従わなければならない。

⑤ **照度の保持（第 367 条）**

事業者は、明り掘削の作業を行う場所については、当該作業を安全に行うため必要な**照度**を保持しなければならない。

解き方

(1)　掘削面の高さが**(イ) 2** m 以上となる地山の掘削（ずい道及びたて坑以外の坑の掘削を除く。）作業については、地山の掘削作業主任者を選任し、作業を直接指揮させなければならない。

(2)　明り掘削の作業を行う場合において、地山の崩壊又は土石の落下により労働者に危険を及ぼすおそれのあるときは、あらかじめ、**(ロ) 土止め支保工**を設け、防護網を張り、労働者の立入りを禁止する等当該危険を防止するための措置を講じなければならない。

(3)　明り掘削の作業を行うときは、点検者を指名して、作業箇所及びその周辺の地山について、その日の作業を開始する前、**(ハ) 大雨**の後及び中震以上の地震の後、浮石及び亀裂の有無及び状態ならびに含水、湧水及び凍結の状態の変化を点検させること。

(4)　明り掘削の作業を行う場合において、運搬機械等が労働者の作業箇所に後進して接近するとき、又は転落するおそれのあるときは、**(ニ) 誘導**者を配置しその者にこれらの機械を**(ニ) 誘導**させなければならない。

(5)　明り掘削の作業を行う場所については、当該作業を安全に行うため作業面にあまり強い影を作らないように必要な**(ホ) 照度**を保持しなければならない。

解　答

（イ）	（ロ）	（ハ）	（ニ）	（ホ）
2	土止め支保工	大雨	誘導	照度

平成27年度　問題7　安全管理　足場の安全管理

　建設工事における足場を用いた場合の安全管理に関して、労働安全衛生法上、次の文章の□□□の(イ)〜(ホ)に当てはまる**適切な語句又は数値を、下記の語句又は数値から選び解答欄に記入しなさい。**

(1) 高さ □(イ)□ m以上の作業場所には、作業床を設けその端部、開口部には囲い手すり、覆い等を設置しなければならない。また、安全帯のフックを掛ける位置は、墜落時の落下衝撃をなるべく小さくするため、腰 □(ロ)□ 位置のほうが好ましい。

(2) 足場の作業床に設ける手すりの設置高さは、 □(ハ)□ cm以上と規定されている。

(3) つり足場、張出し足場又は高さが5m以上の構造の足場の組み立て、解体又は変更の作業を行うときは、足場の組立等 □(ニ)□ を選任しなければならない。

(4) つり足場の作業床は、幅を □(ホ)□ cm以上とし、かつ、すき間がないようにすること。

[語句又は数値]　30、　　　作業主任者、　40、　　　より高い、　　3、

と同じ、　1、　　　　　より低い、　100、　　　主任技術者、

2、　　　50、　　　　75、　　　　安全管理者、　85

考え方

手すり高さ85cm以上中桟設置　高さ35〜50cmの中桟　すき間12cm未満　すき間3cm以下　幅木(10cm以上)　幅40cm以上　床材は2か所以上で固定する　建地　布　ころがし　床材　腕木　作業床

解き方

(1) 高さ**(イ)2**m以上の作業場所には、作業床を設けその端部、開口部には囲い、手すり、覆い等を設置しなければならない。また、安全帯のフックを掛ける位置は、墜落時の落下衝撃をなるべく小さくするため、腰**(ロ)より高い**位置のほうが好ましい。

(2) 足場の作業床に設ける手すりの設置高さは、**(ハ)85**cm以上と規定されている。

(3) つり足場、張出し足場又は高さが5m以上の構造の足場の組み立て、解体又は変更の作業を行うときは、足場の組立等**(ニ)作業主任者**を選任しなければならない。

(4) つり足場の作業床は、幅を**(ホ)40**cm以上とし、かつ、すき間がないようにすること。

解 答

（イ）	（ロ）	（ハ）	（ニ）	（ホ）
2	より高い	85	作業主任者	40

平成 26 年度 | 問題 5 | 設問 1 | 安全管理 | 墜落事故の防止対策

　事業者が、行わなければならない墜落事故の防止対策に関し、労働安全衛生規則上、次の文章の ▢ に当てはまる**適切な語句又は数値を下記の語句又は数値から選び、**解答欄に記入しなさい。

(1) 高さが 2 m 以上の箇所で作業を行う場合、労働者が墜落するおそれがあるときは、足場を組み立て （イ） を設けなければならない。

(2) 高さ 2 m 以上の （イ） の端、開口部等で墜落のおそれがある箇所には、 （ロ） 、手すり、覆い等を設けなければならない。

(3) (2)において、 （ロ） 等を設けることが困難なときは、防網を張り、労働者に （ハ） 等を使用させる等の措置を講じなければならない。

(4) 労働者に （ハ） 等を使用させるときは、 （ハ） 等及びその取付け設備等の異常の有無について、 （ニ） しなければならない。

(5) 高さ又は深さが （ホ） m をこえる箇所で作業を行うときは、作業に従事する労働者が安全に昇降するための設備等を設けなければならない。

[語句又は数値] 安全ネット、　適宜報告、　保管管理、　支保工、
2、　　　　　　囲い、　　　照明、　　　1.5、
保護帽、　　　型枠工、　　2.5、　　　作業床、
時々点検、　　随時点検、　安全帯

考え方

事業者は、墜落事故防止のため、下記のような措置を講じなければならない。

(1) 高さが 2 m 以上の足場上で労働者が作業する場合、その場所に幅 40cm 以上かつ隙間 3cm 以下の作業床を設けなければならない。

(2) 高さが 2 m 以上の作業床の端・開口部など、労働者が墜落するおそれのある箇所には、十分な強度の囲い・手すり・覆いなどを設けなければならない。

(3) 囲い・手すり・覆いなどを設けることが困難な作業床で労働者が作業する場合、防網を張り、労働者に安全帯を使用させなければならない。

(4) 労働者に安全帯を使用させるときは、安全帯およびその取付け設備の異常の有無について、作業の開始前に点検し、その後も随時点検しなければならない。

(5) 高さまたは深さが1.5 mを超える箇所で労働者が作業する場合、労働者が安全に昇降するための設備を設けなければならない。

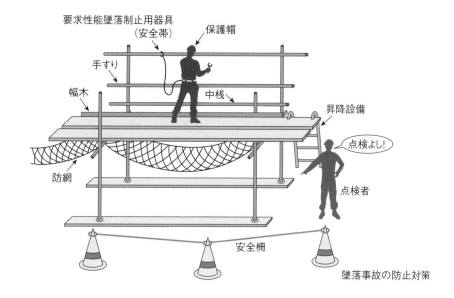

要求性能墜落制止用器具
（安全帯）
保護帽
手すり
幅木
中桟
昇降設備
点検よし!
防網
点検者
安全柵
墜落事故の防止対策

解き方

(1) 高さが2 m以上の箇所で作業を行う場合、労働者が墜落するおそれがあるときは、足場を組み立て**(イ)作業床**を設けなければならない。

(2) 高さ2 m以上の**(イ)作業床**の端、開口部等で墜落のおそれがある箇所には、**(ロ)囲い**、手すり、覆い等を設けなければならない。

(3) (2)において、**(ロ)囲い**等を設けることが困難なときは、防網を張り、労働者に**(ハ)安全帯**等を使用させる等の措置を講じなければならない。

(4) 労働者に**(ハ)安全帯**等を使用させるときは、**(ハ)安全帯**等及びその取付け設備等の異常の有無について、**(ニ)随時点検**しなければならない。

(5) 高さ又は深さが**(ホ)1.5** mをこえる箇所で作業を行うときは、作業に従事する労働者が安全に昇降するための設備等を設けなければならない。

解　答

(イ)	(ロ)	(ハ)	(ニ)	(ホ)
作業床	囲い	安全帯	随時点検	1.5

安全管理分野の語句選択問題（平成 25 年度〜平成 22 年度に出題された問題の要点）

問題	空欄	前節―**解答となる語句**―後節
平成 22 年度 斜面の切土作業の 安全対策	（イ）	しらす・まさ・山砂・段丘礫層などは、表面水による**浸食**に弱い。
	（ロ）	その日の作業の**開始前**に、亀裂・湧水・落石などの異常を点検する。
	（ハ）	切土作業は、原則として、**上部**から**下部**へ切り落とす。
	（ニ）	切土作業の上下作業は避け、**下部**から切土してはならない。
	（ホ）	下部から切土するような**すかし掘**は、絶対にしてはならない。

安全管理分野の記述問題（平成 25 年度〜平成 22 年度に出題された問題の要点）

問題の要点	解答の要点	出題年度
架空線事故およびクレーンの転倒の防止対策を記述する。	①**架空線事故**：架空線に絶縁用防護具を装着し、クレーンとの間に十分な離隔距離を確保する。 ②**クレーンの転倒**：クレーンの下に鉄板を敷設し、アウトリガーを最大限に張り出させる。	**平成 25 年度**
着用が必要な保護具を 2 つあげ、その点検項目又は使用上の留意点を記述する。	**保護帽**：着装体のヘッドバンドで頭部に適合するように調節し、あご紐を正しく締めて着用する。 **安全靴**：つま先部に大きな衝撃を受けた場合は、その外観に関係なく、速やかに交換する。	**平成 24 年度**
移動式クレーンによる玉掛け作業に関することを記述する。	**事業者が安全対策として講ずべき措置**：作業開始前に、ワイヤロープ等の異常の有無を点検する。 **使用に不適格なワイヤロープの損傷等の状態**：直径の減少が、公称径の 7％を超えている状態。	**平成 23 年度**
型枠支保工の労働災害防止対策を 2 つ記述する。	①支柱の脚部の固定や、根がらみの取付け等の措置を講じる。 ②材料や工具の上げ下ろしをするときは、吊り綱や吊り袋等を使用させる。	**平成 22 年度**

安全管理

第 6 章

施工管理

6.1 出題分析

6.2 技術検定試験　重要項目集

6.3 最新問題解説

建設業法施行令の改正について

2023年（令和5年）1月1日に、建設業法施行令に定められた金額要件の見直しが行われました。この改正により、一般建設業の許可で制限される下請代金総額や、主任技術者・監理技術者の配置に関する金額などが変更されています。その概要は、以下の通りです。

✓近年の工事費の上昇を踏まえ、金額要件の見直しを行います。※( )内は建築一式工事の場合	現行	改正後
特定建設業の許可・監理技術者の配置・施工体制台帳の作成を要する下請代金額の下限	4000万円 (6000万円)	4500万円 (7000万円)
主任技術者及び監理技術者の専任を要する請負代金額の下限	3500万円 (7000万円)	4000万円 (8000万円)
特定専門工事の下請代金額の上限	3500万円	4000万円

出典：国土交通省ウェブサイト（ https://www.mlit.go.jp/report/press/content/001521533.pdf ）

※ 平成26年度以前の過去問題は、出題形式（問題数）が異なっていたため、本書の最新問題解説では、平成27年度以降の出題形式に合わせて、土工・コンクリート工・品質管理・安全管理・施工管理の各分野に再配分しています。

6.1 出題分析

6.1.1 最新10年間の施工管理の出題内容

年　度		最新10年間の施工管理の出題内容
令和5年度	問題3 問題9	特定建設資材の再資源化後の材料名または主な利用用途を記述 管渠を構築する場合における横線式工程表（バーチャート）を作成
令和4年度	問題2 問題3 問題9	建設工事に用いる各種の工程表の特徴に関する語句を選択 施工計画の作成における各種の事前調査の実施内容を記述 ブルドーザまたはバックホウによる建設工事の騒音防止対策を記述
令和3年度	問題9	ネットワーク式工程表と横線式工程表の特徴を記述
令和2年度	問題9	プレキャストボックスカルバートのバーチャートを作成
令和元年度	問題9	横線式工程表とネットワーク式工程表の特徴を記述
平成30年度	問題9	現場打ちコンクリート側溝のバーチャートを作成
平成29年度	問題9	建設発生土とコンクリート塊の利用用途を記述
平成28年度	問題9	プレキャストU型側溝のバーチャートを作成
平成27年度	問題9	建設機械による騒音を防止するための対策を記述
平成26年度	問題5(2)	特定建設資材の再資源化後の材料名または利用用途を記述

※問題番号や出題数は年度によって異なります。

6.1.2 最新10年間の施工管理の分析・傾向

年度		R5	R4	R3	R2	R元	H30	H29	H28	H27	H26
施工計画	施工計画の立案・事前調査		●								
	仮設計画										
	工程計画（バーチャート）	○			○		○		○		
工程	各工程表の特徴		●	○		○					
環境保全	特定建設資材の再資源化	●									○
	産業廃棄物の処理										
	建設発生土の有効活用							○			
	現場環境の保全		○							○	

●：必須問題　　○：選択問題　　※すべての年度が空欄の項目は、平成25年度以前にのみ出題があった項目です。

344

最新の出題傾向から分析　本年度の試験に向けた学習ポイント

施工計画：側溝などの構造物を築造するときの施工手順を覚えて、その横線式工程表
　　　　　（バーチャート）を作成できるようにする。
工程管理：バーチャート工程表・ネットワーク工程表の特徴を記述できるようにする。
環境保全：建設機械による騒音の防止対策、建設リサイクル法上の元請業者の義務、
　　　　　建設発生土の利用用途を記述できるようにする。

6.2　技術検定試験　重要項目集

6.2.1　施工計画

1 施工計画の立案

❶ 事前調査

施工計画を立案するためには、契約条件の調査と現場条件の調査を十分に行い、施工技術計画の基本的な資料とする。

(1)契約条件の調査

①設計図書の調査：目的構造物の品質、施工工期、指定工法、仮設物の有無、契約金額、貸与材料、機械の有無など

②施工条件の調査：地域の社会規制、使用材料の品質基準・出来形・品質検査方法

③施工体制確立：公共工事を発注者から直接受注して下請契約をする場合や、民間工事を発注者から直接受注して4500万円以上（建築一式工事では7000万円以上）の下請契約をする場合は、施工体制台帳を作成し、その原本を工事現場ごとに備え、その写しを発注者に提出する。施工体制台帳は、工事の目的物の引渡しから5年間保存する。また、工事関係者が見やすい場所および公衆が見やすい場所に、施工体制台帳から作成した施工体系図を掲げる。施工体系図は、変更があった場合は速やかに修正し、工事の目的物の引渡しから10年間保存する。

(2)現場条件の調査

① 経済・労務調査：物価、輸送費用、労働人口、労働賃金、休日

② 自然環境調査：地形、地質、水文、気象

③ 工事環境調査：工事公害規制、用地・利権、電力、水、ガス、交通状況

❷ 工程計画立案の留意点

(1)施工量は期間を通じてできるだけ平滑化（平均化）する。

(2)建設機械の選定は、主機械が最小の作業量となるように従機械と組み合わせる。

施工管理

(3)組み合わされた建設機械の作業量は、作業量の最小のものにより制約される。

(4)建設機械の組合せは、最大施工速度または正常施工速度で行う。

(5)施工量の計画は、平均施工速度で行う。

(6)仮設は、必要最小限として余裕をもたないように計画し、転用を多くする。

(7)工期については、与えられた約定工期にかかわらず検討し、最適工期を見い出す。

(8)作業可能日数より工期の方が短いことを確認する。

❸ 仮設工事計画の留意点 ●●

仮設工事の注意事項は、次のとおりである。

(1)仮設の目的を十分に把握すること。

(2)仮設の型式と配置は安全で作業能率のよいものとし、設置期間を施工計画書に明示すること。

(3)仮設の諸材料の規格(寸法、材質、強度)が、十分に安全であることを計算で確認する。

(4)反復利用(転用)できるよう計画すること。

(5)仮設備は必要最小限の規模とし、余裕をもたないこと。

② 工程表の作成

❶ 施工計画を基にしたバーチャートの作成 ●●●●●●●●●●●●●●●●●●●●●●●●●●●●●●●●●

場所打ぐいの施工を例にして、バーチャートを作成してみよう。その施工手順は、次の条件を満たすことが必要である。

①準備工(2日)は最初の作業である。

②準備工の終了後、掘削作業(2日)、鉄筋篭作業(3日)は並行作業で重複作業が2日間である。

③掘削作業と鉄筋篭作業が終了するとコンクリート工(1日)が施工できる。

④コンクリート工が終了すると、作業は終了する。

バーチャートの作成は、横軸に時間(工期)を、縦軸に工種をとって棒線を作業日数分の長さで描く。

No.	工　種	工　期　(日)							
		1	2	3	4	5	6	7	8
①	準備工								
②	掘削工					重複作業			
③	鉄筋篭工								
④	コンクリート工								

工期6日

⑤所要日数(工期)は全作業日数から重複日数を差し引いて求める。

工期 = (2 + 2 + 3 + 1) − (2) = 6 日

⑥コンクリート工の細部の施工手順は一般に次のようである。

①鉄筋組立工→②型枠組立工→③コンクリート打込み工→④養生工→⑤型枠取外し工

6.2.2 工程管理

■1 建設工事に用いる工程表

❶ 工程表の特徴 ●●

①工程管理は、二種類の工程表を2枚一組にして用いる。(イ)各作業ごとの進捗を表す各作業用の工程表(バーチャート、座標式、ネットワーク式)(ロ)工期の進捗ごとに全作業量を出来高で表す全体作業量を表す工程表(出来高累計曲線(S字カーブ)、工程管理曲線(バナナ曲線))とがある。

②大規模工事や複雑な工事には、ネットワーク式工程表と工程管理曲線等(バナナ曲線)を用いることが多い。

③中小規模工事では、バーチャート工程表と出来高累計曲線を用いることが多い。

④トンネル、道路のように長さ方向のある工事には、バーチャートを図表化した座標式工程表と出来高累計曲線を用いることが多い。

⑤工程表の特徴をまとめると、表6・1、6・2のようである。

表6・1 各作業用工程表の特徴

工程表			表 示	長 所	短 所
各作業用管理	横線式工程表	ガントチャート	作業名 ▽80 A 0 100% B ▽30 0 100% 完成率	・進捗状況明確 ・表の作成容易	・工期不明 ・重点管理作業不明 ・作業の相互関係不明
		バーチャート	作業名 A B 7日10日 工期	・工期明確 ・表の作成容易 ・所要日数明確	・重点管理作業不明 ・作業の相互関係が分かりにくい
	座標式工程表	グラフ式工程表	出来高 A B C 工期	・工期明確 ・表の作成容易 ・所要日数明確	・重点管理作業不明 ・作業の相互関係が分かりにくい
		斜線式工程表	工期 B C A 距離	・工期明確 ・表の作成容易 ・所要日数明確	・重点管理作業不明 ・作業の相互関係不明
	ネットワーク式工程表	ネットワーク	A ② 3 ① B ③ C ④ 2 2 作業・工期	・工期明確 ・重点管理作業明確 ・作業の相互関係明確 ・複雑な工事も管理	・一目では全体の出来高が不明

表6・2　全作業量用工程表の特徴

工程表			表　示	長　所	短　所
全体出来高用管理	曲線式工程表	出来高累計曲線（S字形）	出来高／工期　S字形	・出来高専用管理 ・工程速度の良否の判断ができる	・出来高の良否以外は不明
		工程管理曲線（バナナ曲線）	出来高／工期	・管理の限界明確 ・出来高専用管理	・出来高の管理以外は不明

6.2.3　環境保全

1 環境保全

❶ 地域環境保全計画 ●●●

　建設工事に伴う騒音・振動などの公害を防止または軽減し、生活環境の保全をすることは、施工者の責務である。このため、社会的な法規制を遵守し、十分な環境保全計画を立案しなければならない。

(1)大気汚染対策

　①工事現場、車両出入口に散水し防塵する。

　②粉塵飛散防止のため、防塵幕を設置する。

(2)水質汚濁対策

　①現場からの泥水を沈殿処理し排水する。

　②泥水をpH調整して排水する。

(3)地盤沈下対策

　①地盤掘削時のヒービング、ボイリング防止をするため、根入れ深さを大きくする。

　②矢板、杭の引抜跡をセメントミルクや砂で埋戻す。

(4)騒音・振動対策

　①低騒音・低振動の工法による施工とする。

　②低騒音・低振動の建設機械を選択し、アイドリングストップを行う。

　③騒音・振動が生じる建設機械による現場作業時間を短縮できる工程とする。

　④騒音・振動の発生源を、生活環境からできるだけ遠ざける(距離減衰効果を活用する)。

　⑤騒音・振動の伝達を遮断するための防音壁・防振溝・防振ゴムなどを設置する。

(5)工事車両の沿道障害

　①工事現場の交通量、バス運行、通学路、迂回路、祭礼行事などを事前調査し、工事車両による地域の障害を事前に除去する。このため、公安委員会・警察署と協議する。

　②資材・機械の搬出入については、沿道障害とならないように次の点に留意する。

　　1)必要に応じ、往路・復路を区分し、車両速度を制限する。

2）急カーブや未舗装の道路は、できるだけ利用しない。

3）車道の維持・管理として、必要に応じて補修計画を道路管理者と協議して定めておく。

② 建設副産物

❶ 資源有効利用促進法（リサイクル法） ●●●

（1）建設副産物

建設副産物は、建設工事に伴い副次的に得られた物品で、次のものがある。

（2）指定副産物

再生資源を利用することが技術的および経済的に可能であり、かつ資源の有効利用を図ることが特に必要な業種として、政令で定める再生資源の種類ごとに定めたものを特定業種という。

建設業も特定業種で、建設業において定められた指定副産物は次の4種類である。

① 土砂（建設発生土）

② コンクリートの塊（コンクリート塊）

③ アスファルト・コンクリートの塊（アスファルト・コンクリート塊）

④ 木材（建設発生木材）

これら4つの再生資源は、直ちに**そのまま再利用する**ものあるいは**利用可能なも**のである。建設副産物のうち、特に政令で定める指定副産物である。

土砂、木材という用語は搬入時に用い、現場から搬出する土砂は建設発生土、木材は建設発生木材といい、この建設発生土の再利用により産業廃棄物を減少させようとしている。したがって、搬入時の土砂と搬出時の建設発生土とは同じものであるが、搬入時と搬出時とで用語を区別して使用する必要がある。またコンクリートの塊はコンクリート塊、アスファルト・コンクリートの塊はアスファルトコンクリート塊と用語が変わる。

（3）指定副産物の利用

① 建設発生土

建設発生土の利用を促進するため、当該工事現場における土の性質等の情報を提供し、必要とする土砂に関する情報を収集する。また、建設発生土の利用の主な用途は、表6・3のように第1種から第4種まである。

施工管理

表6・3　建設発生土の主な利用用途

区　　分	利用用途
第1種建設発生土 （砂、れきおよびこれらに準ずるものをいう）	工作物の埋戻し材料 土木構造物の裏込め材料 道路盛土材料 宅地造成用材料
第2種建設発生土 （砂質土、れき質土およびこれらに準ずるものをいう）	土木構造物の裏込め材料 道路盛土材料 河川築堤材料 宅地造成用材料
第3種建設発生土 （通常の施工性が確保される粘性土およびこれに準ずるものをいう）	土木構造物の裏込め材料 道路路体用盛土材料 河川築堤材料 宅地造成用材料 水面埋立て用材料
第4種建設発生土 （粘性土およびこれに準ずるもの（第3種建設発生土を除く）をいう）	水面埋立て用材料

② コンクリート塊

　コンクリート塊を再利用するため、当該工事現場において、分別および破砕ならびに再資源化施設の活用に努める。また、再生骨材等の区分に応じて、表6・4のように利用すべき用途を定めている。

表6・4　コンクリート塊の主な利用用途

再生資源（再生資材）	主な利用用途
再生クラッシャラン	道路舗装およびその他舗装の下層路盤材料 土木構造物の裏込め材および基礎材 建設物の基礎材
再生コンクリート砂	工作物の埋戻し材料および基礎材
再生粒度調整砕石	その他舗装の上層路盤材料
再生セメント安定処理路盤材料	道路舗装およびその他舗装の路盤材料
再生石灰安定処理路盤材料	道路舗装およびその他舗装の路盤材料

（注）　1）この表において「その他舗装」とは、駐車場の舗装および建築物等の敷地内の舗装をいう。
　　　　2）道路舗装に利用する場合においては、再生骨材等の強度、耐久性等の品質を特に確認のうえ利用するものとする。

③ アスファルト・コンクリート塊

　アスファルト・コンクリート塊を利用するため、当該工事現場における分別および破砕ならびに再資源化施設の活用に努める。また、再生骨材等および再生加熱アスファルト混合物の区分に応じて表6・5のように利用すべき用途を定めている。

表6・5　アスファルト・コンクリート塊の主な利用用途

再生資源（再生資材）	主な利用用途
再生クラッシャラン	道路舗装およびその他舗装の下層路盤材料 土木構造物の裏込め材および基礎材 建設物の基礎材
再生粒度調整砕石	その他舗装の上層路盤材料
再生セメント安定処理路盤材料	道路舗装およびその他舗装の路盤材料
再生石灰安定処理路盤材料	道路舗装およびその他舗装の路盤材料
再生加熱アスファルト安定処理混合物	道路舗装およびその他舗装の上層路盤材料
表層・基層用再生加熱アスファルト混合物	道路舗装およびその他舗装の基層用材料及び表層用材料

(注) 1) この表において「その他舗装」とは、駐車場の舗装および建築物等の敷地内の舗装をいう。
2) 道路舗装に利用する場合においては、再生骨材等の強度、耐久性等の品質を特に確認のうえ利用するものとする。

④ 建設発生木材

建設発生木材（廃材は除く）は破砕し、製紙用またはボード用のチップとして再利用する。

(4) 指定副産物の利用計画

① 再生資源利用計画の作成（搬入時）

請業者は、一定規模以上の建設資材を搬入する工事を施工するとき、再生資源利用計画を作成するとともに、実施状況の記録を当該工事完成後1年間保存する。その計画を定める搬入資材の量は表6・6のようである。

表6・6　再生資源利用計画の該当工事等（搬入）

計画を作成する工事	定める内容
次の各号の一に該当する建設資材を搬入する建設工事 1．土砂……………………………… 1000m³ 以上 2．砕石……………………………………500t 以上 3．加熱アスファルト混合物……………200t 以上	1．建設資材ごとの利用量 2．利用量のうち再生資源の種類ごとの利用量 3．その他再生資源の利用に関する事項

② 再生資源利用促進計画の作成（搬出時）

元請業者は、一定規模以上の指定副産物を工事現場から搬出する工事を施工するとき、再生資源利用促進計画を作成し、その実施状況の記録を当該工事完成後1年間保存する。その規模は表6・7のようである。また、搬出に当たり、受入れ条件を勘案し、分別ならびに破砕または切断を行ったうえで、再生利用施設に運搬する。

表6・7　再生資源利用促進計画の該当工事等（搬出）

計画を作成する工事	定める内容
次の各号の一に該当する指定副産物を搬出する建設工事 1．建設発生土 ……………………… 1000m³ 以上 2．コンクリート塊 　　アスファルト・ 　　コンクリート塊　　　 …………… 合計200t 以上 　　建設発生木材	1．指定副産物の種類ごとの搬出量 2．指定副産物の種類ごとの再資源化施設又は他の建設工事現場等への搬出量 3．その他指定副産物に係る再生資源の利用の促進に関する事項

③ 管理体制の整備

　　工事現場において責任者を置くなど管理体制の整備を行うこと。

❷ 廃棄物処理法 ●●●

(1) 産業廃棄物管理票（マニフェスト）

　　産業廃棄物管理票の取扱いは次のようである。

① 事業者は、産業廃棄物の運搬または処分を受託した者に対して、当該産業廃棄物の種類および数量、受託した者の氏名、産業廃棄物の荷姿その他省令で定める事項を記載した産業廃棄物管理票（マニフェスト）を交付しなければならない。

② 産業廃棄物管理票は、産業廃棄物の量にかかわらず種類ごとに、産業廃棄物を引き渡すと同時に管理票交付者（事業者）が受託者に交付する。

③ 事業者は、産業廃棄物管理票の写しを、運搬または処分の終了後に送付し返される管理票が届くまで写しを保管しなければならない。

④ 管理票交付者（事業者）は、当該管理票に関する報告を都道府県知事に年1回提出しなければならない。

⑤ 管理票の写しを送付された事業者は管理票の原本と照合し、事業者、運搬受託者、処分受託者の3者は、この写しを5年間保存しなければならない。

(2) 産業廃棄物処理業

① 産業廃棄物を収集運搬または処分を業として行うときは、当該区域を管轄する都道府県知事の許可を受けなければならない。

② 再利用の目的のみを受託し、厚生労働大臣の指定を受けた者は、産業廃棄物処理業の許可はいらない。

③ 許可の更新は5年とする。

④ 排出事業者は、運搬と処分を同一の業者に委託する場合でも、運搬の契約と処分の契約は、別々に締結しなければならない。

(3) 産業廃棄物処理施設

　　産業廃棄物処理施設を設置しようとする者は、設置地を管轄する都道府県知事の許可を受けなければならない。木くず、紙くずは管理型産業廃棄物処分場で処分する。

産業廃棄物の処分の形式を分類すると次のようである。

最終処分の形式	産業廃棄物の内容
① 安定型産業廃棄物	廃プラスチック、ゴムくず、ガラスくず、コンクリート破片等建設廃材
② 管理型産業廃棄物	廃油、紙くず、木くず、動物の死体、汚泥（埋立処分時の含水率は85%以下にして焼却）
③ 遮断型産業廃棄物	有害燃えがら、ばいじん、有害汚泥、鉱さい

❸ 建設リサイクル法

(1) 建設資材廃棄物の分類

対象建設工事として、一定以上の規模の解体工事または特定建設資材を使用するときは、分別解体により生じた特定建設資材廃棄物について、再資源化等を行う。建設資材廃棄物は、次のように分類される。

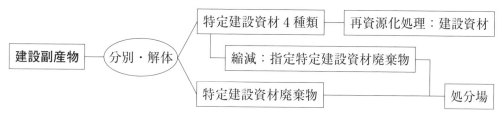

① 特定建設資材の4種類

・コンクリート

・コンクリート及び鉄から成る建設資材（鉄筋コンクリート床版など）

・木材

・アスファルトコンクリート

以上の4種類は、そのままでは再生資源とならないもので、建設発生土のように、そのまま再利用できない。このため、特定建設資材は、中間処理をして再資源にする必要があるもので、これを再資源化と呼ぶ。

② 再資源化等と縮減

特定建設資材を処理しようとするとき、再資源化施設がない場合や50km以上離れているときなど、特定建設資材を縮減してよい。縮減とは、体積を減少させることで、焼却、脱水、圧縮、乾燥等の行為をいう。このように特定建設資材を縮減することを再資源化「等」という。再資源化等により縮減された廃棄物を指定建設資材廃棄物として埋立処分する。

(2) 対象建設工事

① 元請業者は分別解体の施工計画を作成し、発注者に書面で報告する。この報告書に基づき、対象建設工事の発注者は、工事に着手7日前までに都道府県知事に届け出る。

施工管理

② 対象建設工事の規模

工事の種類	規模の基準
建築物の解体	床面積：80m² 以上
建築物の新築・増築	床面積：500m² 以上
建築物の修繕・模様替（リフォーム等）	1億円以上
その他の工作物に関する工事（土木工事等）	500万円以上

③ 解体工事業者

　　土木工事業、建築工事業、とび・土工・コンクリート工事業および都道府県知事の登録を受けた者は解体工事業者となれる。登録は5年ごとに更新しなければならない。

(3) 分別・解体等の計画

① 事前調査事項

　　分別・解体すべき対象建築工事における事前に調査すべき事項は次のようである。

	調査事項	調査内容（の例）
①	建築物（工作物）の状況	築40年、母屋、納屋各1棟
②	周辺状況	病院隣接、住宅密集地
③	作業場所の状況	電線あり、機械の設置場所なし
④	搬出経路の状況	一部4m幅道路120m区間あり、高さ制限3.0m
⑤	付着物の有無	アスベスト240m² 付着
⑥	残存物品の有無	タンス、冷蔵庫各1
⑦	その他	特に有害物なし

② 着工までに実施する措置

	事前措置事項	実施内容
①	作業場所の確保	立ち木除却
②	搬出経路の確保	敷地内敷鉄板、2tトラック使用
③	その他	周辺住民周知済み

③ 工程ごとの作業内容（建築物以外の工作物）

	工程ごとの作業事項	作業内容	方法
①	仮　設	バリケード、保安灯、足場、仮囲い	手作業
②	土　工	路盤掘削、杭打ち、盛土、締固め	機械作業
③	基　礎	分別解体	手作業 機械作業
④	本体構造	分別解体	手作業 機械作業
⑤	本体付属品	分別解体	手作業
⑥	その他	―	―

(4) 責　務

① 建設業を営む者の責務

 a　建設工事の施工法を工夫することで、建設資材廃棄物を抑制する。

 b　再生資源化された建設資材を使用するように努める。

② 発注者の責務

  発注者は、建設工事について分別解体・再資源化に要する適正な費用を負担し、再資源化した建設資材の使用に努める。

(5) 元請業者の手続き

① 対象建設工事の元請業者は、再資源化等の完了後、再資源化等に要した費用等を書面で発注者に報告し、再資源化等の実施状況に関する記録を作成、保存する。

② 発注者は、再資源化が適正に行われなかったことを認めたとき、都道府県知事に申告し、措置をとるべきことを求めることができる。

③ 元請業者は、下請負契約にあたり、あらかじめ発注者が都道府県知事に分別解体の届け出た事項を下請業者に告知しなければならない。

❹ 建設副産物適正処理推進要綱 ●●

(1) 目的：建設工事副産物で建設発生土と建設廃棄物の適正な処理の基準を示すこと。

(2) 用語の定義：リサイクル法(資源有効利用促進法)、建設リサイクル法(再資化等に関する法律)による建設副産物の概念は、次のようである。

建設副産物と再生資源、廃棄物との関係

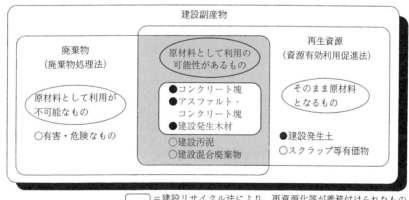

☐＝建設リサイクル法により、再資源化等が義務付けられたもの
●印は資源有効利用促進法の指定副産物

選択問題 ☐

| 令和5年度 | 問題9 施工管理 | 横線式工程表（バーチャート）の作成 |

下図のような管渠を構築する場合，施工手順に基づき**工種名を記述し，横線式工程表（バーチャート）を作成し，全所要日数を求め**解答欄に記述しなさい。

各工種の作業日数は次のとおりとする。

・床掘工7日 ・基礎砕石工5日 ・養生工7日 ・埋戻し工3日 ・型枠組立工3日
・型枠取外し工1日 ・コンクリート打込み工1日 ・管渠敷設工4日

ただし，基礎砕石工については床掘工と3日の重複作業で行うものとする。

また，解答用紙に記載されている工種は施工手順として決められたものとする。

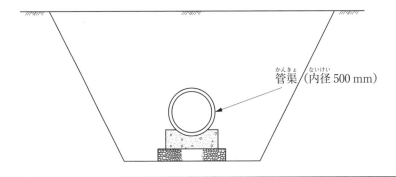

管渠（内径500mm）

解答

横線式工程表（バーチャート）

工種名	0					5					10					15					20					25					30
① 床掘工	▨	▨	▨	▨	▨	▨	▨																								
② 基礎砕石工					▨	▨	▨	▨	▨																						
③ 管渠敷設工										▨	▨	▨	▨																		
④ 型枠組立工														▨	▨	▨															
⑤ コンクリート打込み工																	▨														
⑥ 養生工																		▨	▨	▨	▨	▨	▨	▨							
⑦ 型枠取外し工																									▨						
⑧ 埋戻し工																										▨	▨	▨			

| 全所要日数 | 28 日 |

考え方

1 管渠の施工手順(各工種の作業順)

　管渠を築造するときの一般的な施工手順をまとめると、下表のようになる。このような一般的な土木構造物の施工手順(各作業をどのような順番で行うか)については、土木工事における常識的な知識として認識しておく必要がある。

　各工種の作業日数や重複作業(同じ日に並行して行われる作業)については、問題文から読み取ることができる。その後、各工種の作業日(その工種を何日目に行うか)を下表のように明記すると、横線式工程表(バーチャート)が作成しやすくなる。

施工手順	工種名	作業日数	重複作業	作業日
①	床掘工	7日	3日間	1, 2, 3, 4, 5, 6, 7
②	基礎砕石工	5日		5, 6, 7, 8, 9
③	管渠敷設工	4日	なし	10,11,12,13
④	型枠組立工	3日	なし	14,15,16
⑤	コンクリート打込み工	1日	なし	17
⑥	養生工	7日	なし	18,19,20,21,22,23,24
⑦	型枠取外し工	1日	なし	25
⑧	埋戻し工	3日	なし	26,27,28

管渠を築造するときの一般的な施工手順

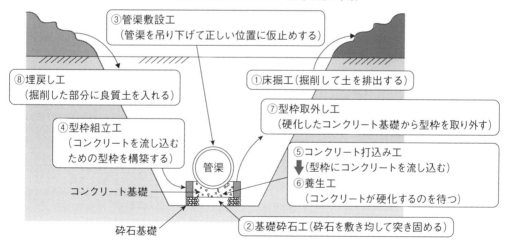

2 横線式工程表(バーチャート)の作成

　横線式工程表(バーチャート)の作成については、次のように進めてゆけばよい。

①上表の「施工手順」の通りの順番に、解答欄に「工種名」を記述する。

②解答欄に記述した「工種名」ごとに、上表に明記した「作業日」に相当するマスに、太線(太い横線)を記入する。その際には、重複作業を行う日に留意しておく。

357

施工管理

3 全所要日数の算出

　全所要日数の算出については、最後の施工手順である「埋戻し工」の最終作業日（工事の全作業が完了する日）が「28日」なので、それと合わせて「28日」と記述すればよい。

　なお、全所要日数の算出については、作業日数の合計（7日＋5日＋4日＋3日＋1日＋7日＋1日＋3日＝31日）から重複作業の日数（3日間）を差し引いて求める（作業日数の合計31日－重複作業の日数3日間＝全所要日数28日のように計算する）方法もある。

管渠の施工手順に関する参考情報

　この問題は、下水道の敷設工事の作業手順を理解し、バーチャートを作成する能力を問うものである。下水道工事などの管渠敷設手順を理解するために、その施工手順を詳しく記述すると、次のようになる。
1. バックホウで、床掘底面を乱さないように地盤を掘削する。（①床掘工）
2. 掘削底面に砕石を敷き均し、ランマ・タンパなどの小型建設機械で砕石基礎を造る。（②基礎砕石工）
3. 管渠を支持するための仮設支持台を設置し、その高さを測量して位置を定める。（③管渠敷設工）
4. その仮設支持位置に、移動式クレーンで管渠を吊り込んで敷設する。（③管渠敷設工）
5. 管渠と砕石基礎の空間部の両側に、型枠を取り付ける。（④型枠組立工）
6. 型枠の内側にコンクリートを打ち込む。（⑤コンクリート打込み工）
7. コンクリートを湿潤養生する。（⑥養生工）
8. コンクリートに強度が発現したら、型枠を取り外す。（⑦型枠取外し工）
9. 仮設支持台を撤去し、支持台の空隙部を硬練りコンクリートで仕上げる。（⑦型枠取外し工）
10. 埋戻しを始める前に、管渠の両端に土が入らないように蓋をする。（⑧埋戻し工）
11. 左右対称に小型建設機械で埋め戻す。（⑧埋戻し工）

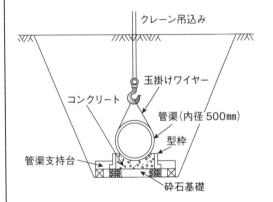

一般的な管渠の施工手順と施工上の留意事項

施工手順・工種名	施工上の留意事項
準備工（丁張り）	●丁張りは、施工図に従って位置・高さを正確に設置する。
床掘工（バックホウ）	●床付け面を乱さないよう、機械を後進させながら平坦に仕上げる。
砕石基礎工	●基礎工は、地下水に留意しドライワークで施工する。
管敷設工（トラッククレーン）	●管を支持する仮設梁（スペーサー）を設けた後、管の受口を高所に向けて、低所から高所に向かって敷設する。
型枠工（設置）	
コンクリート基礎工	●コンクリートは、管の両側から均等に投入し、管底まで充填するようにバイブレータ等を用いて入念に行う。
養生工	
型枠工（撤去）	
埋め戻し工（タンパ）	●偏土圧を加えないよう、管渠の両側から左右均等に薄層で埋め戻す。
残土処理	

　施工手順の重複部の工程は、①の床掘工を先行させて4日間行って、床掘底面が平坦に仕上げられた場所から、後続作業として移動式クレーンやトラクターショベル等により地上から砕石を投下し、①の床掘工が4日間終了した後に、②の砕石を敷き均して、各層ごとに小型建設機械で砕石基礎工を完成させる。このとき、①と②の並行作業（重複作業）が3日間続く。

358

令和4年度	問題3 施工管理	施工計画における事前調査の実施内容

土木工事の施工計画を作成するにあたって実施する，事前の調査について，**下記の項目①～③から2つ選び，その番号，実施内容**について，解答欄の（例）を参考にして，解答欄に記述しなさい。

ただし，解答欄の（例）と同一の内容は不可とする。

① 契約書類の確認
② 自然条件の調査
③ 近隣環境の調査

考え方

1 施工計画の作成において実施する事前調査

　　土木工事の施工計画を作成するための事前調査の目的は、工事条件を把握すると共に、発注者が意図する目的構造物を造るために、工事現場の状況を把握することにある。この目的を達成するために、契約条件の調査(設計図書・契約書類などに関する机上調査)と現場条件の調査(自然条件・近隣環境・社会条件などに関する現地調査)が行われる。

2 事前調査の実施内容(契約条件の調査)

①契約条件の調査では、契約の三要素である工事内容・請負代金・工期を調査する。

- ●工事内容の調査として、目的構造物の設計図書を確認する。
- ●請負代金の調査として、原価の検討と利益見込みの算定を行う。
- ●工期の調査として、発注者が示した工程よりも経済的な最適工程を模索する。

②契約条件の調査のうち、最も重要なものは、**契約書類の確認**(土木工事の請負契約書の確認)である。契約書類の確認では、下記③のような「請負契約書の記載事項」について、ひとつひとつ確認してゆく必要がある。

③建設業法に定められている請負契約書に記載すべき内容には、次のものがある。

- ●工事内容
- ●請負代金の額
- ●工事着手の時期・工事完成の時期
- ●工事を施工しない日・時間帯の定めをするときは、その内容
- ●請負代金の前金払・出来形部分の支払の定めをするときは、その支払の時期・方法
- ●設計変更・着工延期・工事中止の申出による工期変更・請負代金額変更・損害の負担と、その算定方法
- ●天災・その他不可抗力による工期の変更・損害の負担と、その額の算定方法
- ●価格等の変動・変更に基づく請負代金の額・工事内容の変更

施工管理

●工事の施工により第三者が損害を受けた場合における賠償金の負担

●注文者が工事に使用する資材を提供し、建設機械・その他の機械を貸与するときは、その内容・方法

●注文者が工事の完成を確認するための検査の時期・方法・引渡しの時期

●工事完成後における請負代金の支払の時期・方法

●不適合を担保すべき責任・保証保険契約の締結・その他の措置に関する定めをするときは、その内容

●各当事者の履行の遅滞・その他債務の不履行の場合における遅延利息・違約金・その他の損害金

●契約に関する紛争の解決方法

3 事前調査の実施内容(現場条件の調査)

①現場条件の調査では、自然条件・現地条件(近隣環境)・社会条件を調査する。

●**自然条件の調査**として、地形・地質・気象・波浪・地下水などを調査する。(詳細は下記の③を参照)

●**近隣環境の調査**として、仮設・動力源・工事用水・建設副産物・道路・埋設物などを調査する。(詳細は下記の④を参照)

●社会条件の調査として、地域の法的制限・隣地状況を調査し、仕様品質の確認・工事数量の設定を行う。(詳細は下記の⑤を参照)

②現場条件の調査の結果に基づき、目的構造物の工期設定・仕様品質の確認・工事数量の設定・原価管理(利益確保)の方針をまとめて、施工計画を立案する。

③自然条件の調査における各項目の実施内容(調査内容)は、次のように定められている。

●地形に関する調査内容は、工事用地・土捨場・民家・道路・電線などである。

●地質に関する調査内容は、土質・地層・地下水などである。

●水文・気象に関する調査内容は、降雨・雪・風・波・洪水・潮位などである。

④近隣環境の調査における各項目の実施内容(調査内容)は、次のように定められている。

●用地・権利に関する調査内容は、用地境界・未解決用地・水利権・漁業権などである。

●環境に関する調査内容は、騒音防止・振動防止・作業時間制限・地盤沈下などである。

●輸送に関する調査内容は、道路状況・トンネル・橋梁などである。

●電力・水に関する調査内容は、電力引込地点・取水場所・排水場所などである。

●建物に関する調査内容は、事務所・宿舎・機械修理工場・作業小屋・病院などである。

⑤社会条件の調査における各項目の実施内容(調査内容)は、次のように定められている。

●労働力に関する調査内容は、地元労働者・季節労働者・賃金などである。

●物価に関する調査内容は、地元調達材料価格・取扱商店などである。

施工管理

解答例

番号	項目	実施内容
①	契約書類の確認	工事内容・工事完成時期・紛争解決方法などを調査する。
②	自然条件の調査	地形・地質・水文・気象などを調査する。
③	近隣環境の調査	用地・権利・輸送・建物などを調査する。

※ 以上の①～③のうち、2つを解答する。なお、問題文中には、「ただし、解答欄の(例)と同一内容は不可とする」と書かれているが、解答欄の(例)は非公開事項になったので、ここでは省略する。

別解

考え方 (土木工事安全施工技術指針と過去の施工管理技術検定試験の出題内容を基にした解答)

1 施工計画の作成に関する事前調査

　土木工事における施工管理の基本となる施工計画の作成に関する事前調査の内容については、「土木工事安全施工技術指針」において、次の①～③のような内容が定められている。なお、近年の施工管理技術検定試験では、施工計画における事前調査の実施内容について、**契約書類の確認・自然条件の調査・近隣環境の調査**に関する項目の他に、**資機材の調査・施工手順**に関する項目を問われることも多いので、その項目に関する解答例も併せて示す。

①施工計画を作成するにあたっては、あらかじめ設計図書に明示された事項に対する事前調査を行い、安全確保のための施工条件等を把握しておくこと。

②施工計画の作成に際しては、地形・地質・気象・海象等の自然特性、工事用地・支障物件・交通・周辺環境・施設管理等の立地条件について、適切な調査を実施すること。

③使用機械設備の計画・選定にあたっては、施工条件・機械の能力及び適応性・現場状況・安全面・環境面等総合的な視点で検討すること。

2 施工計画における各項目の実施内容

　施工計画における各項目の実施内容については、過去の施工管理技術検定試験(1級土木の出題内容を含む)において、下記のような内容が出題されていた。これらの内容は、**契約書類の確認・近隣環境の調査**に関する確実な解答になると考えられる。

項目	実施内容(過去の施工管理技術検定試験における出題内容の概略)
契約書類の確認	契約関係書類の調査では、工事数量や仕様などのチェックを行い、契約関係書類を正確に理解することが重要である。
契約書類の確認	工事内容を十分把握するためには、契約書類を正確に理解し、工事数量・仕様(規格)のチェックを行うことが必要である。
近隣環境の調査	市街地の工事や既設施設物に近接した工事の事前調査では、施設物の変状防止対策や使用空間の確保などを施工計画に反映する必要がある。
資機材の調査	資材計画では、各工種に使用する資材を種類別・月別にまとめ、納期・調達先・調達価格などを把握しておく。
資機材の調査	機械計画では、機械の種類・性能・調達方法のほか、機械が効率よく稼働できるよう、整備や修理などのサービス体制も確認しておく。
施工手順	施工手順の検討は、全体工期・全体工費に及ぼす影響の大きい工種(施工に時間がかかる工種や多額の費用がかかる工種)を優先にして行う。
施工手順	施工手順は、工期・工費に影響を及ぼす重要な工種を選定し、その工種に作業を集中させるよりも、全体のバランスを考える。

番号	項目	実施内容
①	契約書類の確認	工事内容を十分把握するため、工事数量や仕様(規格)などのチェックを行うと共に、契約関係書類を正確に理解する。
②	自然条件の調査	工事現場の地形・地質・気象・海象などの自然特性を把握すると共に、地下水や湧水などについての調査を行う。
③	近隣環境の調査	既設施設物に近接した工事において、既設施設物の変状防止対策や使用空間の確保などを検討し、施工計画に反映する。
参考	資機材の調査	使用機械設備の選定のため、施工条件・機械の能力と適応性・現場状況・安全面・環境面など、総合的な視点で検討する。
参考	施工手順	工期全体を通した作業量のバランスの確保を前提として、全体工期・全体工費に及ぼす影響の大きい工種を優先して検討する。

出典：土木工事安全施工技術指針＆土木施工管理技術検定試験

3 事前調査における各項目の実施内容

　施工計画を作成するにあたっての事前調査における各項目の実施内容に関しては、過去の施工管理技術検定試験(1級土木の出題内容を含む)において、下表のような内容が出題されていた。下表のうち、「調査項目に含まれるもの」を並び立てて表現すると、**自然条件の調査・近隣環境の調査**に関する確実な解答になると考えられる。注意点として、誤って「調査項目に含まれないもの」を解答した場合(一例として「自然条件の調査」に「地下埋設物の確認」などと解答した場合)は、その時点で不正解と判定されるので注意が必要である。

項目	調査項目に含まれるもの	調査項目に含まれないもの
自然条件	○ 地質 ○ 地下水(湧水)	× 地下埋設物
近隣環境	○ 現場用地(現場周辺) ○ 近隣施設(近接構造物) ○ 地下埋設物	× 労務の供給
工事内容	○ 設計図書(設計図面) ○ 仕様書 ○ 契約書 ○ 工事数量	× 現場事務所用地
労務・資機材	○ 労務の供給 ○ 資機材の調達先 ○ 調達の可能性(適合性)	(出題なし)
輸送・用地	○ 道路状況 ○ 工事用地	× 労働賃金の支払い条件
仮設計画	○ 道路(現場進入路) ○ 給水施設	(出題なし)

番号	項目	実施内容
②	自然条件の調査	地質・地下水・湧水などについての調査を行う。
③	近隣環境の調査	現場用地・近隣構造物・地下埋設物などについての調査を行う。
参考	資機材の調査	資機材の調達の可能性・適合性・調達先などについての調査を行う。

出典：土木施工管理技術検定試験

施工管理

令和2年度　問題9 施工管理　バーチャート工程表の作成

下図のようなプレキャストボックスカルバートを築造する場合，施工手順に基づき**工種名を記述し，横線式工程表（バーチャート）を作成し，全所要日数**を求め解答欄に記述しなさい。

各工種の作業日数は次のとおりとする。

・床掘工5日　・養生工7日　・残土処理工1日　・埋戻し工3日　・据付け工3日
・基礎砕石工3日　・均しコンクリート工3日

ただし，床掘工と次の工種及び据付け工と次の工種はそれぞれ1日間の重複作業で行うものとする。

また，解答用紙に記載されている工種は施工手順として決められたものとする。

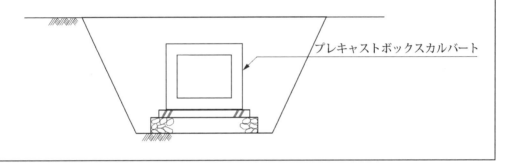

プレキャストボックスカルバート

考え方

　　プレキャストボックスカルバート(上下水道や地中電線を通すなどの目的で設けられるコンクリート製の箱)を築造するときの施工手順をまとめると、下表のようになる。作業順(施工手順)については、工事における常識的な知識として習得しておく必要がある。作業日数や重複作業(並行作業)については、問題から読み取ることができる。

作業順	工種	作業日数	重複作業
①	床掘工	5日	1日間
②	基礎砕石工	3日	
③	均しコンクリート工	3日	なし
④	養生工	7日	なし
⑤	据付け工	3日	1日間
⑥	埋戻し工	3日	
⑦	残土処理工	1日	なし

合計25日 − 合計2日間 = 全所要日数23日

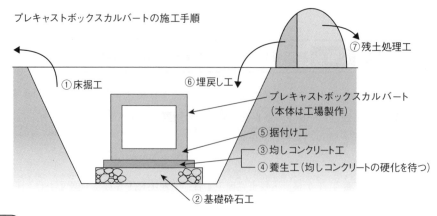

プレキャストボックスカルバートの施工手順

① 床掘工
⑥ 埋戻し工
⑦ 残土処理工

プレキャストボックスカルバート
（本体は工場製作）

⑤ 据付け工
③ 均しコンクリート工
④ 養生工（均しコンクリートの硬化を待つ）

② 基礎砕石工

解　答

横線式工程表（バーチャート）

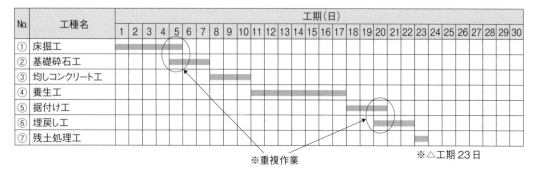

No.	工種名	工期（日）																													
		1	2	3	4	5	6	7	8	9	10	11	12	13	14	15	16	17	18	19	20	21	22	23	24	25	26	27	28	29	30
①	床掘工																														
②	基礎砕石工																														
③	均しコンクリート工																														
④	養生工																														
⑤	据付け工																														
⑥	埋戻し工																														
⑦	残土処理工																														

※重複作業

※△工期 23 日

※の解説を解答欄に記入する必要はない。

全所要日数	23 日

施工管理

平成30年度　問題9 施工管理　バーチャート工程表の作成

　下図のような現場打ちコンクリート側溝を築造する場合、施工手順に基づき**工種名を記述し横線式工程表（バーチャート）を作成し、全所要日数**を求め解答欄に記入しなさい。

　各工種の作業日数は次のとおりとする。

・側壁型枠工5日　　・底版コンクリート打設工1日　　・側壁コンクリート打設工2日

・底版コンクリート養生工3日　　・側壁コンクリート養生工4日　　・基礎工3日

・床掘工5日　　・埋戻し工3日　　・側壁型枠脱型工2日

　ただし、床掘工と基礎工については1日の重複作業で、また側壁型枠工と側壁コンクリート打設工についても1日の重複作業で行うものとする。

　また、解答用紙に記載されている工種は施工手順として決められたものとする。

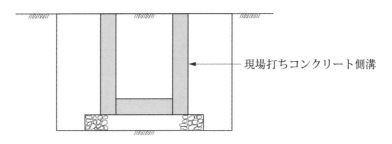

現場打ちコンクリート側溝

横線式工程表（バーチャート）

No.	工種名	工期（日）																													
		1	2	3	4	5	6	7	8	9	10	11	12	13	14	15	16	17	18	19	20	21	22	23	24	25	26	27	28	29	30
①	床掘工	▨	▨	▨	▨	▨																									
②	基礎工					▨	▨	▨																							
③																															
④																															
⑤																															
⑥																															
⑦																															
⑧																															
⑨																															

考え方

現場打ちコンクリート側溝を築造するときの施工手順をまとめると、下表のようになる。作業順については、工事における常識的な知識※として習得しておく必要がある。作業日数や重複作業（並行作業）については、問題から読み取ることができる。

作業順	工種	作業日数	重複作業
①	床掘工	5日	1日間
②	基礎工	3日	
③	側壁型枠工	5日	1日間
④	側壁コンクリート打設工	2日	
⑤	側壁コンクリート養生工	4日	なし
⑥	側壁型枠脱型工	2日	なし
⑦	底版コンクリート打設工	1日	なし
⑧	底版コンクリート養生工	3日	なし
⑨	埋戻し工	3日	なし
合計		合計 28 日－合計 2 日間＝全所要日数 26 日	

※ このような知識の例としては、「地下構造物の施工では、バックホウで
床掘りを行い、床掘りの底面から順次上部に向かって構造物を施工し、
最後に埋戻しを行う」といったものがある。

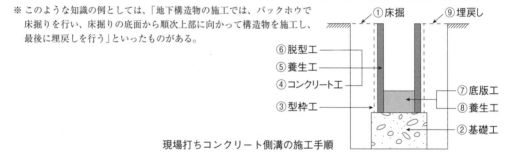

現場打ちコンクリート側溝の施工手順

解 答

横線式工程表（バーチャート）

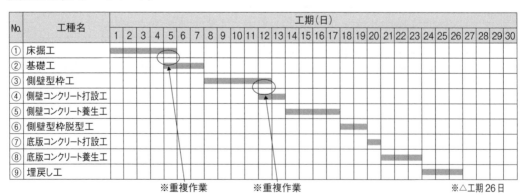

※の解説を解答欄に記入する必要はない。

全所要日数	26 日

| 平成28年度 | 問題9 施工管理 | プレキャストU型側溝のバーチャート |

下図のようなプレキャストU型側溝を築造する場合、施工手順に基づき**工種名を記入し横線式工程表 (バーチャート)を作成し、全所要日数を求め**解答欄に記述しなさい。

ただし、各工種の作業日数は下記の条件とする。

床掘工5日、据付け工4日、埋戻し工2日、基礎工3日、敷モルタル工4日、残土処理工1日とし、基礎工については床掘工と2日の重複作業、また、敷モルタル工と据付け工は同時作業で行うものとする。

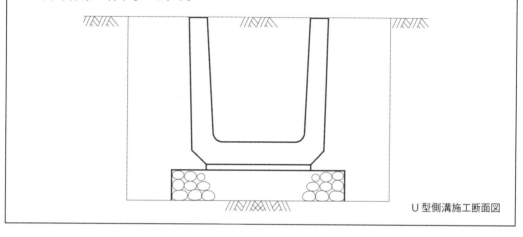

U型側溝施工断面図

横線式工程表 (バーチャート)

No.	工　種	工　期　（日）															
		1	2	3	4	5	6	7	8	9	10	11	12	13	14	15
①	床掘工	▨	▨	▨	▨	▨										
②																
③																
④																
⑤																
⑥	残土処理工															

施工管理

このプレキャストU型側溝を築造するときの作業手順をまとめると、下表のようになる。

作業順	工種	作業日数	並行作業
①	床掘工	5日	基礎工（最後の2日間）
②	基礎工	3日	床掘工（最初の2日間）
③	敷モルタル工	4日	据付け工（4日間すべて）
④	据付け工	4日	敷モルタル工（4日間すべて）
⑤	埋戻し工	2日	なし
⑥	残土処理工	1日	なし

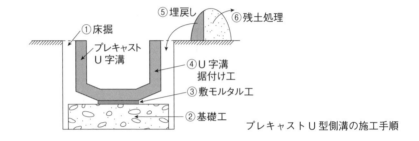

プレキャストU型側溝の施工手順

解答

横線式工程表（バーチャート）

No.	工種	工 期 （日）														
		1	2	3	4	5	6	7	8	9	10	11	12	13	14	15
①	床掘工	▨	▨	▨	▨	▨										
②	基礎工				▨	▨	▨									
③	敷モルタル工							▨	▨	▨	▨					
④	据付け工							▨	▨	▨	▨					
⑤	埋戻し工											▨	▨			
⑥	残土処理工													▨		

工期 13日

全所要日数	13日

必須問題 ●

令和4年度	問題2 施工管理	各種の工程表の特徴

建設工事に用いる工程表に関する次の文章の ☐ の(イ)～(ホ)に当てはまる**適切な語句**を，**下記の語句から選び解答欄に記入しなさい。**

(1) 横線式工程表には，バーチャートとガントチャートがあり，バーチャートは縦軸に部分工事をとり，横軸に必要な ☐(イ) を棒線で記入した図表で，各工事の工期がわかりやすい。ガントチャートは縦軸に部分工事をとり，横軸に各工事の ☐(ロ) を棒線で記入した図表で，各工事の進捗状況がわかる。

(2) ネットワーク式工程表は，工事内容を系統的に明確にし，作業相互の関連や順序，☐(ハ) を的確に判断でき，☐(ニ) 工事と部分工事の関連が明確に表現できる。また，☐(ホ) を求めることにより重点管理作業や工事完成日の予測ができる。

[語句]

アクティビティ,	経済性,	機械,	人力,	施工時期,
クリティカルパス,	安全性,	全体,	費用,	掘削,
出来高比率,	降雨日,	休憩,	日数,	アロー

考え方

1 建設工事に用いる工程表

　　建設工事に用いる工程表には、各作業の施工時期を示すための横線式工程表（バーチャート）・各作業の進捗状況を示すための横線式工程表（ガントチャート）・各作業の相互関係を示すためのネットワーク式工程表などがある。これらの工程表は、それぞれの目的を果たすことができるよう、次頁の図のように表記することが一般的である。

施工管理

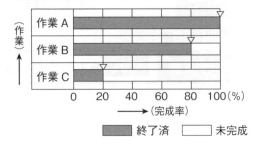

横線式工程表（バーチャート）

横線式工程表（ガントチャート）

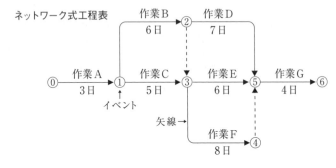

ネットワーク式工程表

2 横線式工程表（バーチャート）の特徴

横線式工程表（バーチャート）は、縦軸に部分工事（作業名・工種）をとり、横軸に必要な**日数**（部分工事の日程・工期の予定）を棒線で記入した図表である。作成が比較的簡単であり、各工事の施工時期（開始日・終了日・所要日数・工期など）が分かりやすいので、総合工程表として一般に使用されている。その主な特徴には、次のようなものがある。

①各工事（部分工事）の施工時期（開始日・終了日・所要日数・工期など）が判明する。
②各工事（部分工事）の完成率は漠然としている。
③各工事（部分工事）の相互関係は漠然としている。
④中小規模の工事の工程管理に適している。

横線式工程表（バーチャート）

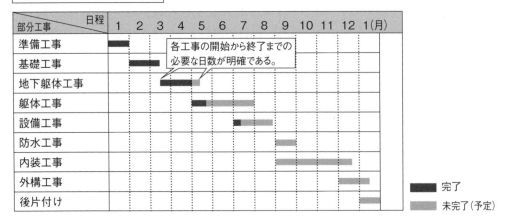

3 **横線式工程表（ガントチャート）の特徴**

　横線式工程表（ガントチャート）は、縦軸に部分工事（作業名・工種）をとり、横軸に各工事の**出来高比率**（部分工事の完成率・進捗度）を棒線で記入した図表である。作成は非常に簡単であるが、分かるのは各工事の進捗状況のみなので、簡易的な工程表として使用されている。その主な特徴には、次のようなものがある。

① 各工事（部分工事）の進捗状況が一目で把握できる。

② 各工事（部分工事）の施工時期（開始日・終了日・所要日数・工期など）は描かれていない。

③ 各工事（部分工事）の相互関係は不明である。

④ 極小規模の工事の工程管理に適している。

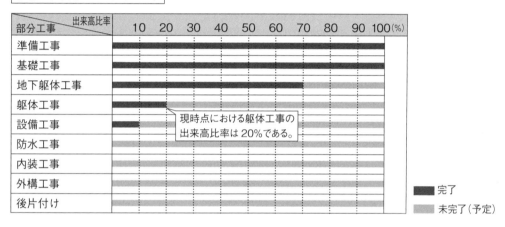

横線工程表（ガントチャート）

4 ネットワーク式工程表の特徴

　ネットワーク式工程表は、工事内容を系統的に明確にしたうえで、作業相互の関連・順序・**施工時期**を、的確に判断できるようにした工程表である。ネットワーク式工程表の作成には、高度の技術が必要になる。しかし、横線式工程表とは異なり、**全体**工事と部分工事の関連が明確に表現できる。また、**クリティカルパス**を求めることにより、重点管理作業や工事完成日の予測ができる。その主な特徴には、次のようなものがある。

① 各工事（部分工事）の施工時期の詳細（最早開始日・最遅完了日など）が明確になる。

② 各工事（部分工事）の順序（先行作業・後続作業など）が明確になる。

③ 各工事（部分工事）の相互関係・所要日数・工期が明確になる。

④ 大規模かつ複雑な工事の作業管理に適している。

施工管理

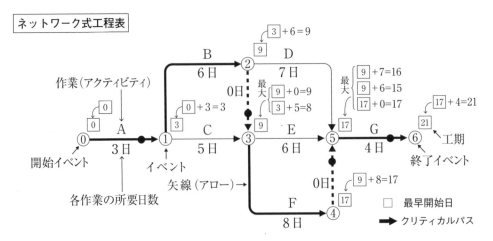

ネットワーク式工程表

●**最早開始日**：その作業（アクティビティ）を最も早く開始できる日である。前のイベントの最早開始日に、そのイベントに流入する矢線の作業日数を加えて計算する。複数の矢線が流入するイベントでは、その最大値である。
●**クリティカルパス**：開始イベントから最終イベントまでの経路のうち、作業日数の合計が最も長い経路である。この経路上にある作業は、1日でも遅れると、工事完成日の遅れに繋がるので、重点的な工程管理が必要になる。
●**工期**：工期（全体工事の所要日数）は、クリティカルパスの作業日数（最終イベントの最早開始日）に等しくなる。

解き方

(1) 横線式工程表には、バーチャートとガントチャートがあり、バーチャートは縦軸に部分工事をとり、横軸に必要な**(イ)日数**を棒線で記入した図表で、各工事の工期がわかりやすい。ガントチャートは縦軸に部分工事をとり、横軸に各工事の**(ロ)出来高比率**を棒線で記入した図表で、各工事の進捗状況がわかる。

(2) ネットワーク式工程表は、工事内容を系統的に明確にし、作業相互の関連や順序、**(ハ)施工時期**を的確に判断でき、**(ニ)全体**工事と部分工事の関連が明確に表現できる。また、**(ホ)クリティカルパス**を求めることにより重点管理作業や工事完成日の予測ができる。

解答

（イ）	（ロ）	（ハ）	（ニ）	（ホ）
日数	出来高比率	施工時期	全体	クリティカルパス

令和３年度	問題9 施工管理	各種の工程表の特徴

建設工事において用いる次の**工程表の特徴**について，それぞれ１つずつ解答欄に記述しなさい。
ただし，解答欄の（例）と同一内容は不可とする。

　　(1)　ネットワーク式工程表
　　(2)　横線式工程表

考え方

1 ネットワーク式工程表の特徴

　　ネットワーク式工程表は、工事内容を系統立てて、作業相互の関係・手順・日数を表した工程表である。ネットワーク式工程表の作成には、高度の技術が必要になるが、横線式工程表とは異なり、全体工事の作業手順に従って部分工事の予定を組むことができるので、部分工事の遅れが全体工事にどのような影響を及ぼすのかが判明する。また、各作業の相互関係(ある作業を開始するためにはどの作業が完了していなければならないか)を把握することができるので、各作業間の調整が円滑にできる。その主な特徴には、次のようなものがある。

① 各作業の所要日数が示されている。

② 各作業の相互関係が明確になる。

③ 重点管理を必要とする作業が明確になる。

④ 大規模かつ複雑な工事の作業管理に適している。

ネットワーク式工程表 各作業の工程の遅れが工事全体に与える影響を把握できる。

ネットワーク式工程表は、コンピューターを用いたシステム的処理により、必要諸資源の最も経済的な利用計画の立案などを行うことができる。

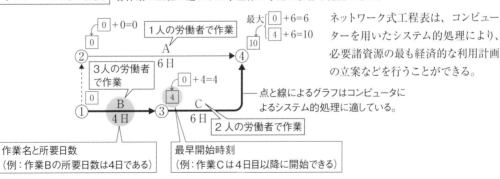

2 横線式工程表(バーチャート)の特徴

横線式工程表(バーチャート)は、縦軸に作業名(工種)・横軸に工期(作業日程)をとった工程表である。作成は簡単であり、各作業の工期が分かりやすいので、総合工程表として一般に使用されている。その主な特徴には、次のようなものがある。

① 各作業の開始日・終了日・所要日数が判明する。

② 各作業の完成率は描かれていない。

③ 各作業の相互関係は漠然としている。

④ 中小規模の工事の作業管理に適している。

横線式工程表(バーチャート) 工事全体の流れを掌握するのに便利である。

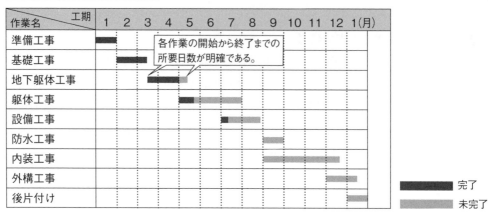

横線式工程表(バーチャート)は、各作業の進捗状況を把握するための工程表であるが、出来高累計曲線(工事全体の実績比率の累計を表した曲線)を重ねると、工事全体の進捗状況も併せて把握することができる。

バーチャートと出来高累計曲線の例

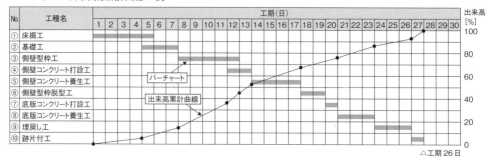

3 **横線式工程表(ガントチャート)の特徴**

　横線式工程表(ガントチャート)は、縦軸に作業名(工種)、横軸に達成度(完成率)をとった工程表である。作成は非常に簡単であるが、判明するのは各作業の進捗状況のみである。その主な特徴には、次のようなものがある。

① 各作業の進捗状況が一目で把握できる。

② 各作業の開始日・終了日・所要日数は描かれていない。

③ 各作業の相互関係は不明である。

④ 極小規模の工事の作業管理に適している。

横線工程表(ガントチャート) 各作業の進捗状況のみが把握できる。

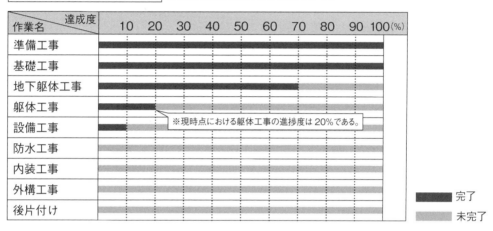

※現時点における躯体工事の進捗度は20%である。

完了
未完了

解き方

　横線式工程表は、バーチャートとガントチャートに分類されるが、どちらかといえばバーチャートの方が一般的である。解答としては、横線式工程表(バーチャート)の特徴を記述するか、どちらの工程表にも共通する特徴を記述することが望ましい。

各工程表の特徴のまとめ

工程表の種類	ネットワーク	バーチャート	ガントチャート
作成のしやすさ	困難(×)	容易(○)	容易(○)
作業の施工時期・所要日数	判明(○)	明確(○)	不明(×)
作業の相互関係・余裕時間	判明(○)	漠然(×)	不明(×)
全体工程に影響を与える作業	判明(○)	不明(×)	不明(×)
作業遅れへの対策	容易(○)	困難(×)	困難(×)

解答例 （各工程表の特徴を個別的に表現する場合の解答例）

(1)ネットワーク式工程表の特徴	作成は困難であるが、全体工程に影響を与える作業が判明するため、作業遅れへの対策が容易である。
(2)横線式工程表の特徴	作成は容易であるが、全体工程に影響を与える作業が不明であるため、作業遅れへの対策が困難である。

※この解答例は、上記の「解き方」に掲載されている表の内容を抜き出したものである。その表には、このような問題を解くために必要な事項が集約されているため、確実に覚えておこう。

施工管理

解答例	(各工程表の特徴を総合的に表現する場合の解答例)
(1)ネットワーク式 工程表の特徴	全体工事と部分工事が明確に表現でき、各工事間の調整が円滑にできるので、大規模かつ複雑な工事の作業管理に適している。
(2)横線式工程表の 特徴	作成が簡単かつ各工事の工期がわかりやすいので、中小規模の工事における総合工程表に適している。

※問題文中には、「ただし、解答欄の(例)と同一内容は不可とする」と書かれているが、解答欄の(例)は非公開事項になったので、ここでは省略する。

参考

　土木工事の作業管理には、ネットワーク式工程表や横線式工程表の他に、斜線式工程表やグラフ式工程表などが使用されることもある。

①斜線式工程表は、横軸に工事区間(工事開始地点からの距離)、縦軸に工期(工事開始日からの日数)を表示した工程表である。斜線式工程表は、トンネル工事などのように、工事区間が線上に長く伸びており、工事の進行方向が一定である工事の工程管理に適している。

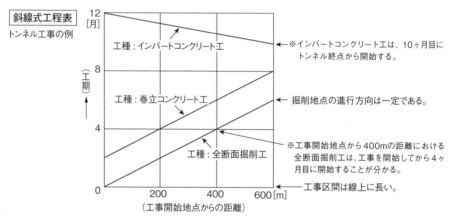

②グラフ式工程表は、横軸に工期(工事開始日からの日数)、縦軸に各作業の出来高比率(各作業が請負工事費換算で何%まで進んだか)を表示した工程表である。グラフ式工程表では、予定の出来高を表すグラフと、実際の出来高を表すグラフを重ねて表示することにより、予定と実績との差を直視的に比較することができる。

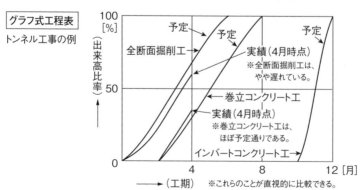

施工管理

令和元年度	問題9 施工管理	各工程表の特徴

　建設工事において用いる次の工程表の**特徴**について、それぞれ1つずつ解答欄に記述しなさい。

　ただし、解答欄の(例)と同一内容は不可とする。

(1) 横線式工程表

(2) ネットワーク式工程表

考え方

1 建設工事の作業管理に用いる工程表

　建設工事の作業管理には、横線式工程表(バーチャート)・横線式工程表(ガントチャート)・ネットワーク式工程表などが使用される。

① **横線式工程表 (バーチャート)**：縦軸に作業名、横軸に工期 (作業日程)をとった工程表である。作成は簡単であり、各作業の工期が分かりやすいので、総合工程表として一般に使用されている。その特徴には、次のようなものがある。

● 各作業の開始日・終了日・所要日数が判明する。

● 各作業の完成率は描かれていない。

● 各作業の相互関係は漠然としている。

● 中小規模の工事の作業管理に適している。

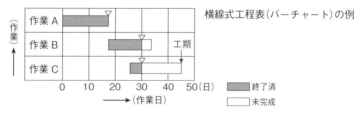

横線式工程表(バーチャート)の例

② **横線式工程表 (ガントチャート)**：縦軸に作業名、横軸に完成率をとった工程表である。作成は非常に簡単であるが、判明するのは各作業の進捗状況のみである。その特徴には、次のようなものがある。

● 各作業の進捗状況が一目で把握できる。

● 各作業の日数は描かれていない。

● 各作業の相互関係は不明である。

● 極小規模の工事の作業管理に適している。

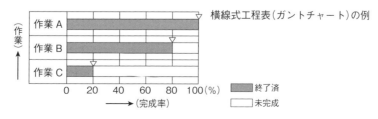

横線式工程表(ガントチャート)の例

施工管理

③**ネットワーク式工程表**：工事内容を系統立てて、作業相互の関連・手順・日数を表した工程表である。作成には高度の技術を必要とするが、横線式工程表とは異なり、全体工事の作業手順に従って部分工事の予定を組むことができるので、部分工事の遅れが全体工事にどのような影響を及ぼすのかが判明する。また、各作業の相互関係を把握することができるので、各作業間の調整が円滑にできる。その特徴には、次のようなものがある。

◉ 各作業の所要日数が示されている。

◉ 各作業の相互関係が明確になる。

◉ 重点管理が必要な作業が明確になる。

◉ 大規模かつ複雑な工事の作業管理に適している。

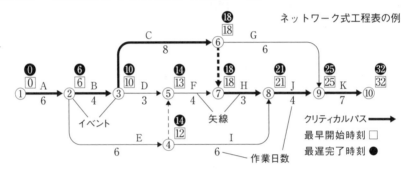

ネットワーク式工程表の例

解き方

　横線式工程表は、バーチャートとガントチャートに分類されるが、どちらかといえばバーチャートの方が一般的である。解答としては、横線式工程表(バーチャート)の特徴を記述するか、どちらの工程表にも共通する特徴を記述することが望ましい。

各工程表の特徴のまとめ

工程表の種類	バーチャート	ガントチャート	ネットワーク
作成のしやすさ	容易(○)	容易(○)	困難(×)
作業の施工時期・所要日数	明確(○)	不明(×)	判明(○)
作業の相互関係・余裕時間	漠然(×)	不明(×)	判明(○)
全体工程に影響を与える作業	不明(×)	不明(×)	判明(○)
作業遅れへの対策	困難(×)	困難(×)	容易(○)

(1)横線式工程表の特徴	各作業の開始日・終了日・所要日数が判明し、作成が簡単なので、中小規模の工事における総合工程表として一般に使用されている。
(2)ネットワーク式工程表の特徴	工事内容が系統立てて明確に表示されているため、大規模かつ複雑な工事においても、作業相互の関連・順序・施工時期などを的確に判断できる。

参考

　建設工事では、上記のような作業管理用の工程表(各作業の進捗状況を個別に管理するための工程表)の他に、出来高管理用の工程表(工事全体の進捗状況を管理するための工程表)がある。出来高管理用の工程表としては、工程管理曲線(バナナ曲線)などの曲線式工程表が使用される。

①**工程管理曲線(バナナ曲線)**:縦軸に出来高累計、横軸に工期(時間経過比率)をとった工程表である。工事全体の進捗状況が、上方許容限界と下方許容限界との間に来るように管理する。その特徴には、次のようなものがある。

◉工事全体の出来高だけが判明する。

◉工程の遅れが許される範囲が明確になる。

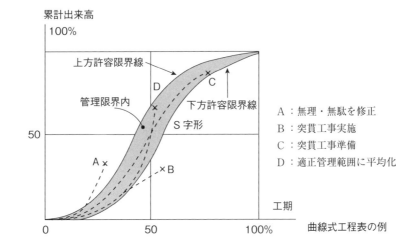

曲線式工程表の例

施工管理

379

必須問題 ●

| 令和5年度 | 問題3 施工管理 | 特定建設資材の再資源化 |

「建設工事に係る資材の再資源化等に関する法律」（建設リサイクル法）により定められている，下記の特定建設資材①〜④から2つ選び，その番号，再資源化後の材料名又は主な利用用途を，解答欄に記述しなさい。

ただし，同一の解答は不可とする。

　① コンクリート
　② コンクリート及び鉄から成る建設資材
　③ 木材
　④ アスファルト・コンクリート

解答例

番号	特定建設資材	再資源化後の材料名	主な利用用途
①	コンクリート	再生コンクリート砂	工作物の埋戻し材料
②	コンクリート及び鉄から成る建設資材	再生クラッシャーラン	建築物の基礎材
③	木材	再生木質マルチング材	雑草防止材
④	アスファルト・コンクリート	再生加熱アスファルト安定処理混合物	道路舗装の上層路盤材料

以上から2つを選んで解答する。（再資源化後の材料名と主な利用用途はどちらか一方を解答すればよい）

考え方

1 特定建設資材

　　特定建設資材とは、コンクリート・木材・その他建設資材のうち、建設資材廃棄物となった場合におけるその再資源化が、資源の有効な利用及び廃棄物の減量を図る上で特に必要であり、かつ、その再資源化が経済性の面において制約が著しくないと認められるものとして政令（建設工事に係る資材の再資源化等に関する法律施行令）で定めるものをいう。次の4種類の建設資材は、再資源化が特に必要とされる特定建設資材である。

施工管理

特定建設資材

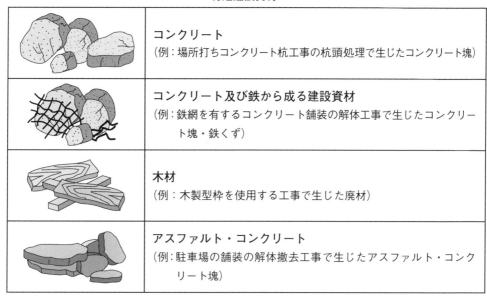

	コンクリート （例：場所打ちコンクリート杭工事の杭頭処理で生じたコンクリート塊）
	コンクリート及び鉄から成る建設資材 （例：鉄網を有するコンクリート舗装の解体工事で生じたコンクリート塊・鉄くず）
	木材 （例：木製型枠を使用する工事で生じた廃材）
	アスファルト・コンクリート （例：駐車場の舗装の解体撤去工事で生じたアスファルト・コンクリート塊）

※上記の４種類以外の建設資材から成る廃棄物は、特定建設資材には該当しない。

2 コンクリートの再資源化

　特定建設資材であるコンクリートの「再資源化後の材料名」および「主な利用用途」については、「建設業に属する事業を行う者の再生資源の利用に関する判断の基準となるべき事項を定める省令」において、次のように定められている。

コンクリートの再資源化後の材料名と主な利用用途

再資源化後の材料名	主な利用用途
再生クラッシャーラン	道路舗装およびその他舗装の下層路盤材料 土木構造物の裏込材および基礎材 建築物の基礎材
再生コンクリート砂	工作物の埋め戻し材料および基礎材
再生粒度調整砕石	その他舗装の上層路盤材料
再生セメント安定処理路盤材料	道路舗装およびその他舗装の路盤材料
再生石灰安定処理路盤材料	道路舗装およびその他舗装の路盤材料

3 コンクリート及び鉄から成る建設資材の再資源化

　特定建設資材であるコンクリート及び鉄から成る建設資材の「再資源化後の材料名」および「主な利用用途」については、上記 **2** の「コンクリートの再資源化後の材料名と主な利用用途」と同じである。ただし、コンクリート及び鉄から成る建設資材（鉄筋コンクリートスラブなど）は、その名の通りコンクリートと鉄が一体化しているので、事前に（原則としては再資源化施設に運搬する前に工事現場で）コンクリートと鉄を分別しなければならない。また、鉄筋コンクリートスラブなどから分別した鉄筋は、「鉄筋コンクリート用再生棒鋼」という名の材料として再資源化することにより、「鉄筋コンクリート構造物の材料」などの用途に利用することができる。

施工管理

4 木材の再資源化

特定建設資材である木材の「再資源化後の材料名」および「主な利用用途」については、「特定建設資材に係る分別解体等及び特定建設資材廃棄物の再資源化等の促進等に関する基本方針」において、次のように定められている。

木材の再資源化後の材料名と主な利用用途

再資源化後の材料名	主な利用用途
再生木質ボード	住宅構造用建材 コンクリート型枠
再生木質マルチング材	雑草防止材 植物の生育を保護・促進する材料
（チップ）	木質ボードの原材料 堆肥などの原材料
（燃料用チップ）	燃料（発電燃料）

※チップ・燃料用チップは、厳密には「再資源化後の材料名」ではないので、解答にしない方がよい。

5 アスファルト・コンクリートの再資源化

特定建設資材であるアスファルト・コンクリートの「再資源化後の材料名」および「主な利用用途」については、「建設業に属する事業を行う者の再生資源の利用に関する判断の基準となるべき事項を定める省令」において、次のように定められている。

アスファルト・コンクリートの再資源化後の材料名と主な利用用途

再資源化後の材料名	主な利用用途
再生クラッシャーラン	道路舗装およびその他舗装の下層路盤材料 土木構造物の裏込材および基礎材 建築物の基礎材
再生粒度調整砕石	その他舗装の上層路盤材料
再生セメント安定処理路盤材料	道路舗装およびその他舗装の路盤材料
再生石灰安定処理路盤材料	道路舗装およびその他舗装の路盤材料
再生加熱アスファルト安定処理混合物	道路舗装およびその他舗装の上層路盤材料
表層基層用再生加熱アスファルト混合物	道路舗装およびその他舗装の基層用材料 および表層用材料

施工管理

令和4年度	問題9 施工管理	建設機械の騒音防止対策

ブルドーザ又はバックホウを用いて行う建設工事における**具体的な騒音防止対策を**，2つ解答欄に記述しなさい。

考え方

1 建設工事における騒音防止対策

　建設工事における騒音の防止のための具体的対策については、国土交通省のホームページで公開されている「建設工事に伴う騒音振動対策技術指針」において、次のような事項が定められている。（技術指針から出題に関する文面を抜粋・一部改変）

①建設工事の設計にあたっては、工事現場周辺の立地条件を調査し、全体的に騒音を低減するよう、次の①～⑤の事項について検討しなければならない。

　①低騒音の施工法の選択

　②**低騒音型建設機械**の選択

　③作業時間帯・作業工程の設定

　④騒音源となる建設機械の配置

　⑤遮音施設などの設置

②建設工事の施工にあたっては、設計時に考慮された騒音対策を更に検討し、確実に実施しなければならない。また、建設機械（ブルドーザ・バックホウなど）の運転については、次の①～③に示す配慮が必要である。

　①工事の円滑化を図ると共に、現場管理などに留意し、不必要な騒音を発生させない。

　②建設機械は、**整備不良による騒音**が発生しないように、**点検・整備**を十分に行う。

　③作業待ち時には、建設機械のエンジンをできる限り止めるなど、騒音を発生させない。

③掘削は、できる限り衝撃力による施工を避け、無理な負荷をかけないようにし、**不必要な高速運転や無駄な空ぶかしを避けて**、丁寧に運転しなければならない。

④ブルドーザを用いて掘削押土を行う場合は、無理な負荷をかけないようにし、**後進時の高速走行を避けて**、丁寧に運転しなければならない。

2 ブルドーザ・バックホウの騒音防止対策

　ブルドーザまたはバックホウを用いて行う建設工事の具体的な騒音防止対策については、上記**1**の他にも、次のようなものが考えられる。

①ブルドーザによる押土作業では、1回の**押土量を適正に**（多くなりすぎないように）設定する。

②掘削土をバックホウなどでトラックなどに積み込む場合は、建設機械のバケットからの**落下高を低くして**、掘削土の落下時の衝撃による騒音の発生を抑制する。

③バックホウを定置して掘削を行う場合は、できるだけ**水平に据え付け**、片荷重によるきしみ音を出さないようにする。

解き方

　この問題に対する解答は、上記の騒音防止対策から、建設機械（ブルドーザまたはバックホウ）を用いて行う建設工事に直接関係するものを、ふたつ抜き出して（要約して）記述することが望ましい。具体的な解答例としては、次のようなものが考えられる。

①**低騒音型の**（騒音対策型の）バックホウを使用して掘削作業を行う。
※発生する騒音と作業効率には関係がない（低騒音型の建設機械を導入しても作業効率が低下することはない）ので、低騒音型の建設機械を採用することは理にかなっている。

②**ブルドーザは、整備不良**による騒音が発生しないように、**点検・整備**を十分に行う。
※建設機械は、履帯の張りの調整によって騒音が異なる場合があるので、建設機械の状態を適正に保つ。老朽化した建設機械は、機械各部に緩みや摩耗が生じるので、騒音の発生量が大きくなる。

③**バックホウによる掘削**では、不必要な高速運転や無駄な空ぶかしを避ける。
※建設機械の騒音は、エンジンの回転速度に比例して大きくなる。したがって、無用なふかし運転は避けなければならない。また、油圧式の（衝撃力を用いない）建設機械を用いるとよい。

④**ブルドーザによる掘削押土**では、無理な負荷をかけず、後進時の高速走行を避ける。
※建設機械の騒音は、エンジンの回転速度に比例して大きくなる。したがって、ブルドーザによる掘削運搬作業では、後進の速度が速くなるほど、騒音が大きくなる。

解答例

	ブルドーザまたはバックホウを用いて行う建設工事の具体的な騒音防止対策
①	衝撃力による掘削・不必要な高速運転・無駄な空ぶかしを避けて掘削する。
②	ブルドーザによる掘削押土は、無理な負荷をかけず、後進時の高速走行を避ける。

出典：建設工事に伴う騒音振動対策技術指針

| 平成29年度 | 問題9 施工管理 | 建設副産物の利用用途 |

「資源の有効な利用の促進に関する法律」上の建設副産物である、**建設発生土とコンクリート塊の利用用途についてそれぞれ**解答欄に記述しなさい。

ただし、利用用途はそれぞれ異なるものとする。

考え方

　　建設工事に伴い副次的に得られた物品を、建設副産物という。また、エネルギーの供給または建設工事に係る副産物であって、その全部または一部を再生資源として利用することを促進することが、当該再生資源の有効な利用を図る上で特に必要なものを、指定副産物という。土木工事などの建設業においては、「建設発生土」「コンクリート塊」「アスファルト・コンクリート塊」「建設発生木材」の4つの物質が、指定副産物として定められている。その主な利用用途は、「建設業に属する事業を行う者の再生資源の利用に関する判断の基準となるべき事項を定める省令」において定められている。

1 建設発生土の利用用途

　　建設発生土(構造物施工時の掘削残土など)は、その性質により、第1種～第4種に分類されており、その番号が小さいほど安定した性質を有している。建設工事事業者は、建設発生土を利用する場合、建設発生土の区分に応じ、下表に掲げる用途に利用するものとする。

区分	性質	主な利用用途
第1種建設発生土	砂・礫及びこれらに準ずるもの	工作物の埋戻し材料　　道路盛土材料 土木構造物の裏込め材料　宅地造成用材料
第2種建設発生土	砂質土・礫質土及びこれらに準ずるもの	土木構造物の裏込め材料　河川築堤材料 道路盛土材料　　　　　宅地造成用材料
第3種建設発生土	通常の施工性が確保される粘性土及びこれに準ずるもの	土木構造物の裏込め材料　宅地造成用材料 道路路体用盛土材料　　水面埋立て用材料 河川築堤材料
第4種建設発生土	粘性土及びこれに準ずるもの (第3種建設発生土を除く)	水面埋立て用材料

※第4種建設発生土は、細粒分が多く性質が不安定なので、再生材料として使用するためには、セメント・石灰などの固化材を用いて安定処理する、良質土と混合する等の対策により改良しなければならない。

施工管理

2 コンクリート塊の利用用途

コンクリート塊は、工事現場において、分別・破砕・切断などを行った上で、再資源化施設に搬出する。建設工事事業者は、コンクリート塊を利用する場合、コンクリート塊の区分に応じ、再生骨材等として、下表に掲げる用途に利用するものとする。

区分	主な利用用途
再生クラッシャーラン	道路舗装及びその他舗装の下層路盤材料 土木構造物の裏込材及び基礎材 建築物の基礎材
再生コンクリート砂	工作物の埋め戻し材料及び基礎材
再生粒度調整砕石	その他舗装の上層路盤材料
再生セメント安定処理路盤材料	道路舗装及びその他舗装の路盤材料
再生石灰安定処理路盤材料	道路舗装及びその他舗装の路盤材料

※この表において「その他舗装」とは、駐車場の舗装および建築物等の敷地内の舗装をいう。また、道路舗装に利用する場合においては、再生骨材等の強度・耐久性等の品質を特に確認の上、利用するものとする。

3 アスファルト・コンクリート塊の利用用途

アスファルト・コンクリート塊は、工事現場において、分別・破砕・切断などを行った上で、再資源化施設に搬出する。建設工事事業者は、アスファルト・コンクリート塊を利用する場合、再生骨材等および再生加熱アスファルト混合物として、下表に掲げる用途に利用するものとする。

区分	主な利用用途
再生クラッシャーラン	道路舗装及びその他舗装の下層路盤材料 土木構造物の裏込材及び基礎材 建築物の基礎材
再生粒度調整砕石	その他舗装の上層路盤材料
再生セメント安定処理路盤材料	道路舗装及びその他舗装の路盤材料
再生石灰安定処理路盤材料	道路舗装及びその他舗装の路盤材料
再生加熱アスファルト安定処理混合物	道路舗装及びその他舗装の上層路盤材料
表層基層用再生加熱アスファルト混合物	道路舗装及びその他舗装の基層用材料及び表層用材料

※この表において「その他舗装」とは、駐車場の舗装および建築物等の敷地内の舗装をいう。また、道路舗装に利用する場合においては、再生骨材等の強度・耐久性等の品質を特に確認の上、利用するものとする。

4 建設発生木材の利用用途

建設発生木材は、工事現場において、分別・破砕・切断などを行った上で、再資源化施設に搬出する。建設発生木材の主な利用用途は、製紙用またはボード用のチップである。

建設発生土の利用用途	宅地造成用材料、河川築堤材料、水面埋立て用材料、など
コンクリート塊の利用用途	建築物の基礎材、工作物の埋め戻し材料、道路舗装の路盤材料、など

※上記 考え方 にある表の「主な利用用途」から、いくつかの項目を選んで解答する。

選択問題

平成27年度	問題9 施工管理	建設機械を用いた工事に伴う騒音の防止

　ブルドーザ又はバックホゥを用いて行う建設工事に関する騒音防止のための、**具体的な対策を2つ**解答欄に記述しなさい。

考え方

　騒音を防止するためには、第一に発生源対策を、第二に伝搬経路対策(遮音対策)を講じる必要がある。ここでは、具体的な対策を示さなければならないので、騒音防止の理念や考え方を示すのは適当でないことに注意する。騒音防止のための具体的な対策には、次のようなものがある。

①使用する建設機械は、低騒音型のものとする。

②建設機械を点検し、騒音が生じる部位に潤滑剤を入れ、機械の運動を円滑にする。

③バケットやブレードの先端を鋭利にし、土に食い込みやすくする。

④エンジンの空ぶかしを止め、不必要な急発進や高速走行をしないようにする。

⑤空気圧縮機などの騒音が大きい機械は、工事現場の敷地境界線から遠ざけて使用する。

⑥騒音の伝搬経路上に遮音壁(防音壁)などを設置し、音の伝達を抑制する。

解答例

騒音防止のための具体的な対策
① 騒音の測定値が騒音基準値以下である低騒音型のバックホゥを使用する。
② 無理な負荷をかけずにブルドーザを運転し、後進時の高速走行を避ける。

※バックホゥについては、騒音の測定値が機関出力ごとに定められた騒音基準値以下であるものが、低騒音型建設機械として指定されている。一例として、低騒音型・低振動型建設機械の指定に関する規程では、機関出力が55kW未満のバックホゥの騒音基準値は99dBと定められている。

※ブルドーザによる掘削押土作業では、一度に大量の土砂を押すなどして無理な負荷をかけたり、高速を保ったまま後進したりすると、エンジン音が大きくなる。ブルドーザの運転は、丁寧に行うことを心掛ける必要がある。

施工管理

「建設工事に係る資材の再資源化等に関する法律」（建設リサイクル法）により定められている**下記の特定建設資材から 2 つ選び、再資源化後の材料名又は主な利用用途をそれぞれ 1 つ解答欄に記入しなさい。**

ただし、それぞれの解答は異なるものとする。

・コンクリート

・コンクリート及び鉄から成る建設資材

・木材

・アスファルト・コンクリート

考え方

一定規模以上（請負代金の額が 500 万円以上、等）の解体工事を行うときは、建設リサイクル法上の対象建設工事として、解体により排出される建設廃棄物を適切に処理しなければならない。

建設廃棄物のうち、「コンクリート」「コンクリート及び鉄から成る建設資材」「木材」「アスファルト・コンクリート」は、特定建設資材として指定されている。特定建設資材は、原則として、再資源化して再び活用しなければならない。特定建設資材ごとの再資源化後の材料・利用用途は、下記の通りである。

特定建設資材	再資源化後の材料名または主な利用用途
コンクリート	再生クラッシャラン、再生コンクリート骨材
コンクリート及び鉄から成る建設資材	再生コンクリート骨材、再生鉄筋
木材	チップ化した木材原料、チップ化した肥料、紙の原料
アスファルト・コンクリート	再生加熱アスファルト混合物、再生路盤材

解答例

特定建設資材	再資源化後の材料名または主な利用用途
コンクリート	再生クラッシャラン
コンクリート及び鉄から成る建設資材	再生鉄筋
木材	チップ化して紙の原料とする。
アスファルト・コンクリート	再生加熱アスファルト混合物として利用する。

以上のうち、2 つを選択して解答する。

施工管理

施工計画分野の語句選択問題（平成25年度～平成22年度に出題された問題の要点）

問題	空欄	前節—**解答となる語句**—後節
平成22年度 施工計画作成の 留意事項	（イ）	発注者の**要求品質**を確保し、安全を最優先にする。
	（ロ）	施工計画では、**新しい工法・新しい技術**に積極的に取り組む。
	（ハ）	施工計画は、**複数案**を立て、その中から最良の案を選定する。
	（ニ）	関係する**現場技術者**だけで検討せず、会社内の他組織も活用する。
	（ホ）	発注者が設定した工期が、必ずしも**最適**工期であるとは限らない。

施工計画分野の記述問題（平成25年度～平成22年度に出題された問題の要点）

問題の要点	解答の要点	出題年度
コンクリート重力式擁壁の施工手順（①～⑧）を求める。	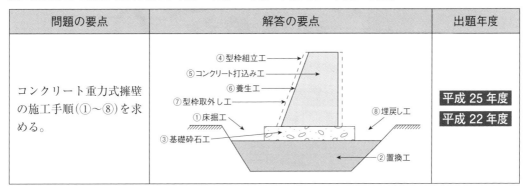	**平成25年度** **平成22年度**

環境保全分野の語句選択問題（平成25年度～平成22年度に出題された問題の要点）

問題	空欄	前節—**解答となる語句**—後節
平成25年度 特定建設作業の 規制 （騒音規制法）	（イ）	騒音規制法は、住民の**生活環境**を保全することを目的とする。
	（ロ）	都道府県知事は、騒音を規制する地域を**指定**する。
	（ハ）	特定建設作業の開始日の**7日前**までに、必要事項を届け出る。
	（ニ）	特定建設作業を伴う建設工事の施工者は、**市町村長**に届け出る。
	（ホ）	市町村長は、騒音防止法の改善や、**作業時間**の変更を勧告できる。
平成24年度 建設発生土の 有効活用 （建設リサイクル法）	（イ）	発注者・元請業者等は、建設発生土の**発生の抑制**に努める。
	（ロ）	建設発生土の**現場内利用**の促進等により、搬出（はんしゅつ）の抑制に努める。
	（ハ）	**ストックヤード**の確保により、工事間利用の促進に努める。
	（ニ）	必要に応じて**土質改良**を行い、工事間利用の促進に努める。
	（ホ）	建設発生土に産業廃棄物が混入しないよう、**分別**（ぶんべつ）に努める。

令和6年度
2級土木施工管理技術検定試験
第二次検定 虎の巻（精選模試）第一巻

※虎の巻（精選模試）第一巻には、令和6年度の第二次検定に向けて、極めて重要であると思われる問題が集約されています。

実施要項

1. これは第二次検定（種別：土木）の問題です。9問題あります。

2. **問題1〜問題5は必須問題ですので、必ず解答してください。**
   問題1の解答が無記載等の場合、問題2以降は採点の対象となりません。

3. 問題6〜問題9までは選択問題(1)、(2)です。
   問題6、問題7の選択問題(1)の2問題のうちから1問題を選択し解答してください。
   問題8、問題9の選択問題(2)の2問題のうちから1問題を選択し解答してください。
   それぞれの**選択指定数を超えて解答した場合は、減点**となります。

4. 選択した問題は、**選択欄に○印を必ず記入**してください。

5. 解答は、所定の**解答欄に記入**してください。

6. 解答は、**鉛筆又はシャープペンシルで記入**してください。
   （万年筆・ボールペンの使用は不可）

7. 解答を訂正する場合は、プラスチック消しゴムでていねいに消してから訂正してください。

8. **試験時間は120分間です。**

9. 解答終了後、解答・解答例を参考にして、採点・自己評価をしてください。

判定 | 合・否 |

自己評価・採点表（60点以上で合格）

問題	問題1	問題2	問題3	問題4	問題5	問題6	問題7	問題8	問題9	合計
選択欄	必須	必須	必須	必須	必須					
配点	40	10	10	10	10	10	10	10	10	100
得点										

※問題1の得点が24点未満の場合は、合計得点に関係なく不合格となります。

虎の巻（精選模試）第一巻

| 必須問題 | 問題1 施工経験記述 | 安全管理・品質管理 |

　あなたが経験した土木工事の現場において、工夫した安全管理又は工夫した品質管理のうちから1つ選び、次の〔設問1〕、〔設問2〕に答えなさい。

〔注意〕　あなたが経験した工事でないことが判明した場合は失格となります。

〔設問1〕　あなたが**経験した土木工事**に関し、次の事項について解答欄に明確に記入しなさい。

　　〔注意〕　「経験した土木工事」は、あなたが工事請負者の技術者の場合は、あなたの所属会社が受注した工事内容について記述してください。従って、あなたの所属会社が二次下請業者の場合は、発注者名は一次下請業者名となります。

　　　　　　なお、あなたの所属が発注機関の場合の発注者名は、所属機関名となります。

　　(1) 工　事　名
　　(2) 工事の内容
　　　　　①　発注者名
　　　　　②　工事場所
　　　　　③　工　　期
　　　　　④　主な工種
　　　　　⑤　施　工　量
　　(3) 工事現場における施工管理上のあなたの立場

〔設問2〕　上記工事で実施した「**現場で工夫した安全管理**」又は「**現場で工夫した品質管理**」のいずれかを選び、次の事項について解答欄に具体的に記述しなさい。

　　　　　ただし、安全管理については、交通誘導員の配置のみに関する記述は除く。

　　(1) 特に留意した**技術的課題**
　　(2) 技術的課題を解決するために**検討した項目と検討理由及び検討内容**
　　(3) 上記検討の結果、**現場で実施した対応処置とその評価**

※試験実施団体からは、令和6年度以降の施工経験記述の設問について、「自身の経験に基づかない解答を防ぐ観点から、幅広い視点から経験を確認する設問として見直しを行う」ことが発表されています。

問題1 解答欄

(40点)

〔設問1〕（10点）

(1)工事名

工 事 名	

(2)工事の内容

①	発 注 者 名	
②	工 事 場 所	
③	工　　　期	
④	主 な 工 種	
⑤	施　 工　 量	

(3)工事現場における施工管理上のあなたの立場

立　 場	

※上記(1)(2)(3)に著しく不適当な箇所があった場合、不合格となります。

〔設問2〕（30点）

  (1)特に留意した**技術的課題**（7行）（10点）

----

  (2)課題を解決するための**検討項目、理由及び内容**（9行）（10点）

----

  (3)上記検討の結果、現場で実施した**対応処置とその評価**（9行）（10点）

| 必須問題 | 問題2 安全管理 | 高所作業の安全管理 |

建設工事における高所作業を行う場合の安全管理に関して、労働安全衛生法上、次の文章の □ の（イ）～（ホ）に当てはまる**適切な語句又は数値を、下記の語句又は数値から選び解答欄に記入しなさい。**

(1) 高さが （イ） m以上の箇所で作業を行う場合で、墜落により労働者に危険を及ぼすおそれのあるときは、足場を組立てる等の方法により （ロ） を設けなければならない。

(2) 高さが （イ） m以上の （ロ） の端や開口部等で、墜落により労働者に危険を及ぼすおそれのある箇所には、 （ハ） 、手すり、覆い等を設けなければならない。

(3) 架設通路で墜落の危険のある箇所には、高さ （ニ） cm以上の手すり又はこれと同等以上の機能を有する設備を設けなくてはならない。

(4) 吊り足場又は高さが5m以上の構造の足場等の組立て等の作業については、足場の組立て等作業主任者 （ホ） を修了した者のうちから、足場の組立て等作業主任者を選任しなければならない。

[語句又は数値]

待避所、	囲い、	技術研修、	75、	3、
技能講習、	2、	作業床、	特別教育、	85、
アンカー、	休憩所、	1、	幅木、	95

| 問題2 解答欄 | （各2点×5 ＝10点）

（イ）	（ロ）	（ハ）	（ニ）	（ホ）

| 必須問題 | 問題3 施工管理 | 各種の工程表の特徴 |

建設工事において用いる次の**工程表の特徴**について、それぞれ1つずつ解答欄に記述しなさい。

(1) 横線式工程表
(2) ネットワーク式工程表

問題3　解答欄

（各5点×2 ＝10点）

(1)	横線式工程表	- -
(2)	ネットワーク式工程表	- -

必須問題　問題4　コンクリート工　コンクリート用混和剤

　コンクリート用混和剤の種類と機能に関する次の文章の□□□の（イ）～（ホ）に当てはまる**適切な語句**を、**下記の語句から選び解答欄に記入しなさい。**

(1) AE剤は、ワーカビリティー、　（イ）　などを改善させるものである。

(2) 減水剤は、ワーカビリティーを向上させ、所要の単位水量及び　（ロ）　を減少させるものである。

(3) 高性能減水剤は、大きな減水効果が得られ、　（ハ）　を著しく高めることが可能なものである。

(4) 高性能AE減水剤は、所要の単位水量を著しく減少させ、良好な　（ニ）　保持性を有するものである。

(5) 鉄筋コンクリート用　（ホ）　剤は、塩化物イオンによる鉄筋の腐食を抑制させるものである。

［語句］

スランプ、	中性化、	ブリーディング、	凍結、	単位セメント量、
細骨材率、	空気量、	粗骨材量、	強度、	コンクリート温度、
耐凍害性、	防せい、	塩化物量、	遅延、	アルカリシリカ反応

問題4　解答欄

（各2点×5 ＝10点）

（イ）	（ロ）	（ハ）	（ニ）	（ホ）

必須問題　問題5　土工　軟弱地盤対策工法

　軟弱地盤対策工法に関する次の工法から**2つ選び、工法名とその工法の特徴**について**それぞれ解答欄に記述**しなさい。

・サンドマット工法
・表層混合処理工法
・地下水位低下工法
・緩速載荷工法
・掘削置換工法

問題5　解答欄

（各5点×2＝10点）

工法名	工法の特徴

※問題6〜問題9までは選択問題（1）、（2）です。

※問題6、問題7の 選択問題(1) の2問題のうちから1問題を選択し解答してください。
　なお、選択した問題は、選択欄に○印を必ず記入してください。

選択問題(1)　問題6　品質管理　盛土の施工

　盛土の施工に関する次の文章の[　　　]の（イ）〜（ホ）に当てはまる**適切な語句**を、**下記の語句から選び解答欄に記入**しなさい。

(1) 盛土の施工で重要な点は、盛土材料を水平に敷くことと[（イ）]に締め固めることである。

(2) 締固めの目的として、盛土法面の安定や土の支持力の増加など、土の構造物として必要な[（ロ）]が得られるようにすることが挙げられる。

(3) 締固め作業にあたっては、適切な締固め機械を選定し、試験施工などによって求めた施工仕様に従って、所定の[（ハ）]の盛土を確保できるよう施工しなければならない。

(4) 盛土材料の含水量の調節は、材料の[（ニ）]含水比が締固め時に規定される施工含水比の範囲内にない場合にその範囲に入るよう調節するもので、[（ホ）]、トレンチ掘削による含水比の低下、散水などの方法がとられる。

[語句]

流動性、	押え盛土、	品質、	最大、	強度特性、
均等、	軟弱、	ばっ気乾燥、	膨張性、	多め、
軽量盛土、	最小、	自然、	スランプ、	収縮性

問題6 解答欄　選択欄 ☐　　　　　　　　　　　　　（各2点×5 ＝10点）

（イ）	（ロ）	（ハ）	（ニ）	（ホ）

選択問題（1）　　**問題7** 品質管理　　コンクリートの受入検査

　レディーミクストコンクリート（JIS A 5308）の受入れ検査に関する次の文章の ☐ の（イ）～（ホ）に当てはまる**適切な語句又は数値**を、**下記の語句又は数値から選び**解答欄に記入しなさい。

(1) ☐（イ）☐ が8cmの場合、試験結果が±2.5cmの範囲に収まればよい。

(2) 空気量は、試験結果が± ☐（ロ）☐ ％の範囲に収まればよい。

(3) 塩化物イオン濃度試験による塩化物イオン量は ☐（ハ）☐ kg/m³以下の判定基準がある。

(4) 圧縮強度は、1回の試験結果が指定した ☐（ニ）☐ の強度値の85％以上で、かつ3回の試験結果の平均値が指定した ☐（ニ）☐ の強度値以上でなければならない。

(5) アルカリシリカ反応は、その対策が講じられていることを、☐（ホ）☐ 計画書を用いて確認する。

[語句又は数値]

作業、	0.4、	0.3、	せん断強度、	ひずみ、
引張強度、	呼び強度、	0.5、	1.0、	1.5、
仮設備、	フロー、	スランプ、	配合、	2.0

問題7 解答欄　選択欄 ☐　　　　　　　　　　　　　（各2点×5 ＝10点）

（イ）	（ロ）	（ハ）	（ニ）	（ホ）

虎の巻 精選模試 第一巻

※問題8、問題9の 選択問題(2) の2問題のうちから1問題を選択し解答してください。

なお、選択した問題は、選択欄に○印を必ず記入してください。

| 選択問題(2) | 問題8 安全管理 | 架空線や埋設物に近接する工事 |

下図のような道路上で、架空線と地下埋設物に近接して水道管補修工事を行う場合において、工事用掘削機械を使用する際に、次の事故を防止するために**配慮すべき具体的な安全対策**について、それぞれ1つずつ解答欄に記述しなさい。

(1) 架空線損傷事故
(2) 地下埋設物損傷事故

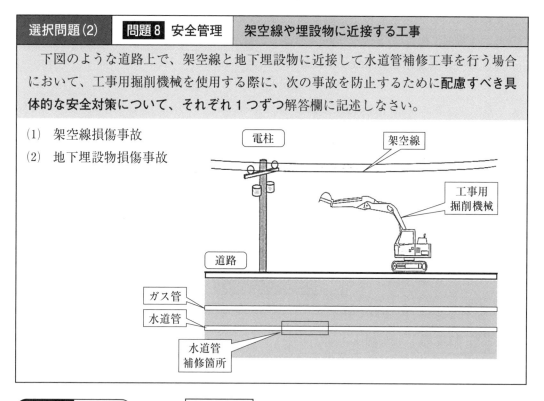

| 問題8 解答欄 | 選択欄　□ | （各5点×2＝10点） |

(1)	架空線損傷 事故	- -
(2)	地下埋設物 損傷事故	- -

選択問題（2）　問題9 施工管理　プレキャストU型側溝の工程表

　下図のようなプレキャストU型側溝を築造する場合、施工手順に基づき**工種名を記述し、横線式工程表(バーチャート)を作成し、全所要日数を求め解答欄に記述しなさい。**

　各工種の作業日数は下記のとおりとする。

・床掘工5日　　・据付け工4日　　・埋戻し工2日　　・基礎工3日

・敷モルタル工4日　　・残土処理工1日

　ただし、基礎工については床掘工と2日の重複作業で行うものとする。

　また、敷モルタル工と据付け工は同時作業で行うものとする。

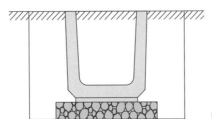

U型側溝施工断面図

問題9　解答欄）選択欄 ☐

（10点）

横線式工程表（バーチャート）

工種名	0		5		10	15
①						
②						
③						
④						
⑤						
⑥						

全所要日数	

虎の巻（精選模試）第一巻
解答・解答例

問題1 施工経験記述　**解答例**　　工夫した安全管理　　　　　　（40点）

〔設問1〕

(1) **工事名**　甲府バイパス東川橋床版打換え工事

(2) **工事の内容**

① **発注者名**　関東地方整備局山梨国道事務所

② **工事場所**　山梨県甲府市成川町3丁目

③ **工　　期**　令和元年9月24日〜令和2年8月25日

④ **主な工種**　橋梁床版打換え工

⑤ **施 工 量**　橋長208.6m、橋幅8.4m、コンクリート床版打設量384m³

(3) **工事現場における施工管理上のあなたの立場**　工事主任

〔設問2〕　(1) 特に留意した**技術的課題**

　本工事は、東川橋のコンクリート床版が老朽化したため、その打換えを行う工事である。工事対象である三径間連続梁合成桁橋におけるコンクリート版の打換えは、長さ208.6m・幅員8.4mに渡るものであった。

　本工事は、突風が予想される河川上に架設した吊り足場上での作業になるため、風に吹かれた労働者の墜落災害を防止することが課題となった。

(2) 技術的課題を解決するために**検討した項目と検討理由及び検討内容**

労働者の墜落災害防止のため、次の事項を検討した。

①労働者の川底への墜落を防止するための対策

東川橋は山岳と平野の境界にあり、山側からの吹きおろしによる突風が多かったため、この突風で労働者が川底に墜落しないよう、安全ネットの設置を検討した。

②吊り足場を補強して安定させるための対策

吊り足場の下から風が吹き上げると、作業床が浮上して労働者に危険を及ぼすので、作業床の剛性を高めて風による浮上を抑制することを検討した。

(3) 上記検討の結果、**現場で実施した対応処置とその評価**

労働者の墜落災害防止のため、次の対策を講じた。

虎の巻（精選模試）第一巻

①橋梁の山側にある主桁のアングル材に、高さ4m・長さ65mの安全ネットをフックで取り付け、作業に応じて径間ごとに移動させた。安全ネットについては、損傷がなく確実に労働者を受け止められることを確認した。

②作業床の浮上を防止するため、溝形鋼を井桁に組んで溶接・固定し、その井桁に作業床を緊結した。

以上の対策により、足場となる作業床が安定し、労働者の川底への墜落災害を未然に防止できた。

※「工夫した品質管理」についての解答例は、本書425ページ〜426ページを参照してください

※記述の確認をしたい方は、施工経験記述添削講座（詳細は417ページ参照）をご利用ください。

問題2 安全管理　高所作業の安全管理　解答　（各2点×5 ＝10点）

（イ）	（ロ）	（ハ）	（ニ）	（ホ）
2	作業床	囲い	85	技能講習

問題3 施工管理　各種の工程表の特徴　解答例　（各5点×2 ＝10点）

(1)	横線式工程表	作成は容易であるが、全体工程に影響を与える作業が不明であるため、作業遅れへの対策が困難である。小規模な工事に適した工程表である。
(2)	ネットワーク式工程表	作成は困難であるが、全体工程に影響を与える作業が判明するため、作業遅れへの対策が容易である。大規模な工事に適した工程表である。

問題4 コンクリート工　コンクリート用混和剤　解答　（各2点×5 ＝10点）

（イ）	（ロ）	（ハ）	（ニ）	（ホ）
耐凍害性	単位セメント量	強度	スランプ	防せい

問題5 土工　軟弱地盤対策工法　解答例　（各5点×2 ＝10点）

工法名	工法の特徴
サンドマット工法	軟弱地盤上に、厚さ50cm〜120cmの透水性の高い敷砂を設けて、建設機械の走行性（トラフィカビリティー）を確保する工法である。
表層混合処理工法	軟弱地盤の表層部に、セメントや石灰などの固化材を混合し、含水比を低下させることで、地盤を固結させて支持力を高める工法である。

※上記以外の解答例を知りたい方は、本書の144ページを参照してください。

問題6 品質管理 | 盛土の施工 | 解答

（各2点×5＝10点）

（イ）	（ロ）	（ハ）	（ニ）	（ホ）
均等	強度特性	品質	自然	ばっ気乾燥

問題7 品質管理 | コンクリートの受入検査 | 解答

（各2点×5＝10点）

（イ）	（ロ）	（ハ）	（ニ）	（ホ）
スランプ	1.5	0.3	呼び強度	配合

問題8 安全管理 | 架空線や埋設物に近接する工事 | 解答例

（各5点×2＝10点）

(1)	架空線損傷事故	架空線に防護カバーを取り付け、架空線の位置を明示する看板を設ける。工事現場の出入口には、高さ制限装置を設ける。
(2)	地下埋設物損傷事故	水道管まで掘削する前に、ガス管の吊り防護を行う。その際、作業指揮者を指名し、その者の直接の指揮の下で作業する。

問題9 施工管理 | プレキャストU型側溝の工程表 | 解答例

（10点）

横線式工程表（バーチャート）

	工種名	0		5		10		15
①	床掘工	▓▓▓▓						
②	基礎工		▓					
③	敷モルタル工			▓▓				
④	据付け工			▓▓				
⑤	埋戻し工				▓			
⑥	残土処理工					▓		

全所要日数	13日

令和6年度
2級土木施工管理技術検定試験
第二次検定 虎の巻（精選模試）第二巻

※虎の巻（精選模試）第二巻には、令和6年度の第二次検定に向けて、比較的重要であると思われる問題が集約されています。

実施要項

1. これは第二次検定（種別：土木）の問題です。9問題あります。

2. 問題1～問題5は必須問題ですので、**必ず解答してください。**
   問題1の解答が無記載等の場合、問題2以降は採点の対象となりません。

3. 問題6～問題9までは選択問題(1)、(2) です。
   問題6、問題7の選択問題(1)の2問題のうちから1問題を選択し解答してください。
   問題8、問題9の選択問題(2)の2問題のうちから1問題を選択し解答してください。
   それぞれの**選択指定数を超えて解答した場合は、減点**となります。

4. 選択した問題は、**選択欄に○印を必ず記入してください。**

5. 解答は、所定の**解答欄に記入してください。**

6. 解答は、**鉛筆又はシャープペンシルで記入してください。**
   （万年筆・ボールペンの使用は不可）

7. 解答を訂正する場合は、プラスチック消しゴムでていねいに消してから訂正してください。

8. **試験時間は120分間です。**

9. 解答終了後、解答・解答例を参考にして、採点・自己評価をしてください。

判定 | 合・否

自己評価・採点表（60点以上で合格）

問題	問題1	問題2	問題3	問題4	問題5	問題6	問題7	問題8	問題9	合計
選択欄	必須	必須	必須	必須	必須					
配点	40	10	10	10	10	10	10	10	10	100
得点										

※問題1の得点が24点未満の場合は、合計得点に関係なく不合格となります。

虎の巻（精選模試）第二巻

| 必須問題 | 問題1 施工経験記述 | 工程管理・品質管理 |

あなたが経験した土木工事の現場において、工夫した工程管理又は工夫した品質管理のうちから１つ選び、次の〔設問1〕、〔設問2〕に答えなさい。

〔注意〕 あなたが経験した工事でないことが判明した場合は失格となります。

〔設問1〕 あなたが経験した土木工事に関し、次の事項について解答欄に明確に記入しなさい。

  〔注意〕 「経験した土木工事」は、あなたが工事請負者の技術者の場合は、あなたの所属会社が受注した工事内容について記述してください。従って、あなたの所属会社が二次下請業者の場合は、発注者名は一次下請業者名となります。

  なお、あなたの所属が発注機関の場合の発注者名は、所属機関名となります。

  (1)工　事　名
  (2)工事の内容
      ① 発注者名
      ② 工事場所
      ③ 工　　期
      ④ 主な工種
      ⑤ 施　工　量
  (3)工事現場における施工管理上のあなたの立場

〔設問2〕 上記工事で実施した「現場で工夫した工程管理」又は「現場で工夫した品質管理」のいずれかを選び、次の事項について解答欄に具体的に記述しなさい。

  (1)特に留意した技術的課題
  (2)技術的課題を解決するために検討した項目と検討理由及び検討内容
  (3)上記検討の結果、現場で実施した対応処置とその評価

※試験実施団体からは、令和６年度以降の施工経験記述の設問について、「自身の経験に基づかない解答を防ぐ観点から、幅広い視点から経験を確認する設問として見直しを行う」ことが発表されています。

問題 1 **解答欄** (40点)

〔設問 1〕（10点）

(1) **工事名**

工 事 名	

(2) **工事の内容**

①	発 注 者 名	
②	工 事 場 所	
③	工 期	
④	主 な 工 種	
⑤	施 工 量	

(3) **工事現場における施工管理上のあなたの立場**

立 場	

※上記(1)(2)(3)に著しく不適当な箇所があった場合、不合格となります。

〔設問2〕（30点）

(1) 特に留意した**技術的課題**（7行）（10点）

----

(2) 課題を解決するための**検討項目、理由及び内容**（9行）（10点）

----

(3) 上記検討の結果、現場で実施した**対応処置とその評価**（9行）（10点）

必須問題　問題2　施工管理　施工計画の作成

　施工計画作成にあたっての留意すべき基本的事項に関する次の文章の　　　　の（イ）～（ホ）に当てはまる**適切な語句**を、下記の語句から選び解答欄に記入しなさい。

(1) 発注者の　（イ）　を確保するとともに、安全を最優先にした施工を基本とした計画とする。

(2) 施工計画の決定にあたっては、従来の経験のみで満足せず、常に改良を試み、　（ロ）　工法、　（ロ）　技術に積極的に取り組む心構えが大切である。

(3) 施工計画は、　（ハ）　を立てその中から最良の案を選定する。

(4) 施工計画の検討にあたっては、関係する　（ニ）　に限定せず、できるだけ会社内の他組織も活用して、全社的な高度の技術水準を活用するよう検討すること。

(5) 手持資材や労働力及び機械類の確保状況などによっては、発注者が設定した工期が必ずしも　（ホ）　工期であるとは限らないので、さらに経済的な工程を検討すること。

[語句]

支払条件、	易しい、	単一案、	限界、	現場技術者、
最適、	指定、	難しい、	固定案、	材料メーカー、
複数案、	要求品質、	事業損失、	新しい、	リース会社担当者

問題2　解答欄

（各2点×5＝10点）

（イ）	（ロ）	（ハ）	（ニ）	（ホ）

必須問題　問題3　土工　建設機械の特徴

　次の建設機械から2つ選び、建設機械名とその主な特徴（用途・機能）についてそれぞれ解答欄に記述しなさい。

・クラムシェル

・振動ローラ

・ブルドーザ

・モーターグレーダ

・トラクターショベル

問題3 解答欄

（各5点×2＝10点）

建設機械名	主な特徴（用途・機能）

必須問題 **問題4** 土工 | 構造物の裏込め・埋戻し

　下図のような構造物の裏込め及び埋戻しに関する次の文章の [   ] の（イ）～（ホ）に当てはまる**適切な語句又は数値**を、下記の語句又は数値から選び解答欄に記入しなさい。

(1) 裏込め材料は、[（イ）]で透水性があり、締固めが容易で、かつ水の浸入による強度の低下が[（ロ）]安定した材料を用いる。

(2) 裏込めや埋戻しの施工においては、小型ブルドーザや人力などにより平坦に敷き均し、仕上り厚は[（ハ）]cm以下とする。

(3) 締固めにおいては、できるだけ大型の締固め機械を使用し、構造物縁部などについてはソイルコンパクタや[（ニ）]などの小型締固め機械により入念に締め固めなければならない。

(4) 裏込め部においては、雨水が流入したり、溜まりやすいので、工事中は雨水の流入をできるだけ防止するとともに、浸透水に対しては、[（ホ）]を設けて処理をすることが望ましい。

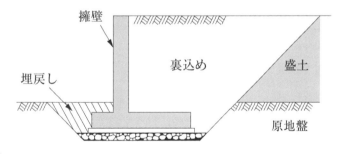

[語句又は数値]

乾燥施設、	地下排水溝、	高い、	ランマ、	60、
可撓性、	大きい、	非圧縮性、	20、	タイヤローラ、
少ない、	40、	振動ローラ、	弾性体、	地表面排水溝

問題4 解答欄

（各2点×5＝10点）

（イ）	（ロ）	（ハ）	（ニ）	（ホ）

虎の巻 精選模試 第二巻

| 必須問題 | 問題5 | コンクリート工 | コンクリートに関する用語 |

コンクリートに関する次の用語から**2つ選び**、その用語、その用語の説明について解答欄に記述しなさい。

- ・ブリーディング
- ・エントレインドエア
- ・タンピング
- ・スペーサ

| 問題5 | 解答欄 |

（各5点×2＝10点）

用語	用語の説明

※問題6〜問題9までは選択問題（1）、（2）です。

※問題6、問題7の 選択問題(1) の2問題のうちから1問題を選択し解答してください。

なお、選択した問題は、選択欄に○印を必ず記入してください。

| 選択問題（1） | 問題6 | 品質管理 | 土の原位置試験 |

土の原位置試験に関する次の文章の _____ の（イ）〜（ホ）に当てはまる**適切な語句**を、下記の語句から選び解答欄に記入しなさい。

(1) 標準貫入試験は、原位置における地盤の （イ） 、締まり具合または土層の構成を判定するための （ロ） を求めるために行うものである。

(2) 平板載荷試験は、原地盤に剛な載荷板を設置して （ハ） 荷重を与え、この荷重の大きさと載荷板の沈下量との関係から （ニ） 係数や極限支持力などの地盤の変形及び支持力特性を調べるための試験である。

(3) RI計器による土の密度試験とは、放射性同位元素(RI)を利用して、土の湿潤密度及び （ホ） を現場において直接測定するものである。

［語句］

透水、	垂直、	大小、	T値、	沈下量、
含水比、	P値、	調整、	膨張、	地盤反力、
水平、	圧密、	N値、	硬軟、	バラツキ

問題6 **解答欄** 選択欄 ☐ （各2点×5＝10点）

（イ）	（ロ）	（ハ）	（ニ）	（ホ）

選択問題（1）　**問題7** 品質管理　コンクリートの品質管理

コンクリートの品質管理に関する次の文章の ☐ の（イ）～（ホ）に当てはまる**適切な語句又は数値**を、下記の語句又は数値から選び解答欄に記入しなさい。

(1) スランプの設定にあたっては、施工できる範囲内で、できるだけスランプが （イ） なるように、事前に打込み位置や箇所、1回当たりの打込み高さなどの施工方法について十分に検討する。

(2) 打込みのスランプは、打込み時に円滑かつ密実に型枠内に打ち込むために必要なスランプで、作業などを容易にできる程度を表す （ロ） の性質も求められる。

(3) AE コンクリートは、 （ハ） に対する耐久性がきわめて優れているので、厳しい気象作用を受ける場合には、AE コンクリートを用いるのを原則とする。標準的な空気量は、練上り時においてコンクリートの容積の （ニ） ％程度とすることが一般的である。適切な空気量は、 （ロ） の改善もはかることができる。

(4) 締固めが終わり、打上り面の表面の仕上げにあたっては、表面に集まった水を取り除いてから仕上げなければならない。この表面水は練混ぜ水の一部が表面に上昇する現象で、 （ホ） という。

［語句又は数値］

クリープ、	強く、	8～10、	水害、	プレストレスト、
塩害、	凍害、	レイタンス、	大きく、	ワーカビリティー、
4～7、	小さく、	ブリーディング、	1～3、	コールドジョイント

問題7 **解答欄** 選択欄 ☐ （各2点×5＝10点）

（イ）	（ロ）	（ハ）	（ニ）	（ホ）

※問題8、問題9の 選択問題（2） の2問題のうちから1問題を選択し解答してください。
なお、選択した問題は、選択欄に○印を必ず記入してください。

選択問題（2）　　問題8　安全管理　　土止め支保工の組立て

　下図のような土止め支保工の組立て作業において、**安全管理上必要な労働災害防止対策に関し、労働安全衛生規則に定められている内容について5つ**解答欄に記述しなさい。

問題8　解答欄　選択欄 [　　　　　]　　　　　　　　　　（各2点×5 ＝10点）

	労働災害防止対策
①	
②	
③	
④	
⑤	

選択問題（2）　　問題9　施工管理　　建設機械の騒音防止対策

　バックホウ又はブルドーザを用いて行う建設工事における**具体的な騒音防止対策**を、5つ解答欄に記述しなさい。

問題9　解答欄　選択欄 [　　　　　]　　　　　　　　　　（各2点×5 ＝10点）

	騒音防止対策
①	
②	
③	
④	
⑤	

虎の巻（精選模試）第二巻 解答・解答例

問題1 施工経験記述　**解答例**　　工夫した工程管理　　（40点）

〔設問1〕
(1) **工事名**　国道19号線富士―池田道路建設工事
(2) **工事の内容**
　① **発注者名**　富山県土木局道路課
　② **工事場所**　富山県富山市東山町3丁目10-2
　③ **工　期**　平成30年12月1日～令和元年2月10日
　④ **主な工種**　路床工、路盤工
　⑤ **施 工 量**　路床工の施工土量9600 m³、路盤工の施工土量3600 m³
(3) **工事現場における施工管理上のあなたの立場**　現場主任

〔設問2〕　(1) 特に留意した**技術的課題**

本工事は、国道19号線のアスファルト舗装道路を新設する工事である。この工事は、石灰安定処理工法による路床の構築を行うものであった。

施工にあたり、地下水位の調査を行ったところ、想定よりも地下水位が高かったため、地下排水溝を設置する工程が追加された。そのため、路床工の工程を短縮することが課題であった。

(2) 技術的課題を解決するために**検討した項目と検討理由及び検討内容**

路床工の工程を短縮するため、次の事項を検討した。
① 路床工の構築工法の変更
路床の構築を行う前に、山側の600mに渡って地下排水溝を設置する工程が追加されたため、養生日数が短くて済むセメント安定処理工法の採用を検討した。
② 並行作業による工程の短縮
地下排水溝の設置には、路床工の作業日数のうち、半分程度が費やされるため、工事区間を2つに分割し、作業員を増員して並行作業をすることを検討した。

(3) 上記検討の結果、**現場で実施した対応処置とその評価**

路床工の工程を短縮するため、次の処置を行った。

①土との反応に時間がかかる生石灰は使用せず、セメント添加量が4％の安定材を配合し、大型のスタビライザで混合した。この処置により、養生日数を14日から7日に短縮できた。

②5名の作業員の応援を受け、工事区間を2つの工区に分割し、各工区に搬入用の仮設道路を設けて同時並行作業を行った。この処置により、路床工の作業日数が半分になったため、路床工の工程を確保できた。

※「工夫した品質管理」についての解答例は、本書425ページ〜426ページを参照してください

※記述の確認をしたい方は、施工経験記述添削講座（詳細は417ページ参照）をご利用ください。

問題2 施工管理 施工計画の作成　解答 （各2点×5＝10点）

（イ）	（ロ）	（ハ）	（ニ）	（ホ）
要求品質	新しい	複数案	現場技術者	最適

問題3 土工 建設機械の特徴　解答例 （各5点×2＝10点）

建設機械名	主な特徴（用途・機能）
クラムシェル	シールドの立坑などの深い掘削や、水中掘削に用いられる。
振動ローラ	締固めによっても容易に細粒化しない岩塊の締固めに用いられる。

※上記以外の解答例を知りたい方は、本書の104ページを参照してください。

問題4 土工 構造物の裏込め・埋戻し　解答 （各2点×5＝10点）

（イ）	（ロ）	（ハ）	（ニ）	（ホ）
非圧縮性	少ない	20	ランマ	地下排水溝

問題5 コンクリート工 コンクリートに関する用語　解答例 （各5点×2＝10点）

用語	用語の説明
ブリーディング	フレッシュコンクリートにおいて、固体材料の沈降または分離によって、練混ぜ水の一部が遊離して上昇する現象である。
エントレインドエア	AE剤または空気連行作用のある混和剤を用いて、コンクリート中に連行させた独立した微細な空気泡である

※上記以外の解答例を知りたい方は、本書の224ページを参照してください。

問題6 品質管理　土の原位置試験　解答　（各2点×5 ＝10点）

(イ)	(ロ)	(ハ)	(ニ)	(ホ)
硬軟	N 値	垂直	地盤反力	含水比

問題7 品質管理　コンクリートの品質管理　解答　（各2点×5 ＝10点）

(イ)	(ロ)	(ハ)	(ニ)	(ホ)
小さく	ワーカビリティー	凍害	4〜7	ブリーディング

問題8 安全管理　土止め支保工の組立て　解答例　（各2点×5 ＝10点）

労働災害防止対策	
①	土止め支保工の構造は、地山の形状や埋設物の状態に応じた堅固なものとする。
②	組立てを始める前に、部材の配置や取付け順序などが示された組立図を作成する。
③	切梁や腹起しは、脱落を防止するため、矢板または杭に確実に取り付ける。
④	土止め支保工の設置後、7日を超えない期間ごとに、切梁の緊圧の度合を点検する。
⑤	土止め支保工作業主任者を選任し、作業の方法を決定させ、作業を直接指揮させる。

※上記以外の解答例を知りたい方は、本書の 331 ページを参照してください。

問題9 施工管理　建設機械の騒音防止対策　解答例　（各2点×5 ＝10点）

騒音防止対策	
①	低騒音型の(騒音対策型の)バックホウを使用して掘削作業を行う。
②	バックホウは、整備不良による騒音が発生しないように、点検・整備を十分に行う。
③	複数のブルドーザが、同じ時間帯に集中して稼働しないように工事計画を工夫する。
④	ブルドーザによる掘削では、不必要な高速運転や無駄な空ぶかしを避ける。
⑤	ブルドーザによる掘削押土では、無理な負荷をかけず後進時の高速走行を避ける。

MEMO

2級土木施工管理技術検定試験 第二次検定
有料 施工経験記述添削講座 応募規程

(1) 受付期間

令和6年5月29日から9月29日(必着)までとします。

(2) 返信期間

令和6年6月13日から10月13日までの間に順次返信します。

(3) 応募方法

① 本書の419ページおよび421ページにある記入用紙(A4サイズに拡大コピーしたものでも可)を切り取ってください。

② 切り取った記入用紙に、濃い鉛筆(2B以上を推奨)またはボールペンで、テーマを記入の上、あなたの施工経験記述を手書きで明確に記述してください。

③ お近くの銀行または郵便局(お客様本人名義の口座)から、下記の振込先(弊社の口座)に、添削料金をお振込みください。振込み手数料は受講者のご負担になります。

添削料金	：1テーマにつき3500円(税込)
金融機関名	：三井住友銀行
支店名	：池袋支店
口座種目	：普通口座
店番号	：225
口座番号	：3242646
振込先名義人	：株式会社建設総合資格研究社(カブシキガイシャケンセツソウゴウシカクケンキュウシャ)

④ 添削料金振込時の領収書のコピーを、423ページの申込用紙に貼り付けてください。

⑤ 下記の内容物を23.5cm×12cm以内の定形封筒に入れてください。記入用紙と申込用紙は、コピーしたものでも構いません。

> **チェック**
> ☐ 419ページの記入用紙(A票)
> ☐ 421ページの記入用紙(B票)
> ☐ 423ページの申込用紙(C票)
> ☐ 返信用の封筒(1枚)
> ※返信用の封筒には、返信先の郵便番号・住所・氏名を明記し、切手を貼り付けてください。

⑥ 上記の内容物を入れた封筒に切手を貼り、下記の送付先までお送りください。

〒171-0021
東京都豊島区西池袋3-1-7
藤和シティホームズ池袋駅前1402

株式会社 建設総合資格研究社 (2級土木担当)

※この部分を切り取り、封筒宛名面にご利用いただけます。

※封筒には差出人の住所・氏名を明記してください。

(4) 注意事項

①**受付期間は、消印有効ではなく必着です。**発送されてから弊社に到着するまでには、2日間～5日間程度かかる場合があります。特に、北海道・沖縄・海外などからの発送では、余分な日数がかかることがあるので、早めに(期日が迫っている時は速達便で)応募してください。受付期間は、必ず守ってください。受付期間が過ぎてから到着したものについては、添削はせず、受講料金から1000円(現金書留送料および事務手数料)を差し引いた金額を、現金書留にて送付します。

②**施工経験記述添削講座は、読者限定の有料講座です。**したがって、受講者が本書をお持ちでないこと(購入していないこと)が判明した場合は、添削が行えなくなる場合があります。

③施工経験記述を書く前に、**無料** **You Tube** **動画講習**にて、「施工経験記述の考え方・書き方講習」を何回か視聴し、記入用紙をコピーするなどして十分に練習してください。この練習では、施工経験記述を繰り返し書いて推敲し、「これでよし!」と思ったものを提出してください。この推敲こそが、真の実力を身につけることに繋がります。施工経験記述は、要領よく要点を記述し、記述が行をはみ出さないようにしてください。多量の空行や、記述のはみ出しがある場合、不合格と判定されます。

https://get-ken.jp/

GET研究所 検索 ➡ 無料動画公開中 👉 ➡ 動画を選択 👉

④文字が薄すぎたり乱雑であったりして判読不能なときは、合否判定・添削の対象になりません。本試験においても、文字が判読不能なときはそれだけで不合格となります。本講座においても、本試験のつもりで明確に記述してください。本講座で、「手書き(パソコン文字は不可)」と指定しているのは、これが本試験を想定したものだからです。

⑤原則として、記入用紙に多量の空行がある場合に、その部分を弊社で書き足すことはできません。記入用紙は、自らの経験を基に、できるだけ空行がないようにしてください。

⑥施工経験記述のテーマは、全部で3種類(品質管理・工程管理・安全管理)ありますが、一度の施工経験記述添削講座で提出できるのは、いずれか1テーマのみです。どのテーマにするか迷う場合は、本書の26ページを参考に判断してください。2テーマ以上(2通以上)の添削をご希望の方は、1テーマにつき(1通につき)3500円の添削料金が必要になります。

⑦**記入用紙については、必ず手元に原文またはコピーを保管してください。**万が一、郵便事故などがあった場合には、記入用紙の原文またはコピーが必要になります。

⑧弊社から領収書は発行いたしません。**添削料金振込時の領収書は、必ず手元に保管してください。**

⑨記入用紙の発送後、35日以上を経過しても返信の無い方や、10月13日を過ぎても返信の無い方は、弊社までご連絡ください。数日中に対応いたします。なお、弊社では、記入用紙が到着した旨の個別連絡は行っておりませんが、弊社ホームページ(https://get-ken.jp/)にて毎週末を目安に到着情報を更新しています。記入用紙の返信は、到着情報の更新から2週間程度が目安になります。

※受取に際し、認印が必要となる書留便のご利用はご遠慮ください。
※定形よりも大きな封筒は、弊社のポストに入らないのでご遠慮ください。

施工経験記述 記入用紙（A票）

※必ず手元に原文またはコピーを保管してください。

令和6年度　2級土木施工管理技術検定試験 第二次検定

※記入用紙の [　　　　] には、 品質管理 、 工程管理 、 安全管理 のうち、ひとつのテーマを選択して記入してください。

【問題1】 あなたが経験した土木工事の現場において、工夫した [　　　　] に関して、次の〔設問1〕、〔設問2〕に答えなさい。

〔注意〕　あなたが経験した工事でないことが判明した場合は失格となります。

〔設問1〕 あなたが**経験した土木工事**に関し、次の事項について解答欄に明確に記述しなさい。

〔注意〕 「経験した土木工事」は、あなたが工事請負者の技術者の場合は、あなたの所属会社が受注した工事内容について記述してください。従って、あなたの所属会社が二次下請業者の場合は、発注者名は一次下請業者名となります。

なお、あなたの所属が発注機関の場合の発注者名は、所属機関名となります。

(1) **工事名** _____

(2) **工事の内容**

① **発注者名** _____

② **工事場所** _____

③ **工　　期** _____

④ **主な工種** _____

⑤ **施 工 量** _____

_____

(3) **工事現場における施工管理上のあなたの立場** _____

※〔設問1〕〔設問2〕の指定行数は、年度によって異なる場合があります。

評価	設問1	合・否	設問2	(1)	合・否	(2)	合・否	(3)	合・否	総合評価	合・準・否 (準:あと一歩で合格)
コメント											

`[ ]`:誤りではないが書き換えが望ましい箇所　 `[　]`:修正する必要がある箇所

氏名

※必ず手元に原文またはコピーを保管してください。

〔設問2〕上記工事で実施した「**現場で工夫した** 　　　　　　　」に関して、次の事項について解答欄に具体的に記述しなさい。

ただし、安全管理については、交通誘導員の配置のみに関する記述は除く。

(1) 特に留意した**技術的課題**

---

(2) 技術的課題を解決するために**検討した項目と検討理由及び検討内容**

---

(3) 上記検討の結果、**現場で実施した対応処置とその評価**

施工経験記述 申込用紙（C票）

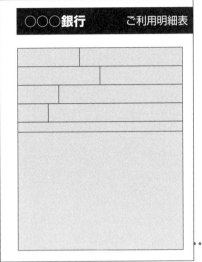

領収書のコピーをここに貼り付けてください。領収書の添付がない場合には、添削は行いません。なお、インターネットバンキングでの振込みなどの場合に、領収書のコピーを貼り付けることができない受講者は、代わりに、振込みに関する画面を印刷して貼り付けるか、銀行名と口座名義を下記の枠内に記入してください。

銀行名	
口座名義	

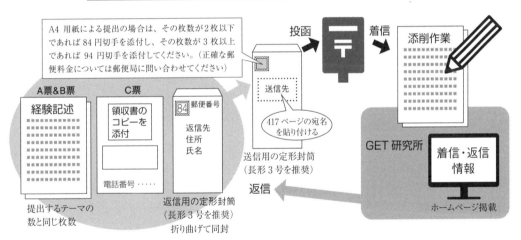

A4 用紙による提出の場合は、その枚数が2枚以下であれば84円切手を添付し、その枚数が3枚以上であれば94円切手を添付してください。（正確な郵便料金については郵便局に問い合わせてください）

A票&B票
経験記述
提出するテーマの数と同じ枚数

C票
領収書のコピーを添付
電話番号……

郵便番号
返信先住所 氏名
返信用の定形封筒（長形3号を推奨）折り曲げて同封

送信用の定形封筒（長形3号を推奨）

417 ページの宛名を貼り付ける

投函　着信　添削作業

送信先

GET 研究所

着信・返信情報
ホームページ掲載

返信

※記入用紙の送信・返信をお急ぎの場合は、送信用の定形封筒・返信用の定形封筒について、速達郵便をご利用できます。（速達料金は受講者のご負担となります）

連絡情報（できればご記入ください）

電話番号		メールアドレス	

GET 研究所管理用（必ず記入してください）

2級土木二次 提出テーマの確認 419 ページで選択したテーマに○印を付けてください。				投函日	都道府県名	フリガナ
テーマ	品質管理	工程管理	安全管理	月／日		氏名
○印欄						

A票の記入例・添削例

氏名　土木　太郎

令和6年度　2級土木施工管理技術検定試験 第二次検定

※記入用紙の［　　　］には、品質管理、工程管理、安全管理のうち、ひとつのテーマを選択して記入してください。

【問題1】あなたが経験した土木工事の現場において、工夫した 品質管理 に関して、次の〔設問1〕、〔設問2〕に答えなさい。

〔注意〕　あなたが経験した工事でないことが判明した場合は失格となります。

〔設問1〕あなたが経験した土木工事に関し、次の事項について解答欄に明確に記述しなさい。

〔注意〕　「経験した土木工事」は、あなたが工事請負者の技術者の場合は、あなたの所属会社が受注した工事内容について記述してください。従って、あなたの所属会社が二次下請業者の場合は、発注者名は一次下請業者名となります。

なお、あなたの所属が発注機関の場合の発注者名は、所属機関名となります。

(1) 工事名　国道19号線富山−池田道路改良工事

(2) 工事の内容

   ① 発注者名　富山県土木局道路課

   ② 工事場所　富山県富山市 東町3丁目10-12

   ③ 工　期　平成28年12月 18 ～ 平成29年2月 23日 ──日記する

   ④ 主な工種　路床工, 路盤工 ──記入する

   ⑤ 施工量　路床工 施工量 200m³
        路盤工 施工量 290m³

(3) 工事現場における施工管理上のあなたの立場　現場主人──任(誤字)

※〔設問1〕〔設問2〕の指定行数は、年度によって異なる場合があります。　立場の誤字は不合格

評価	設問1	合・否	設問2	(1)	合・否	(2)	合・否	(3)	合・否	総合評価	合・準・否(準:あと一歩で合格)
コメント	立場の誤字が原因で不合格。 設問2は、評価は品質についてのみ記述して下さい。 ［　　　］:誤りではないが書き換えが望ましい箇所　［　］:修正する必要がある箇所										

〔設問2〕上記工事で実施した「現場で工夫した 品質管理 」に関して、次の事項について解答欄に具体的に記述しなさい。

　　ただし、安全管理については、交通誘導員の配置のみに関する記述は除く。

(1) 特に留意した技術的課題

　本工事は、舗装打換え工法として合計 約490m³ の路床と路盤を施工し、その後舗装するものである。
（アスファルト混合物を）

　施工にあたり、路床の地下水位が高く、指定の設計CBRが6以上となるよう改善することが必要であった。このため、所定 の品質を確保するための施工法を課題とした。
（路床）

(2) 技術的課題を解決するために検討した項目と検討理由及び検討内容
（路床）（討）

　所定 の品質を確保するため、次の検図とした。

① 地下水位の低下対策 （表）

　路床の地下水位が路床面より20cm程度と高いため、地下水位を低下させるため、地下排水溝を設置するよう検図した。

② 路床の構築方法 （討）

　セメント安定処理して耐水性を高める必要から試験配合で、セメントの 混合割合 を比較して締固め度を確保するよう検図した。
（配合比）
（討）

(3) 上記検討の結果、現場で実施した対応処置とその評価

　現場で次のように処置した。

① 路床底部に掘削溝を設け、φ125mmの有孔管を4%勾配で配置し、集水のため、中高30cmを砕石で埋戻し処置した。

（配合比 4%で）（機械）

② セメント安定処理し耐水性を高め、路上混合 により スタビライザで混合し締固め度90% を確保した。
（タイヤローラを用い）（た。）（以上）

以上の結果、路床の品質を確保し 同時に、工期 の確保と労働者の安全を確保 できた。
（削除する）

◎品質について記述すれば良い。

MEMO

[著 者] 森 野 安 信

著者略歴

1963年 京都大学卒業

1965年 東京都入職

1978年 1級土木施工管理技士資格取得

1991年 建設省中央建設業審議会専門委員

1994年 文部省社会教育審議会委員

1998年 東京都退職

1999年 GET研究所所長

[著 者] 榎 本 弘 之

スーパーテキストシリーズ
令和6年度 分野別 問題解説集
2級土木施工管理技術検定試験 第二次検定

2024年6月19日　発行

発行者・編者　　　森 野 安 信
GET 研究所
〒171-0021 東京都豊島区西池袋 3-1-7
藤和シティホームズ池袋駅前 1402
https://get-ken.jp/
株式会社　建設総合資格研究社

編集　　　　　　榎 本 弘 之
デザイン　　　　大久保泰次郎
森 野 め ぐ み

発売所　　　　　丸善出版株式会社
〒101-0051 東京都千代田区神田
神保町2丁目17番
TEL：03-3512-3256
FAX：03-3512-3270
https://www.maruzen-publishing.co.jp/

印刷・製本　　中央精版印刷株式会社
ISBN 978-4-910965-21-5 C3051

●内容に関するご質問は、弊社ホームページのお問い合わせ(https://get-ken.jp/contact/)から受け付けております。(質問は本書の紹介内容に限ります)